LA PHYSIQUE

ET LA CHIMIE,

APPLIQUÉES

A LA MÉDECINE.

DE L'IMPRIMERIE DE CRAPELET,

RUE DE VAUGIRARD, N° 9.

LA PHYSIQUE

ET LA CHIMIE,

APPLIQUÉES

A LA MÉDECINE.

PAR JOHN AYRTON PARIS,

MEMBRE DU COLLÉGE ROYAL DE MÉDECINE DE LONDRES, DE LA
SOCIÉTÉ PHILOSOPHIQUE DE CAMBRIDGE, DE LA SOCIÉTÉ ROYALE
D'ÉDIMBOURG, ETC.

PARIS.

BAUDOUIN FRÈRES, ÉDITEURS,

RUE DE VAUGIRARD, N° 17.

BRUXELLES.

MÊME MAISON DE COMMERCE.

1826.

TRAITÉ

DE PHYSIQUE

ET

DE CHIMIE MÉDICALES,

ou

LA CHIMIE ET LA PHYSIQUE

CONSIDÉRÉES DANS LEURS RAPPORTS AVEC LES DIFFÉRENTES BRANCHES DE LA MÉDECINE.

1. La chimie est une science qui nous met à même d'examiner les parties constituantes des corps sous le rapport de leur nature, de leurs proportions et de leurs différens modes de combinaison, ainsi que de rechercher les lois de l'attraction, de la chaleur et de l'électricité, dont l'action fait subir à ces parties des changemens perpétuels.

2. Les particules ténues de matière recevant seules l'impulsion de ces forces, les changemens chimiques ne sont pas accompagnés de mouvemens sensibles ; ce qui nous conduit à considérer

I

la chimie comme une science distincte de la physique, puisque les phénomènes qu'on est convenu de rapporter à celle-ci sont caractérisés par le mouvement apparent. Ainsi la mécanique traite exclusivement de la nature, de la production, de l'altération du mouvement et de la théorie de l'équilibre; l'hydrostatique, des mouvemens des fluides et des phénomènes qui en résultent; l'astronomie étudie les mouvemens des corps célestes, détermine leurs orbites et mesure leur vitesse.

3. Les résultats de ces deux espèces d'action ne sont pas moins distincts que les causes qui les produisent; ceux de la première sont un changement de propriétés, et ceux de la seconde ne sont le plus souvent qu'un simple déplacement. Ainsi, si on fait agir l'une sur l'autre deux substances très caustiques, telles que l'acide sulfurique et la potasse, il en résulte un composé nouveau qui n'a aucune analogie avec les composans; et cependant ce changement, quelque grand et quelque étonnant qu'il puisse paraître, n'est pas accompagné de mouvement susceptible d'être calculé ou mesuré.

4. Mais, tout en reconnaissant la justesse de cette distinction, tout en adoptant une classification qui puisse servir à subdiviser les connaissances humaines, nous devons l'avouer, en traitant de l'une ou de l'autre de ces classes de phénomènes, nous serons souvent forcés de sortir des limites que prescrit notre définition, et même, dans quelques circonstances, d'appeler l'une de ces branches à l'aide

de l'autre. Ainsi, par exemple, au commencement comme à la fin de nos recherches chimiques, nous emploierons, pour estimer le poids absolu des corps, la balance dont la théorie et l'application doivent être considérées comme du domaine de la physique; tandis que, pour déterminer les densités ou pesanteurs spécifiques, nous serons obligés d'avoir recours à l'hydrostatique. Il en est de même des divers instrumens employés dans les expériences chimiques; les uns appartiennent à la mécanique, les autres à l'hydrostatique ou à l'hydraulique. Dans l'examen des lois auxquelles sont soumises les combinaisons chimiques, nous verrons que les mêmes substances s'unissent en général en certaines proportions définies qu'on ne peut altérer sans produire des changemens correspondans dans les caractères des composés auxquels elles donnent naissance; étude qui exige nécessairement des notions de mécanique ou de mathématiques, tandis que la théorie de la cristallisation, l'examen des diverses figures régulières et déterminées auxquelles elle donne lieu, demandent que l'élève ne soit pas étranger aux principes de la géométrie.

5. Les mêmes motifs qui ont si heureusement fait séparer la chimie des autres parties de la physique, demandent qu'on la sous-divise en autant de branches qu'il y a d'objets distincts auxquels elle peut s'appliquer; car, lorsqu'elle est étudiée sous un point de vue général, elle embrasse nécessairement une suite de sujets si vastes et si étendus,

que la lumière qu'elle répand se perd à force de se
disperser. C'est cette considération qui m'a engagé
à réunir mes notes, et à en former un corps d'ouvrage que je présente aux étudians en médecine;
j'ai tâché, autant que me l'ont permis les rapports
qui existent entre les différentes branches de la
chimie, d'exclure tout ce qui n'a pas une application directe à l'étude et à la pratique de la médecine.
Il est peu de circonstances qui aient plus contribué à
l'avancement général des connaissances humaines,
que cette sage division, et je demande si ce n'est pas à
elle qu'on doit principalement attribuer les progrès
rapides qu'a faits la science depuis cinquante ans.
C'est certainement aussi à une disposition semblable
que la physiologie doit ses nouvelles découvertes;
car, quoiqu'on ait de tout temps attaché la plus haute
importance à la connaissance du corps humain, ce
n'est guère qu'au commencement du siècle dernier
qu'on a fait une étude particulière de ses fonctions.
Il est vrai que les écrits des médecins qui ont paru
avant cette époque sont remplis de considérations
physiologiques, mais ils les ont rarement présentées sous une forme systématique; de sorte que,
pour connaître quelle était leur opinion à cet égard,
on est obligé de feuilleter des fragmens épars, dispersés dans les ouvrages de médecine et de pathologie; il n'y a pas de traité spécial sur ce sujet. (1)

---

(1) Voyez *Système élémentaire de physiologie*, par John

6. Appliquée à la médecine, la chimie sert à indiquer les divers changemens que subissent les parties constituantes du corps humain dans les divers états de santé et de maladie. Elle donne le moyen d'apprécier et d'expliquer les phénomènes qui les accompagnent, de rechercher la composition, la détérioration accidentelle de l'air que nous respirons, ainsi que celles des diverses substances solides et fluides employées comme alimens ou comme médicamens; elle fournit des procédés pour rendre les corps naturels ou former des composés nouveaux, susceptibles d'être administrés comme remèdes; elle indique des moyens pour découvrir la présence et prévenir les effets des substances nuisibles qui peuvent, par accident ou de dessein prémédité, détruire la santé ou donner la mort; enfin elle donne au praticien des indications plus sûres pour combiner et mélanger les divers remèdes, sans courir le risque d'altérer leurs propriétés, de les rendre nuls ou moins efficaces. Ainsi le physiologiste, le pathologiste, le médecin, le toxicologiste et le pharmacien, peuvent tous puiser dans l'étude de la chimie des connaissances importantes pour leur art; nous citerons dans le courant de cet ouvrage de nombreux exemples à l'appui de cette vérité.

Bostock, M. D. F. N. S., ouvrage que je recommande expressément à l'attention des étudians en médecine.

7. Le corps vivant a été souvent comparé à un laboratoire où les compositions et les décompositions sont continuelles. On s'apercevra bientôt que cette proposition, qui a fourni des argumens spécieux contre l'utilité de la chimie, est trop générale pour être exacte. D'un autre côté, les absurdités où sont tombés quelques uns de ceux qui en étaient partisans jusqu'à l'enthousiasme, ont en quelque sorte légitimé l'objection. «Un reproche juste jusqu'à « un certain point, dit sir H. Davy, a été fait à ces « doctrines connues sous le nom de *Physiologie* « *chimique;* car, dans leur application, les philoso- « phes spéculatifs ont été plutôt guidés par l'ana- « logie des mots que par celle des faits. Au lieu de « s'efforcer d'écarter peu à peu le voile qui couvre « les merveilleux phénomènes du corps vivant, ils se « sont abandonnés à une imagination ardente, et ont « vainement cherché à le déchirer. » Pour admettre qu'on ne peut expliquer par les actions chimiques les phénomènes de la vie, il faut des objections plus sérieuses que celles qu'on déduit des abus qu'on a faits de la science. La plus spécieuse peut-être est celle qui repose sur l'axiome que les corps animés ne sont pas seulement capables de résister à toutes les lois de la matière inanimée, mais peuvent agir sur tout ce qui les entoure d'une manière tout-à-fait contraire à ces lois. Pour se convaincre de cette vérité universelle, on n'a, dit-on, qu'à considérer ces corps dans leurs rapports actifs et passifs avec le reste de la nature : écoutons à cet égard M. Cuvier. «Exa-

« minons, dit-il, le corps d'une femme dans l'état de
« jeunesse et de santé : ces formes arrondies et volup-
« tueuses, cette souplesse gracieuse de mouvemens,
« cette douce chaleur, ces joues teintes des roses de
« la volupté, ces yeux brillans de l'étincelle de
« l'amour ou du feu du génie, cette physionomie
« égayée par les saillies de l'esprit ou animée par le feu
« des passions ; tout semble se réunir pour en faire un
« objet enchanteur. Un instant suffit pour détruire
« ce prestige : souvent sans aucune cause apparente,
« le mouvement et le sentiment viennent à cesser ;
« le corps perd sa chaleur, les muscles s'affaissent et
« laissent paraître les saillies anguleuses des os ; les
« yeux deviennent ternes, les joues et les lèvres
« livides ; ce ne sont là que les préludes de change-
« mens plus horribles. Ces chairs passent au bleu,
« au vert, au noir ; elles attirent l'humidité, et pen-
« dant qu'une portion s'évapore en émanations in-
« fectes, une autre s'écoule en une sanie putride
« qui ne tarde pas à se dissiper aussi : en un mot, au
« bout d'un petit nombre de jours, il ne reste plus
« que quelques principes terreux ou salins ; les
« autres élémens se sont dispersés dans les airs et
« dans les eaux pour entrer dans de nouvelles
« combinaisons.

« Il est clair que cette séparation est l'effet naturel
« de l'action de l'air, de l'humidité, de la chaleur,
« en un mot de tous les corps extérieurs sur le
« corps mort, et qu'elle a sa cause dans l'attraction
« élective de ces divers agens pour les élémens qui

« la composaient. Cependant ce corps en était éga-
« lement entouré pendant sa vie; leurs affinités
« pour ses molécules étaient les mêmes; et celles-ci
« y eussent aidé également, si elles n'avaient pas
« été retenues ensemble par une force supérieure à
« ces affinités, qui n'a cessé d'agir sur elles qu'à
« l'instant de la mort. »

8. Il ne faut pas oublier que, dans quelques unes des fonctions du corps vivant, l'énergie vitale paraît plutôt, dans son action, correspondre avec l'affinité chimique que s'opposer à son influence, et on peut dire que plusieurs sens doivent leur énergie à la perfection des organes qui sont absolument construits d'après les principes de la physique. Ainsi les lois de l'optique et de l'acoustique sont mises en jeu dans l'acte de la vision et de l'ouïe, et c'est une question s'il ne s'établit pas quelque action chimique par le contact des corps sapides avec l'épiderme de la membrane muqueuse de la bouche; c'est au moins ce qui résulte évidemment dans quelques cas de l'effet que produisent le vinaigre, les acides minéraux, un grand nombre de sels, etc. Les mêmes agens produisent des effets semblables sur les corps morts, et M. Magendie pense que c'est à cette espèce de combinaison qu'on doit attribuer les différentes espèces d'impression que développent les substances sapides, ainsi que leur durée qui est si variable. On ne peut nier que plusieurs remèdes n'agissent par une action chimique sur le canal alimentaire ; ainsi les alcalis servent

souvent à débarrasser les premières voies d'un excès de matières animales, avec lesquelles ils forment un composé soluble. Si on ne peut donner une explication satisfaisante de l'origine de la chaleur animale par les lois chimiques, on peut du moins mettre en fait que sa conservation, sa distribution et sa régularité, sont une conséquence de ces lois qui régissent également la température de la matière inerte. Ne voyons-nous pas tous les animaux qui souffrent de la diminution de la chaleur, réduire comme par instinct la surface de leur corps qui est exposée au contact du milieu réfrigérant? L'homme contracte, dans une circonstance semblable, les différentes parties de ses membres et les rapproche du tronc (1). Nous verrons aussi, quand nous étudierons la nature de l'action capillaire, que plusieurs phénomènes des corps vivans, qu'on a faussement attribués au principe vital, peuvent être expliqués d'une manière satisfaisante par la simple intervention de cette force attractive. Les absurdités des sectes chimiques et mécaniques ont indubitablement entraîné les physiologistes modernes dans un scepticisme pernicieux, touchant l'influence des causes physiques sur l'animal vivant. John Hunter même, dont associer le nom à une

---

(1) Les enfans et les personnes faibles prennent souvent cette position dans le lit; il est par conséquent inconvenant d'emprisonner les enfans dans des maillots qui les empêcheraient de faire les mouvemens nécessaires.

erreur est presque une impiété aux yeux de beaucoup de gens, a souvent attribué à l'effet spécifique de la vie des actions qu'on ne doit rapporter qu'aux puissances de la matière inanimée. De même, pour ne pas vouloir attribuer à la propriété physique de l'élasticité certains phénomènes que développe la structure membraneuse, Bordeu (1), Bichat (2), Blumenbach (3) et d'autres médecins ont été conduits à lui assigner une puissance vitale particulière, dont l'existence n'a été ni prouvée par l'expérience, ni rendue probable par l'analogie.

9. Mais il y a un autre point de vue sous lequel on peut envisager la même question ; le pathologiste aura à contempler les puissances vivantes à différens états de langueur et de dépérissement, lorsqu'elles sont incapables d'opposer une résistance entière aux lois qui régissent la matière inanimée ; et nous apprendrons dans la suite de cet ouvrage, que, dans certaines conditions, plusieurs fluides subissent toutes les décompositions qui auraient lieu dans le laboratoire. La même observation s'applique à l'action des causes mécaniques. Dans un état de santé parfait, les fluides du corps ne descendent pas dans les parties inférieures d'après la loi de gravitation, parce que la

---

(1) *Recherches sur le tissu muqueux*, §. 70.

(2) *Traité des membranes*, p. 62, 101, 133.

(3) *Institut. physiolog.* §. 40, 50.

puissance vitale s'oppose elle-même à ce phénomène hydraulique, avec une énergie qui est en raison directe, à ce qu'il semble, de la force et de la vigueur de l'individu; car, si la personne est affaiblie par la maladie, cette tendance n'éprouve qu'une résistance imparfaite, et les pieds ne tardent pas à enfler. C'est ici le lieu de rapporter l'expérience de Richerand pour démontrer combien la maladie diminue la puissance avec laquelle le corps vivant résiste à l'influence de la force physique. Il appliqua des poches remplies de sable chaud sur les jambes et les pieds d'un homme qui venait d'être opéré pour un anévrisme poplitéal; l'artère fut liée sous le jarret en deux endroits. Par ce moyen, non seulement il prévint le froid qui suit ordinairement l'interruption de la circulation du sang; mais l'extrémité ainsi traitée acquit un degré de chaleur bien supérieur à la température ordinaire du corps. Le même appareil, appliqué sur un membre sain, ne put produire cet excès de calorique; ce fut évidemment l'énergie vitale qui s'opposa à cet effet.

10. M. Earle a publié un Mémoire (1) où il prouve que, quand un membre est privé de sa portion de vitalité, sa température n'est pas constante,

---

(1) *Cas et observations pour éclaircir l'influence du système nerveux dans la manière de régler la chaleur animale,* par H. Earle, publiés dans le septième volume des Transactions de la Société médico-chirurgicale.

mais varie avec celle des milieux environnans. Il prouve aussi qu'il ne peut, dans ces circonstances, supporter sans résultat fâcheux un degré de chaleur qui serait sans inconvénient et même agréable s'il était sain ; ainsi un bras fut paralysé par suite de la lésion du *plexus axillaire* qui provenait d'une fracture de l'os du cou; le membre fut plongé, pendant près d'une demi-heure, dans une cuve pleine de grains chauds, mais d'une température supportable : des excoriations d'une nature alarmante se développèrent sur toute la main, et se propagèrent jusqu'à l'extrémité des doigts. Dans un second cas où le bras était atteint d'une affection douloureuse, le nerf ulnaire fut divisé, et le patient ne put, sans éprouver les accidens que nous venons de décrire, se laver dans de l'eau dont la température n'était cependant pas malfaisante pour une partie vitalisée.

11. Il suit de là que le pathologiste peut souvent tirer d'importantes conclusions des doctrines chimiques, bien qu'on doive vivement regretter que cette branche des sciences médicales, comme celle de la physiologie, ait été trop généralisée; mais les fautes de l'ignorance, les erreurs de l'enthousiasme, ne préjugent rien ; il faut chercher à faire des applications judicieuses qui puissent augmenter les ressources de l'art, et diminuer les souffrances.

12. L'histoire chimique de la matière médicale est une étude indispensable pour le pharmacologiste. C'est une conjecture naturelle, et par consé-

quent ancienne, que les substances qui ont de l'analogie entre elles par leur action sur le système animal, doivent en avoir aussi dans leur composition. On regarde en conséquence l'analyse chimique comme un moyen de reconnaître leurs propriétés médicales. On ne peut guère, en thèse générale, douter de la justesse de cette conclusion ; et si l'on n'en a pas toujours fait une application heureuse, c'est moins à son défaut de justesse qu'il faut s'en prendre, qu'à ce que nous ne connaissons pas assez bien toutes les conditions du problème. Ainsi, dans le commencement du dix-septième siècle, nous voyons tous les chimistes occupés de l'analyse de différens végétaux qu'on emploie comme remèdes ; ils recherchèrent la composition d'une foule de plantes, mais ils n'obtinrent aucun des résultats d'utilité pratique que promettait la théorie : les végétaux fournirent tous les mêmes produits. Quoique tant d'efforts soient restés sans succès, on ne peut cependant contester l'existence des rapports qu'on a cherché à établir, comme il est facile de s'en convaincre en examinant les résultats heureux qu'on obtint quelques années plus tard à l'aide de procédés plus parfaits. Les chimistes du dix-septième siècle eussent-ils d'ailleurs pris ces précautions que ne pouvait leur indiquer l'état de la science à cette époque, leur manière d'opérer était telle qu'ils ne pouvaient arriver à un résultat utile : les plantes étaient indistinctement traitées par la chaleur, et les gaz qu'elles dégagaient, grossièrement recueillis. Il est bien reconnu aujourd'hui que ces produits n'existent pas dans les végétaux, mais sont formés par les combinaisons que leurs élémens subissent. Or, comme ceux-ci sont les mêmes dans tous les végétaux, on ne doit pas être surpris qu'on n'ait pu indiquer aucun rapport entre les principes et les qualités de la substance.

13. L'étude de la chimie végétale nous apprendra qu'en adoptant un mode d'opérer plus précis, on est parvenu à obtenir les principes actifs de plusieurs des remèdes végétaux les plus efficaces, et qu'on a ainsi concilié plusieurs anomalies qui, avant ces découvertes, semblaient contraires à l'expérience médicale ; d'un autre côté, les travaux du laboratoire ont fourni au praticien un moyen intéressant de confirmer les opinions qu'il pouvait se former devant le lit des malades ; ainsi la première édition de ma *Pharmacologie* portait que le résultat de la pratique suivie à l'hôpital de Westminster, dans les affections goutteuses et rhumatismales, appuyait fortement la conjecture de M. James Moore, qui regardait l'ellébore comme le principe actif de *l'eau médicinale*. Cependant, aussitôt qu'on connut que le *colchicum autumnale* constituait sa base, on se récria sur l'erreur dans laquelle tant de praticiens étaient tombés ; mais les graves reproches dont on nous aurait accablés pour cette méprise, et des observations faites avec peu de soin sur les effets de ce médicament, furent réduits à rien par la découverte de ce fait singulier, que le *colchicum*

et le *veratrum* doivent leurs propriétés à un seul et même principe alcalin.

14. Il suffit de jeter les yeux sur la pharmacopée pour voir quelle liste nombreuse de remèdes importans la chimie a fournis à la médecine; d'un autre côté, à quelles bévues funestes l'ignorance de la chimie n'a-t-elle pas exposé les praticiens, dans l'administration des remèdes? Un autre objet qui exige aussi des connaissances chimiques, c'est la sophistication des médicamens, qu'elles seules peuvent faire découvrir; enfin l'étude des poisons repose presque entièrement sur l'exactitude et le succès avec lesquels on peut appliquer cette clef des sciences à la découverte des nombreux faits cachés que renferme l'histoire de ces agens.

De la matière et de ses propriétés.

15. Tout ce qui est capable d'agir sur nos sens a reçu le nom de matière.

16. Cette définition cependant est trop générale pour être à l'abri de toute objection. La lumière affecte les organes de la vision, le calorique, l'électricité excitent en nous des sensations, et néanmoins il n'est pas sûr que ces effets soient dus à l'action d'une matière distincte; ils peuvent être le résultat de certaines forces, ou de modifications de corps dont chacun peut être une essence *sui generis*.

17. On peut définir la matière avec plus d'exactitude, en l'appelant tout ce qui occupe de l'espace,

ou qui a de la longueur, de la largeur et de l'épaisseur.

18. Un corps est une portion de matière.

19. La matière possède des propriétés essentielles ou générales, telles que *l'étendue*, la *divisibilité*, *l'impénétrabilité*, la *porosité*, la *mobilité*, et le *pouvoir d'attirer* ou *d'être attirée*, auxquelles on peut ajouter la *polarité*.

20. Nous avons emprunté cette énumération de propriétés au physicien qui, bien différent du chimiste, ne s'occupe que des *masses* de matière sans égard à la structure atomistique; aussi verra-t-on qu'il est résulté de la confusion dans la science, de l'application vague des mêmes termes à la matière dans un état d'agrégation aussi-bien qu'aux élémens primitifs dont ces masses sont composées. Ces difficultés deviendront sensibles à mesure que nous avancerons.

21. Outre les propriétés dont nous venons de parler, la matière en possède quelques autres qu'on appelle *secondaires*, telles que *l'élasticité* et la *fluidité*, et qui, par leur combinaison avec les premières, constituent l'état des corps. C'est en recevant ou en perdant quelques unes de ces propriétés secondaires, qu'ils changent; ainsi l'eau peut se présenter à l'état de glace, à l'état fluide ou à celui de vapeur, et rester cependant le même corps.

22. Quand on parle des propriétés mécaniques de la matière, on entend celles que rend sensibles

toute espèce d'opérations mécaniques, de division, de pesée, de mesurage, ou autres semblables, sans égard pour la composition des corps. Ainsi, les effets mécaniques de l'eau, qu'elle soit puisée à une rivière ou à une source, seront généralement les mêmes ainsi que ceux des diverses espèces de gaz ou d'air, quoique ces corps diffèrent essentiellement, si on les examine sous le rapport de leur composition. Mais ceci ne peut se faire que par des moyens chimiques; aussi les propriétés découvertes de cette manière ont-elles justement reçu le nom de *propriétés chimiques.*

25. La divisibilité est une propriété qui appartient à toutes les substances connues, mais rien ne prouve que la matière en soit pourvue dans son état élémentaire. Il est probable qu'à un certain point, quelque éloigné qu'il soit, les molécules qu'elle forme nous échappent et ne sont plus susceptibles de résolution (1). Si l'on broie du marbre, ou toute

---

(1) Parmi les divers raisonnemens qu'on peut produire à l'appui de cette définition, le plus péremptoire est celui que Wollaston a consigné dans son Mémoire sur l'étendue finie de l'atmosphère (*Phil. trans.* 1822). Ce physicien distingué considère la non-existence d'une atmosphère perceptible autour du soleil comme un fait décisif contre cette divisibilité indéfinie de la matière; car si celle-ci est divisible à l'infini, il doit en être de même de l'étendue de notre atmosphère. Elle occuperait ainsi l'espace entier, s'accumulerait et se condenserait autour du soleil, de la lune et des planètes, proportionnellement à l'intensité de leurs attractions respectives : mais, pour

autre substance, qu'on le réduise en poudre aussi impalpable que possible, ses molécules primitives n'en resteront pas moins intactes. Examiné au microscope, chaque grain présentera une pierre solide, de même configuration que le bloc dont il a été détaché, et susceptible de se subdiviser encore s'il était soumis à l'action d'instrumens convenables. A quel point cette réduction peut-elle s'étendre, avant d'arriver à l'atome élémentaire simple? C'est ce que nous ne saurons probablement jamais; car si la divisibilité de la matière n'est pas infinie, elle excède au moins toutes les limites que l'imagination peut lui assigner. Les dalles de marbre des grandes églises d'Italie ont cédé aux génuflexions des dévots. Les pieds et les mains des statues de bronze n'ont pu résister aux baisers des pélerins. Quelle faible pellicule de métal, dit Leslie, doit cependant être enlevée à chaque contact! Un simple grain de sulfate de cuivre suffit pour communiquer une belle teinte azurée à vingt pintes d'eau. Le métal, dans ce cas, doit être atténué au moins dix millions de fois, et chaque goutte de liquide peut encore contenir autant de particules colorées sensibles à l'œil nu. L'on peut pousser encore plus loin l'expérience, rendre le métal tout-à-fait imperceptible à nos sens, et le saisir encore au moyen des réactifs. A quel degré de division les corps odorans ne sont-

---

sentir la force de ce raisonnement, il faut avoir quelques notions de la nature et des lois de la gravitation.

ils pas réduits? un grain de musc suffit pour parfumer une grande chambre l'espace de vingt années. Un morceau d'assa-fœtida exposé à l'air libre, et qui emplissait l'atmosphère environnante de ses émanations, n'avait perdu qu'un grain en sept ans.

24. Les corps inanimés ne sont pas les seuls qui établissent la divisibilité presque infinie de la matière. L'histoire naturelle, la physiologie, en fournissent une foule de preuves. Combien ne doivent pas être ténues, par exemple, les parties de la semence qui engendre la moisissure! car Réaumur a découvert cette production dans un œuf stérile; les germes avaient donc pénétré par les pores de la coque. M. Leewenhoeck nous a appris qu'il y a plus d'animaux dans la laite d'une morue, qu'il n'y a d'hommes sur la terre entière. Un grain de sable est plus volumineux que quatre millions de ces animalcules, de sorte qu'on peut en soulever des milliards sur la pointe d'une aiguille, et néanmoins chaque individu est pourvu d'un système d'organes. Quelle ténuité ne doit pas être celle des fibrilles! Les animalcules infusoires, comme on les nomme, prouvent par leur structure et leurs fonctions, à quel point inouï la matière peut être atténuée. Le vibrio-undula, qui se trouve dans la lentille sauvage, est réputé dix millions de fois plus petit qu'un grain de chènevis. Le vibrio-lincola se rencontre dans les infusions végétales; chaque goutte en contient des millions. Le monas-gelatinosa, découvert dans le jus du fumier, ne paraît

qu'un atome doué de la vie, et l'on en voit nager des millions dans une simple goutte de liquide.

25. La structure humaine en fournit aussi une foule d'exemples. Les globules du sang ont une forme arrondie irrégulière de $\frac{1}{2500}$ à $\frac{1}{3300}$ de pouce de diamètre, avec une tache noire au centre. Ceux de matière transpirable sont réputés au moins dix fois plus petits que les précédens, et n'ont guère que $\frac{1}{5000}$ de pouce de diamètre (1). Si l'on évalue la quantité de matière transpirée en un jour, et le nombre des pores qu'elle traverse, on trouvera qu'il ne doit pas s'écouler de chaque orifice moins de 400 de ces globules par seconde.

26. La porosité est commune à tous les corps connus, et leur est tellement inhérente qu'il n'y a aucun rapport entre leur volume et l'espace qu'ils paraissent occuper. C'est sur cette circonstance que repose la densité. Supposons, par exem-

---

(1). On a calculé que la peau est percée de mille trous par pouce carré. La surface totale du corps d'un homme de moyenne taille peut s'évaluer à seize pieds carrés, et ne doit pas contenir moins de deux millions trois cent quatre mille pores, qui sont les bouches d'autant de vaisseaux par lesquels s'accomplit l'acte important de la transpiration insensible. Les poumons dégagent six grains, et la surface de la peau de trois à vingt par minute, la moyenne pour le corps entier étant d'environ seize grains de lymphe, qui se compose d'eau, d'une très petite quantité de sel, d'acide acétique et de quelques traces de fer. (*Physique de Leslie.*)

ple, qu'un pied cube d'or contienne un million de molécules de ce métal; mais 500,000 molécules de fer ou 100,000 molécules de bois peuvent aussi remplir le même espace. Il faut donc qu'il y ait dans les deux derniers beaucoup plus d'interstices ou pores que dans le premier; celui-ci sera par conséquent le plus lourd ou le plus dense. Cet excès de densité et de poids ne tient pas à ce que les atomes d'or sont individuellement plus lourds que ceux de bois, mais à ce qu'il y en a un plus grand nombre d'enfermés dans le même espace, car on présume que les molécules primitives, quoique susceptibles de formes et de grandeurs différentes, possèdent néanmoins le même poids relatif, ou la même densité.

Cette hypothèse est fondée sur l'expérience. On sait en effet que l'or, qui est un des solides les plus lourds, peut, lorsqu'il est dissous dans l'acide nitro-muriatique, rester en suspension dans toutes les parties du fluide le plus léger.

27. Le terme *porosité* suppose donc une agrégation, implique nécessairement la division, et ne peut par conséquent s'appliquer aux atomes qui sont *indivisibles*. Pousser ce sujet plus loin serait tomber dans des spéculations métaphysiques, et faire des efforts inutiles pour étendre le cercle de nos connaissances au-delà des limites qu'il peut avoir.

28. L'existence de la porosité dans toutes les espèces de matière qu'on peut soumettre à nos sens, est suffisamment prouvée par la compressi-

bilité universelle des corps. Il n'y a aucune substance, quelque dense qu'elle soit, qu'on ne
puisse réduire par la pression, ou par un abaissement convenable de température, à occuper moins
d'espace; et s'il était possible d'amener les véritables
atomes au contact absolu, il est probable que la
circonférence du globe même serait extrêmement
réduite.

29. L'arrangement des atomes de matière qu'indique sa porosité, n'est pas moins important que
général. Il est clair que si les molécules constituantes
n'étaient pas disposées les unes par rapport aux autres de manière à se mouvoir en toute liberté, les
corps ne pourraient se prêter à ces formes, à ces
compositions variables qui les font si bien concourir
au but de la création. C'est même une question de
savoir s'ils auraient été susceptibles de variations
de température ; car le calorique, si on le regarde
comme une substance matérielle, n'aurait pas
trouvé d'espace où il pût se loger. S'il n'est, au contraire, qu'une espèce de vibration, il n'eût pas été
possible ; des atomes dénués de mouvement libre
n'auraient jamais vibré, car l'acte de la vibration
entraîne nécessairement un changement de place.

30. IMPÉNÉTRABILITÉ. L'existence de cette propriété résulte nécessairement du fait incontestable
que deux corps ne peuvent occuper le même espace en même temps.

31. Les atomes de matière, qu'ils soient disposés de manière à constituer des gaz, des liquides

ou des solides, sont impénétrables. La nature paraît leur avoir départi cette propriété dans sa sagesse, afin d'éterniser ses œuvres, et de les mettre à l'abri de dépérissement et d'altération. En effet, quoique au premier coup d'œil la matière semble disparaître dans beaucoup de circonstances, telles que la combustion et l'évaporation, il n'en est pas moins vrai, comme la chimie le prouve d'une manière positive, qu'elle n'est pas susceptible de destruction, et que les atomes primitifs n'en existent pas moins, quoiqu'ils se présentent sous des états différens.

32. D'après ce que nous venons de dire, l'impénétrabilité est inséparable de l'idée d'atome élémentaire, mais ne peut pas s'appliquer aux agrégations ou masses. En effet, un fluide ou un solide peut s'incorporer avec d'autres corps, sans éprouver aucun changement de dimensions, mais dans ce cas les interstices reçoivent la nouvelle matière qui en accroît la densité. Ce phénomène se présente tous les jours en chimie. On le désigne par le nom de *pénétration*. Si, par exemple, on mêle deux pintes, l'une d'eau, l'autre d'huile de vitriol, on n'en obtient pas deux de mélange. La densité du composé augmente en conséquence, et le fait dans la même proportion que le volume diminue. Il en est de même de deux quantités égales d'eau et d'esprit de vin qu'on mêle ensemble ; elles ne donnent pas un volume double, quoique du reste leur poids pris en masse ou séparément ne change pas. Le phénomène est d'une haute impor-

tance, car il présente, ainsi que nous le verrons par la suite, une difficulté pratique considérable à obtenir des résultats aérométriques qui soient exacts. Le diagramme suivant fera mieux comprendre en quoi consiste le phénomène.

A

o o o o o
o o o o o
o o o o o
o o o o o

B

+ + + + +
+ + + + +
+ + + + +
+ + + + +

C

+ o + o + o + o + o
o + o + o + o + o +
+ o + o + o + o + o
o + o + o + o + o +

Si l'on suppose qu'A et B représentent respective-ment les atomes d'eau et d'alcool, et C leur mélange, on trouvera que comme ils sont plus rapprochés, les dimensions du mélange doivent être inférieures à la somme de celles des deux liquides pris isolé-ment.

33. La polarité, ou pouvoir d'arrangement, doit être regardée comme une propriété inhérente aux atomes de matière. Chaque corps aurait en consé-quence une structure qui lui serait particulière. Un morceau de fer, d'étain ou de tout autre métal, pré-sentera toujours les mêmes arrangemens et dispo-sition de parties ou, comme on dit quelquefois, le

même grain. C'est d'après ce principe qu'on explique les phénomènes de la cristallisation. On peut rapporter à la même propriété modifiée par la force relative de cohésion, la différence que présentent les corps sous le rapport de la dureté, de la malléabilité, de la ductilité, de l'élasticité, de la fragilité, etc. On peut imaginer, par exemple, que lorsque les molécules des corps sont disposées sans ordre, elles ne peuvent opposer aucune résistance au mouvement qui leur est imprimé dans une direction quelconque; mais que quand elles sont régulièrement arrangées les unes à l'égard des autres, un changement de forme doit les déplacer de manière à accroître la distance de tout une rangée à la fois, et que par là elles peuvent être mises à même de présenter plus de résistance à ce changement, de même qu'un régiment discipliné est capable d'en opposer beaucoup plus qu'une multitude désordonnée.

Avant de passer à l'examen de la constitution élémentaire de différens corps, il est nécessaire de se familiariser avec les effets de cette force universelle qui régit toute la matière et porte le nom d'attraction.

Attraction.

34. L'attraction peut être considérée sous plusieurs modifications, non qu'elle soit d'elle-même une puissance variable et inconstante, mais parce qu'elle présente divers phénomènes, suivant les

circonstances et les temps où elle agit. La nature et l'origine de cette force nous sont entièrement inconnues, mais on a découvert quelques unes des lois auxquelles elle obéit, et on les a successivement appliquées à la recherche des phénomènes.

35. Le tableau suivant montre les diverses espèces d'attraction que nous devons étudier.

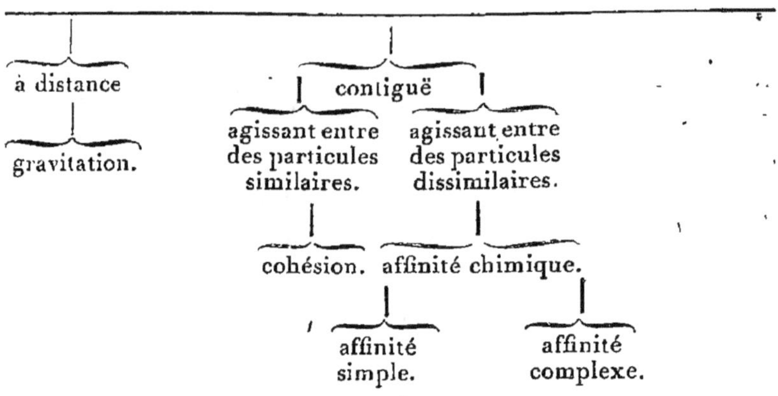

36. On peut définir l'attraction, une force qui tend à approcher les corps placés à distance, et maintient en contact apparent ceux qui sont contigus.

37. Elle porte le nom d'ATTRACTION OU GRAVITATION, lorsqu'elle s'exerce sur de grandes masses placées à des distances sensibles, et prend celui d'*attraction contiguë* quand elle agit sur les atomes des corps qui se trouvent à des distances insensibles. Cette dernière reçoit une dénomination distincte, suivant qu'elle agit sur des molécules similaires ou hétérogènes. Dans le premier cas, lorsqu'elle opère par exemple sur des molécules de marbre,

elle prend la dénomination d'ATTRACTION, d'AGRÉ-
GATION ou cohésion, attendu que son effet est de
produire une masse; dans le dernier cas où elle
réunit des molécules de nature différente, comme
celles d'un acide et d'un alcali ou d'une terre, elle
se nomme AFFINITÉ CHIMIQUE; elle donne pour résultat un corps nouveau. Il est nécessaire d'étudier
les lois que suivent ces forces et les phénomènes
qu'elles présentent, car elles sont la base de toutes
nos connaissances sur la composition et les propriétés de la matière.

Gravitation.

38. Cette force agit sur des corps éloignés les
uns des autres, en raison directe de la quantité de
matière, et en raison inverse du carré de la distance. C'est cette puissance qui maintient la lune
dans son orbite, règle le mouvement des planètes autour du soleil, et précipite tous les corps
vers le centre de notre globe, ou perpendiculairement à sa surface.

La pesanteur varie suivant les lieux.

39. Puisque la force de gravitation est proportionnelle à la quantité de matière, elle doit, attendu la forme globulaire de la terre, agir suivant
une ligne qui passe par le centre de cette planète;
la plus longue qu'on puisse tirer est un diamètre,
elle doit par conséquent traverser la plus grande
quantité de matière qui est contenue dans une

direction donnée, comme l'indique plus clairement la figure.

40. Comme la gravité d'une masse n'est que la somme de celle de ses molécules, on peut l'employer comme l'expression de la quantité de matière. D'après cela la théorie de la balance devient toute simple (1). Puisque, comme nous venons de l'établir, la matière gravite avec une force qui diminue comme le carré de la distance augmente, il est clair que le poids d'un corps ne peut être le même dans tous les lieux et toutes les stations. Leslie a constaté qu'un morceau de plomb qui pèse mille livres à la surface de notre globe, en perd deux, ainsi que l'indique un ressort en spirale, si on le porte à la cime d'une montagne de 6437 mètres de haut : si on pouvait le descendre à la même profondeur dans les entrailles de la terre, il en perdrait une. La même masse, transportée d'Édimbourg au pôle, en gagnerait trois ; mais, prise à l'équateur, elle éprouverait une perte de quatre livres et un quart ; elle serait par suite de l'ellipticité de la terre moins exposée à l'action de la masse générale qui agit sur elle. (2)

----

(1) On regarde généralement la pesanteur et la gravité comme une et même chose. Quelques physiciens cependant distinguent la dernière comme qualité inhérente au corps, et la première comme cette même propriété qui s'exerce suivant sa tendance naturelle.

(2) La force centrifuge peut également contribuer à cet effet.

41. Il résulte de là que la quantité des corps
que nous employons dans nos diverses opérations
se détermine avec plus d'exactitude par leur force
de gravitation, ou poids. Il est par conséquent nécessaire d'adopter une unité de comparaison qui
puisse exprimer les rapports qu'ils ont entre eux ;
mais elle a toujours été prise d'une manière arbitraire; aussi les poids et mesures des différens pays
et des divers siècles se trouvent-ils variables et pré-
caires. On se sert généralement aujourd'hui de
deux espèces de poids : le poids *troy* et le poids
avoir-du-poids. Le premier, qui est d'origine nor-
mande, sert pour l'évaluation de l'or et de l'argent,
et la composition des médecines. Le dernier, qui
paraît dû aux Romains, est plus universel, et s'emploie pour toute espèce de marchandises. Le tableau
suivant indique la division de la livre troy, ou la
livre d'apothicaire, et celle de la livre avoir-du-
poids.

Poids troy.

Livre.	onces.	drachmes.	scrupules.	grains.
1 =	12	= 96	= 228	= 5760
	1	= 8	= 24	= 480
		= 1	= 3	= 60
			1	= 20

Avoir-du-poids.

Livre.	onces.	drachmes.	grains.
1 =	16	= 256	= 7000
	1	= 16	= 437,5
		1	= 27,935.

2 *

La livre s'exprime ordinairement par le signe lb, et ses subdivisions par les symboles suivans; savoir :

Le signe ℥ représente une once; si l'on supprime la partie supérieure, et qu'on commence en A, elle indique un drachme, et un scrupule si on ne conserve que la partie inférieure BC. Le grain s'exprime par la contraction *gr*. L'usage de ces symboles dans les prescriptions médicales a été souvent condamné comme sujet à occasionner des erreurs; on dit que les caractères qui désignent l'once et le drachme se ressemblent trop pour qu'on ne les confonde pas l'un avec l'autre. « Un coup de plume de trop peut tuer le malade, et un de moins prescrit une médecine sans effet. » Pour obvier à cette objection, on a recommandé d'employer les mots contractés *onc.*, *dr.*, *scr.*; mais ces contractions sont sujettes aux mêmes inconvéniens.

42. Il est très commode dans les expériences chimiques de n'employer qu'un système de poids. Le grain mérite la préférence. On a cherché à déterminer le plus grand nombre de poids qui sont nécessaires dans ces recherches; mais, comme on l'a observé avec raison, on doit s'attacher à celui qui est le plus commode, pour procéder avec exactitude et célérité. L'erreur de l'ajustement est la moindre chose quand il n'y a qu'un poids dans le plateau, c'est-à-dire qu'un poids simple de cinq grains présente la même incorrection qu'un de trois et un de deux, mis dans le plateau pour remplacer celui de cinq, attendu que chacun des derniers comporte son

propre défaut d'ajustement. L'assortiment de poids le plus commode pour le laboratoire est celui qui répond à notre système numérique : ainsi 1,000, 900, 800, 700 grains, etc., jusqu'à $\frac{1}{10}$ de grain. De cette manière, le chimiste aura toujours le même nombre de poids dans ses balances, qu'il y a de figures dans le nombre qui exprime le poids en grains ; ainsi 742,5 seront contrebalancés par les poids 700, 40,2 et $\frac{1}{10}$.

43. Il est évident que toutes les unités de poids sont purement arbitraires, et que, si elles venaient à se perdre par un accident quelconque, il serait impossible de les renouveler ; car, puisque la série totale avait pour base le poids d'un certain nombre de grains de froment, il n'est pas possible qu'on pût découvrir la quantité initiale avec assez d'exactitude pour que la variation, quelque petite qu'elle fût, n'entraînât pas dans sa répétition, des résultats funestes. Afin d'établir des unités de poids exactes et uniformes, il faut recourir à la mesure ; car il est presque impossible de réduire un corps quelconque en poids, sans avoir égard à ses dimensions. Les termes *livre* et *once* ne donnent aucune idée spécifique de la grandeur de leur poids, aux personnes auxquelles ils sont étrangers. Si l'on établit que quatre pouces cubes de fonte de fer d'une densité particulière sont égaux en poids à une livre, ou qu'un pied cube d'eau distillée ou de pluie pèse mille onces, ces poids peuvent alors être immédiatement formés par toute personne qui a des

mesures. Un étalon de mesure linéaire devient ainsi un objet de la plus haute importance. On a proposé deux moyens d'obtenir des étalons naturels et invariables. L'un est fondé sur le mesurage d'un degré du grand cercle de la terre, l'autre sur la longueur du pendule vibrant des secondes. Le premier a été adopté et exécuté en France; et comme on rencontre fréquemment dans les ouvrages des nombres décimaux, nous exposerons succinctement la méthode à l'aide de laquelle on a déterminé l'unité sur laquelle ils reposent. On s'assura par les observations les plus pénibles et les plus exactes, et continuées l'espace de plusieurs années par les premiers mathématiciens français, que le quart d'un méridien qui s'étend d'un pôle à l'équateur mesure 5,130,740 toises, et on adopta la dix-millionième partie de cette quantité pour unité ou mètre, dont on déduisit toutes les autres mesures grandes ou petites. Il croît par décimales; ainsi, en multipliant par le décamètre, on a le kilomètre, le myriamètre, etc. On verra la valeur de ces mesures comparativement à celles dont on fait usage en Angleterre, en consultant la table insérée dans l'appendice.

44. La manière d'employer un pendule pour obtenir un étalon est très simple; car on a constaté que les étoiles accomplissent régulièrement une révolution apparente autour de la terre en vingt-trois heures cinquante-six minutes. Si donc on fixe un petit télescope immobile vis-à-vis d'un mur dans une

direction telle, qu'une étoile brillante puisse se voir à travers, cette étoile passera le télescope une fois dans cet intervalle, et si l'on a tout auprès un pendule qui batte les secondes, il indiquera le temps où se fait le passage de l'étoile, pourvu que le pendule soit en ligne droite, sinon il faut l'allonger ou le raccourcir, jusqu'à ce qu'il soit dans le cas dont il s'agit; ce qui, pour une même latitude, ne peut se rencontrer que lorsqu'il est d'une longueur particulière. Ainsi nous aurons un étalon de longueur définie, auquel on peut recourir en tout temps, et qui sera le mètre ou base d'après laquelle on construira les autres mesures. L'unité linéaire obtenue, celle des mesures solides ou de capacité, ainsi que les poids, s'en déduira nécessairement. On a choisi dans ce dernier cas l'eau de pluie pure, attendu que pour les mêmes températures, elle est moins sujette à des variations de densité que toute autre substance connue; un pied cube d'eau pure pèse environ 1000 onces, avoir-du-poids; cette mesure, ou le cube de la longueur du pendule, ou une partie aliquote de cette quantité, peuvent servir d'étalon ou de base pour former des poids plus gros ou plus petits. On peut, de cette manière, établir une série de mesures et de poids qu'il serait possible d'examiner ou d'ajuster avec un appareil de peu de dépense, et sans une grande perte de temps; tandis que les poids et mesures dont on se sert actuellement sont trop incertains pour qu'on puisse les regarder comme exacts, à moins qu'ils n'aient été vérifiés.

45. Le collége d'Édimbourg a également adopté le poids troy pour diviser les liquides ainsi que les solides, dans le dessein d'obvier aux erreurs qui naissent de l'usage confus des poids et mesures. A Londres et à Dublin, on mesure les liquides. Le collége de Londres fait usage de mesures dérivées du gallon de vin, qui se subdivise pour les prescriptions médicales de la manière indiquée dans le tableau, et avec les symboles qui suivent.

Un gallon (*congius*) cong...		huit pintes.
Une pinte (*octavius*) o...		seize onces fluides.
Une once fluide (*fluida uncia*) f. ℥	contient	huit drach. fluides.
Un drachme fluide (*fluida drachma*) f. ʒ		soixante minimes.
Un minime (*minima*) m...		

Table des sousdivisions du gallon de vin.

Gallon.	Pintes.	onces. fluides.	drachmes. fluides.	D'eau.	
				minimes.	grains.
1 =	8 =	128 =	1024 =	61440 =	58016
	1 =	16 =	128 =	7680 =	7272
		1 =	8 =	480 =	454,5
			1 =	60 =	56,8.

Le collége de Londres a introduit le *minime*, mesure qu'il a substituée à la goutte dont l'inexactitude était reconnue depuis long-temps.

46. Pour le jaugeage des liquides, on devrait toujours préférer les mesures de verre graduées, qu'on prendrait de différentes grandeurs, suivant les quantités. Dans les essais chimiques, les fluides se mesurent par pouces cubes, ou par once, mesures égales au volume d'une once d'eau. Le pouce cube pèse 252,72 grains d'eau à 18°.

47. Quoique la méthode de déterminer la quantité de matière par la balance fût connue et pratiquée dans les premiers âges du monde, cet instrument ne servit long-temps qu'à prendre les poids sans égard à la densité des corps. Il est cependant difficile de concevoir comment on ne s'est pas aperçu que des volumes égaux de diverses substances, telles; par exemple, que du bois et de la pierre, différaient essentiellement de poids entre elles (1). Ce ne fut que bien long-temps après qu'on appliqua cet instrument à l'explication des propriétés des corps, et qu'on découvrit les moyens d'évaluer ou d'exprimer ces différences.

De la pesanteur spécifique.

48. Le poids comparatif d'un corps forme ce qu'on appelle sa pesanteur spécifique, ou sa densité.

49. Ainsi on entend par ce terme le poids d'un corps comparé à celui d'un autre de même grandeur;

---

(1) On peut répéter ici que cela ne veut pas dire que les molécules élémentaires de ces corps diffèrent en poids.

mais pour se faire une idée exacte de cette quantité relative, il est nécessaire de prendre quelque
substance pour unité. Les physiciens des diverses
nations ont adopté l'eau distillée à la température
de $4°,5$; elle est la base de tous les calculs de pesanteur spécifique, et s'exprime par 1000. Ainsi,
si un pouce cube d'un solide quelconque pèse le
double d'un pouce cube d'eau, ce corps sera spécifiquement plus lourd que l'eau dans la proportion de deux à un. Sa pesanteur spécifique sera en
conséquence représentée par 2. D'un autre côté,
si son poids est égal à $2\frac{1}{2}$ pouces cubes d'eau, il
sera spécifiquement plus lourd que ce liquide dans
la proportion de $2\frac{1}{2}$ à 1. Dans ce cas sa pesanteur
spécifique sera exprimée par 2,5; les fractions l'é-
tant toujours par des décimales. L'acide sulfurique
du commerce le plus concentré a une densité d'à
peu près $\frac{9}{10}$ plus forte que celle de l'eau, et s'exprime par 1,85.

50. Il y a divers avantages à prendre l'eau pour
unité; un entre autres, c'est qu'un pied cube de
ce fluide pèse exactement 1000 onces, avoir-du-
poids; de sorte qu'il est aisé d'avoir le poids d'un
volume donné de matière dont la pesanteur spécifique est connue, attendu que les figures qui l'expriment, expriment aussi le nombre d'onces que
renferme un pied cube de la même substance; ainsi
cette quantité d'acide sulfurique pèse 1650 onces.

51. Il résulte de là que la pesanteur spécifique
n'est autre chose que la densité, et comme la na-

ture et les propriétés d'une multitude de corps ont avec elle un rapport intime, on voit quelle est son importance dans l'étude des substances naturelles ou artificielles. Supposons qu'un praticien ait reçu une parcelle de verre d'antimoine, et que d'après l'aspect grossier de quelques fragmens il soupçonne qu'il est mêlé de verre de plomb ; il n'a pour s'en assurer qu'à déterminer les pesanteurs spécifiques des deux corps ; car celle de l'oxide d'antimoine n'excède jamais 4,95, tandis que celle du plomb est de 6,95, ou en nombres ronds leurs densités sont entre elles comme les nombres 5 et 7. Il en est de même d'une solution officinale de potasse, si elle est trop étendue ; on découvre la fraude en prenant sa pesanteur spécifique, qui, dans ce cas, est au-dessous de 1,056. On peut ainsi, dans quelques occasions, arriver à un résultat qu'on n'obtiendrait autrement qu'après de longues recherches. On peut, par exemple, conclure avec assurance que la teinture *de muriate de fer* contient sa vraie proportion de péroxide de fer, quand sa pesanteur spécifique est de 0,994. En évaluant la force de nos préparations spiritueuses, la pureté de l'ammoniaque, la concentration des acides minéraux, on peut s'en rapporter aux indications que donne cette méthode. Les fabricans de sel d'Epsom, de La Rochelle, de Glauber, etc., n'ont pas d'autres moyens de déterminer la force des liqueurs qu'ils soumettent à la cristallisation.

52. Ce sujet n'est pas moins important pour

le pharmacien que pour le manufacturier. Il faut, dans la préparation des diverses espèces de médecine, qu'il se guide d'après les pesanteurs spécifiques des ingrédiens. Il lui sera, par exemple, impossible de régler la grosseur des pilules, s'il n'en tient pas compte; car, quoiqu'il puisse faire entrer six ou huit grains de mercure dans une pilule simple, le même poids de savon excéderait les dimensions usitées. Il en est de même lorsqu'on introduit des poudres dans les liquides; il faut se régler sur leur pesanteur spécifique.

53. Les divers changemens que les corps subissent par les combinaisons qu'ils forment les uns avec les autres, déterminent des variations de densité qui ne sont ni moins remarquables ni moins importantes. La pesanteur spécifique augmente ou diminue, suivant les circonstances. On a déjà remarqué, par exemple, que l'alcool et l'eau présentent, après qu'ils sont mélangés, un volume moindre que la somme des volumes respectifs qu'ils avaient d'abord. Nous verrons plus loin que ces phénomènes sont modifiés par la chaleur, et constituent une branche de recherches très importantes.

54. Divers organes du corps humain subissent aussi des altérations, soit par maladie, soit par développement naturel, qui accroissent leur poids absolu en même temps qu'ils réduisent leur pesanteur spécifique, et réciproquement; ces changemens sont pleins d'intérêt pour le physiologiste. Les organes pulmonaires sont, avant la naissance, d'une den-

sité si faible qu'ils peuvent plonger dans l'eau; mais les fonctions de la respiration n'ont pas plus tôt commencé, qu'ils s'enflent au point de flotter dans ce milieu, tandis que leur poids absolu, loin de diminuer, se trouve doublé par l'afflux du sang qui emplit leurs nombreux vaisseaux. Dans certaines maladies, au contraire, ces organes perdent une portion considérable de leur poids, et acquièrent un accroissement de densité. Il est également probable que certaines parties du corps éprouvent avec l'âge ce dernier effet. Si l'on formait des tables où l'on tiendrait un compte exact de ces augmentations, on en tirerait probablement des résultats physiologiques d'un grand intérêt. La connaissance de la pesanteur spécifique des fluides humains, dans les divers états de santé et de maladie, compléterait une lacune dans cette branche de science.

55. Pour déterminer la pesanteur spécifique d'une substance quelconque, il est évident, d'après la définition (48), qu'il suffit de prendre le poids d'un volume donné, et de le comparer avec celui d'un volume semblable du corps qu'on adopte pour unité. Si, par exemple, un cube d'eau pèse une once, et qu'un cube semblable de soufre en pèse deux, la pesanteur spécifique de l'un est à celle de l'autre comme 2 à 1; c'est la méthode que suivit Bacon dans la construction de sa table. Il prit un tube parfait d'or pur qui pesait une once, il en fit d'autres de mêmes dimensions avec diverses matières, les pesa les uns après les autres, et détermina

leur pesanteur spécifique. Il est évident que cette méthode, quoique exacte en théorie, n'en est pas moins inexécutable en pratique; qu'on ne peut qu'avec de grandes difficultés tailler des solides sur des dimensions parfaitement égales, tandis que, pour obtenir le poids comparatif d'un morceau de métal et de son volume d'eau, il serait nécessaire d'avoir une mesure exacte de sa capacité, de l'emplir un certain nombre de fois, ce qu'il serait difficile et même impossible d'effectuer avec précision et certitude. La chose est plus facile pour les liquides et certaines poudres. On verra plus loin que la méthode fondée sur ce principe est, de toutes, la plus avantageuse dans le cas dont il s'agit.

I. MÉTHODE DE DÉTERMINER LES PESANTEURS SPÉCIFIQUES DES SOLIDES.

1. *La pesanteur spécifique du corps est plus grande que celle de l'eau.*

56. C'est un axiome hydrostatique *que le poids que perd un corps entièrement immergé dans un fluide, est égal à celui d'un volume égal de ce fluide.* Cet axiome nous fournit une méthode simple et facile de prendre la pesanteur spécifique d'un solide quelconque, en le pesant, comme on dit, *hydrostatiquement*, c'est-à-dire en comparant la différence que présente son poids pris dans l'air et dans l'eau, et divisant le poids absolu par la différence; le quotient sera la pesanteur spécifique.

57. Quand on dit qu'un corps perd de son poids

dans un fluide, on n'entend pas par là que son poids absolu est moindre qu'il n'était auparavant, mais qu'il est en partie soutenu par la réaction du fluide, de manière qu'il faut moins de force pour le supporter.

58. L'instrument qu'on emploie pour faire cette opération s'appelle *balance hydrostatique.* B, C, D, *Pl.* 1, *Fig.* 3, est une balance; E un vase de verre d'environ six pouces de haut, qui contient de l'eau distillée ou de l'eau de pluie. Voici la manière de se servir de cet instrument: supposons que le solide, un morceau de soufre, dont on veut déterminer la pesanteur spécifique, est suspendu par un cheveu (1), un fil de soie ou autre au plateau C; on le pèse dans l'air; il donne 12 grains : si on le pèse de nouveau à la balance, et qu'on le plonge dans l'eau distillée à la température de 15°, comme le représente la figure, le plateau qui contient le poids, l'emporte. On ajoute à C un nombre de grains suffisant pour rétablir l'équilibre. Supposons qu'il en faille six; c'est l'équivalent du poids perdu dans l'eau. On divise alors le poids réel du corps dans l'air, savoir 12 grains, par la perte 6 grains, et l'on a 2 pour la pesanteur spécifique du corps.

59. Il est nécessaire d'éviter toute espèce de confusion dans la conduite d'une expérience de cette espèce; aussi je recommande à l'élève la méthode

____

(1) On recommande le cheveu, parce qu'il possède la plus grande force sous le plus petit volume, et qu'il n'absorbe pas une quantité d'eau sensible.

que je suis dans mes recherches; elle consiste à faire une croix, et à écrire les résultats aux angles alternatifs, comme on le voit dans le diagramme ci-joint, où les figures sont placées dans la position la plus commode pour les opérations de la soustraction et de la division.

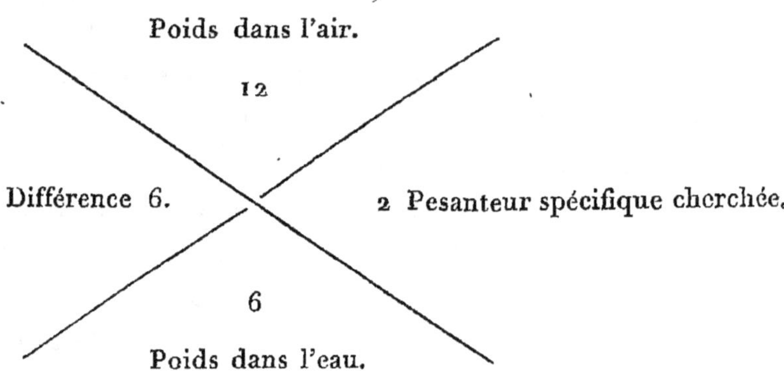

60. Il sera facile d'entendre la raison de ce procédé, en se rapportant à l'axiome d'hydrostatique qui est en tête de cette section (55). On détermine d'abord le poids du corps; on prend ensuite celui d'une portion d'eau distillée, de même volume; enfin, on les divise l'un par l'autre, et l'on a la pesanteur spécifique.

61. Ce procédé renferme plusieurs sources d'erreurs contre lesquelles il faut se tenir en garde. Il y a aussi des circonstances qui, si l'on n'en tient pas compte, ou si l'on ne s'en garantit pas, rendent l'expérience incertaine ou tout-à-fait impraticable. Nous allons les examiner successivement.

A. *Température et pureté de l'eau qu'on emploie.*

62. Si l'on n'emploie pas l'eau à la température de 15°, il ne faut pas s'attendre à obtenir de résultat rigoureux; c'est un fait confirmé par l'expérience, que la cinquième décimale change dans l'eau à tous les trois degrés du thermomètre. Il en est de même des sels, qui, en altérant sa pesanteur spécifique, affectent nécessairement l'exactitude de toutes les expériences.

B. *Vides accidentels, ou fissures, qui se trouvent dans la substance dont on cherche la pesanteur spécifique.*

63. Cette circonstance se rencontre plus souvent qu'on se l'imagine généralement, et l'on irait trop loin si l'on voulait expliquer les discordances que présentent les ouvrages par rapport aux pesanteurs spécifiques d'une foule de corps. Les pores, par exemple, rendent les substances plus légères. Il faut par conséquent avoir soin qu'aucune bulle d'air ne s'attache à la substance; car ce gaz tendrait à la soulever. Il est aisé de le détacher au moyen d'une plume.

C. *Solides sont trop petits pour être suspendus.*

64. On a recours, dans ce cas, à un vase de verre; on le suspend par un fil au crochet du plateau D, pl. 1, fig. 4, et on en prend le poids dans l'air; on place dedans la substance dont on veut avoir la densité, et l'on pèse de nouveau; le premier poids soustrait du dernier donne celui de la substance dans l'air. Cette opération terminée, il faut la répéter dans l'eau. On

prend à cet effet le poids du vase chargé dans le liquide, on ôte ce qu'il contient, on l'immerge et on le pèse seul (1); on soustrait le dernier poids du premier, la différence est celui du corps, pris dans l'eau. Ayant ainsi obtenu le poids du corps dans l'air et dans l'eau, on procède à la solution du problème de la manière qui a déjà été décrite (58).

D. *La substance à examiner est soluble dans l'eau.*

65. On chauffe modérément les corps de cette nature, et on les revêt d'une légère couche de cire fondue; on peut alors les plonger sans aucun risque dans l'eau distillée. On fait pour l'enveloppe une correction légère, attendu que sa densité approche beaucoup de celle de l'eau. On peut, dans quelques cas, peser la substance dans un fluide de densité connue dans lequel elle n'est pas soluble, telle que l'esprit de térébenthine, l'alcool, le naphte, etc., ou, si c'est un sel, dans sa solution saturée. On rapporte ensuite la pesanteur spécifique de ces milieux à celle de l'eau distillée, au moyen de la règle de proportion, et l'on dit : La pesanteur spécifique de l'eau est à celle de la solution employée, comme la pesanteur spécifique trouvée est à la véritable; et, puisque la pesanteur spécifique de l'eau est prise pour unité, il est évident qu'on n'a qu'à multiplier celle de la

---

(1) On abrége beaucoup cette partie de l'expérience en se servant de deux poids, dont l'un contrebalance celui qu'a le vase dans l'air, et l'autre celui qu'il a dans l'eau.

solution par la densité trouvée, pour obtenir le résultat qu'on veut avoir.

66. On peut trouver de la même manière, la pesanteur spécifique que prend un corps quand on le pèse dans un milieu autre que l'eau, savoir, en divisant sa pesanteur spécifique véritable par celle de ce milieu. Un corps, par exemple, dont la pesanteur spécifique et de 2,5 dans l'acide sulfurique, en donne une apparente de 1,333. Ainsi, $\frac{2,500}{1,875} = 1,333$; dans l'eau de mer (1,026) elle sera de 2,436. La connaissance de ce fait est très importante dans la pratique, attendu qu'elle met le chimiste à même de se servir en mer, de l'eau de l'Océan pour ses expériences, avec autant de facilité et d'exactitude que s'il en employait de distillée.

67. La solution du problème qui suit jettera peut-être plus de jour sur ce sujet. Un morceau d'opium du poids de 30 grains ne se trouve peser que 9,5 grains, lorsqu'il est plongé dans l'huile d'olive. Quelle est sa pesanteur spécifique?

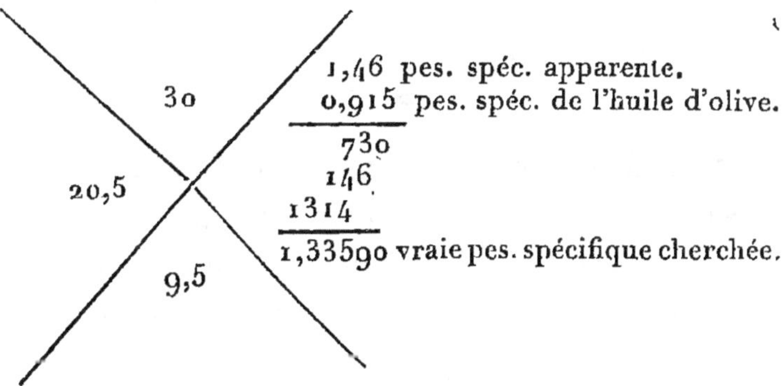

68. Il y a encore une autre méthode d'évaluer la pesanteur spécifique. Elle est fondée sur cette proposition : *un corps plongé dans un liquide, en déplace une quantité égale à son volume.* Si on introduit avec soin dans une bouteille d'eau, dont le poids est exactement connu, une centaine de grains de la substance dont on veut avoir la densité, on déplace une quantité d'eau égale en volume à ces cent grains. Si on prend alors la différence du poids, elle donnera la pesanteur spécifique de la matière soumise à l'examen. Supposons, par exemple, que la bouteille pèse 5o grains de plus que quand elle ne contenait que du liquide. Dans ce cas, 1oo grains de la substance n'en ont déplacé que 5o d'eau : en conséquence sa pesanteur spécifique est 2.

69. Ce fut par cette méthode qu'Archimède découvrit, dit-on, la fourberie d'un orfèvre qui, ayant reçu d'Hiéron, roi de Syracuse, une certaine quantité d'or pur pour faire une couronne, en avait soustrait une partie qu'il avait remplacée par de l'argent.

La pesanteur spécifique du corps est moindre que celle de l'eau.

70. Il est évident qu'on ne peut trouver la pesanteur spécifique d'une substance par les méthodes que nous venons de décrire, à moins qu'elle ne soit plus pesante que l'eau. Si elle est plus légère, qu'elle ne plonge pas, on la suspend conjointe-

ment avec quelque corps plus lourd. On détermine
d'abord le poids exact de la première dans l'air,
celui du second dans l'eau, et on les attache ensemble par un fil, sans toutefois les serrer de manière
que l'eau ne puisse pénétrer entre leurs surfaces
contiguës, et déplacer les bulles d'air qu'elles peuvent renfermer. Ainsi disposés, on les pèse dans le
liquide. Si le poids des corps réunis se trouve inférieur à celui que le plus lourd pèse seul, c'est que
celui-ci est en partie soutenu par la substance plus
légère à laquelle il est attaché. Si l'on soustrait
le poids du corps le plus léger de celui du plus
lourd, et qu'on ajoute le reste à celui du premier
dans l'air, on a le poids d'une quantité d'eau égale
en volume au corps le plus léger; il suffit alors
de diviser le poids de celui-ci dans l'air par la dernière somme dont nous avons parlé, pour obtenir
sa pesanteur spécifique. L'exemple qui suit rendra
ce procédé plus intelligible : Un morceau de bois
d'orme, qu'on a verni pour prévenir l'absorption
de l'eau, se trouve peser 920 grains dans l'air. Un
autre de plomb, qui lui sert de lest, pèse 911,7 gr.
dans l'eau. Tous les deux liés ensemble, et suspendus au crochet du plateau C à la manière ordinaire,
ne se trouvent plus peser dans l'eau que 331,7 gr.,
c'est-à-dire 580 de moins que le poids du plomb
seul; on ajoute par conséquent 580 à 920, poids
de l'orme dans l'air, ce qui présente la somme de
1500; enfin on divise 920 par 1500, et le quotient
0,6133 donne la pesanteur spécifique cherchée.

71. Ce problème est encore plus aisé à résoudre au moyen de l'appareil qui suit : Une petite poulie, qui se meut avec peu de frottement, est fixée au fond du vase d'eau, ou à un poids assez lourd pour la maintenir dans sa position. Le cheveu attaché à la substance passe au-dessous, et s'élève de manière que son extrémité opposée puisse s'accrocher à l'un des plateaux, tel qu'on le voit dans la *Fig. 5, Pl.* i.

A est le corps flottant dont on cherche la densité, B le vase d'eau, C la poulie située au fond, et D l'extrémité opposée du cheveu accrochée à l'un des plateaux de la balance.

On commence par peser la substance A à la manière ordinaire, et on la place dans le vase. On verse alors de l'eau jusqu'à ce qu'elle flotte et fasse prendre au fléau une position horizontale, après quoi on met des poids dans le plateau opposé jusqu'à ce qu'elle plonge ou descende sous l'eau ; supposons, par exemple, que le corps est un morceau de liége pesant 30 grains dans l'air ; il en faudra placer environ 150 dans le plateau opposé pour le faire trébucher. C'est une addition au poids primitif de 30 grains, qui fait 180 grains pour celui d'un volume d'eau égal à celui du liége. On divise alors le premier par le dernier, et le résultat fait voir que la pesanteur spécifique est négative ou inférieure à l'unité ; elle s'exprime en conséquence non par un entier, mais par le nombre fractionnaire 0,24.

72. On peut, dans ces recherches, classer les résultats qu'on obtient de la manière que nous avons

déjà recommandée (56), en ayant soin d'ajouter au lieu de soustraire la seconde charge. Ainsi :

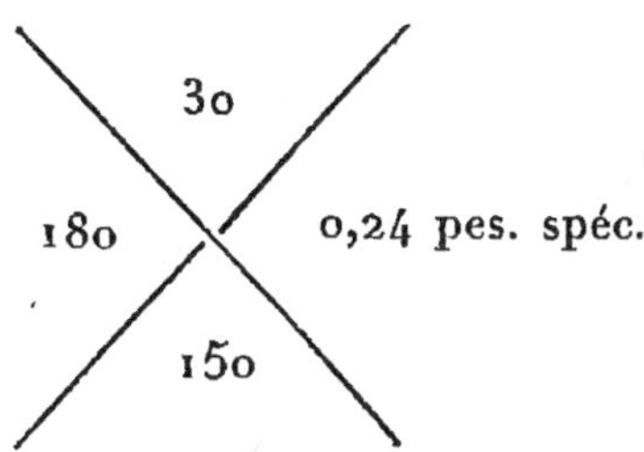

73. Le problème suivant éclaircira mieux la question. *Un morceau de potassium, pesant 30 grains, en demande 220 pour s'immerger dans le naphte; quelle est sa pesanteur spécifique?*

Voici de quelle manière il faut procéder pour le résoudre.

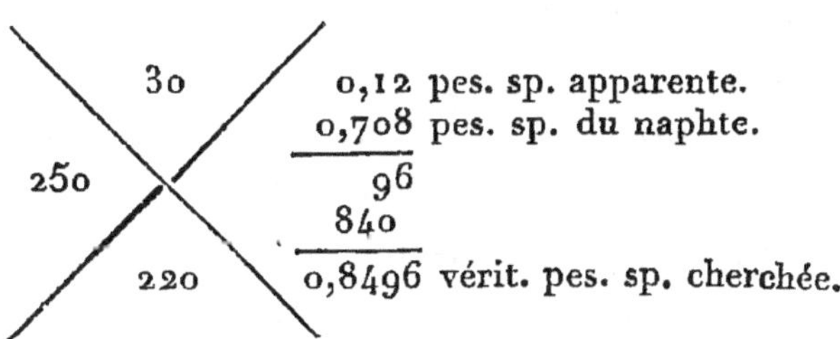

II. MÉTHODE DE DÉTERMINER LA PESANTEUR SPÉCIFIQUE DES FLUIDES.

74. Il y a plusieurs manières de résoudre ce problème, mais la plus commode et la plus exacte est sans contredit celle qui s'exécute avec l'appareil

qui suit (1) : c'est une bouteille de verre à long col, pourvue d'un bouchon creux et conique avec entaille ou dentelure (*Fig.* 6, *Pl.* 1), et qui reçoit le fluide surabondant qui s'échappe ; sans cette invention il serait difficile d'emplir une bouteille de liquide sans renfermer quelques bulles d'air.

Il faut noter avec exactitude le poids en grains de cette bouteille et de son bouchon, ou bien s'en procurer un qui lui fasse toujours équilibre. On l'emplit alors d'eau distillée à 15°, et l'on note avec soin son poids en grains ; si l'on veut prendre la densité de tout autre fluide, on n'a qu'à emplir la bouteille, déterminer exactement son poids, et diviser par celui de l'eau qu'elle contient : le quotient donnera la pesanteur spécifique cherchée. Supposons, par exemple, qu'on veuille trouver celle d'une solution de carbonate de potasse, que la bouteille qui sert à l'expérience en contienne exactement 1750 grains, et que la même quantité d'eau n'en pèse pas plus de 1425, il suffit dans ce cas de diviser la plus grande par la plus petite somme, et le quotient 1,222 sera la pesanteur spécifique cherchée. On peut faire cette expérience avec plus de facilité au moyen d'une bouteille à laquelle on a donné le nom de *bouteille de* 1000

---

(1) Lorsqu'on n'a pas cet appareil à sa disposition, on peut y substituer une fiole, pourvu que l'orifice en soit petit, et qu'on ait déterminé la quantité d'eau qu'elle est capable de contenir.

grains, et qui est pourvue d'un poids qui lui fait justement équilibre quand elle est pleine d'eau distillée à 15° centigrades; on n'a besoin avec cet instrument d'aucun calcul préliminaire. Il suffit de l'emplir du fluide qu'on veut éprouver, de le mettre dans un plateau de la balance, et de placer son contre-poids dans l'autre. Si le fluide qu'il contient est plus léger que l'eau, on est obligé d'ajouter, dans le plateau qui le supporte, un nombre de grains suffisant pour rétablir l'équilibre. On voit par là que la pesanteur spécifique du fluide dont il s'agit est *négative* ou moindre que celle à laquelle on la rapporte, et qu'il faut par conséquent l'exprimer par une fraction. Si le fluide est plus lourd que l'eau, la bouteille l'emporte, et l'on met dans le plateau opposé, des poids qu'il faut ajouter à celui du terme de comparaison. Si, par exemple, la bouteille était pleine d'éther sulfurique, il faudrait mettre 739 grains dans le même plateau pour rétablir la balance, et la pesanteur spécifique serait exprimée par 0,739. Si on l'emplissait d'eau de mer, qui est de 26 centièmes plus dense que l'eau distillée, il serait nécessaire de mettre dans le plateau opposé un peu plus d'un quart de grain qu'il faudrait, comme on l'a déjà expliqué, ajouter à 1,000 pour exprimer sa densité, qui serait alors 1,026. L'acide sulfurique, qui est encore plus lourd, demanderait 875 gr.; il faudrait en conséquence écrire 1,875.

75. On peut déterminer, à l'aide d'un procédé semblable, les pesanteurs spécifiques de certaines

poudres; il faut cependant avoir soin de les immerger de manière à ne laisser aucun interstice qui puisse altérer l'exactitude des résultats.

76. Un autre mode de prendre la pesanteur spécifique des fluides, est fondé sur le principe que nous avons exposé (53), *qu'un corps pesé dans un liquide y perd justement une partie de son poids qui équivaut à celui du volume qu'il déplace.* Ainsi il est clair que, si l'on a besoin de comparer la densité de deux liquides, il suffit de prendre un corps plus lourd que l'eau, et d'observer la perte qu'il fait dans l'un et l'autre : l'on a ainsi le poids comparatif du même volume qui est comme les pesanteurs spécifiques des fluides respectifs; mais comme celle de l'eau n'est pas, dans ce cas, exprimée par l'unité, il faut dire : *La perte de poids dans l'eau est à la perte de poids dans l'autre fluide, comme l'unité* est à un 4e terme.

En un mot, on divise la perte de poids du premier fluide par celle du poids dans l'eau, et le quotient exprime sa densité.

On se sert ordinairement pour l'expérience précédente d'une boule de verre en forme de poire, suspendue par un petit fil de platine (*Pl.* 1, *Fig.* 7). Si les dimensions en sont telles qu'elle perde exactement mille ou dix mille grains dans l'eau distillée, tout calcul devient inutile, attendu que la perte qu'elle éprouve par l'immersion indique d'un seul coup la pesanteur spécifique du fluide.

77. Les procédés que nous venons de décrire

sont employés dans toutes les recherches physiques, et peuvent servir à déterminer avec précision la densité d'un fluide quel qu'il soit; mais le commerce a besoin d'une méthode plus prompte et moins pénible. Les instrumens qu'il emploie portent le nom d'*aréomètres*.

78. L'aréomètre remonte à une haute antiquité. On a long-temps supposé qu'il fut inventé, vers la fin du quatrième siècle, par Hypacia, célèbre mathématicien d'Alexandrie ; mais Eusèbe Salverte a prouvé qu'il était dû à Archimède. Il se compose d'un tube gradué à une de ses extrémités, d'une boule qui contient un peu de mercure ou de plomb, qui sert à le tenir dans une position verticale. La pesanteur est indiquée par le trait que porte la tige, et auquel il s'affleure dans le fluide; trait qui doit être d'autant plus bas, que le liquide est plus léger. (1)

79. L'aréomètre de Baumé, dont on se sert depuis long-temps en France, est construit sur ce principe. L'appendice renferme une table pour évaluer les degrés de cet instrument en fonction de l'unité ordinaire de pesanteur spécifique.

80. Nous venons de considérer les nombres employés à indiquer la pesanteur spécifique d'ur

---

(1) La portion immergée d'un corps flottant est au corps total comme la pesanteur spécifique du corps est à celle de fluide. Il suit de là que si le même corps flotte sur deux fluides différens, les parties immergées seront en raison inverse de la pesanteur spécifique de ces fluides.

corps quelconque, comme ayant un rapport direct avec l'eau prise pour unité. Cette règle présente cependant d'importantes exceptions. En Angleterre et en Irlande, la pesanteur spécifique des esprits ardens s'exprime par d'autres termes, et les divers instrumens qui servent à la déterminer portent le nom de *pèse-liqueur*. Les degrés en sont calculés d'après la force d'un esprit arbitraire auquel l'Excise donna le nom d'*esprit de preuve*, et dont la densité est d'environ 0,933. Le rapport que toutes les liqueurs spiritueuses ont avec cet étalon s'exprime en disant qu'elles sont de tant au-dessus ou au-dessous de la preuve : ainsi, quand on dit qu'un esprit est de 20 au-dessus de preuve, on veut dire que cent pintes de ce liquide doivent être étendues de 20 d'eau pour se réduire à la force de preuve. On le regarde comme de 20 pour $\frac{0}{0}$ *en dessous de preuve*, quand la même quantité contient vingt pintes d'eau de plus que l'esprit de preuve.

81. La forme ordinaire de l'aréomètre, est indiquée (*Fig.* 8, *Pl.* 1), p est une boule creuse de cuivre, de la forme et de la grandeur à peu près d'un œuf de poule, et surmontée d'une échelle graduée i; k est un poids de laiton attaché par un fil à la partie inférieure de la boule, afin de tenir l'instrument vertical pendant qu'il flotte, et ajusté de manière que la boule ne s'élève qu'un peu au-dessus de la surface de l'eau distillée quand il est immergé dans ce liquide; m est le poids (il y en a plusieurs de différentes espèces) qui se fixe sur

une pointe adaptée au-dessus de l'échelle. Ce dernier abaisse l'instrument de manière que le point zéro au bas de l'échelle coïncide justement avec la surface de l'eau. Ainsi ajusté, s'il flotte dans un vase qui contient de l'esprit, ou tout autre fluide de moindre densité, et conséquemment plus léger que l'eau, il enfonce jusqu'à un certain point, et indique la différence par la surface du fluide qui baigne un point plus élevé de l'échelle. Si l'on place l'instrument dans un fluide plus dense, mais moins que l'eau, de manière que le poids m ne suffise plus pour abaisser l'échelle à la surface, on le remplace par un plus pesant.

82. La principale source d'erreurs que présente l'usage de cet instrument, tient à ce que l'esprit est susceptible de se dilater ou de se contracter par de légères variations de température qui influent sur sa densité (1). On ne remédie à cet inconvénient qu'en employant simultanément le thermomètre et l'hydromètre. Comme les divisions du second sont faites pour correspondre avec la densité des fluides à la température de 15° centigrades, le résultat obtenu à ce terme n'a pas besoin de correction. Mais, comme le pèse-liqueur doit servir dans toutes

---

(1) On a trouvé qu'un pouce cube de bonne eau-de-vie pèse 10 grains de plus en hiver qu'en été, ou que 32 pintes d'esprit, dans la première saison, en forment 33 dans la seconde. En sorte qu'il y a de l'avantage à acheter ces produits en hiver, et à les vendre en été.

les saisons, et qu'il est impossible dans un commerce étendu d'amener la température du fluide dont on prend la densité à une unité commune, on fait, suivant les cas, les corrections au moyen de tables, du calcul ou d'un changement de poids. On a en conséquence modifié l'instrument de diverses manières pour rendre l'opération plus facile.

83. Le pèse-liqueur de Clarke ne diffère, pour ainsi dire, du précédent, qu'en ce que les poids en sont nombreux et s'appliquent en k dans le fluide, au lieu de se placer en m. La douane s'en est servie long-temps; mais les inconvéniens qu'il présente le lui ont fait abandonner pour celui de Sikes, dont on fait généralement usage aujourd'hui. Cet instrument n'a que neuf poids qui s'appliquent sur la partie supérieure de la tige, comme dans la figure (81). Il porte un assortiment de tables ou une règle mobile qui sert à faire les corrections de température. L'échelle est divisée en dix parties principales, dont chacune se subdivise en cinq, et remplit, par l'application successive des poids, l'intervalle qui sépare la force de l'alcool pur de celle de l'eau, chaque poids équivalant à dix divisions principales. Ce pèse-liqueur, avec le poids marqué 60, comme en k sur la tige inférieure, est ajusté de manière à affleurer le trait p de l'échelle, lorsqu'on le place dans l'esprit de preuve à la température de 10° 5, et à s'enfoncer au même point dans l'eau distillée prise au même degré pour l'addition du poids carré sur le sommet. Celui-ci, étant justement le 12e du

poids total du pèse-liqueur muni de son poids,
n° 60, indique sur l'échelle la différence qu'il y a
entre l'eau et l'esprit de preuve, dont le dernier
doit peser exactement les $\frac{12}{13}$ d'un égal volume d'eau
distillée.

84. Il existe une autre difficulté qui s'oppose à
l'exactitude des résultats que donne le pèse-liqueur.
Elle tient à ce fait, que la pesanteur spécifique des
mélanges est rarement la moyenne de celles des
ingrédiens dont ils se composent (32). Si on prend
100 pintes d'esprit-de-vin, à 66 au-dessus de la
preuve, qu'on les étende de 66 d'eau pour les ramener à ce terme, le mélange, au lieu de produire
166 pintes, ne donne que 162.

85. Le pèse-liqueur de Jones est encore plus
simple que ceux que nous avons décrits; il n'a
que trois poids, et porte un thermomètre dont
l'échelle donne à vue la correction qu'il faut faire
pour la température et la pénétration, ou incorporation des fluides.

86. Les fabricans de thermomètres de Londres
préparent de petites bulles de verre semblables à
des grains de chapelet, qui sont fermées hermétiquement, et de différens poids. Mises dans de l'eau-
de-vie ordinaire du commerce, les unes flottent,
les autres s'enfoncent dans ce liquide : on en détermine la pesanteur spécifique, et on la marque
sur chacune d'elles au moyen d'un diamant; elles
deviennent ainsi des instrumens très utiles pour
essayer la force comparative des esprits. Si l'une

d'elles s'affleure dans une bonne eau-de-vie, elle plonge dans celle qui est encore plus forte, et flotte sur celle qui l'est moins. Les nombres 5, 10, 15, etc., marqués sur ces bulles, indiquent la force des esprits comme le pèse-liqueur; mais elles ne sont pas aussi exactes, à moins qu'on ne les emploie avec un thermomètre à la température où elles ont été formées primitivement; elles donnent cependant des indications qui en général suffisent au commerce.

87. Ces bulles sont très commodes dans les circonstances où l'on veut prendre la densité d'un fluide à la température de l'ébullition. M. London, qui purifie le sel de roche, a eu l'idée ingénieuse d'en employer simultanément deux de différentes densités, au moyen desquelles il détermine promptement si sa liqueur saline a le degré de concentration nécessaire; car si la lessive est trop étendue, elles tombent l'une et l'autre au fond, et surnagent si elle est trop dense. Quand la plus lourde tombe et que l'autre flotte, c'est que la liqueur a la densité moyenne qu'il demande.

88. Nous donnerons les moyens de déterminer la pesanteur spécifique des gaz quand nous serons plus familiarisés avec les manipulations que demande la préparation de ces corps.

On trouvera dans l'appendice une table des pesanteurs spécifiques de ces diverses substances qu'il est plus important de connaître.

ATTRACTION CONTIGUË.

89. Nous avons jusqu'ici considéré l'attraction comme s'exerçant sur des *masses* de matière à des distances inappréciables : il nous reste à examiner son influence sur les atomes des corps placés à des distances insensibles les uns à l'égard des autres. Lorsqu'elles sont similaires, la puissance dont il s'agit ne produit qu'une simple agrégation; mais quand elles sont dissimilaires, elle donne naissance à des productions nouvelles et variées à l'infini.

COHÉSION.

Attraction d'agrégation. — Affinité de cohésion. — Attraction moléculaire. — Affinité homogène.

90. On peut définir l'attraction, une force ou puissance en vertu de laquelle les molécules ou atomes de matière de même *espèce* s'attirent et produisent un agrégat ou masse.

91. Cette force varie suivant les corps, et même suivant les états où ceux-ci se trouvent. Elle s'exerce avec la plus grande intensité dans les solides; elle agit avec moins d'énergie dans les liquides, mais il est douteux qu'elle existe dans les fluides aériformes; ainsi l'eau à l'état solide possède une cohésion considérable qui diminue beaucoup lorsqu'elle passe à l'état liquide, et disparaît aussitôt qu'elle se transforme en vapeur.

92. La force de cohésion se mesure dans les solides, par le poids qu'il faut employer pour les

rompre ou pour les séparer. Ainsi le fer est compo-
posé de molécules qui adhèrent avec une telle force
entre elles, que si on suspend une tige de ce métal
dans une direction perpendiculaire, il faut pour la
rompre, la charger d'un poids énorme à son extrémité inférieure ; une petite force suffit pour vaincre
la cohésion du plomb, et une plus faible encore
pour séparer les molécules de craie. On doit à Mus-
chenbroeck la série d'expériences la plus complète
qui ait été faite sur ce sujet, et qui l'a mis à même
de construire une table des degrés relatifs de cohésion que possèdent différens corps.

93. On a dit que la puissance vitale modifiait la
cohésion comme elle modifie toutes les forces physiques. Cette assertion ne peut se soutenir que
pour la structure musculaire. De nombreuses expériences ont démontré qu'il existe un plus grand
degré de cohésion entre les molécules de la fibre
musculaire durant la vie, qu'immédiatement après
la mort. Gilbert Blane a fait celle qui suit, sur le
muscle flexeur du pouce d'un homme qui n'était
expiré que depuis cinq heures, et dont les parties
étaient encore chaudes et flexibles. Il sépara toutes
les jointures, le tendon excepté ; il chargea celui-ci
d'un poids qu'il disposa de manière à agir dans la
direction naturelle, et il l'augmenta graduellement
jusqu'à ce que le muscle se rompit, ce qui arriva
lorsqu'il fut chargé de vingt-six livres ; tandis que
celui d'un homme du même âge, de même taille et
de même force que le sujet dont il s'agit, en soule-

vait aisément trente-huit par l'exercice volontaire du même muscle. Carlisle et Bichat ont fait. des remarques semblables; et l'on a observé que quand un vaisseau se rompt pendant la vie, c'est la partie tendineuse qui cède, tandis qu'à la mort c'est la partie charnue qui est constamment la plus faible.

94. La force de cohésion des liquides est démontrée par la figure sphérique qu'ils prennent quand ils traversent l'air ou qu'ils tombent en gouttes. Celles-ci sont sphériques, attendu que chaque molécule de fluide exerce une force égale dans toutes les directions, attire à elle les autres molécules qui se trouvent dans sa sphère d'activité; et l'on sait que l'équilibre des forces attractives ne peut avoir lieu que quand la masse a pris une forme globulaire : c'est à l'action de la même force qu'est due la propriété que possèdent tous les fluides de s'élever à une hauteur sensible au-dessus des bords des vases qui les contiennent, qu'ils soient de verre ou de métal.

95. La force de cohésion varie suivant les liquides comme suivant les solides. Les dimensions de leurs gouttes respectives doivent par conséquent varier aussi. Il serait donc extrêmement inexact de prendre dans tous les cas une goutte pour l'équivalent d'un grain (46); ainsi une goutte d'alcool, le dissolvant le plus commun dans les teintures, est non seulement plus légère, mais beaucoup plus petite qu'une goutte d'eau. Cette considération justifie l'introduction d'une mesure qui rem-

place le mode ordinaire de fractionner les liquides.

96. Il est difficile de mesurer directement la cohésion des liquides; mais il est évident, d'après ce
qu'on a déjà établi, qu'on peut tirer une approximation de la grandeur des gouttes, et de l'épaisseur
des couches liquides qui s'amoncellent sur une surface horizontale.

97. Comme l'attraction de cohésion ne s'étend
pas à une distance sensible (89), quand les parties
d'une substance, quelle qu'elle soit, sont séparées
ou rompues, il est difficile de les réunir. Cependant,
si l'on peut les amener à une approximation suffisante, l'affinité se développe et l'union s'opère.
Ainsi, deux balles de plomb, ayant chacune une
surface plane, d'un quart de pouce de diamètre et
bien unie, qu'on presse ensemble, adhèrent quelquefois d'une manière si intime, qu'il faut employer
une force de 100 livres pour les séparer. Comme la
constitution des liquides permet un contact plus
parfait, on peut en faire adhérer les portions séparées d'une manière encore plus intime. Si l'on
place, par exemple, deux ou plusieurs globules de
mercure sur un verre sec ou un plateau de terre,
et qu'on les pousse doucement l'un vers l'autre, ils
s'attirent réciproquement et forment une masse ou
sphère, dont le volume est plus considérable, mais
dont la nature est précisément la même. Si l'on
mouille préalablement ces globules, ils ne peuvent
plus se rapprocher; la couche d'eau s'y oppose, et
l'adhésion n'a plus lieu.

98. Cette force modifiée détermine l'ascension des liquides dans les petits tubes. Comme ce phénomène est plus sensible lorsque le calibre. des tubes n'excède pas celui d'un cheveu, on a donné à cette force le nom d'attraction capillaire; car la hauteur à laquelle le fluide s'élève dans les tubes est toujours en raison inverse de leurs diamètres. On explique ordinairement ce phénomène en attribuant la suspension de la petite colonne d'eau à l'attraction de l'anneau intérieur du verre qui est au-dessus. Mais, demande M. Leslie (1), pourquoi le cercle, situé immédiatement au-dessous du sommet de la colonne, n'attirerait-il pas également en bas ? Ces forces opposées produiraient un équilibre parfait; le liquide conserverait son niveau, et ne tendrait pas à s'élever dans le tube. La principale difficulté que l'on éprouve à rendre compte de la manière dont la capillarité s'opère, continue ce savant, tient au préjugé qu'il est nécessaire d'admettre une attraction verticale pour expliquer l'élévation du liquide. Il est cependant probable que ce n'est pas dans cette direction que la force se développe; car le verre n'agissant qu'à une distance extrêmement faible, son action doit se disperser sur la surface intérieure du tube, et par conséquent s'exercer *latéralement*, ou à angles droits sur les côtés. Il n'est pas difficile de concevoir comment une action, quoique latérale, peut déterminer l'as-

---

(1) *Élémens de Physique naturelle.*

cension perpendiculaire ; car une propriété fondamentale des fluides, c'est qu'une force imprimée
dans une direction peut également se propager dans
toutes. La tendance du liquide à approcher du
verre l'oblige donc à se disperser dans la cavité
intérieure du tube, et par conséquent à monter.

99. L'action capillaire ne se borne pas aux tubes
de verre ; elle s'étend à toutes les substances couvertes de pores ou criblées de fissures et d'interstices. C'est elle, par exemple, qui fait monter l'eau
dans le sucre, le sable, le liége, les éponges, etc.

100. La capillarité est un phénomène des plus
intéressans pour le physiologiste. C'est sur elle que
reposent les fonctions du système vasculaire excré-
toire des plantes et des animaux. Les pores de la
peau humaine n'eussent-ils, dit Leslie, qu'un $\frac{3}{1000}$ de
pouce de diamètre, ils suffiraient encore pour porter la lymphe à 120 ou à 10 pieds, hauteur bien supérieure à celle qui est nécessaire, quel que soit
l'individu. Le rejet de la matière transpirable, qui
s'opère par les bouches extérieures, doit occasionner un écoulement continuel des troncs inférieurs
et plus larges des vaisseaux capillaires, mouvement
que favorise sans doute une suite de contractions
et de dilatations alternatives qui s'étendent à travers
leur structure musculaire. Les feuilles des arbres,
des plantes élevées, en doivent avoir encore de plus
petits qui n'excèdent pas peut-être un dix millième
de pouce. L'humidité est remplacée à mesure qu'elle
se disperse dans l'atmosphère par la séve que four-

nissent les racines. Hales a essayé de démontrer là puissance du principe végétatif, en mesurant là force avec laquelle elle fait son ascension dans les nombreux vaisseaux d'une plante qui végète ; mais l'expérience répétée sur une branche morte donne le même résultat, si l'évaporation de la surface extrême est suffisamment abondante.

101. La cohésion intéresse spécialement le chimiste, attendu qu'elle s'oppose continuellement à l'action de l'affinité. Les molécules sont d'autant moins disposées à entrer dans de nouvelles combinaisons, qu'elles sont plus fortement contenues par cette puissance. On a recours pour la vaincre à plusieurs opérations mécaniques, telles que le râpage, la mouture, la pulvérisation, qui la disposent à céder à l'affinité. La chaleur (1) la modifie également; aussi l'applique-t-on dans une foule de circonstances. On pourrait dire que, sous ce rapport, l'estomac ressemble à un laboratoire; car, lorsque les alimens ne sont pas parfaitement divisés par la mastication, ils se digèrent lentement et mal. Les dents sont dans l'économie animale ce qu'est le mortier dans le laboratoire.

102. Entrons dans quelques détails sur la na-

---

(1) C'est par cette raison qu'une goutte de liquide varie de dimensions à diverses températures, fait qui ajoute à la difficulté de les faire servir à la mesure de quantité. Ce principe nous met à même d'apprécier les effets que produit la température dans les fonctions animales.

ture et l'importance de la division et de la séparation. La première comprend la *pulvérisation*, la *trituration*, le *broyage*, la *granulation*, le *râpage*.
La seconde renferme le *tamisage*, le *lavage*, la
décantation, la *filtration*, l'*expression*, la *coagulation* et la *défécation*.

103. La pulvérisation, ou l'art de réduire en
poudre des substances friables et cassantes, s'éxé-
cute généralement au moyen de *pilons* et de *mortiers*.

104. On fait ces instrumens de diverses matières, suivant la nature de la substance sur laquelle ils doivent agir. L'objet essentiel est qu'ils
résistent à la pression mécanique, et à l'action chimique des corps qu'ils contiennent. Le bois, le fer,
le marbre, les pierres siliceuses, la porcelaine, l'argile et le verre, sont en général les substances dont
on les confectionne. Si l'on se propose d'exposer
une matière astringente à leur action, il faut éviter d'employer un vase de fer, autrement elle se
combinerait avec le métal. Si, par exemple, on préparait la *confection de rose* dans un mortier de fer,
elle deviendrait noire comme du jais. Les substances
qui contiennent du calomel doivent être pilées dans
un mortier de verre ou de terre. Un vase de fer,
de plomb ou de cuivre les décomposerait. Les mortiers métalliques ou de marbre ne doivent pas non
plus être employés pour les substances acides.

105. Il est également nécessaire d'en avoir de
diverses grandeurs. Les plus considérables sont ordi-

nairement de fonte, et munis d'un couvercle de bois (*Fig.* 9, *Pl.* 1), percé d'un trou dans lequel joue le pilon, mais dont il remplit presque toute la capacité. De cette manière rien ne s'échappe, et l'ouvrier est à l'abri des émanations. Un mode plus sûr encore est d'attacher autour du trou et du pilon un morceau de cuir flexible, de manière que celui-ci puisse se mouvoir librement. Les substances âcres et pénétrantes, telles que l'euphorbe, les cantharides, exigent d'autres précautions : on se couvre la bouche, le nez d'un linge humide, et on tourne le dos à un courant d'air qui entraîne la poussière qu'elles dégagent. On attache souvent le pilon à l'extrémité d'un levier de bois flexible placé horizontalement : il se relève à chaque coup en vertu de son élasticité, et la fatigue diminue d'autant.

106. Les mortiers les plus utiles pour les petits articles et la préparation des médecines, sont ceux de porcelaine. Ils sont durs, unis, et résistent à l'action des réactifs.

107. Quelle que soit la nature de ces instrumens, ils doivent être arrondis au fond comme une sphère creuse, et avoir les parois inclinées de manière que les substances qu'ils contiennent ne s'entassent pas sous le pilon au point d'en atténuer l'effet. La même raison exige qu'on n'opère pas sur une trop grande masse à la fois. Il faut de temps à autre enlever ce qui est réduit en poudre, et le passer au *tamis.*

108. Dans plusieurs circonstances, le corps à

broyer demande un traitement préalable pour devenir susceptible d'obéir à l'action du pilon ; ainsi les matières végétales ne se pulvérisent qu'après avoir été desséchées ; le bois, les racines, les écorces, que lorsqu'ils ont été râpés ou coupés en morceaux. Il est nécessaire de trancher suivant la diagonale les racines qui sont très fibreuses, telles sont celles du gingembre, afin de prévenir tout dépôt filamenteux. Il faut profiter du froid pour opérer sur les substances résineuses qui se ramollissent à une température médiocre, et ne les travailler qu'à petits coups ; autrement elles ne se pulvérisent pas, mais se convertissent en pâte.

109. L'addition de quelques corps étrangers accélère et facilite quelquefois la pulvérisation d'un solide ; de là l'aphorisme pharmaceutique de Gaubius : « *Celerior atque facilior succedat composita quàm simplex pulverisatio.* » Quelques gouttes d'esprit favorisent celle du camphre, le sucre celle des substances aromatiques huileuses, des amandes, des muscades, etc. C'est sur le même principe que repose la trituration de l'aloës, qu'on mêle avec du sable blanc dans la préparation du *vinum aloës*, afin d'empêcher que les particules ne se prennent en masse. Les métaux qui ne sont pas assez friables pour se pulvériser, mais qui sont trop ductiles pour se limer, le zinc par exemple, cèdent à l'action du pilon, si on les traite à chaud dans un mortier de fer chauffé. On peut les rendre cassans en les alliant avec du mercure ; mais on a rarement recours à ce

procédé, attendu que les préparations pharmaceutiques n'exigent pas qu'ils soient réduits à l'état de poudre très fine.

110. Il est important de connaître à quel degré de ténuité il faut réduire une substance, afin d'en obtenir le maximum d'effet. J'ai tâché d'établir quelques préceptes pour servir de guide au praticien. (1)

111. La *trituration* n'est qu'une plus grande pulvérisation. Elle s'effectue en imprimant un mouvement de rotation au pilon, et s'exécute dans des mortiers de porcelaine ou de verre. Dans les pharmacies ou les fabriques de produits chimiques, on a recours (*Fig.* 10, *Pl.* 1) à de grands rouleaux de pierre dure qui tournent l'un sur l'autre comme dans un moulin à blé, ou à un rouleau vertical qui tourne sur une pierre plate.

112. Le *broyage* est un procédé semblable au précédent, à cela près que l'action du pilon est favorisée par l'addition d'un liquide, dans lequel le corps sur lequel on agit n'est pas soluble. On fait ordinairement usage d'eau, d'esprit, et quelquefois de matières grasses et visqueuses, telles que du miel, du lard, etc. On étend la substance sur une table de porphyre ou toute autre pierre dure, et on la broie avec une molette de même matière, *a, a* (*Fig.* 11, *Pl.* 1), et de forme pyramidale ou en partie sphérique. On se sert d'une spatule mince d'ivoire, de

---

(1) *Pharmacologia*, sixième édition, art. *Pulvéres.*

corne, de bois ou de fer, pour rassembler les matières que la molette disperse. Il est des cas cependant où l'opération peut se faire dans un mortier de pierre ordinaire, mais avec moins de facilité que par la première méthode, où l'égalité des deux surfaces ne permet pas à la pâte de se soustraire à la pression.

113. La *granulation* a pour but la division mécanique des métaux et du phosphore. On y procède en versant le métal fondu dans l'eau, ou en l'agitant dans une caisse jusqu'au moment de la congélation, qu'il se convertit en une poudre grossière. La granulation du phosphore ne peut s'effectuer que par la première méthode.

114. La râpe, la lime servent encore à réduire les substances en poudre grossière. Le ratissage fait passer à l'état de pulpe les végétaux les plus tendres.

115. Tels sont les divers moyens qu'on emploie pour réduire les solides en poudre afin de faciliter leur combinaison avec d'autres substances, ou de les administrer comme remèdes. Il nous reste à décrire les procédés mécaniques à l'aide desquels on peut séparer les parties les unes des autres.

116. *Tamisage.* Aucune des opérations mécaniques employées pour réduire les corps en poudre ne peut donner à celle-ci un degré de ténuité égal et uniforme; celle qu'on obtient par la trituration la plus longue et la plus parfaite n'est encore qu'un assemblage de particules de diverses grosseurs. On sépare les plus grossières au moyen d'un crible, et on

ne conserve que les plus fines et les plus homogènes. On rend les premières à l'action du pilon, et ainsi de suite jusqu'à ce que toute la masse soit d'une ténuité uniforme. Les *tamis* sont en fil de fer, en toile de crin, en gaze, quelquefois en parchemin percé de trous ronds de grandeur convenable. Lorsqu'on doit opérer sur des matières subtiles qui se dispersent aisément ou peuvent incommoder, on se sert d'un *tamis* composé, c'est-à-dire qui est muni d'un couvercle *b* et d'un récipient en cuir *d* (*Fig.* 12, *Pl.* 1), qui s'ajustent au-dessus et au-dessous du tamis. L'appareil ainsi disposé, on peut tamiser les poudres les plus fines sans perte ni inconvénient.

117. Le *lavage* est plus propre que le tamis à donner des poudres d'un degré de finesse uniforme; mais on ne peut l'appliquer qu'aux substances sur lesquelles le liquide n'a pas d'action. On met et on agite la substance dans l'eau ou tout autre fluide convenable, on laisse reposer quelques minutes et l'on décante (1). La partie grossière reste au fond, et la fine suit le liquide qu'on décante. Cette opération, répétée plusieurs fois, donne divers dépôts, dont le dernier, ou celui qui reste le plus long-temps en suspension, est le plus ténu. C'est ainsi qu'on obtient le *creta præparata* en poudre impalpable. Ce procédé peut également servir à séparer

---

(1) Pour mieux réussir, surtout si l'on décante le fluide d'un vase à large embouchure, on applique au bord une tige de verre qui dirige la liqueur en courant régulier.

des substances de même finesse, mais de différente densité.

118. Le syphon permet de décanter la liqueur sans troubler le dépôt. Nous allons le décrire, attendu qu'il est d'un fréquent usage.

119. Le syphon est un tube recourbé à branches égales ou inégales, comme celui que représente la *Fig.* 13, *Pl.* 1. Si elles sont égales, pleines d'eau et maintenues de niveau avec les extrémités ouvertes en bas, le liquide y reste suspendu, car l'atmosphère presse également sur les deux surfaces et les soutient; mais si l'on penche un peu le syphon de côté, ou, ce qui revient au même, que les branches soient inégales, l'orifice de l'un des bouts se trouve plus bas que celui de l'autre, l'équilibre est détruit, l'eau monte dans la branche supérieure, et descend dans l'inférieure t; car l'air presse également, et les deux branches sont de poids inégaux, le mouvement doit donc commencer à l'endroit où la puissance est la plus grande, et continuer jusqu'à ce que tout le liquide soit écoulé par l'extrémité la plus basse. Si l'on plonge la branche la plus courte dans un vase d'eau, et qu'on mette le syphon en jeu, comme dans le cas précédent, l'écoulement ne s'arrête que lorsque le liquide est épuisé, ou au moins assez abaissé pour affleurer l'extrémité de la branche. Au lieu d'emplir le syphon, on peut renverser la branche courte dans le liquide, et as- pirer l'air par l'orifice inférieur t; la pression exté- rieure détermine à l'instant l'élévation du liquide.

Il faut dire cependant que l'action de cet instrument ne dépend pas de l'inégalité réelle de ses branches, mais de leur longueur virtuelle, longueur qui se prend de la surface du liquide au point de courbure s, et de là à l'orifice d'écoulement t. En conséquence, si la branche sr était indéfiniment plus longue que st, le syphon n'en coulerait pas moins, si le fluide en r était plus élevé que l'extrémité t, et ne s'arrêterait qu'autant que la surface s'abaisserait au niveau de ce point. Voici donc quelle est la théorie du syphon : l'extraction de l'air produit le vide; la pression atmosphérique, qui s'exerce sur la surface r, force l'eau à monter et à emplir le tube jusqu'à s; une fois parvenu au sommet, le liquide continue son mouvement et s'échappe en t. L'instrument rempli n'est plus qu'un assemblage de deux colonnes qui se font équilibre, et occupent ces deux branches; maintenant, comme le fluide presse en raison de leur hauteur perpendiculaire, si st est la plus longue, sa colonne pesera davantage et l'emportera sur celle de rs. Elle s'écoulera donc en t pour reproduire ou entretenir le vide dans la courbure s, où la pression atmosphérique amène constamment de nouveau liquide. L'écoulement dure aussi long-temps qu'il y en a à l'extrémité r au-dessus de l'orifice t; mais aussitôt que le niveau est établi, c'est-à-dire que l'eau est à la hauteur de la ligne ponctuée r, rs et sr étant de même longueur se font équilibre, et l'eau cesse de couler. Comme le syphon n'agit que par la pression atmosphérique, la première branche ne doit jamais s'élever de plus de 32 pieds au-dessus de la surface de l'eau; autrement son action est nulle.

120. La *Fig.* 14, *Pl.* 1 représente le syphon et la manière de s'en servir.

Le tube *h* dispense d'appliquer la bouche à l'extrémité de la branche. L'instrument est soutenu au moyen d'une planche percée *f*, qui permet de le plonger dans le liquide à une profondeur convenable.

121. On peut faire une application simple et utile du principe sur lequel est fondé le syphon, au moyen de filamens de toile ou d'écheveaux de coton, trempés et suspendus sur les parois du vase qui renferme un fluide, de manière que l'un des bouts plonge dans le liquide, tandis que l'autre reste en dehors et descend au-dessous de la surface.

122. *Filtration.* C'est une opération mécanique qui a pour but de dépouiller un liquide des molécules solides qu'il tient en suspension.

123. Un filtre est une espèce de tamis très fin, qui est perméable aux fluides, mais ne laisse pas passer les molécules solides les plus ténues. De là vient qu'on l'emploie à séparer les poudres impalpables que les liquides tiennent en suspension.

124. On construit des filtres de diverses matières : mais il faut que les substances auxquelles ils sont destinés n'aient aucune action sur eux.

On fait ceux dont on se sert en pharmacie pour passer des liqueurs saccarines, mucilagineuses, etc., de drap fin, de flanelle ou de toile. On leur donne ordinairement la forme conique (*Fig.* 15, *Pl.* 1), qui a l'avantage de réunir toute la liqueur en un point, où il est facile de la recueillir dans un récipient A.

On choisit également les filtres de flanelle, lorsqu'on se propose de conserver le résidu solide; mais quand on ne tient qu'à la liqueur, la toile est préférable, attendu qu'elle absorbe moins de liquide, et qu'elle le donne également très limpide.

125. Dans les petites opérations où il est essentiel que le filtre soit parfaitement propre, on se sert de papier brouillard. On en place un morceau carré d'une grandeur proportionnée à la quantité de substance qu'on doit passer; on forme d'abord un triangle en rapprochant les bords opposés. On double de nouveau; on en forme ensuite un plus petit qui constitue, quand il est déployé, un cône tel que le représente le n° 1 (*Fig.* 16, *Pl.* 1). On le porte dans un entonnoir de verre (n° 2), et on le charge de liqueur. Il est avantageux d'introduire des baguettes de verre, des brins de paille et des tuyaux de plume entre le filtre et l'entonnoir, afin d'empêcher qu'ils n'adhèrent trop fortement ensemble; c'est pourquoi les entonnoirs à côtes (n° 3) méritent la préférence.

126. Des liqueurs très âcres, telles que des acides et des solutions alcalines, agissent très puissamment sur les filtres ordinaires. Aussi a-t-on recours à des couches de molécules siliceuses de diverses grosseurs. On emplit à cet effet un entonnoir

de verre, de quartz ou de cristal en poudre ; on place les plus gros fragmens dans le col, et les plus fins au-dessus. On verse peu à peu le liquide qui traverse aussitôt la masse, et se dépouille des impuretés. Les pores de ce filtre absorbent une grande quantité de liqueur ; mais on peut la retirer en versant avec précaution une quantité correspondante d'eau distillée, qui la chasse et prend sa place.

127. Dans plusieurs circonstances, les premières portions du fluide passent troubles, et ont besoin d'être rejetées sur le filtre où elles s'éclaircissent, et passent à la fin parfaitement limpides. Lorsque le résidu est peu abondant, et qu'il est nécessaire de le recueillir complétement, on se munit d'un petit tube de verre afilé, représenté ci-contre, et pourvu d'une boule au centre. On l'emplit d'eau ; on met l'extrémité la plus large dans la bouche, et l'on souffle dedans pour diriger sur le papier un petit courant de liquide qui entraîne les particules ténues de matière solide dont il est tapissé.

128. La chaleur favorise la filtration de quelques liquides. On peut dans ce cas construire un entonnoir avec un double fond, et l'emplir d'eau bouillante. Lorsqu'on a plusieurs filtres à gouverner en même temps, il est commode d'avoir un support semblable à celui qui est représenté (*Fig.* 18, *Pl.* 1), pour placer les entonnoirs.

129. L'*expression* est une espèce de filtration qu'aide une force mécanique. Elle sert principale-

ment à l'extraction du jus des végétaux frais et des huiles végétales onctueuses. On broie la substance; on la concasse grossièrement, on l'enferme dans un sac de toile de crin, et on la soumet à une forte pression au moyen d'une presse à vis. Il faut que les sacs soient presque pleins, que la pression soit d'abord modérée et aille en augmentant.

130. Les végétaux destinés à cette opération doivent être parfaitement frais et exempts de toute impureté. En général, il faut les comprimer aussitôt qu'ils sont broyés, attendu que cette dernière opération les dispose à fermenter; les fruits acides donnent un jus plus abondant et plus fin, lorsqu'après les avoir broyés, on les garde dans un vase de terre ou de bois. On ajoute un peu d'eau à ceux qui ne sont pas très succulens.

131. On se sert de planches de fer pour les graines onctueuses qu'on fait chauffer dans une chaudière sur le feu. Il serait préférable de les exposer dans un sac à l'action de la vapeur de l'eau bouillante.

132. *Défécation.* Quelques fluides sont épais et visqueux au point de ne pouvoir traverser le filtre. On les clarifie, dans ce cas, par la *défécation,* qui consiste à échauffer la liqueur et à enlever avec soin l'écume qui se forme à la surface.

133. *Coagulation.* Ce procédé ne diffère du précédent qu'en ce qu'il exige l'emploi d'une matière glutineuse ou albumineuse, telle qu'un blanc d'œuf. Lorsque la substance ne contient pas d'es-

prit, l'albumine mêlée avec le fluide se coagule par l'ébullition, s'empare des impuretés qu'il renferme, et les entraîne sous forme d'écume à la surface. Les liqueurs spiritueuses peuvent se clarifier avec de la colle de poisson sans le secours de la chaleur, attendu que l'alcool coagule cette substance, qui se précipite au fond du vase, et entraîne avec elle toutes les impuretés. La colle fait ici l'office de filtre, avec cette seule différence que c'est elle qui traverse la liqueur, au lieu que dans l'autre cas c'est la liqueur qui traverse le filtre.

134. Lorsque des fluides de différentes densités sont mêlés ensemble, on peut les séparer au moyen de l'entonnoir que représente la *Fig.* 19, *Pl.* 1. Il sert principalement à débarrasser les huiles essentielles de l'eau dont elles se sont chargées pendant la distillation. On bouche l'orifice, on remplit l'instrument de fluides mélangés ; le plus dense gagne peu à peu la partie étroite, et s'écoule dès qu'on ôte le bouchon et qu'on détache un peu le couvercle supérieur. Le plus léger s'obtient aisément pur par ce procédé.

Affinité chimique.

135. Cette espèce d'*attraction*, semblable à celle de *cohésion*, n'a d'effet qu'à des distances imperceptibles. Elle diffère de celle-ci, en ce qu'elle s'exerce entre des particules ou atomes de nature différente, et que son action produit non un simple agrégat doué des mêmes propriétés que ses élémens, dont

il ne diffère que par le volume, mais un composé nouveau dans lequel les propriétés des principes dont il est formé ont disparu en totalité ou en partie, pour faire place à d'autres.

136. Quand deux corps hétérogènes ou dissimilaires sont placés dans leur sphère d'attraction respective, et s'unissent directement, on dit qu'ils se *combinent*. La substance à laquelle ils donnent naissance se nomme un *composé*, et les corps dont il est formé, les *principes constituans* de ce composé.

137. Le procédé par lequel un corps composé se résout en ses parties constituantes, se nomme *analyse*, et celui au moyen duquel on forme un composé par combinaison, se nomme *synthèse*. Ce deux procédés renferment une grande partie des opérations de chimie.

138. On peut démontrer, par les expériences suivantes, que l'affinité chimique n'agit qu'à des distances imperceptibles.

Exp. 1. Versez dans un verre 2 parties d'une dissolution de sous-carbonate de potasse délayée dans environ 14 d'eau distillée ; introduisez au-dessous, avec beaucoup de précaution, $\frac{1}{2}$ once d'eau tenant en dissolution 2 drachmes de sel commun, au-dessous desquelles vous introduisez encore deux onces d'acide sulfurique délayé préalablement dans une égale quantité d'eau. On peut introduire ces liquides les uns au-dessous des autres, au moyen d'un tube en terre ordinaire, ouvert par les deux bouts ; on le plonge dans le liquide ; on applique le doigt sur l'orifice supérieur; on le plonge au fond du vase; on retire le doigt, et le liquide se trouve introduit. Si l'opération est faite avec soin, quoique l'alcali et l'acide aient l'un pour l'autre une affinité considérable, ils ne réagissent pas; leurs molécules sont séparées par une couche mince de saumure : mais si l'on agite, qu'on les mette en contact, on voit aussitôt se déterminer une vive effervescence, dont le résultat est une combinaison chimique.

Exp. 2. Prenez 2 grains d'oxymuriate ou de chlorate de potasse, et un grain de fleurs de soufre; mêlez ces deux substances avec précaution, elles ne réagiront point entre elles; mais si vous les broyez, que vous rendiez le contact plus parfait, elles se combineront aussitôt, et détoneront avec violence. Si vous continuez l'opération, les détonations seront fréquentes et accompagnées de vives étincelles.

Exp. 3. Mêlez parties égales d'acétate de plomb et de sulfate de zinc en poudre très fine; remuez-les ensemble avec une spatule de bois ou de verre, il n'y aura aucune action; mais si vous les broyez ensemble dans un mortier, elles réagiront et produiront un fluide.

139. Il y a des cas où l'on ne saurait obtenir la contiguité nécessaire des particules sans employer la dissolution et la fusion. Ainsi, par exemple, l'incorporation la plus intime, au moyen de la trituration, du soufre et de la potasse, ne produira jamais qu'un mélange de ces corps. En effet, si on

en ajoute une portion dans l'eau, le soufre s'en sépare et monte à la surface, tandis que la potasse se dissout. Mais si ces substances ont d'abord été fondues ensemble, elles sont si bien unies que le composé qui en résulte est complétement soluble. De même si l'on réduit en poudre des cristaux d'acide tartarique sec, qu'on les mêle avec du carbonate de soude, on n'aperçoit pas d'action; mais du moment que l'on y ajoute de l'eau, qu'on effectue ainsi une dissolution, ils agissent l'un sur l'autre, et font une vive effervescence.

140. Il serait facile de rapporter une foule d'expériences pour montrer que le résultat de la combinaison chimique est la formation d'un nouveau corps, dans lequel les propriétés de ceux dont il se compose ont disparu totalement ou en partie, et sont remplacées par d'autres. Nous nous bornerons aux suivantes, comme étant à la fois les plus frappantes et les plus aisées à répéter.

Exp. 4. Deux corps odorans produisent un composé inodore. De l'eau imprégnée d'ammoniaque (*liquor ammoniæ*) et l'acide muriatique concentré exhalent l'un et l'autre une odeur pénétrante. Si cependant vous les prenez en proportions convenables, et que vous les mêliez ensemble, ils donnent naissance à un fluide qui n'en a absolument aucune.

Exp. 5. *Deux fluides produisent un solide :* laissez tomber peu à peu de l'acide sulfurique concentré dans une dissolution saturée de muriate de chaux; il s'en dégagera aussitôt une vapeur âcre (gaz acide

6

muriatique et eau), et il se précipitera un composé très solide (sulfate de chaux.)

Exp. 6. *Deux solides produisent un liquide.* L'expérience 3 en présente un exemple; on peut en avoir un autre en triturant ensemble parties égales de nitrate d'ammoniaque et de sulfate de soude cristallisés; le mélange salin qui en résulte prend presque aussitôt la forme liquide. — Ou bien encore :

Exp. 7. Prenez un amalgame de plomb, un autre de bismuth; mêlez ces deux corps solides, broyez-les, ils deviendront liquides.

Exp. 8. *Deux liquides produisent un gaz :* mêlez environ 5 parties d'esprit rectifié avec 3 d'acide nitrique; dans quelques secondes il s'en dégagera un gaz qu'on peut enflammer en tenant une chandelle allumée à l'ouverture de la bouteille dont il s'échappe.

Exp. 9. *Deux gaz produisent un corps solide.* Le gaz muriatique et le gaz ammoniacal produisent, en se mêlant, un sel soluble appelé *sel ammoniaque.* Il est aisé d'exécuter cette expérience; il suffit de mettre parties égales de sel ammoniacal dans deux verres, d'ajouter dans l'un de la chaux vive, et de l'acide sulfurique dans l'autre. Le premier dégage du gaz ammoniac, et le second du gaz muriatique, qui se mêlent, se combinent dès qu'on approche les deux vases, et forment un produit solide au milieu d'une fumée blanche très épaisse (*Fig.* 21, *Pl.* 1).

Exp. 10. *Deux fluides incolores produisent un*

composé d'une couleur brillante. Ajoutez quelques gouttes de prussiate de potasse dans un vase d'eau, et mettez dans un autre un peu d'une dissolution étendue de sulfate de fer; mêlez ensemble ces deux liquides incolores, et vous verrez à l'instant se manifester une brillante couleur bleu foncé qui est le véritable *bleu de Prusse.*

Exp. 11. Prenez deux verres, versez dans l'un une dissolution de prussiate de potasse, et dans l'autre une dissolution de nitrate de bismuth; mêlez ces deux liquides ensemble, vous obtiendrez un composé jaune.

Exp. 12. *La même infusion végétale produit trois couleurs différentes par l'addition de trois fluides incolores.* Versez de l'eau bouillante sur quelques feuilles de chou rouge, et quand elle est froide, transvasez, distribuez-la dans trois verres; ajoutez dans le premier une dissolution d'alun, dans le second une dissolution de potasse, dans le troisième quelques gouttes d'acide muriatique; le liquide prendra dans le premier une couleur pourpre, dans le second un vert brillant, dans le troisième un superbe cramoisi.

Exp. 13. *Deux liquides bleus deviennent rouges par combinaison.* Versez un peu de teinture de curcuma dans un vase, un peu de sulfate d'indigo étendu dans un autre, il en résultera un composé dont la couleur sera parfaitement rouge.

Exp. 14. *Deux substances corrosives produisent un composé doux.* Si vous alliez de la potasse à de l'acide sulfurique, ces deux corps si caustiques produisent du sulfate de potasse, composé doux et presque insipide.

Exp. 15. *Des corps infusibles forment des composés fusibles.* On ne peut fondre séparément l'argile, la chaux ni la silice; mais quand ces trois corps sont mêlés en proportions convenables, ils forment un composé très facile à fondre. De même le bismuth, le plomb, l'étain, chauffés séparément, ne se fondent qu'à une température assez élevée, tandis que l'alliage qu'ils forment en se combinant, fond dans l'eau bouillante.

141. Les expériences que nous venons de rapporter font connaître d'une manière sensible les altérations importantes que subissent les corps en se combinant chimiquement les uns avec les autres; cependant il ne s'ensuit pas nécessairement que chaque composé en doive éprouver d'aussi considérables. Dans quelques cas, le composé diffère peu, dans ses apparences et ses qualités, des ingrédiens qui lui donnent naissance. Nous avons plusieurs exemples de ce fait dans les phénomènes de la dissolution, qui en offre peut-être les plus frappans que présente l'affinité chimique, et qu'il sera aussi convenable qu'avantageux de rechercher dans cette partie de l'ouvrage, attendu que ce procédé est souvent indispensable pour préparer les corps à ces altérations compliquées, dont nous allons désormais essayer de rendre compte. En effet, cette condition préliminaire était réputée essentielle, les anciens

chimistes la jugeaient si indispensable qu'ils l'a-vaient réduite en axiome : *Corpora non agunt, nisi sint soluta.* C'était là un principe auquel les progrès de la science ont néanmoins fait découvrir plus d'une exception. Telle est, par exemple, celle où plusieurs corps *solides* réagissent entre eux à une température basse comme à une température élevée; celle où deux terres se combinent lorsqu'on les chauffe ensemble, quoique la température soit beaucoup au-dessous de celle qu'il faudrait pour les fondre chacune isolément. Cette considération engagea Morveau à modifier l'axiome, et à l'exprimer en ces termes : « Il n'y a point d'action chimique « entre les corps, lorsque l'un d'entre eux n'est « pas assez fluide (ou plutôt lorsque son agrégation « n'a pas été assez affaiblie) pour que ses particules « puissent obéir à cette affinité qui tend à les « mettre en contact les unes avec les autres. »

Dissolution.

142. La dissolution est une opération par laquelle un solide se combine avec un fluide, et forme un composé liquide transparent et permanent, c'est-à-dire incapable d'être réduit en ses élémens par un procédé mécanique. Cette condition est essentielle au phénomène, et sert à le distinguer du simple mélange ou de la diffusion mécanique. L'expérience suivante rendra cette idée plus claire.

Exp. 16. Prenez une portion de la terre appelée

magnésie, répandez-la dans une certaine quantité d'eau, et agitez : il se fait un mélange laiteux qui précipite par le repos, et devient transparent. Dans ce cas, il n'y a pas eu de dissolution. La magnésie et l'eau ont été mêlées d'une manière mécanique, jusqu'au moment où chacune obéissant à sa pesanteur spécifique, a fini par se séparer. Si on ajoute quelques gouttes d'acide nitrique, le mélange devient immédiatement transparent, et la magnésie ne peut plus se séparer, quelque procédé mécanique qu'on emploie. Il s'est formé un nouveau composé qui est soluble.

143. Dans les cas ordinaires, la différence entre la dissolution et la suspension est si sensible qu'on ne peut manquer de la reconnaître; dans d'autres, au contraire, elle n'est pas aisée à saisir, et peut même échapper à des chimistes exercés.

Il est quelquefois difficile de décider avec certitude si la transparence est parfaite, mais on ne peut jamais se tromper sur la permanence, car la diffusion mécanique, quoique susceptible de résister quelquefois au repos, ne saurait échapper au filtre. Nous pouvons en citer un exemple : la belle liqueur que produit une dissolution d'hydrogène sulfuré, versée dans l'acide arsénieux liquide, et qu'au premier abord on ne balancerait pas à regarder comme une dissolution parfaite, se décolore par le repos ou le filtre, et se résout en une poudre jaune et un liquide ordinaire. Il en est de même de certaines matières végétales répandues dans l'eau, elles opposent, à raison de l'extrême finesse de leurs particules, un obstacle si léger au passage de la lumière, qu'à peine elles altèrent la transparence du milieu dans lequel elles nagent; toutefois le repos ou le filtre font bientôt voir que c'est une pure suspension. Nous recommandons fortement à l'étudiant en médecine de conserver ces distinctions dans sa mémoire, attendu qu'elles forment la base de quelques préceptes importans sur l'efficacité de certains remèdes, et la convenance de quelques procédés qui servent à les préparer.

144. Le mot dissolution ne s'applique pas seulement au résultat du procédé que nous venons de décrire, mais encore au procédé lui-même. Ainsi, du sel commun qu'on projette dans l'eau disparaît ou subit la dissolution, et le résultat ainsi obtenu s'appelle une dissolution de ce corps.

145. Cette opération n'est autre chose que l'effet de l'affinité chimique exercée entre le fluide et le corps à dissoudre. En langage de chimie, le premier s'appelle *dissolvant* ou *menstrue*, et le deuxième corps à dissoudre, *corps soluble*. Il ne faut pas entendre par cette distinction qu'un corps est plus actif que l'autre sous ce rapport, car l'attraction qui la détermine est réciproque.

146. Afin de bien comprendre le phénomène dont il s'agit, il est nécessaire de considérer le corps solide comme placé sous l'influence de deux forces contraires, celle de l'*attraction de cohésion*, qui unit les molécules et tend à le conserver à l'état so-

lide, et celle de son *affinité chimique* pour le fluide qui tend à le mettre en dissolution. Le corps est ou n'est pas facile à dissoudre suivant le rapport que ces deux forces ont entre elles. Toutes les circonstances extérieures qui sont capables de les modifier exercent une influence correspondante sur la solubilité. Ainsi, par exemple, le râpage, la mouture, la pulvérisation, etc., qui diminuent ou détruisent la cohésion (100), sont fréquemment employés pour faciliter et hâter la dissolution.

Exp. 17. Introduisez un morceau de fluate de chaux dans de l'acide sulfurique concentré, il ne s'établira aucune action sensible; mais réduisez cette même substance en poudre et mettez-la en contact avec l'acide, il y aura une vive réaction. La connaissance de ce simple fait peut donner la clef d'une foule de phénomènes que présentent les règnes animal et minéral. Ainsi elle rend compte de l'influence de l'agrégation sur la saveur de quelques substances et l'activité médicale de quelques autres.

147. L'agitation favorise la dissolution en éloignant du solide la partie du fluide qui en est déjà saturée, et en renouvelant celui-ci.

Exp. 18. Laissez tomber un petit morceau d'acide tartarique solide dans un verre plein d'eau teinte en bleu par l'infusion d'un chou. L'acide, si vous le laissez en repos, même durant quelques heures, ne rougira que cette partie de l'infusion qui l'environne immédiatement, mais si vous remuez, tout est aussitôt teint en rouge.

148. La chaleur, en diminuant la cohésion d'un solide, augmente et étend nécessairement l'opération de la dissolution, d'où il suit que les liquides, généralement parlant, ont une puissance de dissolution plus énergique à chaud qu'à froid.

Exp. 19. Prenez 4 onces d'eau à la température ordinaire de l'atmosphère, et ajoutez-en 3 de sulfate de soude (sel de Glauber) en poudre; il ne s'en dissout qu'une partie; chauffez, tout disparaît.

149. Mais la quantité additionnelle ainsi dissoute se sépare à mesure que la dissolution se refroidit; il y a cependant quelques exceptions à cette loi générale. Ainsi l'eau froide ne dissout qu'une très petite quantité d'arsenic blanc. Si on fait bouillir ces deux substances ensemble, la dissolution, quand elle est refroidie, retient une quantité d'arsenic plus considérable.

150. Il y a des cas où la température n'influe pas sur la solubilité d'une substance; tel est celui du sel commun dont l'eau ne prend pas une plus grande quantité lorsqu'elle est chaude que lorsqu'elle est froide. L'élévation de la température n'augmente pas non plus d'une manière égale la force du dissolvant sur toute espèce de corps; ainsi l'eau dissoudra cinq, six ou sept fois plus de certaines substances lorsqu'elle est bouillante que lorsqu'elle est froide ; elle n'en dissoudra que trois ou quatre fois plus de quelques autres, et ainsi de suite. On remarque surtout ces différences relativement aux substances connues sous le nom de sels.

D'après les notions que nous venons de don_ner sur le phénomène de la dissolution, il est aisé de conclure qu'il doit exister dans la plupart des cas un point où la force d'affinité se trouve balancée par la cohésion, et où s'arrête la dissolution. C'est à ce point qu'on a donné le nom de *saturation* : il varie pour le même fluide, suivant la nature des corps. Le liquide en dissout son poids de l'un, la moitié ou le quart de l'autre ; il en est quelques uns dont il ne prend que la 100ᵉ ou la 200ᵉ partie, et quelques autres pour lesquels sa puissance dissolvante est presque illimitée.

152. Un menstrue saturé d'un corps n'en est pas moins capable d'en dissoudre un autre, saturé même d'un second : il peut encore se charger d'un troisième, rarement néanmoins à des quantités aussi considérables que s'il fût resté pur.

Exp. 20. Saturez une portion donnée d'eau de sel commun, en ayant soin qu'il en reste au fond du vase une petite quantité non dissoute ; ajoutez un peu de nitre, vous verrez que non seulement ce second corps se dissoudra, mais que le résidu de la première dissolution disparaîtra également dès qu'on aura agité.

153. L'explication de ce paradoxe apparent se trouvera dans ce fait tout simple, que des composés nouveaux acquièrent des forces nouvelles comme dissolvans.

154. Cette loi est importante pour le chimiste pharmacien et médecin ; elle reçoit dans la pratique

des applications très utiles , et nous met, entre, autres , à même de purifier différens sels. Le sulfate de magnésie, par exemple , tel qu'il se trouve habituellement dans le commerce, est généralement souillé de muriate de cette base. Il suffit pour l'en débarrasser de le laver dans une dissolution saturée de ce premier sel. Incapable de dissoudre la plus petite partie de cristaux , elle les dépouille de tout le muriate qu'ils contiennent.

155. La *lixiviation* n'est qu'une dissolution faite dans un dessein particulier. Quand on a un mélange de deux espèces de matières, dont l'une est soluble dans l'eau, tandis que l'autre ne l'est pas, en le traitant par une quantité suffisante de ce fluide, on dissout la première, et l'on met la seconde à nu. La dissolution ainsi obtenue se nomme *lessive*.

156. Cette opération se fait ordinairement en grand dans des cuves ou baquets qui ont une ouverture à la partie inférieure , dans laquelle on ajuste un robinet en bois avec un fausset. On place une couche de paille au fond ABCD (*Fig.* 1 , *Pl.* 2); on étale par-dessus la substance que l'on recouvre d'un drap ; après quoi on verse dessus de l'eau froide ou chaude, suivant que le sel est plus ou moins soluble. L'eau se charge aussitôt de quelques unes des parties solubles du corps salin; on écoule par le robinet E ; on rafraîchit; on écoule, et ainsi de suite, jusqu'à ce qu'on se soit emparé de toute la partie soluble. La paille fait dans cette opération l'office d'un filtre;

le drap empêche l'eau de s'accumuler sur un point, et l'oblige de se disperser dans toute la masse.

157. Les vases dont se servent communément les chimistes dans la dissolution, sont de petites bouteilles ou *matras* (*Fig.* 2, *Pl.* 2).

158. Les propriétés médicales d'un corps dépendent à tel point de sa solubilité, que les médecins ont adopté la maxime des chimistes : *Corpora non agunt, nisi sint soluta;* et, quoiqu'il puisse y avoir quelques exceptions à cette loi, elles ne sont ni plus nombreuses ni plus inexplicables que celles qui restreignent l'acception chimique de l'axiome que nous venons de citer.

159. Les opérations pharmaceutiques de *macération*, *digestion*, *infusion*, *décoction*, etc., ne sont que des procédés de dissolution adaptés à la nature particulière du corps à dissoudre, et à l'objet qu'on se propose.

160. La *macération* est une opération qui s'applique principalement aux matières végétales que l'on fait tremper dans l'eau chaude pour s'emparer de leur partie soluble. On l'emploie fréquemment pour préparer les corps aux opérations de l'infusion et de la décoction, qui sont toujours plus efficaces lorsque les matériaux ont été préalablement macérés.

161. La *digestion* est semblable à la macération, à cela près qu'on se sert d'une douce chaleur pour aider la force dissolvante du fluide. On fait ordinairement l'opération dans un matras de verre, et

l'on empêche l'évaporation du liquide en bouchant légèrement le col du vase avec un bouchon d'étoupes, ou en le garnissant d'une bande humide de vessie percée de trous. Si le menstrue a de la valeur, comme l'alcool par exemple, on adapte au col du matras un long tube de verre, à l'aide duquel on condense, et on ramène dans le vase la partie du liquide que la chaleur a réduite en vapeurs. Le matras peut être chauffé à feu nu, au bain-marie et au bain de sable.

162. L'*infusion* a pour objet d'extraire de la matière végétale les principes qui se perdraient ou s'altéreraient par la digestion ou la décoction, ou qui, à cause de leur extrême solubilité, s'en dégagent aisément.

163. La *décoction* remplit le même objet que l'infusion, mais sur une plus grande échelle.

164. Quoique nous ayons fait voir dans ce qui précède que l'affinité chimique l'emporte sur la cohésion, il ne faut pas conclure qu'elle la détruit entièrement. Elle subsiste toujours et tend constamment à réunir les molécules dissoutes, et à rétablir leur agglomération; aussi à mesure que l'évaporation dissipe le dissolvant elles se rapprochent, rentrent dans leur sphère d'activité mutuelle, se réunissent et reproduisent un solide.

165. On peut dissiper le menstrue au moyen de l'évaporation spontanée, ou de l'application de la chaleur. On se sert ordinairement pour cette opération de bassins ou vases évaporatoires de por-

celaine. Il faut que ces vases soient plats, peu profonds, et présentent une grande surface.

166. Si le résidu solide que donne la dissolution est de nature végétale, on le nomme *extrait*. Si c'est une substance solide, elle affecte une forme régulière, et constitue un cristal. Le procédé par lequel on l'obtient prend le nom de *cristallisation*.

167. Comme le fluide qu'elle dissipe est tout-à-fait perdu, on n'emploie l'évaporation que lorsqu'il n'a pas de valeur, comme l'eau. Lorsqu'il en a, si c'est de l'alcool, par exemple, on emploie la distillation qui se fait à vases clos, et permet de recueillir le fluide.

168. On se sert de différens appareils pour faire cette opération. L'alambic ordinaire, tel que le représente la *Fig.* 3, *Pl.* 2, est plus généralement employé pour la préparation des esprits, de l'eau distillée, etc.

Cet appareil se compose des parties suivantes : d'une chaudière *b* dont le corps A entre en partie dans le fourneau; d'un chapiteau *a* du haut duquel s'élève un tuyau recourbé *c*, qui entre dans un tube en spirale, ou *serpentin,* placé dans une cuve d'eau froide B, appelée le *réfrigérant*. On fait ordinairement l'alambic en cuivre et le serpentin en étain. On lute ensemble le corps, le chapiteau et le serpentin, afin qu'il ne s'échappe aucune partie du produit. On introduit les substances que l'on veut distiller dans la chaudière. On applique la chaleur, elles se volatilisent, gagnent le chapiteau, passent de là dans le serpentin, se condensent et s'écoulent par le tuyau qui verse dans le vase destiné à les recevoir. L'eau du réfrigérant s'échappe; on la remplace et on l'écoule, ce qui exige que l'on munisse la cuve d'un robinet, afin de pouvoir soutirer, sans déranger l'appareil.

169. Il est évident, d'après la description ci-dessus, qu'on ne peut employer l'alambic ordinaire pour volatiliser des substances qui attaquent le cuivre ou d'autres métaux. On a recours dans ce cas à un vase en verre que représente la *Fig.* 4, *Pl.* 2, et dont voici une description succincte. Il se compose de deux parties : d'un corps *b* qui contient les matériaux, et d'un chapiteau *a* dans lequel se condense la vapeur, et d'où un tuyau la conduit dans le récipient *c;* le chapiteau est de forme conique. Sa circonférence extérieure est comprimée au-dessous du goulot, de manière que les vapeurs qui s'élèvent et se condensent contre ses parois, coulent dans le canal circulaire qui se trouve dans l'endroit où est l'enfoncement, d'où elles passent dans le récipient.

170. On a généralement remplacé aujourd'hui le vase par la cornue et le récipient, dont voici la construction et l'emploi.

171. La *cornue ou retorte* (*Fig.* 5, *Pl.*2), est une bouteille à long col, recourbé de manière à faire avec le ventre un angle d'environ 60 degrés. C'est de sa forme que lui vient probablement son nom. On donne à la partie la plus large le nom de *ventre*, à sa partie supérieure celui de *voûte,* et à la partie re-

courbée celui de col. Une cornue peut être simple, telle qu'elle est représentée ci-dessus, ou tubulée, comme elle est ci-après.

172. Une retorte doit être munie d'un *récipient* qui peut être simple ou tubulé. Il en est auxquels on ajoute un tuyau, comme on peut le voir dans la figure qui représente l'appareil dont on se sert pour la distillation de l'acide nitrique. Un pareil récipient est surtout utile pour faire écouler le liquide distillé à certaines époques de l'opération.

173. Afin de faciliter la condensation de la vapeur, on allonge quelquefois le col de la cornue au moyen d'un tube intermédiaire ou allongé (*Fig.* 5, *Pl.* 2), dont le bout le plus large reçoit le col de la cornue, tandis que l'extrémité la plus étroite s'engage dans l'embouchure du récipient, comme l'indique la figure.

174. On a imaginé diverses formes d'instrumens pour introduire le liquide dans la cornue. Quand on doit l'y porter par parties pendant l'opération, la plus simple est un tube recourbé garni d'un entonnoir à son extrémité supérieure (*Fig.* 7, *Pl.* 2). S'il doit l'être en masse, on le fait couler par un entonnoir ordinaire, ou bien, si la retorte est simple, on fait usage d'un entonnoir construit comme celui qui est représenté ci-dessous (*Fig.* 8, *Pl.* 2). De cette manière, on l'introduit sans toucher les parois du col, ce qui pourrait altérer le résultat.

175. On fait les retortes en terre, en verre blanc ou vert, suivant les opérations auxquelles on

les destine, aussi les chauffe-t-on de diverses manières. Quand le vase est en terre, et que la substance à distiller a besoin d'une grande chaleur
pour se volatiliser, on la traite à feu nu. Les cornues en verre se chauffent ordinairement au bain
de sable; quand elles sont peu épaisses, on les expose
à l'action de la lampe d'Argand qu'on entretient avec
précaution. Si l'opération exige une retorte en verre
et une température élevée, on lute le vase.

176. Dans plusieurs opérations, une partie des
vapeurs qui se dégagent, se condense et se liquéfie,
tandis que l'autre conserve l'état de gaz, et ne se
réduit qu'à l'aide d'une grande quantité d'eau. L'appareil se briserait infailliblement si l'on n'avait
pas le moyen d'effectuer cette condensation, ou de
laisser échapper le gaz. C'est pourquoi on laissait
généralement autrefois dans les jointures des vases,
ou dans le récipient, une ouverture assez large
qu'on pouvait fermer ou ouvrir à volonté; mais il
échappait alors beaucoup de vapeurs qu'on aurait pu
condenser, et on perdait nécessairement une grande
partie du produit. Glauber imagina un appareil
qui fut perfectionné par Woulf, dont il porte le nom.

177. Cet appareil consiste (*Fig.* 9, *Pl.* 2) en une
série de récipiens contenant de l'eau. Au premier, *b*,
est adapté un tube en verre courbé à angles droits et
ouvert par les deux bouts, dont l'un plonge dans l'eau
distillée jusqu'à la ligne ponctuée. De ce vase part
un second tuyau, dont le bout plonge comme le premier dans l'eau que contient la seconde bouteille. Le

7

goulot du milieu est armé d'un tube droit, ouvert par les deux bouts, qui descend un peu au-dessous de la surface du liquide : ces vases peuvent se multiplier indéfiniment. L'appareil ainsi disposé, on introduit les matériaux dans la retorte, on lute et on chauffe; bientôt la distillation commence, la vapeur se dégage, on la condense et on la recueille dans le ballon *b*, tandis que la partie qui reste à l'état de gaz arrive sur le liquide qui l'absorbe. Quand il en est saturé, le gaz se rassemble à la surface, enfile le tube ouvert, offre dans le second vase toutes les circonstances qu'il a présentées dans le premier, et ainsi de suite, jusqu'à ce que parvenu au dernier, il se dissipe dans l'air ou se recueille à l'état gazeux. Les tubes perpendiculaires dont sont armées les ouvertures du milieu sont destinés à prévenir les accidens qui pourraient avoir lieu sans cela, et interrompraient l'opération; si par exemple un abaissement de température déterminait une absorption ou une condensation intérieure, le liquide que renferment les vases *c* et *a* serait refoulé par la pression de l'air dans le ballon *b*, et peut-être dans la cornue, ce qui occasionnerait une explosion dangereuse, qui ne peut avoir lieu au moyen de cette disposition. Les tubes introduisent dans ce cas une quantité d'air suffisante pour la prévenir. On peut obvier d'une manière plus sûre encore à cet inconvénient avec le tube de sûreté de *Welther*, que représente la *Fig.* 10, *Pl.* 2.

178. L'appareil disposé comme l'indique la figure, on verse dans l'entonnoir une petite quantité d'eau ou de mercure, de manière à remplir la boule à moitié ; s'il survient quelque absorption, le fluide s'élève et laisse passage à l'air qui pénètre en *c* et remplit le vide. D'une autre part, il ne peut dans les circonstances ordinaires s'en échapper de gaz. S'il y a pression intérieure, le liquide s'élève dans le tube et forme une colonne perpendiculaire qui intercepte toute issue.

MM. Pepis, Knight, Brukitt, Murray et Hamilton ont fait d'utiles modifications à cet appareil ; il en a été aussi imaginé une en Amérique qui est très judicieuse. Voici celle qu'a proposée Pepis (*Fig.* 11, *Pl.* 2) :

Le récipient *b* est surmonté d'un vase *c*, qui est adapté avec soin et muni d'une soupape en verre qui permet au gaz de se dégager librement dans le vase *c*, mais empêche l'eau qu'il contient de tomber dans le récipient.

791. *Rectification.* C'est une nouvelle distillation d'un produit qui n'est pas parfaitement pur. Cette seconde opération se fait à une température plus basse, de manière qu'il ne se dégage et passe dans le récipient que les parties les plus volatiles. Les substances avec lesquelles elles étaient mélangées restent dans la cornue.

180. *Déphlegmation ou concentration.* C'est le nom qu'on donne à la rectification, quand elle ne fait que rendre le fluide plus fort, comme dans la préparation de l'alcool, en dégageant l'esprit et le dépouil-

lant de l'excès d'eau avec laquelle il était combiné.

183. *Abstraction.* On se sert de ce mot pour indiquer que le liquide a été redistillé sur quelque substance nouvelle, comme, par exemple, dans la rectification de l'acide acétique, où la baryte est introduite dans l'alambic, afin de saturer l'acide sulfurique qu'il peut contenir. . .

184. La *cohobation* est un nom donné à la rectification quand le produit est de nouveau extrait d'une partie fraîche des mêmes matériaux.

185. La partie fluide d'une dissolution, peut être dissipée par l'évaporation, dans laquelle nous avons compris la distillation, et séparée de la partie fixe avec laquelle elle était combinée. Il nous reste à considérer sous quelle forme et dans quelles circonstances on peut recouvrer celle-ci.

186. C'est ici le cas de se bien pénétrer de ce que nous avons dit plus haut, que la cohésion, quoique vaincue par l'affinité chimique, n'en existe pas moins, et ne cesse pas de solliciter les molécules dont se composait le corps dissous ; car, dès que l'évaporation ou quelque autre moyen a dissipé une partie du menstrue, les particules se réunissent et reproduisent le solide. Les molécules de certains corps se disposent comme si elles étaient soumises à une espèce de polarité, et forment, par leur agglomération, des figures déterminées, tandis que d'autres forment des agrégats confus.

187. L'opération en vertu de laquelle les molécules affectent une forme déterminée, porte le nom de *cristallisation*, et les corps réguliers qu'elle produit celui de *cristaux*.

188. Pour que les particules d'un corps solide puissent se mouvoir librement, il faut qu'il soit lui-même à l'état fluide ou liquide, et, pour que celles-là soient à même de s'arranger régulièrement ou de *cristalliser*, il faut que le corps puisse reprendre la forme solide lentement, sans obstacle et sans interruption.

189. On liquéfie un corps au moyen de la dissolution et de la fusion, et on le fait cristalliser au moyen de l'évaporation et d'un refroidissement lent, ou d'une extraction graduelle du dissolvant à l'aide de l'affinité chimique.

190. La chaleur détruit la cohésion dans quelques cas, et convertit la substance en une vapeur qui, condensée lentement, prend la forme d'un cristal régulier. C'est ainsi qu'on obtient, à l'état cristallisé, l'acide benzoïque, le camphre, l'arsenic, l'iode, et différens autres solides que nous examinerons plus tard.

191. L'observation et l'expérience ont fait connaître que chaque substance a dans l'acte de la cristallisation une tendance à prendre une figure géométrique particulière; ainsi, le sel commun cristallise en cubes, le sel d'Epsom en prismes à quatre pans, l'alun en octaèdres, et ainsi de suite. Il est donc de la plus haute importance, pour le chimiste et le minéralogiste, d'acquérir une connaissance exacte des formes cristallines, et des modifications que subissent les corps naturels; elle les met à même de parvenir directement à des résultats auxquels ils

ne pourraient arriver que par des procédés longs et indirects. Les cristaux sont pour le deuxième ce que les fleurs sont pour le botaniste; il lit leur constitution chimique dans la figure mécanique qu'ils présentent, tout comme le dernier décide, par la structure de la corolle, la classe et la famille à laquelle appartient une plante. Il ne suffit pas cependant, pour atteindre ce but, de l'inspection de la forme extérieure; car les figures des cristaux peuvent être modifiées par une foule de circonstances pendant l'acte de la cristallisation. Aussi les formes géométriques qu'affectent les mêmes substances n'ont souvent entre elles qu'une faible ressemblance, ou n'en ont pas du tout. Quelque grande néanmoins qu'elle paraisse au premier aperçu, cette foule de figures peut se résoudre en un petit nombre de formes simples, qui pour chaque sujet sont constamment les mêmes. L'examen des principes géométriques sur lesquels reposent ces phénomènes, et l'explication de la variété des formes secondaires que l'art et la nature produisent à l'envi autour de nous, constituent une branche particulière de la science qu'on appelle *crystallographie*, dont le développement serait absolument incompatible avec le but et le plan d'un ouvrage élémentaire. Il suffit de poser en fait qu'il n'y a pas plus de six formes, et qu'on suppose que les cristaux *secondaires* sont dus aux décroissemens des particules qui ont lieu sur les différens côtés et les angles des premiers. Ainsi un cube ayant une série de couches décroissantes de molécules cubiques sur chacune de ses faces, se transformera en un dodecaèdre, si le décroissement se fait sur les bords, et en octaèdre s'il a lieu sur les angles. S'il est irrégulier, intermédiaire et mêlé, il produira une foule indéfinie de formes secondaires.

192. Il y a deux moyens d'obtenir la forme primitive d'un cristal : La force mécanique appliquée dans la direction des couches, et que les minéralogistes nomment *clivage;* et l'action des menstrues, qui en développent peu à peu la structure au moyen de la dissolution. La première méthode est celle qu'emploient généralement les minéralogistes; quant à la deuxième, elle est plus spéculative que pratique. Daniel a fait connaître les phénomènes qu'elle présente, et publié à cet égard une série d'expériences des plus ingénieuses. Une masse informe d'alun, pesant, par exemple, 100 grains, plongée dans 15 onces d'eau, et abandonnée à elle-même dans un endroit tranquille durant l'espace de trois ou quatre semaines, se trouve plus attaquée en haut qu'en bas, et présente une forme pyramidale. Si on l'examine avec soin, on reconnaît que le fluide n'a pas agi uniformément sur la masse. Celle-ci présente des figures d'octaèdres et des parties d'octaèdres de diverses dimensions, qu'on dirait taillées en relief, comme dans la *Fig.* 12, *Pl.* 2. Le borax, traité comme nous venons de le dire, présente, dans l'espace de six semaines, des prismes à huit pans terminés de différentes manières.

194. Il résulte de ce que nous avons établi, qu'il

faut trois choses pour obtenir des cristaux bien formés : du *temps*, de l'*espace* et du *repos*. Avec le temps, le fluide surabondant se dissipe à la longue, et permet aux molécules de sel de se rapprocher insensiblement et sans trouble. Elles s'unissent dans ce cas suivant les lois constantes auxquelles elles sont assujetties, et forment un cristal régulier. C'est une règle générale que, plus celui-ci est long à se faire, plus il est parfait, plus ses dimensions sont considérables, plus sa texture est dure et transparente ; au contraire, une évaporation trop prompte précipite les molécules les unes sur les autres, et les force à se réunir par les premières faces qu'elles se présentent. Dans ce cas, la cristallisation est irrégulière et la figure du cristal indéterminée. Si la soustraction du liquide est soudaine, le corps forme constamment une masse concrète qui offre à peine des traces de cristallisation. L'espace : il faut que les molécules puissent librement se mouvoir. Si la nature est gênée dans ses opérations, ses produits s'en ressentent. Le repos : il est indispensable pour obtenir des formes régulières. Tout arrangement symétrique est entravé par l'agitation. Des cristaux obtenus dans ces circonstances seraient nécessairement confus et irréguliers.

192. L'art du fabricant de cristaux repose sur ces principes. Cependant, pour obtenir du succès, il faut dans la manipulation une certaine dextérité sans laquelle on ne peut confectionner que des articles ordinaires.

193. Les cristaux de presque tous les sels retiennent une certaine quantité d'eau qui est nécessaire à la régularité de leur forme, ainsi qu'à leur
transparence et à leur densité, et qu'on ne peut
expulser sans les réduire en masse informe. Elle se
nomme *eau de cristallisation*, et varie de quantité
suivant les sels. Dans quelques circonstances elle
constitue plus de la moitié de leur poids ; tel est le
cas des sulfate et carbonate de soude, du nitrate
d'ammoniaque, etc.; tandis que dans d'autres elle
est extrêmement faible. Elle varie d'un sel à l'autre,
mais pour le même elle reste fixe et conserve constamment le même rapport avec la matière saline.
Ainsi, dans le bicarbonate de potasse cristallisé (*potassæ carbonas* D L), sur trois proportions de sel, il
y en a une d'eau; tandis que, dans le carbonate de
soude (*sodæ sub carbonas*), sur deux proportions
de l'un, il y en a onze de l'autre. Elle paraît être
combinée avec le sel, et non simplement interposée
entre ses lames.

194. Quand l'eau de cristallisation est abondante, et que la solubilité du sel augmente avec la
température, il suffit souvent d'appliquer la chaleur pour liquéfier les cristaux et produire ce qu'on
appelle *fusion aqueuse.*

195. L'eau de cristallisation est retenue dans les
sels avec des degrés de force très différens. Quelques cristaux la perdent par leur simple exposition
à l'atmosphère, et passent à l'état de poudre fine,

ou *s'effleurissent* (1). D'autres, au contraire, non seulement la retiennent, mais absorbent celle qui est répandue dans l'atmosphère, et deviennent *déliquescens.*

196. Il y a deux moyens de faire cristalliser une solution saline : le *refroidissement* et l'*évaporation;* la manière de conduire ces opératious dépend du rapport qui existe entre la solubilité et la température. Il est à propos d'entrer dans quelques détails sur ce sujet.

I. *La solubilité du sel s'accroît par la chaleur.*

197. Lorsque le sel qu'on veut faire cristalliser est beaucoup plus soluble à chaud qu'à froid, comme le sulfate de soude, le nitrate de potasse, etc., il suffit d'en saturer de l'eau chaude et de la laisser refroidir pour obtenir une belle cristallisation. Il est facile de voir qu'un sel de cette espèce cristallise aisément dans des circoustances semblables; car, puisqu'il cesse d'être aussi soluble dans l'eau dont la température diminue, la portion dont le calorique a déterminé la solubilité doit se séparer à mesure que la liqueur refroidit. Celle-ci n'en

---

(1) Cette circonstance est fâcheuse pour ceux qui en font des collections. Les cristaux susceptibles de s'effleurer doivent être conservés dans des vases où l'on enferme de l'eau. Si l'huile n'a pas d'action sur le sel, on en passe une couche sur les cristaux.

retient que la quantité qu'elle peut en prendre à froid. Il faut cependant que le refroidissement soit graduel; car plus il est lent, et plus les cristaux sont réguliers, attendu que les molécules salines s'approchent d'une manière plus assurée, et se joignent par les faces qui se conviennent le mieux; au lieu que si la solution bouillante est subitement refroidie, la portion de sel dissous par la chaleur se précipite en masse informe. Il faut donc placer la solution encore chaude sur un bain de sable, ou dans un lieu chaud, et abaisser peu à peu la température. Il faut en même temps là couvrir d'un linge, afin de prévenir le contact de l'air froid. La solution parfaitement refroidie, et l'excès de la matière cristalline séparé, on peut traiter le résidu liquide comme on va le dire dans le paragraphe qui suit.

II. *La solubilité du sel n'est pas accrue par la chaleur.*

198. Si l'on a une solution saturée d'un sel qui n'est pas plus soluble à chaud qu'à froid, il est évident que le refroidissement ne peut déterminer sa cristallisation. Dans ce cas, il faut réduire le dissolvant; ce qui se fait de deux manières, savoir :

A. *Par l'évaporation au moyen de la chaleur.*

199. Dans les cas ordinaires, il n'y a d'autre chose à faire qu'à prolonger l'évaporation, jusqu'à ce qu'une goutte de la solution placée sur un corps

froid, montre une disposition à cristalliser, ou au moins jusqu'à ce qu'on observe un filament ou pellicule de matière saline se former à la surface du liquide; phénomène qui indique que l'attraction dont les molécules salines sont douées les unes pour les autres devient supérieure à celle qu'elles ont pour l'eau, et que par conséquent la solution cristallisera, si elle n'est pas troublée. Les premiers groupes de cristaux séparés, on peut répéter l'évaporation, obtenir de nouveaux groupes, et ainsi de suite, jusqu'à ce que la plus grande partie du sel soit cristallisée.

200. Si le sel soumis à l'expérience est parfaitement pur, sa solution peut cristalliser tout entière; mais il arrive souvent, si le menstrue est chargé de deux ou plusieurs sels, qu'après quelques cristallisations, la partie fluide qui reste refuse de cristalliser, quoique saturée de matière saline : elle prend dans cet état le nom d'*eau-mère*.

201. Ce fait a lieu lorsque deux sels n'ont qu'une légère tendance à cristalliser, et sont à peu près également solubles; tels sont, par exemple, le nitrate et le sulfate de soude, au lieu que s'ils sont doués d'une forte puissance de cristallisation, et possèdent cependant différens degrés de solubilité, comme les nitrate et sulfate de potasse, ils se séparent aisément par la cristallisation, sans laisser d'eau-mère.

202. Le procédé ci-dessus est très commode pour isoler des sels qui se trouvent dans la même

solution; car, en réduisant avec soin par l'évaporation la quantité du dissolvant, le sel dont les molécules ont la plus grande cohésion est celui qui cristallise le premier. Si les deux sels sont plus solubles dans l'eau chaude que dans l'eau froide, les cristaux n'apparaissent que lorsque le liquide refroidit; mais si l'un d'eux, comme le sel commun, est aussi soluble à chaud qu'à froid, il donne des cristaux même en s'évaporant. On peut séparer complétement de cette manière le nitre du sel commun, attendu que le dernier cristallise pendant l'évaporation, tandis que le premier ne le fait que quelque temps après que le fluide est refroidi.

203. Dans quelques circonstances l'affinité d'un sel pour son dissolvant est si grande, qu'il ne s'en sépare pas sous forme de cristaux; mais il cristallise dans un autre fluide capable de le dissoudre, et qui agit moins fortement sur lui. Ainsi, par exemple, la potasse ne cristallise pas dans une solution aqueuse, et prend une forme régulière dans l'alcool.

B. *Par l'évaporation spontanée.*

204. Il faut exposer la solution saline à la température de l'atmosphère dans des vases qui ont une surface considérable, et sont couverts d'un papier fin ou de gaze, qui les garantissent de la poussière sans cependant ralentir les progrès de l'évaporation. On choisit pour cette opération une chambre bien aérée et suffisamment claire, dans laquelle on laisse la solution jusqu'à ce qu'elle

présente des cristaux, qui, quelquefois, ne se développent qu'au bout de quatre, cinq, six semaines ou davantage. C'est de tous les procédés le plus sûr pour obtenir de beaux cristaux à grandes dimensions, et c'est celui qu'il faut préférer lorsque le temps et les circonstances le permettent.

205. Lorsque l'opération a fait quelques progrès, il devient nécessaire de la surveiller avec soin; car quand la quantité de sel tenu en solution est réduite à un certain point, le liquide réagit sur les cristaux isolés et les redissout. Il attaque d'abord les angles, puis les bords qui s'arrondissent et perdent peu à peu leur forme. Aussitôt qu'on s'en aperçoit, il faut décanter le liquide, et le remplacer par de la solution fraîche, autrement les cristaux sont infailliblement détruits.

206. On peut vérifier ces faits au moyen d'une expérience simple et frappante.

Exp. 21. On introduit dans une fiole de quatre onces une solution complétement saturée de sel commun (1), qui en occupe environ les deux tiers, on bouche légèrement le goulot avec un morceau de papier à filtrer, et on la place sur une tablette; exposée à la lumière. Au bout d'une quinzaine, on aperçoit au fond du vase un cube de sel qui aug-

---

(1) Comme le sel de mercure contient ordinairement une portion de muriate de magnésie, on isole les sels étrangers en précipitant par le carbonate de soude, après quoi on filtre le liquide.

mente peu à peu, et atteint enfin un certain volume ; ses angles deviennent alors moins aigus, et lui-même perd insensiblement sa figure.

207. Il nous reste à parler d'une autre méthode d'évaporation, qui convient mieux à des essais physiques qu'à des opérations en grand. Elle consiste à prendre la solution dans une capsule de verre, à l'exposer à l'absorption de l'acide sulfurique placé sous le récipient de la machine pneumatique. Ce procédé sera mieux compris lorsque nous traiterons de la manière dont Leslie détermine la congélation artificielle. Nous examinerons ensuite les circonstances étrangères et fortuites qui peuvent influer sur la formation des cristaux.

a. *La forme du vase.*

208. La forme du vase évaporatoire produit une grande variété de figures et de modes de concrétion ; car puisque les cristaux s'étendent plus dans la direction horizontale que dans la verticale, il est évident qu'ils doivent, en s'attachant à des parois obliques, irrégulières ou inégales, devenir plus ou moins irréguliers. La circonstance du développement plus rapide au fond que près de la surface d'un grand vase que présentent les cristaux, tient à ce que les molécules intégrantes, étant plus denses que la solution dont elles se détachent, gagnent la partie inférieure, et augmentent ainsi les cristaux qui se forment au fond du vase.

b. *La présence de quelque corps étranger susceptible d'agir comme noyau.*

209. Afin d'empêcher les cristaux d'adhérer aux parois des vases qui contiennent la solution, on y introduit ordinairement quelque substance, telle que des morceaux de fil, de corde ou de bois : les cristaux se précipitent sur ces corps, et comme ils ne rencontrent qu'une surface de peu d'étendue, ils offrent communément la plus grande régularité. C'est ainsi qu'on assemble dans les boutiques des cristaux de sucre candi, de vert-de-gris, etc. Voici comment on procède quand on veut répéter cette expérience.

On prend une solution fraîchement saturée d'un sel cristallisable ; on la verse dans un vase spacieux, où l'on suspend un fil de soie ou un crin, dont la partie supérieure est attachée à un morceau de liége qui flotte sur la surface du liquide, et l'inférieure chargée d'un poids comme le montre la *Fig.* 13, *Pl.* 2 : en peu de temps le fil se couvre de beaux cristaux.

210. Cette propriété que possèdent les cristaux de se déposer autour d'un noyau, a souvent été rendue sensible par les corps étrangers qu'on introduisait dans la solution. Ils s'incorporaient si intimement avec les cristaux, qu'ils semblaient des productions naturelles.

211. Mais un moyen plus efficace encore de déterminer une cristallisation régulière, est de plonger dans la solution un cristal de même espèce.

Il devient un point de ralliement pour les molécules, et accélère considérablement le progrès de l'agrégation. Il est en outre constaté que si deux sels sont en solution, celui qui est de l'espèce du cristal introduit se sépare le premier.

c. *L'influence de la pression atmosphérique.*

212. Que l'excès de l'air exerce une grande influence sur la cristallisation, c'est ce que prouve l'expérience qui suit :

Exp. 22. On prépare une solution concentrée de sel de Glauber, en introduisant peu à peu ce corps dans de l'eau en ébullition, jusqu'à ce qu'il ne se dissolve plus (1). On verse la solution bouillante dans des fioles ordinaires préalablement chauffées, et on bouche ou on attache un morceau de vessie humide autour de leur orifice, de manière à intercepter l'accès de l'air. Cette opération faite, on met les fioles dans un endroit tranquille, où elles n'éprouvent aucune agitation : la solution revient à la température de l'atmosphère, et reste parfaitement fluide; mais au moment qu'on retire le bouchon ou qu'on pique la vessie, la cristallisation commence à la surface et se propage de haut en bas. C'est un nuage blanc qui court, gagne en quelques secondes la masse entière et développe une chaleur qui est très sensible à la main. Lorsque la cristallisation est accomplie, la solution est si complétement solidi-

---

(1) Une once et demie d'eau en dissout deux de sel.

fiée, que le vase renversé ne donne pas une goutte de liquide. On remarquera cependant que la structure cristalline est très confuse; c'est une conséquence de la rapidité avec laquelle elle se détermine. Si le sel ne cristallise pas immédiatement, il suffit d'agiter légèrement le fluide pour assurer le résultat.

213. Voici comment Murray explique ce phénomène : Lorsque la solution saturée de sel est enfermée dans le vase, et que la pression de l'atmosphère est supprimée, on peut concevoir les molécules placées à des distances trop considérables pour que l'attraction de cohésion puisse se développer de manière à les réunir et à les faire cristalliser; mais si l'on rétablit la pression atmosphérique ou toute autre équivalente sur la surface du fluide, ses molécules, ainsi que celles du solide qu'il renferme se rapprochent les unes des autres, les distances diminuent, l'attraction agit, et la cristallisation commence. Les petits cristaux ainsi formés à la surface présentent des points solides, autour desquels les autres se groupent, et l'action se propage rapidement dans la masse fluide entière.

d. *L'effet de l'agitation.*

214. On s'est assuré que l'absence de mouvement extérieur est essentielle à la production des cristaux parfaits; il y a cependant des cas où l'on facilite l'opération en excitant un léger mouvement vibratoire dans le fluide. On peut concevoir que

l'agitation aide les molécules salines à se dégager des aqueuses qui présentent un léger obstacle à leur union, et occasionnent en même temps des mouvemens qui les placent dans les positions où l'attraction cristalline agit avec plus de force. (1)

e. *La Lumière.*

215. La lumière influe sur la cristallisation. C'est un fait dont on peut se convaincre en jetant un coup d'œil sur les bouteilles de cristaux qui garnissent la devanture des boutiques de drogueries, et qui sont toujours plus abondans à la surface exposée à la lumière. Si l'on place une solution de nitre dans une chambre qui ne reçoit le jour que par un trou pratiqué dans le volet, les cristaux se forment en plus grand nombre sur la paroi du vase contiguë à l'ouverture. Chaptal a trouvé qu'en employant la solution d'un sel métallique, et recouvrant de soie noire la majeure partie du vase, des cristaux capillaires se portent sur celle qui reste découverte, et que son étendue est limitée par la cristallisation.

216. Le même savant a également démontré que le phénomène connu sous le nom de *végétation saline* dépend de l'influence de la lumière.

---

(1) Tout le monde sait que par un temps calme l'eau peut être amenée à plusieurs degrés au-dessous de o sans se congeler, mais que la moindre agitation de l'air, ou le vent le plus léger, détermine immédiatement une croûte à sa surface.

Elle est due à l'adhésion du sel qui s'attache au bord du vase et nuit beaucoup à l'expérience ; car on a reconnu que, quand on la laisse se former, l'évaporation spontanée du fluide donne peu de cristaux, attendu que la matière saline s'est dispersée sur les parois. Le moyen le plus simple de prévenir cet effet est de graisser le bord du vase avec de l'huile douce.

217. On a souvent attribué à un état électrique particulier de l'atmosphère la non-réussite d'une cristallisation. On a fréquemment observé que des solutions salines, qui n'avaient pas donné de cristaux, quoiqu'elles eussent été suffisamment concentrées, et qu'elles fussent restées quelques jours en repos, en déposaient des groupes abondans, aussitôt qu'il survenait un orage, ou immédiatement après.

218. Après avoir énuméré les principales circonstances qui influent sur la cristallisation, nous allons entrer dans quelques détails sur les moyens proposés par Leblanc, pour obtenir des cristaux parfaits et volumineux. Voici en quoi consiste sa méthode : On fait dissoudre le sel dans l'eau ; on concentre sa solution par une évaporation lente et en degré tel, qu'elle cristallise par le refroidissement, ce qu'on reconnaît en en mettant refroidir une goutte sur du verre ou toute autre substance. Lorsqu'elle est à ce point, on l'abandonne à elle-même ; quand elle est parfaitement froide, on retire la portion liquide de dessus la masse de cris-

taux, et on la met dans un vase à fond plat. Au bout de quelques jours il se manifeste çà et là des cristaux qui s'accroissent peu à peu. On choisit les plus réguliers, on les place à distance dans un vase plat, et on verse dessus une certaine quantité de liquide, concentré au point de cristalliser par le refroidissement. On change la position de chaque cristal, au moins une fois par jour, avec une tige de verre, afin que toutes les faces soient alternativement exposées à l'action du liquide; car le côté sur lequel ils posent, ou qui est en contact avec le vase, ne prend jamais d'accroissement; de cette manière les cristaux augmentent peu à peu en volume: Lorsqu'ils sont arrivés au point de se bien dessiner, on choisit les plus parfaits ou ceux qui ont exactement la forme qu'on désire; on les met séparément dans un vase plein du même liquide, et on les retourne comme nous l'avons dit, plusieurs fois par jour.

On peut à la rigueur les obtenir par ce moyen de presque toutes les grandeurs; mais il faut, lorsqu'ils sont parvenus à un certain développement, les surveiller avec soin (205), autrement ils se déforment tout-à-fait.

219. Il est évident, d'après les notions qui précèdent, que la cristallisation n'a aucune analogie avec l'organisation. Rien ne diffère plus que l'accroissement d'un cristal de la croissance d'un être organique : dans l'un, il y a juxta-position de molécules qui s'appliquent mécaniquement ou chimiquement à la surface extérieure, dans l'autre il y a as-

similation de matières étrangères; on peut en même temps affirmer qu'il n'y a pas dans le corps animal, de formation due au concours des affinités qui donnent l'impulsion aux molécules de matière inanimée.

Affinité élective.

220. Lorsqu'on connaît la nature de cette force, en vertu de laquelle deux corps de nature différente se combinent, perdent les caractères qui les distinguent et produisent un nouveau composé, on peut concevoir que *les attractions diffèrent d'intensité suivant les corps sur lesquels elles s'exercent.*

Exp. 23. On mêle ensemble poids égaux de magnésie et de chaux vive en poudre fine, et on ajoute de l'acide nitrique étendu; au bout de quelques heures une partie considérable de la chaux se trouve dissoute, mais la magnésie reste intacte. Il résulte de là que l'acide nitrique a plus d'affinité pour la première de ces terres que pour la seconde.

221. On a imaginé que dans ce cas l'acide nitrique faisait un choix, et on a en conséquence appelé cette espèce d'affinité, *affinité élective.*

222. La découverte de cette loi importante suggéra à Geoffroy l'idée de construire des tables qui représentent les intensités relatives des attractions de divers corps. On les a étendues depuis, au point qu'elles comprennent la majeure partie des combinaisons et compositions chimiques. La substance dont les affinités doivent être exprimées de cette manière, se place simplement à la tête d'une co-

lonne, et se sépare par une ligne horizontale; au-dessous sont classés les corps pour lesquels elle n'a aucune attraction; dans un ordre qui correspond à celui des intensités de leurs affinités respectives; c'est-à-dire que la substance qu'elle attire avec le plus de force est la plus rapprochée d'elle, et celle sur laquelle elle agit le moins occupe le bas de la colonne. La série suivante, qui montre les affinités de l'acide muriatique pour les alcalis et les terres alcalines, peut servir d'exemple.

Acide muriatique.

Baryte.
Potasse.
Soude.
Chaux.
Ammoniaque.
Magnésie.

223. Cette propriété, que possède un même corps de s'unir à d'autres avec des degrés de force différens, nous met à même de le décomposer en employant une substance, qui a pour l'un des constituans plus d'affinité que celui-ci n'en a pour l'autre. Les deux premiers obéissent à la force qui les sollicite, et le troisième est mis à nu; c'est ce qu'il est facile de démontrer en modifiant la dernière expérience.

Exp. 24. On chauffe ensemble dans un flacon de l'acide nitrique et de la magnésie. Ces substances se combinent, et forment *un nitrate de magnésie :*

on prépare en même temps une solution de chaux, en agitant de la chaux vive en poudre dans de l'eau distillée. A peine cette solution est-elle versée dans celle de magnésie, qu'une poudre blanche se sépare et se précipite au fond du vase. Cette poudre n'est autre que de la magnésie que saturait l'acide nitrique, et que l'attraction plus forte de la chaux pour cet acide a mise en liberté.

224. Voici une série d'expériences faciles et propres à faire comprendre la loi de l'affinité électrique.

Exp. 25. Dissolvez de l'argent pur dans de l'acide nitrique, ou préparez une solution de nitrate d'argent dans de l'eau distillée. Si vous y ajoutez du mercure, il sera immédiatement dissous et l'argent dégagé; le fluide qui surnagera sera une *solution de mercure dans l'acide nitrique.*

Exp. 26. Si vous mettez dans la solution de mercure dans l'acide nitrique un morceau de plomb en feuille, il se dissoudra, le mercure sera mis en liberté, et le fluide sera *une solution de plomb dans l'acide nitrique.*

Exp. 27. Si vous suspendez dans cette solution de plomb une légère feuille de cuivre, elle se dissoudra, le plomb sera dégagé, et le fluide sera *une solution de cuivre dans l'acide nitrique.*

Exp. 28. Plongez dans cette dissolution une feuille mince de fer, elle disparaîtra aussitôt, sera remplacée par du cuivre métallique, et l'on aura une *solution de fer dans l'acide nitrique.*

Exp. 29. Si vous mettez un morceau de zinc dans la dissolution, le fer sera précipité, et le zinc restera en dissolution.

Exp. 3o. A la solution de zinc, ajoutez maintenant de l'ammoniaque ; elle se combinera instantanément avec l'acide nitrique, et le zinc sera précipité. La solution ne contiendra dans ce cas que du nitrate d'ammoniaque.

Exp. 31. Versez-y de l'eau de chaux, l'ammoniaque se dégagera aussitôt, exhalera une odeur piquante, et il ne restera qu'une dissolution *du nitrate de chaux.*

Exp. 32. Si vous traitez cette solution par l'acide oxalique, la chaux sera précipitée, et il ne restera que de l'acide nitrique pur.

Nous indiquerons une dernière expérience.

Exp. 33. Ajoutez à de l'encre ordinaire quelques gouttes d'acide nitrique ; à l'instant sa couleur noire disparaîtra : versez dans ce liquide incolore une petite quantité de potasse en solution, elle reparaîtra. Cela tient à ce que son principe colorant est une combinaison de fer et d'acide gallique ; que le métal a moins d'affinité pour celui-ci que pour l'acide nitrique ; qu'il abandonne l'un et s'unit à l'autre, avec lequel il forme un nitrate ; mais la potasse a pour l'acide nitrique une affinité supérieure à celle du fer ; elle s'en empare, et le métal s'unit de nouveau à l'acide gallique.

225. Quand un corps est dégagé d'une combi-

naison au moyen de l'affinité élective, il peut où se dissiper à l'état de gaz; comme dans l'expérience 36, rester en dissolution, ou s'isoler comme un corps insoluble. Dans ce dernier cas, on dit qu'il *se précipite*. La substance qui sert à opérer la décomposition porte le nom de *réactif*.

226. Dans le cas où le principe dégagé prend une forme élastique, on le recueille à l'aide d'un appareil distillatoire qui dégorge dans celui de Woulf, comme nous l'avons expliqué (176), où sur la cuve *hydro-pneumatique*, que nous décrirons ci-après.

227. Comme la *précipitation* est une opération de la plus haute importance, sous le point de vue chimique et pharmaceutique, il est nécessaire d'entrer dans quelques détails sur sa nature et ses usages. Elle sert à isoler les solides des solutions où ils sont engagés; à produire de nouvelles combinaisons qui ne peuvent se former qu'avec peine par l'union directe de leurs constituans; à débarrasser les solutions des impuretés qu'elles contiennent; enfin, à réduire un corps à un état de division qu'aucun procédé mécanique ne peut atteindre. C'est à cette circonstance que les précipités doivent souvent leur activité médicale. Ils sont en outre disposés à entrer dans de nouvelles combinaisons. Ainsi, par exemple, la silice réduite en poudre aussi fine que possible, peut être bouillie dans de la potasse liquide sans devenir sensiblement soluble; mais lorsqu'on la précipite d'une solution chimique, non

seulement elle se dissout promptement dans ce menstrue, mais elle cède même à l'action de certains acides.

228. Dans quelques cas, le précipité n'est séparé par le précipitant que parce que celui-ci a pour le liquide une plus grande affinité, et qu'il affaiblit son attraction pour la substance tenue en solution, comme cela arrive lorsqu'on ajoute de l'eau à de l'esprit de camphre, ou de l'alcool aux solutions de certains sels. Dans d'autres, c'est un composé insoluble, formé par la combinaison de la substance ajoutée avec celle qui était préalablement en solution ; c'est ce qui arrive lorsqu'on ajoute de l'acide sulfurique dans une solution de baryte.

229. La pesanteur spécifique et la forme du précipité varient aussi considérablement suivant les corps, et quelquefois dans le même, suivant les circonstances où il se trouve. Lorsque le corps séparé est très léger et s'élève à la surface du liquide, il prend le nom de *crème*. Si, par exemple, on ajoute un acide à une solution de savon, l'alcali s'unit avec l'acide, et l'huile ainsi dégagée se rassemble à la surface. Dans certains cas où la précipitation est lente, les molécules peuvent obéir aux lois de leur polarité, et s'arranger de manière à former des solides réguliers ; ce qui sert encore à vérifier les théories que nous avons exposées à l'égard des lois de la cohésion, et montre le rapport qui existe entre la précipitation et la cristallisation.

Exp. 34. Si, dans une solution saturée de sulfate

de magnésie, vous versez de l'alcool ; le sel se précipite sous forme cristalline.

230. Les vases dont on fait ordinairement usage pour ces sortes d'opérations, sont de grands verres à pied (*Fig.*14, *Pl.*2), plus étroits en bas qu'en haut, afin que le précipité se rassemble par le repos, et qu'on puisse décanter aisément le liquide qui surnage. Quelquefois cependant cette forme est incommode ; elle ne permet que difficilement d'enlever le précipité.

231. Lorsqu'on a pour objet principal d'obtenir le précipité parfaitement pur, on le recueille sur le filtre; on le lave et on le fait sécher à une température qui n'excède pas 100°. Un appareil extrêmement utile pour cette opération, est celui qui est dessiné (*Fig.* 15, *Pl.* 2).

A, représente le vase avec ses diverses parties en place. B, le même appareil, disposé au-dessus d'une lampe d'Argand. Les parties sont détachées, afin de rendre la description plus claire. Le vase est de tôle ou de cuivre en feuilles, verni et soudé; *c* est un autre vase conique de verre très mince, muni d'un rebord qui l'empêche de glisser en *a*; et *d* est un anneau mobile qui contient le vase *c*. Quand on veut se servir de l'appareil, on verse en *a* de l'eau dans laquelle on plonge le vase *c* qui contient la substance que l'on veut dessécher; on l'assure au moyen de l'anneau *d*, et l'on place l'appareil sur une lampe d'Argand. La vapeur s'échappe par la cheminée *b*, par laquelle on introduit de temps à autre un peu d'eau chaude, pour remplacer celle

que dissipe l'évaporation. Lorsqu'on a pour objet
de déterminer avec exactitude le poids d'un précipité, comme lorsqu'on fait une analyse, on évalue
préalablement celui du filtre, et l'on obtient d'une
seule fois le résultat. On n'a besoin ni de recueillir
la matière dont il est chargé, ni de chercher à se
mettre à l'abri des inexactitudes que cette opération présente...

232. Les changemens que détermine cette espèce d'attraction élective que nous venons d'étudier, ont été représentés par des diagrammes ingénieux imaginés par Bergman. La décomposition
de l'esprit de camphre par l'eau en donnera une
idée.

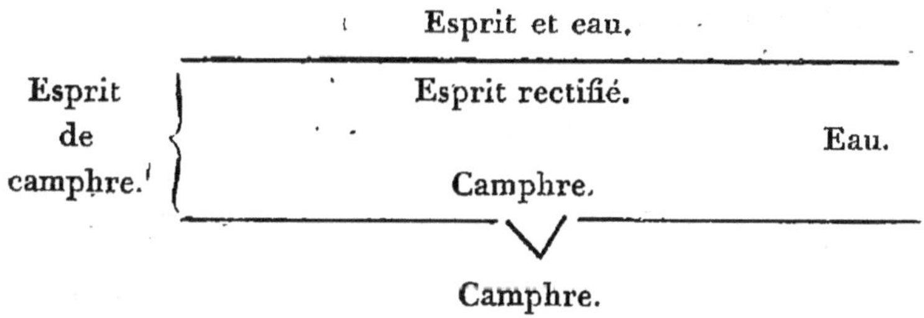

Le composé (esprit de camphre) se place en dehors, à gauche de l'accolade verticale; l'espace intérieur contient les principes constituans (esprit
rectifié et camphre), et la substance (l'eau) qu'on
ajoute pour déterminer la décomposition. Au-dessous et au-dessus des lignes horizontales sont les
nouveaux produits auxquels elle donne naissance.
La pointe de la ligne horizontale inférieure est re-

tournée en bas pour désigner que le camphre tombe ou se précipite, tandis que la ligne supérieure, qui est parfaitement droite, indique que le nouveau composé (l'eau et l'esprit) reste en solution. Si les deux corps fussent restés dissous, ils auraient été placés au-dessus de la ligne supérieure. Si, au contraire, ils eussent été précipités, tous deux auraient pris place au-dessous de l'inférieure. Si l'un ou tous les deux se fussent échappés sous forme gazeuse, on eût exprimé le résultat en mettant le corps volatilisé au-dessus du diagramme, et en tournant en-haut le milieu de la ligne supérieure. Si, par exemple, on ajoute de l'acide sulfurique au carbonate de chaux, un sulfate de cette base se précipite, et l'acide carbonique se dégage sous forme gazeuse, ce qu'on représente comme suit :

Gaz acide carbonique.

Carbonate de chaux. { Acide carbonique. Chaux. }   Acide sulfurique.

Sulfate de chaux.

M. Philipps vient d'introduire dans la construction de ces diagrammes un perfectionnement qui ajoute beaucoup à leur utilité, et dont je ferai usage. Il consiste à imprimer en *italique* les nouveaux composés qui se forment pendant l'opération, ou les constituans qui prennent un nouvel état. Dans le diagramme précédent, par exemple, le *sulfate de chaux* serait écrit avec ces caractères, attendu que c'est un nouveau composé; au lieu que le changement que subit l'acide carbonique, dans son passage de l'état solide à celui de fluide élastique, aurait été décrit comme suit : — *Gaz* acide carbonique.

233. A l'aide de cette méthode, on ne tarde pas à se familiariser avec l'opération la plus simple de l'affinité élective; celle où un corps agissant sur un composé de deux ingrédiens, s'unit avec l'un des deux et met l'autre en liberté ; on la désigne sous le nom d'affinité simple pour la distinguer du cas le plus compliqué qu'il nous reste à considérer.

234. L'*attraction élective double*, ou *affinité complexe*, a lieu quand deux corps composés chacun de deux principes sont mis en contact, et échangent mutuellement leur base ; ce qui donne naissance à deux nouveaux composés, dont la nature diffère de celle des premiers. Il arrive fréquemment dans ce cas que le composé de deux principes ne peut être détruit par un troisième ou un quatrième appliqué séparément; tandis que si ces deux derniers sont combinés entre eux, et mis en contact avec le premier, il se fait une décomposition ou changement de principes. Si l'on ajoute, par exemple, de l'eau de chaux à une solution de sulfate de soude, il n'y a pas de décomposition, attendu que l'acide a plus d'attraction pour la soude que pour la chaux. Il en est de même si l'on emploie, au lieu

d'eau de chaux, de l'acide muriatique, parce qu'il
a moins d'action sur la soude que l'acide sulfurique.
Mais si l'on prend une combinaison d'acide muriatique et de chaux (muriate de chaux), qu'on le mêle
avec le sulfate de soude, il se fait une double décomposition. La chaux abandonne l'acide muriatique et se porte sur l'acide sulfurique, avec lequel
elle forme un sulfate, tandis que la soude se dégage
pour s'unir au premier. Ces décompositions, comme
celles qui sont produites par affinité simple, peuvent s'exprimer par des diagrammes.

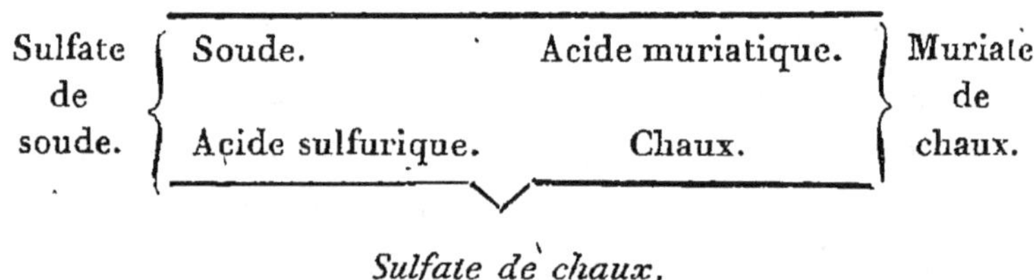

On place en dehors des accolades verticales, les
composés primitifs (sulfate de soude et muriate de
chaux), et les nouveaux produits (muriate de soude
et sulfate de chaux) au-dessus et au-dessous des lignes horizontales. La ligne supérieure, qui est
droite, indique que le *muriate de soude* reste en
solution ; et la pointe de l'inférieure que le *sulfate
de chaux* se précipite.

235. Il est évident que toutes ces opérations
dépendent du conflit de deux séries d'attractions,

celles qui tendent à maintenir les composés primitifs, que Kirwan désigne par le nom d'*affinités quiescentes*, et celles qui agissent pour les détruire et donner naissance à de nouveaux composés par un échange de bases, qu'il appelle *divellentes*. Il ne peut par conséquent y avoir de double décomposition, qu'autant que la somme des dernières est supérieure à celle des premières; prenons un exemple :

L'attraction de la chaux pour l'acide muriatique.   = 104

Celle de la soude pour l'acide sulfurique. = 78

Affinités quiescentes.   = 182

L'attraction de la soude pour l'acide muriatique.   = 115

Celle de la chaux pour l'acide sulfurique. = 71

Affinités divellentes.   = 186

Les composés primitifs sont, par conséquent, défendus par une force équivalente à 182, tandis que celle qui agit pour déterminer de nouveaux composés, est représentée par le nombre 186; ainsi ce sont les affinités divellentes qui l'emportent. Cullen, à qui l'on doit l'heureuse idée de représenter ce qui se passe dans ces changemens compliqués par des diagrammes, a proposé comme moyen, d'employer deux bâtons croisés, et mobiles sur un pivot *a* placé à leur point d'intersection ; ainsi :

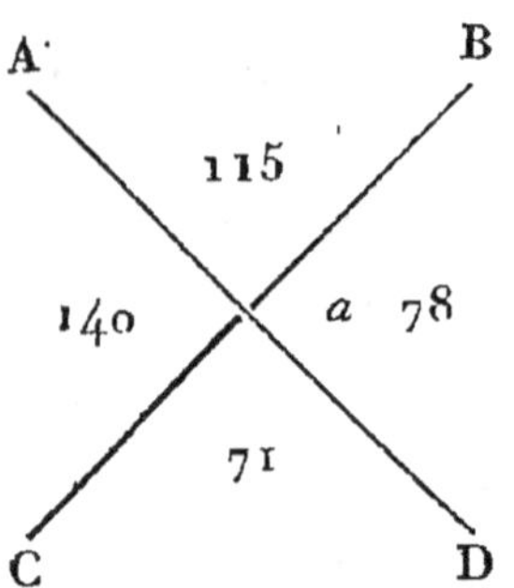

Si on mêle les composés désignés par AC, BD,
et que les attractions de A pour B, et de C pour D
l'emportent sur celles de AC, BD, la composition résultante se trouve aussitôt représentée, en réunissant
les extrémités AB, CD, dont les lettres jointes ensemble servent à spécifier les nouveaux produits.

236. La théorie des affinités chimiques, telle
que nous venons de l'exposer, plaît par son extrême
simplicité et par la facilité avec laquelle elle se plie
à toutes les épreuves qu'on peut lui faire subir;
mais il existe une foule de circonstances qui modifient constamment et quelquefois suspendent les
lois de l'affinité chimique; ce sont : la *quantité de
matière*, la *cohésion*, l'*insolubilité*, la *pesanteur
spécifique*, l'*élasticité*, l'*efflorescence*, la *température*
et la *pression mécanique*. Examinons successivement chacune de ces puissances, afin d'en déduire
quelques données sur leur force et leur valeur.

237. 1. *Quantité de matière*. Berthollet, à qui
l'on doit les premières idées précises sur les rapports
qu'il y a entre la force d'affinité et la quantité,

pense que ceux-ci sont universels, et que rigoureusement parlant il n'y a pas d'attraction élective. Cette opinion cependant a été réfutée par Davy, qui a indiqué plusieurs sources d'erreur qui avaient échappé aux observations de Berthollet. Quoique la plupart des cas cités pour établir ce fait, que l'*excès de matière diminue d'autant l'affinité*, soient susceptibles d'une interprétation différente, on ne saurait nier que les décompositions chimiques sont influencées par les quantités pondérables de substances qui se trouvent dans la sphère d'activité; aussi les manufacturiers qui opèrent en grand obtiennent-ils souvent des résultats qu'on ne peut se promettre d'une expérience de recherches.

238. Il est probable que dans quelques cas l'influence de la quantité est due à une cause mécanique, qui met les molécules à même d'obéir plus vite à l'action de celles qui les sollicitent.

239. Voici une expérience propre à rendre sensible l'influence que la quantité exerce sur la décomposition.

Exp. 35. On mêle ensemble dans un mortier une partie de chlorure de sodium (sel commun), avec moitié de son poids d'oxide rouge de plomb (litharge ou plomb rouge), et l'on ajoute suffisamment d'eau pour former une pâte légère. Si on examine le mélange au bout de vingt-quatre heures, on trouve que l'oxide ne s'est point emparé de l'acide muriatique de la soude, car le goût de cet alcali ne se manifeste pas; mais si l'on porte le poids de l'oxide de plomb à trois ou quatre fois celui du sel, le mélange annonce par sa saveur, lorsque les vingt-quatre heures sont révolues, que la soude est en liberté : preuve qu'une plus grande quantité d'oxide enlève à sa base une portion considérable d'acide muriatique, quoiqu'il ait pour ce corps moins d'affinité que la soude.

240. 2. *Cohésion.* Nous avons déjà parlé (100) de l'influence de cette force, et nous aurons plus loin l'occasion d'en faire sentir l'importance.

241. 3. *Insolubilité.* On pourrait peut-être la confondre avec la cohésion dont elle n'est qu'un effet; mais les modifications qu'elle produit dans l'affinité chimique demandent que nous entrions dans quelques détails. Si deux corps, dont l'un est soluble et l'autre ne l'est pas, exercent chacun une action à peu près égale sur un troisième, et qu'on amène ces substances dans leur sphère d'attraction mutuelle, le premier aura de grands avantages sur le second; car dans l'état où il est, la cohésion doit se réduire à peu de chose, tandis que celle du second ne varie pas; il exerce en outre toute son affinité en masse; au lieu que l'autre la déploie par parties. Il résulte de là que le corps soluble peut s'emparer d'une plus grande portion du troisième, quand même il aurait pour lui moins d'affinité que l'insoluble. Il est des cas néanmoins où l'*insolubilité* tourne au profit de l'affinité d'un corps, lorsqu'elle est par exemple opposée à celle d'un autre. Supposons qu'on ajoute de la baryte dans un composé soluble, dans du sulfate

de soude ; le nouveau sel (sulfate de baryte), qui se précipite à l'instant qu'il se forme, et sort de la sphère d'action, échappe à la puissance que la soude pourrait en raison de sa masse exercer sur lui.

242. 4. *Grande pesanteur spécifique.* Elle concourt nécessairement avec l'insolubilité, en empêchant la combinaison dans un cas, et en la favorisant dans l'autre, ainsi qu'il est expliqué dans la section précédente.

243. 5. *Élasticité* ou *volatilité.* Elle agit en portant les molécules des corps à une telle distance, qu'elle les fait sortir de la sphère de leur attraction mutuelle.

244. 6. *L'efflorescence* tend comme la précipitation à soustraire un des corps à l'affinité. Scheele observa le premier que si une pâte composée de plusieurs substances salines se décompose, un des corps qui en résultent s'élève souvent du milieu de la masse, et forme une efflorescence à sa surface.

245. 7. *Température.* C'est, sans contredit, la plus importante des forces étrangères susceptibles de modifier l'affinité chimique. En effet, elle influence plus ou moins les autres. On a démontré, en traitant de la solution (147), qu'elle diminue la cohésion. Elle agit aussi sur la solubilité, la pesanteur spécifique et l'élasticité des corps. L'expérience suivante fait voir jusqu'à quel point elle peut, en favorisant la volatilité, modifier ou même renverser l'ordre de l'affinité chimique.

Exp. 36. On ajoute de l'alcool à une solution de nitrate de potasse; l'esprit s'unit immédiatement avec l'eau, et le sel se précipite. Si l'on augmente alors la chaleur, l'alcool se dégage en vertu de sa volatilité, et le nitre se redissout.

Exp. 37. Dans une solution de carbonate d'ammoniaque, on en verse une de muriate de chaux; elle détermine à l'instant une double décomposition : il se fait du carbonate de chaux qui se précipite, et du muriate d'ammoniaque qui surnage. Si maintenant on expose quelque temps le mélange à l'ébullition, le gaz ammoniac se dissipe et le carbonate de chaux se redissout. On peut s'en assurer au moyen d'un excès de carbonate d'ammoniaque : le liquide, qui avant l'ébullition ne contenait que du muriate de cette base, donne alors un précipité terreux.

246. Une autre preuve de cette puissance est la formation et la décomposition de l'oxide rouge de mercure (*hydrargyri oxidum rubrum* P. L). Lorsqu'on prend du mercure à un degré voisin de celui où il se volatilise, et qu'on l'expose à l'air, il absorbe l'oxigène et se convertit en oxide rouge; mais si l'on pousse plus loin la température, l'oxigène revient à l'état gazeux, se dégage, et restitue le mercure à son premier état.

247. 8. *Électricité.* Son influence sur les affinités des corps demande un chapitre particulier.

248. 9. *Pression mécanique.* Les effets de cette force se manifestent principalement lorsqu'elle sert à déterminer la combinaison des corps aériformes

entre eux, avec des liquides ou des solides. Nous avons exposé la théorie de son action (137).

249. Telles sont les principales circonstances qui modifient l'affinité chimique. Après avoir examiné leur nature et leur influence, nous pouvons conclure sans crainte que l'affinité n'en est pas moins *élective;* qu'elle agit dans les diverses substances avec des gradations de force attractive, mais qu'elle est en même temps susceptible d'être modifiée par la quantité de la matière, la température, la cohésion, la solubilité et les autres circonstances où se trouvent les corps qui réagissent entre eux.

250. Il nous reste à parler de cette espèce d'attraction en vertu de laquelle deux corps, incapables de s'unir chimiquement, se combinent par l'intervention d'un troisième, qui n'a cependant d'affinité apparente pour aucun d'eux. Un exemple va servir à fixer nos idées. L'eau est un composé d'oxigène et d'hydrogène. Le phosphore a pour le premier une attraction qui n'est pas assez forte pour qu'il puisse décomposer l'eau, mais combiné avec la chaux, il la décompose vivement, s'empare de son oxigène, et met en liberté l'hydrogène avec lequel il s'unit en partie. Le fer a également de l'affinité pour l'oxigène; mais elle est si peu supérieure à celle de l'hydrogène pour le même gaz, qu'il ne peut décomposer l'eau à une basse température, ou du moins avec une certaine énergie; cependant, si l'on ajoute une petite dose d'acide sulfurique, la décomposition se détermine à l'in-

stant de la manière la plus vive. La chaux dans un cas, l'acide sulfurique dans l'autre, exercent une affinité *disposante*.

251. Malgré les lumières que les dernières découvertes ont répandues sur l'attraction chimique, il faut avouer que ce qu'on a écrit jusqu'ici sur la nature de l'affinité disposante, n'est rien moins que plausible. Cette affinité paraît due, dans quelques cas, à l'action électro-chimique; dans d'autres, à celle d'une force que Berthollet appelle *résultante* (1), et qui serait la combinaison de différentes affinités qui existent dans un composé. Dans beaucoup de circonstances, cependant, on ne peut en rendre compte d'après aucun principe de combinaison connu.

Réactifs.

252. En introduisant certaines substances dans diverses solutions, on produit des changemens qui rendent sensibles des ingrédiens qui nous échappaient. Ces substances sont connues sous le nom de

---

(1) Berthollet pense que les affinités d'un composé ne sont pas récemment acquises, mais simplement les affinités modifiées de ses constituans, dont l'action, lorsqu'ils étaient isolés, était masquée par des forces contraires. Il suppose que celles-ci sont neutralisées par la combinaison, et permettent aux affinités de ses élémens de se déployer. Il leur donne le nom d'*affinités élémentaires*, et appelle *affinités résultantes* celles que possède le composé.

réactifs (1). Prenons, pour vérifier cette efficacité, de l'eau de source dont on veut déterminer la pureté. Si on la traite par quelques gouttes d'une solution de *nitrate d'argent*, et qu'il se forme un précipité blanc, on peut en conclure que le liquide contient un sel muriatique, quelque alcali ou quelque terre carbonatée. Il est facile cependant de prévenir cet effet par l'addition préalable d'un peu d'acide nitrique. Pour donner une idée de l'extrême sensibilité du nitrate d'argent comme réactif de tout sel muriatique, il suffit de dire que si on emplit d'eau distillée deux verres, et qu'on plonge le doigt dans

---

(1) Chaque praticien doit être muni d'une boîte contenant un certain nombre de réactifs, afin de pouvoir s'assurer de la nature des substances nouvelles qui se présentent, de la découverte des poisons, et de celle des nombreuses falsifications auxquelles les médicamens sont si malheureusement exposés. Il n'y a pas long-temps que l'on s'imaginait que les recherches expérimentales exigeaient un laboratoire complet; mais les réactifs remplacent aujourd'hui cette foule d'appareils, et l'on peut faire toutes les analyses possibles à l'aide de quelques réactifs, d'un petit de tube de verre, de flacons et de pipettes. Nous donnerons plus loin la liste des réactifs qui sont nécessaires dans un laboratoire économique. Il suffit de faire ici quelques remarques sur des manières de manipuler, qui ne sont pas moins essentielles dans un travail rapide que dans une analyse rigoureuse. Le vase le plus commode pour renfermer le réactif est une fiole ordinaire, munie d'un bouchon dans lequel on introduit un tube de verre de petit calibre, de deux ou trois pouces de long, et recourbé par un bout à angle obtus (*Fig.* 16, . 2) . En renversant la fiole et la prenant par la base, la chaleur

l'un des deux, l'argent l'indiquera sur-le-champ. Si l'eau contient un sel sulfurique, le *nitrate de baryte* décèle sa présence par un précipité blanc, qui ne disparaît pas comme il le ferait si le précipitant était un carbonate. On peut inférer l'absence ou la présence de la chaux, de l'effet que produit dans le liquide l'*oxalate d'ammoniaque*, qui précipite cette terre, quelque faible qu'en soit la proportion. Ce peu d'exemples suffit pour le moment; la suite en présentera d'autres.

Proportions dans lesquelles les corps se combinent, et théorie atomique.

253. Nous avons considéré la nature des combinaisons chimiques et les circonstances qui la mo-

---

de la main expulse quelques gouttes qu'on peut diriger sur un petit objet. Lorsque l'écoulement cesse, il est aisé de le renouveler en redressant le vase pour laisser entrer de l'air, et procédant comme auparavant. Dans les cas où il n'en faut que de très petites doses, comme lorsqu'il s'agit d'appliquer des alcalis ou des acides concentrés, on a recours à une bouteille pourvue d'un tube (*Fig.* 17, *Pl.* 2), à l'aide duquel on n'en prend qu'une goutte qu'on fait tomber sur le corps qu'on analyse. Si c'est un liquide qu'on étudie, on le met souvent dans des verres ou tubes, mais comme cette disposition exige une certaine quantité de matières, on y substitue un fragment de verre, ou, dans quelques occasions, un morceau de papier à écrire. Lorsqu'on veut recueillir le précipité afin de déterminer son poids, ou le soumettre à de nouveaux essais, il faut opérer plus en grand. Ne s'agit-il que de constater la composition d'un liquide, sans avoir égard aux proportions de ses constituans, un fragment de verre

difient : nous allons passer à l'examen des proportions dans lesquelles différentes substances s'unissent entre elles pour donner naissance à de nouveaux composés.

254. Les corps paraissent dans quelques cas
s'unir en toutes proportions : telle est l'eau avec l'a-
cide sulfurique ou l'alcool, etc.; dans d'autres, ils
s'unissent en toutes proportions jusqu'à un certain
point, au-delà duquel il ne se fait plus de combinaison. Nous avons déjà constaté cette circonstance (150). Dans tous ces cas, la combinaison est
faible et facile à détruire ; le produit n'est caractérisé
par aucun changement remarquable de propriétés,
mais possède celles qui sont propres aux principes
isolés qui le constituent ; ainsi l'acide sulfurique
étendu, l'esprit et l'eau ne manifestent aucun caractère qu'on ne puisse découvrir dans chacun de ces
corps pris isolément. Il en est de même des solutions de sels aqueuses.

255. On se sert du mot *saturation* pour exprimer le point où deux corps cessent de se combiner,
sans que leurs propriétés soient sensiblement altérées (150); celui de *neutralisation* indique au contraire qu'ils les ont perdues.

256. Les combinaisons énergiques dans lesquelles les qualités des constituans disparaissent, se

suffit. Du reste, un œil exercé n'a souvent besoin que de la
couleur et de la densité pour reconnaître la substance qui fait
l'objet de ses recherches.

font constamment à proportions définies. Ainsi lorsque les principes se combinent de manière à ne former qu'un composé, celui-ci, quelles que soient les circonstances où il se produit, contient toujours avec la plus rigoureuse exactitude les mêmes proportions relatives de ses parties constituantes. Si deux corps s'unissent en plus d'une proportion, les seconde, troisième, etc., sont multiples ou sous-multiples de la première. On sait, par exemple, qu'il y a deux combinaisons de fer avec l'oxigène, qui constituent l'oxide noir (protoxide) et l'oxide rouge (péroxide). Si nous considérons l'oxigène que renferme le premier comme 2, la quantité que contient le second doit être envisagée comme 3. Il existe également ment deux oxides de mercure, le noir (protoxide, *hydrargyri oxidum cinereum* P. L), et le rouge (péroxide, *oxidum rubrum* P. L). Le dernier paraît contenir justement deux fois autant d'oxigène que le premier. On peut faire les mêmes considérations sur les composés de plomb ; ce métal se combine avec l'oxigène en trois proportions différentes : le premier composé est formé de 100 de métal + 8 d'oxigène ; dans le second la même proportion de plomb est combinée avec 12 du même gaz, et dans le troisième avec 16. Lorsqu'une substance alcaline se combine avec plus d'une proportion d'acide, les mêmes circonstances semblent se présenter. Voici une expérience de Wollaston qui le démontre d'une manière simple et fort ingénieuse.

Exp. 38. Introduisez un poids donné du sel

nommé carbonate de potasse (*potassæ carbonas*, P. L), dans un tube renversé et plein de mercure, que recouvre une petite quantité d'acide sulfurique : il se dégage un certain volume de gaz acide carbonique. Chauffez au rouge un poids égal du même sel, il passera à l'état de sous-carbonate ; traitez ce dernier de la même manière, il donnera exactement la même quantité d'acide carbonique : le fait est que le premier se compose de 70 parties de potasse + 60 d'acide carbonique, et le dernier de 70 de l'un + 30 de l'autre.

257. Aucun exemple ne démontre mieux la loi des proportions définies que celui de la combinaison des corps gazeux. Nous ferons voir plus loin qu'ils s'unissent invariablement en raison simple de leurs volumes.

258. Il paraît que la première idée des proportions définies est due à Richter. Higgins, dans son ouvrage sur le phlogistique, émit plus tard l'opinion que les corps s'unissent chimiquement atome à atome ; mais il était réservé à Dalton de généraliser cette doctrine, et d'établir sur des bases solides une théorie dont le développement, suivant l'expression du célèbre Thompson, doit être regardé comme le plus grand pas que la chimie ait fait comme science. Elle a mis ceux qui la cultivent à même de baser leurs raisonnemens sur des principes rigoureux, de s'aider des ressources que fournit le calcul, et de porter dans leurs recherches une pré-

cision mathématique qu'elles n'avaient pas encore eue. L'application de cette théorie a déjà donné de brillans résultats; elle a rectifié une foule d'analyses et conduit à la découverte de combinaisons inconnues, dont sans elle on n'eût jamais soupçonné l'existence. Si, par exemple, on a une série de composés, et que les proportions des constituans soient respectivement de 1 + 1, 1 + 3, 1 + 5, et ainsi de suite, on est tout naturellement conduit à rechercher s'il ne peut pas se former des composés intermédiaires dans les proportions de 1 + 2, et 1 + 4, qui compléteraient la série. L'existence de ces combinaisons s'est réalisée dans beaucoup de cas : ainsi l'on connaît quatre composés d'azote et d'oxigène, l'*oxide nitreux*, formé de 1 d'azote + 1 d'oxigène; le *deutoxide d'azote*, de 1 d'azote + 2 d'oxigène; l'*acide nitreux* de 1 d'azote + 4 d'oxigène, et l'*acide nitrique*, de 1 d'azote + 5 d'oxigène. Pour compléter la série, on a cherché à savoir s'il n'existait pas un composé de 1 d'azote et de 3 d'oxigène; on l'a en effet découvert et nommé *acide pernitreux* ou *hyponitreux*. Une foule d'exemples de cette nature démontrent, d'une manière péremptoire, l'universalité ainsi que l'uniformité de cette loi.

259. Afin de bien saisir la théorie atomique, il faut se rappeler que chaque particule d'un composé chimique, quelle que soit sa ténuité, contient une portion de chaque ingrédient. Il est vrai que dans

la pratique la division mécanique ne peut aller au-delà de certaines limites (23); mais, puisque les particules les plus ténues qu'elle peut obtenir ne présentent aucune différence de composition avec celles de la masse entière, on peut admettre qu'en poussant la divisibilité au dernier terme dont elle est susceptible, on aurait encore le même résultat; ainsi, la craie est un composé de chaux et d'acide carbonique : quelque ténuité qu'une portion de cette matière puisse prendre, elle renferme toujours les deux principes dont elle se compose. Il est évident que cela n'aurait pas lieu si les atomes des corps n'étaient pas unis entre eux; et, comme les composés chimiques contiennent constamment les mêmes proportions de leurs constituans (257), il est également clair qu'il y a eu combinaison d'un nombre déterminé des atomes de l'un avec un certain nombre de ceux de l'autre.

260. Partant de cette idée que la combinaison chimique n'a lieu qu'entre les atomes, Dalton a déduit des poids relatifs dans lesquels ces corps s'unissent, ceux de leurs molécules ou atomes, et formé une série de nombres destinés à les représenter.

261. Pour donner une idée du procédé par lequel on arrive au poids d'un atome, supposons que deux corps élémentaires A et B se combinent, et que l'expérience a prouvé qu'ils s'unissent en poids dans la proportion de 5 du premier et 4 du second, il en résulte que s'ils s'unissent molécule à mo-

lécule (1), les mêmes nombres doivent nécessairement exprimer les poids relatifs de leurs atomes.

262. Mais, outre qu'ils s'unissent simplement
atome à atome, 1 atome de A peut se combiner
avec 2, 3, 4, etc., de B, ou un de B peut se combiner
avec 2, 3, 4, etc., de A. Lorsqu'une telle série de composés existe, il est évident que l'analyse chimique
doit démontrer que les proportions relatives de
leurs ingrédiens sont 5 de A pour 4 de B, ou 5
pour (4+4) 8; ou 5 pour (4+4+4) 12, etc., attendu que ces nombres représentent les poids des
atomes. Si la théorie atomique est vraie, il n'existe
sûrement aucun composé intermédiaire, tel, par
exemple, que 5 de A pour 6 de B.

263. Afin de s'assurer de l'exactitude des nombres ainsi obtenus, il est nécessaire d'examiner les
combinaisons de A et B avec une troisième substance, c'est-à-dire avec C. On suppose alors que
A et C s'unissent atome à atome, de manière à former une combinaison *binaire* dans la proportion
de 5 à 3. Si alors C et B sont également susceptibles

---

(1) Lorsqu'une combinaison n'a lieu qu'entre deux corps
élémentaires, Dalton pense, à moins que le contraire ne se
prouve, que ses élémens s'unissent simplement atome à atome;
il l'appelle alors *binaire*.

1 atome de A + 1 atome de B = 1 atome de C *binaire*.
1 ——— + 2 ——— = ——— D ternaire.
2 ——— + 1 ——— = ——— E ternaire.
1 ——— + 3 ——— = ——— F quaternaire.
3 ——— + 1 ——— = ——— G quaternaire.

de se combiner, on aperçoit sur-le-champ qu'ils ne
le peuvent faire que dans la proportion de 3 à 4,
ou dans celle qui est exprimée par quelque multiple simple de ces nombres qui indiquent les poids
relatifs de leurs atomes. Tel est le principe adopté
par Dalton pour évaluer le poids des atomes d'oxigène, d'hydrogène d'azote; les deux premiers
d'après la composition de l'eau, et les deux derniers
d'après les proportions où ils se trouvent dans l'ammoniaque.

264. Mais, avant de construire une table qui
exprime les poids relatifs des atomes de divers corps,
il est évident qu'il faut prendre une substance dont
l'atome puisse servir de terme de comparaison. Il
est fâcheux que les physiciens n'aient pas été d'accord sur celle qu'ils ont adoptée. Dalton a choisi
l'hydrogène, parce que c'est le plus léger de tous
les corps connus, et qu'il s'unit avec d'autres dans
la plus petite proportion. Wollaston, Thompson,
Berzélius ont pris l'oxigène, à cause de ses rapports
presque universels avec la matière chimique, comme
unité décimale (le premier la représente par 10, le
second 1, et le troisième 100). H. Davy a, comme
Dalton, adopté l'hydrogène pour unité; mais il a
modifié la théorie en supposant que l'eau est un
composé d'une proportion ou d'un atome d'oxigène, et de deux proportions ou atomes d'hydrogène, attendu que pour faire l'eau il faut deux mesures du dernier et une du premier, et que des mesures égales de différens gaz contiennent, suivant

lui, des nombres égaux d'atomes; tandis que Dalton pense que deux volumes d'hydrogène ne renferment que le nombre d'atomes que contient un volume d'oxigène. Il est tout-à-fait indifférent d'adopter l'une ou l'autre hypothèse; un procédé très simple les concilie. (1)

265. Mais, dans la doctrine des proportions, il n'est pas nécessaire de regarder les corps comme composés de particules indivisibles; on peut rejeter tout-à-fait la théorie atomique, et profiter encore des avantages que donne la loi générale des combinaisons définies. Davy, par exemple, n'a pas adopté la théorie de Dalton ; mais il a embrassé celle des proportions définies. Ce que Dalton nomme *atome*, il l'appelle *proportion*, et Young *poids combinant*.

266. Wollaston a introduit le terme d'*équivalent chimique*, pour exprimer le système des proportions définies dans lesquelles les corps se combinent entre eux, rapporté à une unité commune.

267. Il sera facile d'entendre le sens du mot

____

(1) On peut réduire les nombres de Wollaston par la simple règle de proportion; ainsi 8 (nombre de l'oxigène de Dalton) est à 1 (nombre de l'hydrogène), comme 10 (nombre de Wollaston pour l'oxigène), est à 1,25 nombre de l'hydrogène. Pour convertir les nombres de Davy en ceux de Wollaston, il ne faut qu'ajouter un tiers; ou l'on réduit ceux du second en ceux du premier, en déduisant un quart. Ainsi Davy donne 15 comme le nombre du soufre, et $15 + 5 = 20$ nombre que lui assigne Wollaston; et réciproquement $20 - 5 = 15$.

équivalent, quand, après, avoir déterminé quelle proportion de deux ou de plusieurs corps A, B, C, etc., d'une classe en neutralise un autre X d'une classe différente; on trouve qu'il faut la même proportion relative de A, B, C, pour neutraliser un autre corps de la même classe que X. Ainsi, puisque 100 parties d'acide sulfurique et 68 (en ne tenant pas compte des fractions) d'acide muriatique neutralisent 118 de potasse, et que 100 du premier neutralisent 71 de chaux, on peut conclure que 68 d'acide muriatique neutraliseront également 71 de chaux. Dans ce cas, 100 d'acide sulfurique et 68 d'acide muriatique sont avec raison réputés *équivalens* l'un de l'autre. Wollaston a adapté une série de ces nombres à une règle mobile, et construit une échelle d'équivalens chimiques, qui a plus contribué à faciliter l'étude générale et pratique de la chimie qu'aucune autre invention, attendu qu'il soumet à la fois des milliers de combinaisons à toute la précision du calcul.

258. Un fait très intéressant, et qui tient de la réciprocité des proportions de saturation, c'est que deux sels neutres, en se décomposant l'un l'autre, donnent naissance à deux nouveaux composés salins, qui conservent leur neutralité, c'est-à-dire qu'ils échangent de principes sans qu'il en résulte d'excès d'acide ou de base. Si 100 parties de nitrate de baryte, qui est formé de 41 d'acide nitrique et 59 de baryte, sont mêlées avec 67 de sulfate de potasse, qui se compose de 30 d'acide et de 37 de

base, il y aura 89 de sulfate de baryte et 78 de nitrate de potasse ; de sorte que les 41 d'acide nitrique se combinent avec les 37 de potasse, et les 30 d'acide sulfurique avec les 59 de baryte.

269. Lorsqu'une proportion (ou atome) d'une substance se combine avec plus d'une proportion d'une autre, les premières peuvent se séparer plus facilement que les dernières. Si, par exemple, on expose à une forte chaleur l'oxide noir de manganèse, il dégage l'oxigène et brunit ; mais il n'est pas possible de le dépouiller de la totalié de ce gaz, à quelque degré qu'on pousse le feu. Le carbonate de soude, qui contient deux proportions d'acide carbonique pour une de soude, cède très promptement, lorsqu'il est soumis à l'action de la chaleur, une moitié de son acide, mais il retient l'autre avec force.

270. Ce fait donne la solution de plusieurs phénomènes d'affinité chimique, que Berthollet attribuait à l'influence seule de la quantité (237). Une base agit avec une énergie différente sur les première, seconde, troisième, etc., proportions du corps avec lequel elle se combine. Il résulte de là que, lorsqu'il se forme un *sur* ou un *sous sel*, une substance attirée moins fortement qu'une troisième précipite quelquefois celle-ci de sa combinaison avec la seconde. C'est ainsi que l'oxide de plomb décompose le muriate de soude, et forme un sous-muriate de plomb ; que l'acide tartarique décompose les sels de potasse et donne naissance

à un sur-tartrate de cette base, et que l'acide car-
bonique abandonne l'acétate de plomb pour produire un sous-acétate. Une composition saline où
il entre de l'acétate d'ammoniaque se décompose
également, et devient caustique par l'addition d'un
peu de magnésie pure qui va à la suite de l'ammoniaque dans l'ordre des attractions électives. La
magnésie forme probablement dans ce cas un acétate triple avec une partie de l'ammoniaque, et met
le reste en liberté.

271. Lorsqu'un corps se combine avec deux ou
plusieurs proportions d'un autre, il semble éprouver plus de difficulté à entrer dans de nouvelles combinaisons, que quand il n'est combiné
qu'avec une. Ainsi le fer combiné avec deux proportions de soufre, résiste à l'action de l'acide sulfurique étendu ; tandis que, lorsqu'il n'est combiné qu'avec une proportion de ce corps, comme
dans le sulfure artificiel de ce métal, il est très
promptement attaqué.

272. Il semble, d'après ces faits, que deux ou
plusieurs proportions d'un corps en attirent une
simple d'un autre avec plus d'énergie que ne le
fait une proportion, et que deux ou plusieurs adhèrent à une simple proportion avec moins d'énergie qu'une, ou au moins qu'une seconde ou une troisième adhèrent moins fortement que la première.

273. Il serait possible d'admettre, observe Davy,
que deux ou trois proportions en dérobent une a
l'action d'une nouvelle substance par une cause

mécanique, ou parce qu'elles l'enveloppent plus complétement; toutefois l'autre solution paraît plus probable.

274. Parmi les nombreux usages dont est susceptible la doctrine des équivalens, celui qui met le pharmacien à même d'estimer la force et la valeur de certaines préparations n'est pas le moins important. Il lui est aisé, par exemple, de déterminer par ce moyen la quantité réelle d'acide hydrocyanique qui existe dans une solution étendue. Ainsi, puisque le nombre équivalent de cet acide est exactement un huitième de celui du péroxide de mercure, et qu'il se combine dans la proportion de deux du premier pour un du dernier, on a sur-le-champ le rapport d'un à quatre dans la formation de ce composé. Il est évident d'après cela que si à cent grains d'acide hydrocyanique étendu, on ajoute peu à peu de petites quantités de péroxide (précipité rouge) jusqu'à ce qu'il cesse de se dissoudre par l'agitation, le poids de l'oxide ainsi dissous donne, si on le divise par quatre, un quotient qui représente la quantité réelle d'acide hydrocyanique contenu dans l'eau. On peut de la même manière évaluer celle de l'acide acétique que contient un échantillon donné de vinaigre distillé, car puisque le carbonate de chaux et l'acide dont nous venons de parler sont représentés par le même nombre, la quantité du premier que dissolvent cent grains de l'échantillon représente celle de l'acide réel.

Chaleur ou calorique.

275. Les termes *chaleur* et *froid*, qui désignent certaines sensations qu'excitent des corps appliqués sur nos organes, sont trop connus pour exiger une définition. Cependant nous n'avons aucune donnée bien satisfaisante sur la nature de la cause qui les produit. Quelques physiciens l'ont regardée comme un fluide indépendant, d'une ténuité inappréciable, et capable de s'insinuer entre les molécules de la matière la plus dense. D'autres ont nié l'existence d'un élément de ce genre, et ont attribué tous les phénomènes que présentent les corps échauffés à un mouvement *vibratoire* ou intérieur qui agite les molécules de la matière. La première opinion paraît plus en harmonie avec les phénomènes, mais toute discussion à cet égard est inutile, car quelle que soit la nature de cette puissance, son existence n'en est pas moins réelle, comme cause d'effets certains dont on peut apprécier les rapports, ainsi que les lois qui les régissent quoique la nature de la cause qui les produit reste totalement inconnue.

276. On désignait autrefois par le nom de chaleur cette puissance quelle qu'elle fût, ainsi que la sensation qu'elle excite ; mais on a reconnu depuis qu'il ne convenait pas de confondre sous la même dénomination deux choses aussi distinctes que la cause et l'effet, et l'on a désigné la première par les mots *de matière de la chaleur, de fluide igné, de*

feu, de calorique ou *répulsion calorifique*. Afin cependant d'éviter la répétition trop fréquente du même terme, on emploie encore de temps à autre celui de *chaleur*, non seulement pour exprimer la sensation qu'il indique, mais encore quelques unes des modifications qu'éprouve la cause inconnue qui la produit.

277. Outre la propriété d'exciter la sensation de la chaleur, le calorique possède encore celle de dilater tous les corps soumis à son action, c'est-à-dire d'augmenter leur volume dans toutes les directions (1), et de les ramener en se dissipant à leurs premières dimensions. Il résulte de là qu'il tend constamment à isoler les molécules des corps et doit être regardé comme doué d'une puissance répulsive opposée à celle de l'attraction.

---

(1) Il est donc important de tenir compte de la température d'un corps quand on veut évaluer sa pesanteur spécifique (81). La propriété dont jouit le calorique de dilater les corps est avantageuse dans quelques arts, et présente dans d'autres de grands inconvéniens. C'est ainsi que le charron et le tonnelier peuvent, en chauffant leurs cercles, les fixer plus solidement. On sait d'un autre côté combien l'action de cette force entraîne d'inconvéniens et d'inexactitude dans les machines. L'élève en chimie en fait tous les jours l'expérience. Quelques précautions qu'il prenne pour garantir ses appareils en verre, il parvient rarement à en éviter la destruction. Il est bon d'indiquer à quoi tiennent ces accidens. Le verre est un mauvais conducteur de la chaleur (Exp. 39). Si on le charge d'un fluide chaud, sa surface intérieure se dilate, tandis que l'extérieure n'éprouve aucune altération et détermine nécessairement une fracture.

278. Une exception importante (1) à cette loi de la dilatation est celle que présente l'eau dans son refroidissement. Elle acquiert par la soustraction de la chaleur une densité uniforme et croissante jusqu'à 4°, 5 ; passé ce terme, elle devient de plus en plus légère à mesure que l'atmosphère lui enlève du calorique. On peut s'assurer de la vérité de ce fait en prenant de l'eau dans un vase profond, et en l'examinant au moment où elle se congèle. On la trouvera alors plus chaude au fond qu'à la surface.

Pour prévenir cet accident, il faut faire le verre assez mince pour que la dilatation se propage simultanément dans toute la masse, ou chauffer le vase graduellement, afin qu'elle s'opère plus lentement. On explique de la même manière la fracture des vases de verre chaud, dans lesquels on verse un fluide froid.

(1) On compte d'autres exceptions, mais elles ne sont en quelque sorte qu'apparentes, et reposent sur le changement chimique que les corps éprouvent dans leur constitution ou leur cristallisation. L'argile, par exemple, se contracte considérablement par une chaleur intense ; c'est même sur cette contraction qu'est fondé le pyromètre de Wodgwood ; mais dans ce cas l'argile dégage d'abord l'eau dont s'étaient chargées ses parties, qui adhèrent ensuite avec une force considérable, et passent d'un état d'agrégation un peu lâche à celui d'une combinaison intime. Certaines solutions salines se dilatent également au moment où elles se solidifient ; mais cela tient à ce que sous le même poids la matière occupe beaucoup plus d'espace, attendu qu'elle présente des interstices plus considérables lorsque les molécules ont pris certaines formes. Il en est de même à l'égard de la fonte, du bismuth et de l'antimoine.

Il est curieux de rechercher la cause de cette anomalie, et de considérer ce qui arriverait si l'eau était soumise à la même loi que les autres corps. On a remarqué avec raison que ce liquide, à mesure qu'il perd du calorique, devient de plus en plus dense jusqu'à environ 4, 5° au-dessus de 0; mais que si, au lieu de ce qui arrive, la densité allait en augmentant jusqu'à 0°, la couche superficielle eût continué à descendre : elle eût été suivie d'une foule d'autres qui se seraient succédé avec rapidité, et auraient converti nos lacs et nos rivières en une masse de glace qui, dans ce cas, se serait formée au fond et non à la surface. Un hiver rigoureux eût suffi de cette manière pour solidifier toutes les rivières d'Europe. Un autre avantage, c'est que les nappes de glace qui couvrent souvent les petites mers, les lacs et les rivières, retiennent une masse de calorique dans l'eau qu'elles recouvrent, et que dans les dégels les poissons n'ont point à souffrir du froid ; car aucune particule de la surface ne peut descendre que l'atmosphère n'ait éprouvé un changement de température, et que la totalité de l'eau ne soit élevée au-dessus de quatre degrés.

279. On entend par *température* le degré d'énergie avec lequel un corps nous donne la sensation de la chaleur, et dilate les substances avec lesquelles il se trouve en contact; mais nos sens ne peuvent nous donner une évaluation exacte de la quantité de calorique qui agit sur nous. Nous sommes obligés d'adopter comme unité, l'effet qu'il pro-

duit sur un corps déterminé, et de rapporter tous les autres à ce point de comparaison; c'est sur ce principe qu'est construit le *thermomètre*, instrument qui fut inventé par Sanctorius, et sert communément à mesurer la chaleur.

280. Il paraît que les phénomènes auxquels le calorique donne naissance présentent, dans une circonstance essentielle, les mêmes propriétés que la matière commune; on peut en effet prouver qu'il existe sous deux états très différens; celui de liberté, quand il est susceptible d'exciter en nous la sensation de la chaleur ou de produire la dilatation; et celui de combinaison dans laquelle il échappe à nos sens, ou cesse d'être sensible au thermomètre. Il porte, dans le premier cas, les noms de *calorique libre, calorique non combiné, température*; et dans le dernier, ceux de *calorique latent, combiné*, et quelquefois *calorique de fluidité*.

281. La force avec laquelle le calorique tend à se disperser dans les corps, jusqu'à ce qu'il y ait un équilibre de température établi, est une propriété qui n'est pas moins frappante que celle de produire l'expansion. Ainsi, si l'on prend un certain nombre de corps de diverses températures, et qu'on les mette en contact, ils acquièrent tous, au bout d'un certain temps, une température moyenne. Le calorique des plus chauds se répand dans ceux qui le sont le moins, et il s'établit un équilibre entre eux; cette loi est trop connue pour avoir besoin de vé-

rification. Si on veut chauffer un corps, on le porte vers le feu ; si on veut, au contraire le refroidir, on l'entoure de substances froides. Le calorique se propage même à travers le vide de Toricelli; ce qui tient évidemment à sa puissance répulsive qui tend constamment à l'équilibre.

282. Lorsqu'on met des corps en contact avec d'autres substances d'une température inférieure, la chaleur se propage des premiers aux derniers, ou en d'autres termes, les plus froids enlèvent aux plus chauds l'excès de celle qu'ils possèdent. Il en est cependant qui le font plus rapidement que d'autres. Le calorique traverse les uns avec une vitesse qu'ils ralentissent à peine; d'autres, au contraire, lui opposent une résistance prodigieuse. Cette disposition qu'ont les- corps à le recevoir et à le distribuer, forme leur *conductibilité*. Un corps est *bon* ou *mauvais-conducteur* de la chaleur, suivant qu'il se prête plus ou moins facilement à sa transmission.

Exp. 39. On prend deux tiges de même longueur et de même épaisseur, l'une de fer, l'autre de verre: on les revêt d'une couche de cire à une extrémité, et on expose l'autre à l'action de la chaleur. La cire qui recouvre la première fond beaucoup plus tôt que celle qui est passée sur la dernière, parce que la chaleur se propage plus rapidement dans le fer que dans le verre, qui est moins bon conducteur. On peut varier cette expérience d'une manière très agréable, en substituant à la cire un petit morceau de phosphore qui s'enflamme, à diverses périodes, sur les extrémités des différentes tiges. Ou bien,

Exp. 40. On prend de petits cylindres de mêmes dimensions, en argent, en verre, en charbon, et on présente leurs extrémités au centre de la flamme d'une chandelle. L'argent s'échauffe rapidement dans toute sa longueur, au point qu'on ne peut le tenir à la main. La chaleur se communique plus lentement sur le verre, et le charbon rougit, à une extrémité, long-temps avant que l'autre soit sensiblement chaude.

283. On attribue à cette différence de conductibilité l'intensité différente avec laquelle divers corps nous affectent à la même température; fait qui doit suffire pour nous rendre tout-à-fait incapables d'apprécier la totalité de la température au moyen de nos sensations. Si l'on applique tour à tour la main à un certain nombre de corps tels que du bois, du fer, du marbre, etc., ils paraissent froids à différens degrés; et comme cette sensation est due à ce que le calorique passe de la main dans le corps qu'elle touche, celui qui le transmet avec plus de rapidité est le meilleur conducteur, ou, en d'autres termes, paraît le plus froid. Par la même raison si ces corps ont une température de beaucoup supérieure à celle de la main, le meilleur conducteur sera celui qui est le plus chaud au tact. C'est par cette raison que l'argent, après qu'on est resté quelque temps devant le feu, se trouve plus chaud que les poches qui

le renferment. Les métaux sont à peine supportables à la température de 48°, l'eau chaude à 65°, tandis que l'air peut être porté à 115°, sans affecter nos organes d'une manière pénible. Le docteur Fordyce est resté un espace de temps considérable dans une chambre chauffée par des poêles à 126°; mais il ne pouvait, sans se brûler, toucher aux ferrures de la porte, à sa montre et à des clefs qu'il avait déposées sur une table. C'est pour cette raison qu'on arme les vases métalliques de manches de bois, ou qu'on interpose un anneau d'ivoire ou de bois entre le vase chaud et le manche métallique : on empêche de cette manière la chaleur de se transmettre.

284. La force avec laquelle l'air soutire la chaleur est aussi comparativement très médiocre. Dans les hautes latitudes septentrionales, on a éprouvé sans inconvénient un froid qui solidifiait le mercure; mais si lorsque l'atmosphère était dans cet état, on touchait des substances métalliques, l'organe était immédiatement cautérisé (1). On a mis à profit, dans une circonstance récente, la faible conductibilité que possède l'air : c'est de là que viennent l'origine et l'utilité des portes et des volets doubles qui renferment une couche d'air entre eux, et maintiennent ainsi les appartemens à une température uniforme; de là aussi l'habitude d'entourer

---

(1) Un froid intense produit sur nos organes le même effet que la chaleur, et la sensation qui l'accompagne ne diffère pas de celle que donne une brûlure.

les glacières d'une couche d'air, afin d'empêcher l'atmosphère chaude de pénétrer et de fondre la glace qu'elles renferment. C'est d'après le même principe que Buchanan a recommandé de mettre les tuyaux qui servent à la conduite des eaux, à l'abri de la gelée, en les renfermant dans des tubes d'étain en feuille, et laissant un espace d'environ un pouce tout autour des premiers. Certains ustensiles de cuisine et de pharmacie sont pourvus de couvercles doubles en cuivre ou en étain ; et il est reconnu que les fluides bouillent plus tôt dans ces vases que dans d'autres ; on peut également les tenir à une température donnée, sans consommer la quantité de combustible qu'ils exigeraient s'ils n'étaient munis que d'un couvercle.

285. L'humidité accroît cependant d'une manière sensible la conductibilité de l'air ; aussi le froid qui se fait sentir dans une atmosphère qui en est saturée, et la sensation qu'on éprouve au commencement d'un dégel, paraissent plus intenses que durant la gelée, malgré l'élévation de la température.

286. On voit, d'après ces notions sur la différence de conductibilité des corps, combien les couvertures qui revêtent les animaux sont adaptées à leurs usages. Les substances animales et végétales sont en général de très mauvais conducteurs ; ainsi le poil et la laine des animaux, les plumes des oiseaux (1),

____

(1) De toutes ces substances, celle qui oppose le plus de

sont très propres à les mettre à l'abri du froid; l'air qu'ils renferment concourt à en atténuer l'effet. C'est pour la même raison que l'on s'enveloppe dans

---

résistance au passage de la chaleur, est le duvet qui couvre les flancs de l'*Eider-Duck*, oiseau particulier aux climats froids. Si les flancs de cet animal, qui sont constamment exposés au contact d'une eau extrêmement froide, n'étaient pas ainsi abrités, sa chaleur intérieure se dissiperait. Le cygne est dans le même cas. La physiologie nous fournit une foule d'exemples analogues. Il est par exemple très important que le jaune de l'œuf soit maintenu à une température uniforme, et qu'il ne se refroidisse pas brusquement pendant les absences accidentelles de la couveuse. La nature y a pourvu en l'environnant d'un fluide albumineux extrêmement mauvais conducteur. C'est d'après le même principe que les poissons qui vivent long-temps hors de leur élément naturel, tels que *l'anguille* et la *tanche*, ont la propriété de sécréter un fluide visqueux dont ils s'entourent, et préviennent de cette manière la réduction de température qui aurait lieu sans cela, et les ferait promptement périr. Ceux au contraire qui ne possèdent pas cette propriété, tels que le *maquereau*, périssent presque au sortir de l'eau. Le limaçon commun des jardins est à peu près dans le même cas; c'est la grande quantité de matière visqueuse qu'il traîne avec lui, qui le met à l'abri du froid. Un amas de graisse peut, dans quelques circonstances, produire le même résultat; ainsi le *silurus glanis*, qui est le plus gras des poissons d'eau douce, vit encore long-temps hors de l'eau. La graisse, ainsi que les cellules dans lesquelles elle est déposée, est un très mauvais conducteur. C'est un fait bien connu, que les personnes d'une excessive corpulence sont à peine sensibles au froid rigoureux de l'hiver. L'huile des cétacés est sans doute destinée à tenir l'animal dans une douce température,

des manteaux de laine : l'air se loge dans leurs plis, et en accroît considérablement l'utilité ; de là la supériorité qu'ont les habits amples sur ceux qui sont étroits. Ceux-ci peuvent embellir, mais ne soulagent pas ceux qui les portent ; ils sont directement opposés à l'effet qu'ils doivent produire.

287. On peut dire, en général, que les corps les plus denses sont les meilleurs conducteurs de la chaleur. Les métaux, par exemple, sont ceux des solides qui conduisent le mieux ; les gaz le font moins bien que les fluides, et ceux-ci que les solides ; mais les rapports qu'ont entre elles la conductibilité et la densité présentent une foule d'exceptions. Une des plus remarquables est celle qu'offre le platine, corps le plus dense qu'on connaisse, et peut-être celui des métaux qui est le moins bon conducteur.

288. Les fluides et les corps aériformes ne transmettent pas la chaleur de la même manière que les solides. Leurs molécules éprouvent un déplacement réel ; elles charrient le calorique plutôt qu'elles le conduisent ; la portion du fluide la plus voisine du foyer se dilate, devient spécifiquement plus légère, s'élève et cède sa place à une autre qui est plus froide et placée au-dessus d'elle. Celle-ci à son tour s'échauffe, se dilate, obéit à une autre qui la presse, et ainsi de suite jusqu'à ce que le liquide ne puisse plus recevoir de chaleur. On peut vérifier ce mécanisme au moyen d'une expérience simple.

Exp. 41. On renverse dans un vase d'eau un thermomètre sensible (un thermomètre à air), de manière que l'extrémité de la boule ne fasse que plonger au-dessous de la surface ; on verse sur le liquide assez d'éther pour former une couche d'un huitième de pouce au-dessus du thermomètre, et on l'enflamme comme le représente la *Fig.* 1re, *Pl.* 3. Quelle que soit la sensibilité de l'instrument, l'air qu'il renferme ne se dilate pas immédiatement ; l'éther bout avec violence ; mais il faut beaucoup de temps pour qu'il communique à l'eau une chaleur sensible.

289. Le comte Rumford a conclu de ces faits que l'eau est un parfait non-conducteur du calorique ; qu'elle ne le propage que dans une direction, c'est-à-dire de bas en haut, en vertu du mouvement que ce principe occasionne parmi les molécules fluides. Cette hypothèse a cependant été combattue par Thompson et Murray, dont les recherches ont prouvé que l'eau conduit, mais d'une manière imparfaite et lente.

290. Outre ces modes de transmission, le calorique se propage encore par *radiation*. On peut même dire, en général, qu'un corps échauffé perd de cette manière la moitié de son calorique, et cède l'autre à l'atmosphère ambiante.

291. La sensation qu'on éprouve en approchant du feu est due en grande partie à la radiation, qui a peu de rapport avec la conductibilité immédiate de l'air. Si on tient vis-à-vis du feu un miroir métallique concave, on obtient un foyer de chaleur et de lumière.

292. La surface de la terre paraît être en radia-tion continuelle; phénomène qui devient évident par ce qui arrive pendant la nuit, lorsque le ciel est serein surtout, car les nuages servent comme d'écran à cette planète, et entravent le dégagement du calorique radiant. Le docteur Wells a démontré que la température du sol, spécialement quand il est composé de substances qui rayonnent libre-ment, est de plusieurs degrés inférieure à celle de la couche atmosphérique qui est située à quelques pieds au-dessus. C'est à cette circonstance qu'est due la formation de la rosée et de la gelée blanche qui se dépose toujours en plus grande abondance lorsque le ciel est pur et sans nuage.

293. Leslie a démontré que les phénomènes de radiation tiennent à la nature des surfaces rayon-nantes, et que celles qui rayonnent le plus sont aussi celles qui jouissent de la plus grand puissance d'*ab-sorption*. En d'autres termes, les corps dont la cha-leur radiante élève plus facilement la température sont aussi ceux qui refroidissent le plus aisément par leur propre radiation. Les surfaces ternes non mé-talliques sont celles qui rayonnent et absorbent le mieux la chaleur radiante : c'est le contraire pour les surfaces métalliques polies; ce sont elles qui rayonnent et absorbent le moins fortement. Leslie a trouvé que si une surface de ce genre produisait sur le thermomètre un effet = 12 ; couverte d'une légère couche de colle, elle éprouvait une augmenta-tion de puissance rayonnante telle qu'elle en pro-

duisait un $= 80$, et qui s'élevait à 100 lorsqu'il la remplaçait par du noir de fumée.

294. Ces doctrines sur la chaleur radiante sont susceptibles d'applications extrêmement utiles dans les arts. Il est évident, par exemple, que les vases qui sont destinés à retenir la chaleur, tels que ceux dont on se sert pour les infusions, doivent être en métal parfaitement poli, si ce n'est à l'endroit par lequel ils reçoivent la chaleur et qu'il est bon de noircir. Il y a donc, indépendamment de l'élégance et de la propreté, de l'avantage à entretenir aussi brillans que possible les vases qui servent aux besoins de la table. Les tuyaux d'air qui ont pour but d'échauffer des maisons doivent être polis aux endroits où il n'est pas nécessaire de donner de la chaleur, et couverts de quelque substance rayonnante dans les pièces dont ils sont destinés à élever la température. C'est pourquoi Rumford a établi qu'il ne faut pas que l'intérieur des cheminées ou des poêles soient en métal, mais en pierre ou en fayence qui rayonnent et tamisent mieux la chaleur. L'étude relative au calorique rayonnant ouvre aux conjectures un champ vaste et intéressant; mais je me dispense d'entrer dans ces discussions qui ne mènent à aucun avantage pratique immédiat.

295. On a dit (280) que le calorique existe sous deux états différens, libre ou combiné; nous ne nous sommes occupés jusqu'à présent que des phénomènes relatifs au premier. Il nous reste à faire connaître ceux qui appartiennent au second.

296. On peut établir comme proposition générale, que les corps, en passant d'un état plus dense à un qui l'est moins, absorbent du calorique ou le rendent latent, et réciproquement.

Exp. 42. Prenez une livre d'eau à 77°, mêlez-là avec même quantité de glace à 0°, vous obtiendrez un liquide dont la température sera 0°. Où est passée cette masse de calorique qui a complétement disparu? Il a pénétré la glace, et comme il n'est plus sensible au thermomètre, on dit qu'il est *latent*. Il prend quelquefois le nom de *calorique de fluidité*, attendu que c'est à lui qu'est due la liquéfaction de la glace.

Exp. 43. On prend une portion d'acide nitrique; on l'étend d'un poids égal d'eau, on la laisse refroidir, et on ajoute une certaine quantité de neige fraîchement tombée. Le thermomètre plongé dans le mélange indique une réduction considérable de température, effet qui tient à l'absorption du calorique libre, fixé d'une manière intime par la liquéfaction de la neige.

297. On observe le même effet dans tous les cas où il y a liquéfaction; ce qui nous met à même de produire du froid artificiel par la solution rapide de certains sels. C'est sur ce principe que repose l'action des mélanges frigorifiques (1). Comme ces

---

(1) L'histoire de cette découverte, et celle de l'art auquel elle a donné naissance, offrent l'application utile d'un fait qui ne fut d'abord regardé que comme une pure curiosité physique.

agens sont très utiles non seulement dans l'économie, mais encore dans les opérations chimiques, et médicinales, j'insérerai plus loin une table qui donne les proportions qu'il faut employer pour produire divers degrés de température.

Le nitre est, à ce qu'il paraît, le sel qu'on employa dans le principe pour la réfrigération, et ce furent les Italiens qui en firent usage les premiers. Vers l'année 1550, les liquides servis sur la table d'un grand de Rome furent rafraîchis de cette manière. On plaçait la bouteille qui contenait le vin dans de l'eau à laquelle on ajoutait, peu à peu, un quart ou un cinquième de son poids de nitre; et, pendant que la solution s'opérait, on imprimait à la bouteille un mouvement rapide sur son axe. L'auteur d'Argenis de Barclay, roman intéressant, place, au milieu de l'été, sur la table de Juba des pommes fraîches, dont une moitié était incrustée de glace transparente. On lui mit également en main un bassin de glace plein de vin, en lui apprenant que l'art de préparer toutes ces choses en été était nouveau. L'auteur nous raconte comment fut fait ce bassin. « On plaça, dit-il, l'une dans l'autre deux coupes en cuivre, de manière à laisser entre elles un petit espace qu'on emplit d'eau. On les mit dans un seau au milieu d'un mélange de neige et de sel impur grossièrement pulvérisé, et le liquide se convertit au bout de trois heures en une coupe de glace solide, aussi parfaite que si elle fût sortie des mains du potier d'étain. Vers la fin du dix-septième siècle, Boyle fit, avec diverses espèces de sel, des expériences qu'il publia sous le titre d'Expériences et Observations sur le froid. » Il découvrit par ces recherches que le sel commun, l'alun, le vitriol, le sel ammoniaque, le sucre, l'huile de vitriol, l'acide nitreux, l'ammoniaque caustique et l'alcool, ont la propriété de congeler l'eau, lorsqu'ils sont mêlés avec de la neige. Blagden,

298. Nous avons démontré qu'un corps, lorsqu'il passe d'un état plus dense à un moins dense,
absorbe du calorique et produit du froid. Il nous
reste à considérer la proposition contraire, c'est-
à-dire qu'un corps, quand il subit une condensation, comme dans le cas où un liquide se solidifie,
développe du calorique, ou, en langage ordinaire,
dégage de la chaleur. Ce fait a déjà été expliqué; et,
si l'on se reporte à l'expérience 22, on verra que la
solidification du sel de Glauber est suivie d'un développement de calorique. La précipitation d'un
sel en dissolution au moyen de l'alcool, comme dans
l'expérience 34, est accompagnée d'une élévation
de température; c'est exactement le contraire de ce
qui arrive pendant que la solution s'opère (297).
On a dit également (214) que l'eau est susceptible
de se refroidir d'un certain nombre de degrés au-
dessous de son point de congélation. Si on l'agite
lorsqu'elle est en cet état, elle se solidifie immédiatement, et le développement de calorique qui accompagne ce phénomène élève sur-le-champ sa
température à celle de son point ordinaire de congélation. La chaleur que dégage la chaux qui se dé-

---

Cavendish et Lowitz étendirent dans la suite ces expériences;
mais Walker est le premier qui ait produit un froid assez intense pour congeler le mercure, sans employer un atome de
neige ou de glace. Les matières dont il se servait étaient de
l'acide nitreux concentré, du sulfate de soude, et du nitrate
d'ammoniaque.

lite est due à la solidification de l'eau ; et, lorsqu'on mêle ensemble de l'acide sulfurique et de l'eau, la masse éprouve une réduction de volume que suit un dégagement de chaleur considérable. Afin de faciliter l'intelligence de la théorie du calorique latent, il est nécessaire d'entrer dans quelques détails sur les phénomènes de fluidité et de vaporisation.

Fluidité.

299. La solidité (30) est l'état élémentaire de tous les corps, qui ne prennent la forme fluide ou gazeuse que par suite de l'action répulsive du calorique.

300. Il est probable que toutes les substances de la nature sont susceptibles dans certaines circonstances de prendre ces diverses formes ; ainsi les solides deviennent fluides par un certain accroissement de température, et ceux-ci gazeux : réciproquement lorsqu'elle baisse, les gaz se liquéfient et les fluides passent à l'état solide.

301. Un fluide, lorsqu'on le chauffe, éprouve une dilatation qui croît avec sa température, jusqu'à ce que ses molécules, isolées à une distance suffisante pour se mouvoir aisément dans toutes les directions, glissent les unes sur les autres et communiquent à la masse les qualités de la fluidité. Les molécules se rapprochent de nouveau par une réduction de température. Arrivées à une certaine distance, elles se réunissent, et le fluide repasse à l'état solide.

302. Ces changemens de forme dépendent donc de l'action de deux puissances opposées. L'attraction mutuelle ou force de cohésion qui existe entre les

molécules des corps, les maintient ensemble de manière à former des masses solides. Le pouvoir répulsif du calorique les isole à des distances auxquelles l'attraction cesse, et détermine la fluidité, qui n'est par conséquent pas due à une espèce particulière de matière, mais à la présence d'une certaine quantité de calorique.

303. La température nécessaire pour produire ces changemens est extrêmement variable; mais elle est toujours la même pour le même corps : ainsi le plomb fond à 322°, l'étain à 216°, le mercure à 15° la glace à 0°.

304. Dans quelques cas, le passage d'un corps de l'état solide à l'état liquide s'opère subitement; dans d'autres il s'effectue par degrés. La conversion de la glace en eau est un exemple du premier; la fusion de la cire, du second. On a donné le nom de *liquéfaction* à l'une de ces opérations, et celui de *fusion* à l'autre. Dans le langage ordinaire, on ne tient rigoureusement pas compte de cette distinction; quelques écrivains emploient même ces deux expressions indistinctement.

305. Il existe des corps qu'on ne peut fondre, parce qu'ils se décomposent à une température inférieure à celle qui est nécessaire pour les réduire en fusion : on ne peut, par exemple, fondre des pièces de bois, quel que soit le degré de chaleur auquel on les porte; dans quelques cas cependant, on les empêche de se décomposer, en les soumettant à une forte pression; et on fait subir la fusion à des corps qui

ne l'éprouveraient pas sans cela. Ainsi le marbre, si on le chauffe en plein air, dégage son acide carbonique, et laisse de la chaux pour résidu, tandis qu'il se liquéfie si on le calcine sous un forte pression.

306. Quand une substance acquiert par la fusion un certain degré de transparence, qu'elle prend une texture dense et uniforme, qu'elle devient fragile et présente une fracture conchoïde, avec une surface particulière et des bords très aigus, on dit qu'elle se vitrifie.

307. On ajoute quelquefois aux substances réfractaires, afin de faciliter leur fusion, des corps salins qu'on nomme *flux*.

308. La fusion a pour objet *a d'affaiblir l'attraction d'agrégation,* 1° pour faciliter la division mécanique, 2° pour favoriser l'action chimique; *b d'isoler des substances qui ont différens degrés de fusibilité.*

309. On se sert pour opérer la liquéfaction, de vases en terre peu profonds; et pour la fusion, de ceux qu'on appelle creusets (*Fig.* 2, *Pl.* 3) : il y en a de diverses grandeurs; les plus larges ont ordinairement la forme d'un cône, avec une petite échancrure pour verser les substances; les plus petits sont des pyramides triangulaires tronquées. (1)

---

(1) Les creusets formés d'argile commune et de terre calcaire ou siliceuse se vitrifient et se fondent aisément. Ceux de Hesse sont composés d'argile et de sable de meilleure qualité; ils supportent plusieurs heures, quand ils sont bons, une chaleur intense sans fondre ni s'amollir; mais ils sont sujets à se fêler

De la vaporisation.

310. Un corps liquéfié se dilate, si on continue de le chauffer, comme s'il était à l'état solide; il augmente de dimensions à mesure qu'on élève sa température, et quand enfin ses molécules sont portées à des distances telles que leurs forces attractives ne puissent plus agir, il se fait un changement d'état, la cohésion disparaît, fait place à une force de répulsion, et le corps devient invisible, ou, en d'autres termes, passe à l'état aériforme. Ce phénomène prend le nom de *vaporisation*; les corps qui existent à cet état, celui de *vapeurs*, d'*airs* ou de *gaz*. Quelquefois on les appelle

---

par les transitions subites de froid et de chaud, circonstance qu'il est cependant facile d'éviter, en employant deux creusets et en remplissant les interstices de sable, ou en doublant le creuset d'une couche d'argile et de sable, qui transmet la chaleur plus graduellement et plus également. Les creusets de Wedgwood sont faits d'argile mêlée de débris de poteries réduites en poudre fine, et sont à tous égards supérieurs à ceux de Hesse, mais plus dispendieux. Les creusets formés d'argile et de plombagine durent très long-temps, résistent aux changemens subits de température, et peuvent servir plusieurs fois; malheureusement ils sont attaqués par les substances salines, et éprouvent la combustion quand on les expose incandescens à un courant d'air. On fait aussi des creusets de fonte de fer, d'argent fin et de platine. Les premiers réagissent sur les substances salines, s'oxident quand on les expose au rouge de feu dans un courant d'air; du reste ils sont durables et peuvent supporter les transitions subites de chaud et de froid.

fluides élastiques, par opposition aux *fluides* proprement dits.

311. Il y a des solides qui se convertissent directement en vapeurs, et ne passent pas par l'état fluide; mais ils sont plus susceptibles de se liquéfier, lorsqu'ils sont chauffés sous une pression plus grande que celle de l'atmosphère.

312. Le point de vaporisation varie suivant les corps. Les uns se gazéifient à une si basse température, que le froid le plus intense ne peut les liquéfier; les autres se convertissent en vapeurs à une température modérée, et se condensent dès que cette température baisse; mais il est une troisième classe de corps, les métaux et les terres, par exemple, qu'on ne peut vaporiser que par la chaleur la plus intense. Quelques uns d'entre eux résistent même aux plus hautes températures qu'on puisse produire. Ces derniers constituent les corps *fixes,* par opposition à ceux qui sont volatils, ou qui peuvent aisément être convertis en vapeurs; mais ce terme est purement relatif.

313. Cette différence de température à laquelle les corps deviennent aériformes a fait admettre une distinction entre les vapeurs et les gaz, dont les découvertes de M. Faraday ont démontré la futilité. Le nom de vapeur était exclusivement réservé aux fluides élastiques que pouvait liquéfier le froid ou la pression, tandis que celui de gaz était appliqué à ceux qui étaient incondensables. Mais M. Faraday a réussi à liquéfier le plus grand nom-

bre de ceux qui étaient considérés comme permanens; ainsi cette distinction doit être abandonnée, ou tout au moins modifiée.

314. Le passage de l'état liquide à l'état aériforme est ordinairement accompagné d'un dégagement de bulles auxquelles on donne le nom d'*ébullition*. Il suffit, pour comprendre la nature et les progrès de cette opération, d'examiner les phénomènes que présente l'eau qu'on met bouillir dans une fiole. Dès que la chaleur se fait sentir, le liquide se dilate (277), et en quelques secondes de petites bulles s'élèvent du fond du vase à la surface; elles sont dues à l'air atmosphérique dont le liquide est chargé, et qui, devenant élastiques par l'élévation de température, reprennent l'état gazeux et se dégagent. On aperçoit alors dans le liquide un mouvement intérieur que produit le déplacement des couches chaudes et froides (288), et la surface émet de la vapeur. Bientôt après, des bulles de vapeur se forment au fond, s'élèvent et disparaissent. Le milieu qu'elles traversent les condense et s'empare du calorique qu'elles contiennent; ce phénomène est accompagné d'une espèce de frémissement que détermine la vibration occasionnée par la vaporisation et la condensation successives des particules qui sont en contact immédiat avec le fond du vase; l'opération marche alors plus rapidement, et les bulles de vapeur s'élèvent avec plus de force, deviennent plus fréquentes, et se condensent de moins en moins. L'ébullition se propage

dans le liquide entier, et continue à dégager de la vapeur, jusqu'à ce que l'eau soit tout-à-fait dissipée. Si, pendant qu'elle bout, on immerge un thermomètre, il s'élève à 100°, mais il ne dépasse jamais ce terme, quelle que soit l'activité avec laquelle on pousse le feu; et, si on cherche quelle est la température de la vapeur, on trouve qu'elle est la même que celle de l'eau bouillante. Soumis à l'ébullition dans des vases de verre, les fluides éprouvent souvent des soubresauts qui quelquefois sont tels, dans la distillation de l'acide sulfurique surtout, qu'ils en déterminent la fracture. Cet effet paraît tenir à l'adhésion du fluide, qui peut être assimilée à la viscosité qui porte la vapeur à une température supérieure à celle de son point d'ébullition. On peut prévenir cet inconvénient en introduisant dans la cornue quelques fragmens de platine, qui conduisent mieux et préviennent les explosions.

315. Si on fait sortir la vapeur de l'eau bouillante par un petit tube, elle ne devient visible qu'à près d'un pouce, parce que c'est à cette distance qu'elle commence à ne pouvoir supporter l'état gazeux, et se condense.

316. Tous les liquides qui ont le même degré de pureté chimique, et qui sont soumis à la même pression atmosphérique, ont un point particulier de température auquel ils bouillent invariablement: c'est ce qu'on appelle leur *point d'ébullition*; ainsi l'eau pure bout à 100°, et à 102 quand elle est sa-

turée de sel ; l'éther à 95, 5°.; l'alcool (pes. spec. 800) à 60° ; l'huile de térébenthine à 158°, et le mercure à 348.

317. Comme le phénomène de la vaporisation dépend de l'excès d'énergie de la répulsion calorifique sur celle de la cohésion, il est évident qu'il doit être retardé par tout ce qui tend à augmenter cette dernière force. Il résulte de là que le point d'ébullition varie pour le même liquide avec les degrés de la pression atmosphérique. En général les liquides bouillent dans le vide à une température moindre de 51° à celle où ils bouillent sous la pression moyenne de l'atmosphère. Ainsi l'eau bout dans le vide à 31°, et l'alcool à 10°. Les variations ordinaires qu'éprouve le poids de l'air, évaluées au baromètre, suffisent même pour produire dans le point d'ébullition de l'eau une différence de plusieurs degrés entre les deux extrêmes (1). Ainsi sur le sommet du Mont-Blanc, qui est la montagne la plus élevée d'Europe, Saussure trouva que l'eau bouillait à 86°. Aussi les moines du Saint-Bernard se plaignent-ils de ne pouvoir faire de bon *bouillon.*

***

(1) C'est sur ce principe que M. Wollaston inventa, pour mesurer les hauteurs, un baromètre thermométrique qui prouve que celle d'une table ordinaire suffit pour produire une différence sensible dans le point d'ébullition de l'eau, comme on peut s'en assurer avec cet instrument. Tout l'appareil pèse vingt onces, et s'emballe dans un étui d'étain cylindrique de deux pouces de diamètre et de dix de long.

Leur monastère est si élevé, que l'eau bout avant de pouvoir arriver à une température suffisante pour bien dissoudre la matière animale. On pourrait facilement remédier à cet inconvénient au moyen d'une légère pression artificielle.

318. On peut rendre sensible l'influence qu'exerce la pression sur l'ébullition.

Exp. 44. Remplissez un matras d'eau bouillante, et bouchez immédiatement son ouverture avec une vessie mouillée ou un bouchon de liège qui la ferme hermétiquement. En quelques secondes, l'eau, par la perte de température qu'elle éprouve, se contracte et forme un vide dans la partie supérieure du tube ; elle recommence ensuite à bouillir et continue ainsi pendant quelques minutes, en présentant l'*apparence* singulière qu'on peut voir (*Fig.* 3, *Pl.* 3).

319. L'expérience suivante, qui semble être un paradoxe, démontre aussi le même principe.

Exp. 45. Prenez un peu d'eau dans une fiole ordinaire et chauffez à la lampe jusqu'à ce qu'elle entre en ébullition ; retirez alors le vase et bouchez-le avec soin ; l'eau cessera aussitôt de bouillir, par suite de la pression qu'exerce la vapeur sur la surface ; mais si on plonge ce vase dans l'eau froide, la condensation qui en résulte fait immédiatement recommencer l'ébullition, qui cesse de nouveau si on le met près du feu.

322. Cette propriété qu'ont les liquides d'entrer en ébullition à une température plus basse dans le

vide ou sous une pression moindre, a été mise à profit dans les arts. M. Barry l'a appliquée avec succès à un vase évaporatoire (1), qu'il emploie avec avantage pour la préparation des extraits végétaux. M. Pope en a également construit un de ce genre avec lequel il prépare des produits semblables, et dont la qualité tient à ce que les végétaux sont d'autant moins altérés qu'ils sont soumis à une plus basse température.

321. Les considérations qui expliquent pourquoi les liquides bouillent à des températures plus basses, lorsqu'on diminue la pression, prouvent que lorsqu'on augmente celle-ci, il faut une température plus élevée pour les mettre en ébullition. Il faut, en effet, dans ce dernier cas, une force répulsive plus grande pour séparer leurs molécules. On peut, à l'aide de la machine de Papin, qui fut inventée vers le commencement du siècle dernier, et qui n'est autre chose qu'une forte marmite garnie d'une soupape de sûreté, porter l'eau à plusieurs centaines de degrés au-dessus de son point d'ébullition. Elle acquiert alors une puissance de dissolution extraordinaire, et dissout facilement la gélatine des os.

322. L'ébullition n'est pas nécessaire pour évaporer les liquides; tous les corps qui bouillent à des

---

(1) Voyez un trapport sur cet appareil dans les Transactions médico-chirurgicales de 1819, vol. x, et le Dictionnaire de Chimie de Ure, article *évaporation.*

températures modérées (1) paraissent s'évaporer de manière à produire une certaine quantité de fluide élastique, qui est d'autant plus grande que la température est plus élevée. Il est évident que, dans les temps chauds et secs, l'atmosphère doit contenir beaucoup plus de vapeurs que dans les temps froids et humides; ainsi c'est en été et dans les climats du tropique, où l'humidité est le plus nécessaire à la vie, qu'elle en contient davantage. On supposait autrefois que cette évaporation spontanée était due à l'affinité que l'air exerçait sur l'eau, mais Dalton a fait voir que cette hypothèse n'est pas fondée.

323. La conversion d'un liquide en vapeur est toujours accompagnée d'une grande perte de calorique libre ou thermométrique, ou, en d'autres termes, elle rend latente une grande quantité de calorique. Nous avons vu que, quoique la source de chaleur reste constante pendant l'ébullition de l'eau, et qu'une quantité de calorique doive perpétuellement pénétrer le fluide, l'eau et la vapeur n'acquièrent jamais une température de plus de 100°; il faut donc que la chaleur devienne latente et serve à la formation de la vapeur. Black a calculé que la quantité de calorique qui disparaît ainsi au thermomètre

---

(1) On a remarqué que le mercure même se vaporise à la température ordinaire de l'atmosphère; voyez le chapitre sur les poisons aériformes dans mon ouvrage sur la *Jurisprudence médicale*; vol. 1, pag. 456.

suffirait pour porter l'eau à 426° au-dessus de son point d'ébullition, ou à 550, si elle restait à l'état liquide. Il y a d'autres moyens, outre ceux qu'employa le Dr Black, de s'assurer de ce fait, et ces recherches conduisent à conclure que la chaleur latente de la vapeur est entre 481 et 538 degrés.

L'expérience suivante offre une preuve frappante de cette loi.

Exp. 46. Mêlez subitement ensemble une livre d'eau à 100° et huit livres de limaille de fer à 165°; il se produira aussitôt une grande quantité de vapeurs, dont la température, ainsi que celle du mélange, ne sera que 100°. La vapeur doit donc contenir, sous forme latente ou combinée, tout le calorique qui élevait la température de huit livres de limaille de fer de 100 à 165°.

324. L'expérience suivante prouve, au contraire, que les vapeurs dégagent dans leur liquéfaction beaucoup de calorique.

Exp. 47. Mêlez 400 pintes d'eau à 10° avec 4 pintes d'eau à 100°, la température de l'eau augmentera d'environ 1°; distillez 4 pintes d'eau, et faites-en arriver la vapeur dans 400 à 10°; la température du liquide s'élevera de 6°. Il résulte de là que 4 pintes de vapeur d'eau, qui se liquéfient, élèvent la température de 400 pintes d'eau froide de 5° de plus que 4 pintes d'eau bouillante. Cet effet est dû à la quantité de calorique, qui est beaucoup plus considérable dans la vapeur d'eau que dans l'eau bouillante, quoique l'une et l'autre portent le thermomètre précisément au même degré.

325. Les procédés de la nature et de l'art (1) présentent également des preuves nombreuses de cette importante loi, et, quand nous parlerons des moyens artificiels d'augmenter et de diminuer la température, nous en citerons plusieurs. Il suffit d'observer ici que, dans les climats chauds, c'est la vaporisation qui empêche les rivières et les lacs d'acquérir celle des terres adjacentes. Elle concourt aussi à régler celle du corps humain; car toutes les fois qu'il est exposé à une grande chaleur, s'il est dans un état de santé, la transpiration s'établit, et emporte l'excès de calorique aussi vite qu'il se développe, comme la vapeur emporte la chaleur qui pénètre l'eau durant son ébullition.

______

(1) Les dernières recherches de M. Faraday sur la condensation des gaz, ont fourni plusieurs preuves de ce principe. Je n'en citerai qu'une qui me paraît aussi frappante que certaine. Le chlorure d'argent a la propriété d'absorber une très grande portion d'ammoniaque pure. Si ce corps, ainsi saturé, est exposé à la chaleur dans le bout d'un tube hermétiquement fermé, l'ammoniaque se dégage, et ne trouvant aucune issue pour s'échapper, elle se liquéfie, et se distille à l'autre extrémité du tube. Peu à peu, néanmoins, elle repasse à l'état de gaz et se combine de nouveau avec le chlorure; ainsi on a l'ammoniaque sous deux états, puisque la vaporisation et la condensation s'opèrent simultanément aux deux extrémités du tube. Si l'on y applique la main, on éprouve à l'une la sensation de froid, et à l'autre celle de la chaleur. Voyez aussi la belle invention de Leslie pour congeler l'eau (326).

326. On a proposé deux théories pour expliquer l'absorption du calorique et les phénomènes de la liquéfaction et de la vaporisation. L'une est de Black, et l'autre de son élève Irvine. Le premier considérait l'absorption du calorique comme la cause du changement d'état, et la regardait comme nécessaire à la constitution du fluide ou de la vapeur ; le second ne l'envisageait que comme l'effet, attendu que la capacité du corps devenait ainsi plus considérable. La théorie de Black repose sur l'analogie générale des phénomènes avec ceux de la combustion chimique. Nous avons vu que quand un agent chimique est simplement mêlé avec un autre, leurs propriétés ne sont pas altérées, tandis qu'elles le sont plus ou moins lorsqu'ils se combinent chimiquement, et il a été démontré que cette combinaison a toujours lieu suivant des proportions définies. Le calorique agit sur la matière d'une manière analogue : il peut pénétrer les corps jusqu'à une certaine étendue, sans que ses propriétés s'altèrent ; mais dans la liquéfaction et la vaporisation, il s'unit avec eux de telle sorte qu'elles disparaissent entièrement. Ceci ne doit-il pas, conformément à l'analogie générale, être attribué à une action chimique, puisque le calorique est absorbé par différens corps en différentes quantités, mais toujours suivant des proportions définies ? circonstances qui accroissent l'analogie qu'il y a entre cette absorption et la combinaison chimique. Cette théorie paraît spécieuse ; cependant si on l'examine plus attentivement, on la

trouve défectueuse. On ne connaît pas de combinaison chimique dans laquelle les propriétés de l'un des corps qui se combinent disparaissent tout-à-fait, tandis que celles de l'autre n'éprouvent pas d'altération. C'est cependant ce qui est supposé avoir lieu dans la liquéfaction et la vaporisation, puisque, quoiqu'on ne puisse plus reconnaître les propriétés du calorique absorbé, celles de la substance qui subit la fusion ou l'évaporation ne varient pas. Tous les solides peuvent se convertir en fluides et les fluides en vapeurs. On doit donc supposer que le calorique peut se combiner chimiquement avec tous les corps, propriété que ne possède aucun autre agent chimique. Enfin le contact d'un corps à de basses températures suffit pour faire passer une vapeur à l'état fluide, et un fluide à l'état solide. Dans ce cas le calorique dégagé ne se combine pas avec le corps auquel il est communiqué, il ne fait que le pénétrer de manière à élever sa température; mais on ne peut appeler union chimique, une union qui n'est pas élective, et qui peut être si facilement détruite par la soustraction de l'un de ses principes, sans avoir recours à une plus forte affinité.

327. On ne peut faire la même objection à la théorie d'Irvine, qui donne une explication également satisfaisante de ces phénomènes; mais avant de l'examiner, il est nécessaire d'indiquer ce qu'on entend par la capacité d'un corps pour la chaleur.

328. Des poids égaux du même corps, à la

même température, contiennent les mêmes quantités de calorique ; mais des poids égaux de différens corps à la même température en contiennent des quantités différentes. La quantité de calorique que contient un corps, comparée avec celle qui est contenue dans un autre, forme ce qu'on appelle son *calorique spécifique* ; et la force ou la propriété qui met les corps en état de retenir des quantités différentes de calorique, s'appelle leur *capacité pour le calorique*. L'expérience suivante indique le moyen de déterminer le calorique spécifique, ou les capacités des corps.

Exp. 48. Mêlez ensemble des quantités égales d'eau à 37° et à 45°, vous trouverez que la température du mélange est la moyenne arithmétique, savoir, 20°.

Exp. 49. Mêlez une pinte de mercure à 100° F. avec une pinte d'eau à 40°, la température du mélange n'est pas 70° (moyenne arithmétique), mais seulement 60°. Dans ce cas, il est évident que le mercure a perdu 40° de chaleur, qui n'ont cependant élevé la température de l'eau que de 20°. Ainsi, il faut, pour élever au même degré la température d'une pinte d'eau et celle d'une pinte de mercure, une quantité de calorique qui varie du simple au double. C'est pour cela que l'on dit que l'eau a pour le calorique plus de capacité que le mercure, dans le rapport de deux à un.

329. Si, au lieu de volumes égaux de mercure et d'eau, on avait pris des poids égaux, la différence de capacité eût été encore plus grande. Ainsi, une

livre d'eau à 100° F., mêlée avec une livre de mercure à 45°, donne une température de 97° $\frac{1}{2}$ ou de 27° $\frac{1}{2}$ F. au-dessus de la moyenne arithmétique. L'eau dans cette expérience, en se refroidissant de 100° à 97° $\frac{1}{2}$, perd une quantité de calorique qui ne réduit sa température que de 2° $\frac{1}{2}$; mais ce calorique, communiqué à la livre de mercure, élève sa température de 57° $\frac{1}{2}$. Ainsi, une quantité de calorique nécessaire pour élever la température d'une livre d'eau à 2° $\frac{1}{2}$, suffit pour porter celle de la même quantité de mercure à 57° $\frac{1}{2}$; ou, par la règle de proportion, le calorique qui élève la température d'une livre d'eau à 1°, élève celle d'une livre de mercure à 23° environ. On conclut de là que la quantité de calorique contenue dans l'eau est à celle qui renferme le même poids de mercure, comme 23° est à 1°; ou, en prenant le calorique de l'eau pour 1°, celui du mercure est la $\frac{1}{23}$ partie de 1°, ou 0,0435.

330. En procédant d'une manière analogue, il est facile de s'assurer des capacités des autres corps. Si on mêle ensemble une livre d'eau à 100°, et une livre d'huile à 50°, la température du mélange n'est pas de 75° (moyenne), mais de 83° $\frac{1}{3}$; l'eau n'a donc perdu que 16° $\frac{2}{3}$, tandis que l'huile a gagné 33° $\frac{1}{3}$; ou si on mêle des poids égaux d'eau à 50°, et d'huile à 100°, la température du mélange est de 66° $\frac{1}{3}$; de sorte que l'huile a perdu 33° $\frac{1}{3}$, et l'eau n'a gagné que 16° $\frac{2}{3}$. Il résulte de là que la chaleur qui élève un poids donné d'eau à 1°, peut élever le même poids d'huile à 2°; et, comme les chaleurs

spécifiques sont en raison inverse des changemens de température, la chaleur de l'eau *peut être exprimée par* 1, et celle de l'huile par 0,5.

331. Voici une formule générale pour déterminer la chaleur spécifique des corps, d'après la température que nous donne le mélange de deux d'entre eux à des températures différentes, quelles que soient leurs quantités respectives. *Multipliez le poids de l'eau par la différence qu'il y a entre sa température originelle et celle du mélange ; multipliez aussi le poids de l'autre liquide par la différence qu'il y a entre sa température et celle du mélange, et divisez le premier produit par le second, le quotient exprimera la chaleur spécifique de l'autre substance, celle de l'eau étant* = 1. Ainsi, 20 onces d'eau à 105°, mêlées avec 12 onces d'huile de baleine à 40°, produisent une température de 90°. C'est pourquoi, multipliez 20 par 15 (différence entre 105 et 90.) = 300, et multipliez 12 par 50 (différence entre 40 et 90) = 600 : divisez ensuite 300 par 600 = $\frac{1}{2}$, qui est la pesanteur spécifique de l'huile, c'est-à-dire que l'eau étant 1, l'huile est 0,5.

332. Si on étend cette comparaison à un grand nombre de corps, on verra qu'ils diffèrent considérablement de capacité pour le calorique. Comme cette différence est importante à connaître, on en a inséré une table dans l'appendix.

333. Les capacités des corps pour la chaleur ont une grande influence sur la rapidité avec laquelle ils s'échauffent et se refroidissent. Les corps qui le font

lentement sont en général ceux qui ont le plus de capacité pour la chaleur. Ainsi, si on place à une égale distance du feu des quantités égales d'eau et de mercure, le métal s'échauffera plus rapidement que le liquide, et se refroidira plus rapidement si on le met dans un endroit frais. C'est d'après ce principe que Leslie détermina la chaleur spécifique des corps, en prenant la durée du temps qu'ils mettent à se refroidir pour un certain nombre de degrés, comparativement avec l'eau placée dans des circonstances semblables.

334. Tel est le point de vue sous lequel on doit envisager le sujet qui nous occupe. Le mot *capacité* ne désigne aucune cause particulière mécanique ou chimique. Il n'exprime pas non plus d'idée vague et obscure, comme on l'a quelquefois prétendu. C'est simplement une expression générale qui indique la propriété qu'ont les corps de contenir à *la même température*, sous des poids ou des volumes égaux, certaines quantités de calorique.

335. On ne sait pas encore à quoi tient cette propriété, et peut-être cela est-il peu important, dès que les phénomènes sont déterminés et observés d'une manière exacte. Il est clair que toutes les fois que la capacité du corps augmente, il doit y avoir absorption de calorique et diminution de température, et réciproquement. On ne peut nier que le changement de capacité qui accompagne l'absorption et l'état latent du calorique, qui ont lieu pendant la liquéfaction et la vaporisation, ne

rendent parfaitement compte de ces phénomènes. Ce changement est très probable *à priori*, car puisque les capacités des corps dépendent de certains états de leurs particules, on peut conclure, avec toute probabilité, que quand la forme du corps sera altérée, ses capacités le seront aussi ; et comme les corps rares ont en général plus de capacité que les denses, il est présumable que la capacité du fluide sera supérieure à celle du solide, et celle de la vapeur ou du gaz à celle du fluide.

336. Cette conclusion repose sur l'expérience, car Irvine trouva que la capacité de l'eau excède d'un dixième celle de la glace, et, d'après Crawford, celle de la vapeur aqueuse est à celle de l'eau comme 1550 à 1000.

337. On a objecté à la théorie d'Irvine que, si l'absorption du calorique n'est pas considérée comme la cause qui fait passer le solide à l'état liquide et le liquide à l'état gazeux, on ne peut en assigner de convenable à ce phénomène ; mais la réponse est simple : le corps est dilaté au point que la force de cohésion qui unissait ses molécules n'exerce plus sur elles aucune espèce d'influence. Elles se disposent suivant un nouvel ordre, le corps devient fluide ou gazeux, et comme sous cet état il contient plus de calorique pour une température donnée, il faut qu'il en absorbe pour se maintenir. La question serait irrévocablement décidée, s'il était possible de déterminer à quelle époque a lieu le changement de forme ; s'il précède l'absorption ou le dégagement, ou

si c'est l'inverse. Mais on ne peut s'en assurer, puisque ces deux phénomènes semblent être simultanés. Il est cependant probable que le premier effet de la réduction de température est de changer la forme du corps; le second d'en exprimer du calorique. Les dernières découvertes de Faraday viennent appuyer cette supposition. Ce savant a fait voir qu'on peut réduire la forme d'un corps en rapprochant ses molécules, et il est parvenu à liquéfier les gaz en les comprimant. Il est évident que la pression ne peut avoir sur eux qu'un effet mécanique; elle ne produit le changement de forme qu'en amenant les particules à un contact plus intime; il est impossible qu'elle dégage le calorique qui est chimiquement combiné. Plusieurs autres faits viennent à l'appui de cette conclusion. L'air, soumis à la compression mécanique, dégage beaucoup de chaleur. Subitement condensé dans un fusil à vent, il en abandonne assez, dès le premier coup de piston, pour enflammer un morceau d'amadou et donner une étincelle sensible à l'œil. On a mis à profit cette circonstance, et construit un briquet à air qui est portatif, et peut à tout instant donner du feu. On a scellé dans une canne une petite pompe foulante, au bas de laquelle est disposée une substance inflammable. On abaisse rapidement le piston, l'air se condense, dégage de la chaleur, et l'amadou s'enflamme. Quand, au contraire, on raréfie subitement l'air, il baisse de température et fait quelquefois descendre un thermomètre sensible de 10°. Dans ce cas, la chaleur sensible devient aussitôt latente. Une machine qu'on voit dans les mines de Chemnitz en fournit l'exemple. L'air qu'elle renferme est comprimé par une colonne d'eau de 260 pieds. Lorsqu'on ouvre le robinet qu'elle porte à sa partie inférieure, le gaz se dégage avec violence, et éprouve une dilatation si forte, si subite, que l'humidité dont il est chargé se condense, et tombe sous forme de neige.

338. D'après les considérations que nous venons d'exposer, il semble naturel de conclure que l'absorption du calorique qui accompagne la liquéfaction et la vaporisation est due, non à une combinaison chimique, mais à l'accroissement de capacité qu'acquiert le corps par le changement d'état.

Des différens modes de mesurer la température.

339. La construction du thermomètre repose sur la propriété qu'ont les corps de se dilater par la chaleur. Cet instrument est d'une telle importance dans l'étude de la chimie, qu'il est indispensable d'en connaître la construction.

340. C'est à Sanctorius de Padoue que nous en devons l'invention. Celui qu'il employait était très simple; il mesurait les variations de la température par celles qu'éprouvait une partie d'air qu'il avait renfermée dans un tube de verre. L'instrument (*Fig.* 4, *Pl.* 3) consiste en un tube de verre de dix-huit pouces de long, qui est ouvert à un bout et ter-

miné à l'autre par une boule. On applique la main sur celle-ci, l'air qu'elle contient se dilate et gagne le haut du tube. Si on saisit cet instant, et qu'on plonge l'ouverture dans un vase rempli de quelque liquide coloré , celui-ci s'élève à mesure que l'air se contracte, et d'autant plus haut que la contraction a été plus considérable. Ces dispositions faites, on peut l'employer; il indique, par l'abaissement du liquide qu'il renferme, les augmentations de température, et réciproquement; comme on peut le démontrer, en appliquant alternativement la main sur la boule, et en soufflant dessus avec un soufflet. L'échelle graduée, attachée à la tige de l'instrument, mesure la totalité de la dilatation ou de la contraction. Il est évident, cependant, qu'un appareil de cette espèce doit présenter une foule d'imperfections; aussi M. Boyle lui fit éprouver les modifications suivantes. Il prit (*Fig.* 5, *Pl.* 3) un vase de verre d'une forme sphérique, dans lequel il introduisit une quantité de liquide coloré , suffisante pour occuper environ le quart de sa capacité. Il souda au col de celui-ci un tube de verre ouvert par les deux bouts, et dont l'ouverture inférieure plongeait dans le liquide. Dans ce cas, l'expansion de l'air renfermé dans le vase fait monter le liquide dans la tige, à laquelle est attachée une échelle qui en marque l'étendue. On a proposé une autre modification, qui consiste à introduire une petite colonne de liqueur colorée, d'un pouce environ de long, dans un tube très étroit, et de neuf à douze pouces de long, terminé à une extrémité

par une boule d'un demi-pouce à un pouce de diamètre, et noircie avec de la couleur ou la fumée d'une
chandelle. Pour que cet instrument soit applicable,
il faut que la colonne colorée soit stationnaire vers
le milieu du tube, environ à la température ordinaire de l'atmosphère; alors la plus légère variation
de chaleur qui affecte l'air la déplace. Une échelle
divisée en cent parties égales mesure l'effet total.

341. Les avantages du thermomètre à air reposent sur la propriété que possède ce fluide de se
dilater beaucoup plus que les liquides, ce qui met
l'instrument à même de rendre sensibles de légers
changemens de température qui échapperaient au
thermomètre mercuriel; car l'air se dilate par une
élévation donnée de température d'une quantité
qui est environ vingt fois plus considérable que le
mercure; mais ces avantages sont contre-balancés
par de graves inconvéniens. On verra bientôt, par
exemple, que l'instrument est affecté non seulement
par les changemens de température, mais par les
variations de la pression atmosphérique.

342. Leslie a imaginé un thermomètre à air
presque parfait, qu'il appelle *thermomètre diffé-
rentiel* (1). Il consiste en deux tubes d'inégale longueur, terminés l'un et l'autre par une boule, comme
le représente la *Fig.* 6, *Pl.* 3, et unis par un tube
à double courbure, qui contient de l'acide sulfu-

____

(1) *Recherche sur la nature et la propagation de la chaleur*,
par John Leslie. Londres, 1804, p. 9, etc.

rique coloré. Toutes les fois qu'un corps chaud approche d'une des boules, le fluide s'élève dans l'autre : cet instrument ne peut donc être employé à mesurer les variations qu'éprouve la température de l'atmosphère environnante, parce que tant que les deux boules sont au même degré de chaleur, quel qu'il soit, l'air qu'elles contiennent a la même élasticité. La liqueur colorée que renferme le tube, pressée également dans des directions opposées, restera donc stationnaire. Si cependant il survient quelque changement de température dans l'une des deux boules, l'instrument indique aussitôt cette différence avec la plus grande exactitude. On s'assure de l'effet total au moyen d'une échelle graduée, dont l'intervalle compris entre le point de la congélation et celui de l'ébullition, est divisé en 100 degrés égaux. Ce thermomètre est surtout propre à faire connaître la différence des températures de deux points contigus qui ont la même atmosphère. Son application a éclairci plusieurs phénomènes obscurs que présentait le calorique.

343. Le thermomètre ordinaire consiste en un tube hermétiquement fermé, dont une des extrémités est terminée par une boule. Celle-ci et une partie du tube sont remplies d'un liquide convenable : d'esprit de vin, si l'instrument est destiné à mesurer des températures très basses; et de mercure, s'il doit en mesurer de hautes. Il est muni d'une échelle graduée, et toutes les fois qu'il est appliqué à des corps de même température, il éprouve

dans le fluide dont il est formé la même dilatation, et indique le même degré de chaleur. En divisant l'échelle, les deux points fixes, qu'on prend ordinairement pour termes extrêmes, sont ceux de la congélation et de l'ébullition de l'eau, qui, sous la même pression atmosphérique, ont toujours lieu à la même température. La partie intermédiaire de l'échelle est divisée en un nombre de parties arbitraires; dans le centigrade cet espace est divisé en 100°, comme le nom l'indique. La congélation de l'eau est notée 0°, et l'ébullition 100. En Angleterre, on emploie l'échelle de Fahrenheit, dont le 0° est placé au 32°, au-dessus du point de la congélation de l'eau, qui est par conséquent noté 32°, et celui de l'ébullition 212°, l'espace intermédiaire étant divisé en 180° : l'échelle la plus employée sur le continent est celle de Réaumur, qui place le point de la congélation à 0°, et celui de l'ébullition à 80°. Comme on a souvent besoin de réduire les degrés de ces échelles les uns dans les autres, nous pensons qu'il n'est pas inutile de donner une formule pour faire ces transformations; elle fait voir que chaque degré de Fahrenheit égale $\frac{4}{9}$ d'un degré de Réaumur. Si donc on multiplie par 4, et qu'on divise par 9 le nombre de degrés de la première échelle au-dessus ou au-dessous de la congélation de l'eau, le quotient sera le degré correspondant de Réaumur; ainsi,

Fahrenheit.   Réaumur.

$$68° - 32° = 36 \times 4 = 144 \div 9 = 16°.$$
$$212° - 32° = 180 \times 4 = 720 \div 9 = 80°.$$

Pour réduire les degrés de Réaumur en ceux de Fahrenheit, on multiplie par 9, on divise par 4, et le quotient + 32 forment le nombre cherché; ainsi,

Réaumur.   Fahrenheit.

$$16 \times 9 = 144 \div 4 = 36 + 32 = 68°.$$
$$80 \times 9 = 720 \div 4 = 180 + 32 = 212°.$$

On évalue les degrés centigrades en fonction de ceux de Fahrenheit, comme suit : Chaque degré du dernier thermomètre égale $\frac{1}{9}$ de degré du premier; on n'a donc qu'à multiplier les degrés du centigrade par 9, diviser le produit par 5, et le quotient + 32 donneront le nombre cherché; ainsi,

Centigrade.   Fahrenheit.

$$100 \times 9 = 900 \div 5 = 180 + 32 = 212°.$$

344. Les pharmaciens ont souvent occasion d'employer le thermomètre pour s'assurer de la température des liquides corrosifs; on munit l'échelle graduée d'une charnière, de manière à laisser la boule à nu, comme l'indique la *Fig.* 8, *Pl.* 3.

345. Le thermomètre ne peut être employé à mesurer les hautes températures. On y supplée au moyen d'un autre instrument appelé *pyromètre,* qui est fondé sur la propriété qu'ont les métaux de se dilater par la chaleur, et se trouve décrit dans la plupart des élémens. Newton exposa un corps dont il voulait découvrir la température, à l'action de l'air froid, et observa le temps qu'il fallait pour l'amener à une température qui tombât dans le champ du thermomètre. Il nota ensuite celui qu'il mettrait à se refroidir d'un degré, et déduisit de ces données la température qu'il avait d'abord; mais cette manière de procéder est sujette à des erreurs nombreuses. Lavoisier et Laplace proposèrent plus tard de renfermer le corps chaud dans la glace, et d'estimer la quantité qu'il en liquéfierait en se refroidissant. Ils imaginèrent, pour faire cette expérience, un instrument qu'ils appelèrent *calorimètre;* mais on a reconnu qu'il ne peut donner de résultats précis.

DES DIFFÉRENS PROCÉDÉS ARTIFICIELS POUR AUGMENTER OU DIMINUER LA TEMPÉRATURE.

1°. *Méthode de produire le froid artificiellement.*

1°. *Par la liquéfaction.*

346. La théorie de la production du froid par la conversion rapide des solides en liquides a déjà été expliquée (297); nous nous bornerons à donner une liste des corps qui réussissent le mieux, et nous les ferons suivre de quelques détails pratiques sur la manière de conduire l'opération. *Voyez* le tableau des résultats obtenus par Walker, note A.

347. Pour réussir dans ces opérations, il faut employer des sels fraîchement cristallisés et réduits en poudre très fine. Les vases dans lesquels on fait les mélanges frigorifiques doivent être ex-

trêmement minces, et n'avoir que la capacité nécessaire pour recevoir celui qu'ils doivent contenir ; il faut mêler les matières le plus rapidement
possible ; car c'est de la rapidité avec laquelle la
dissolution s'opère que dépend, en grande partie,
le degré de froid qu'on obtient. Le vase doit de
plus être enveloppé dans quelque mauvais conducteur, comme de la flanelle. L'eau de cristallisation jouant un grand rôle dans le refroidissement,
il faut rejeter les sels efflorescens. On réduit d'a-
bord les matières à la température marquée dans
la table, en les plaçant dans quelques mélanges frigorifiques ; on les mêle ensuite, et on forme un mélange frigorifique semblable. Si, par exemple, on
veut produire un froid = à 25°, on refroidit, avant
de les mêler, la neige et l'acide nitrique étendu au-
dessous de 0°, en mettant le vase qui contient chacun d'eux dans le 12° mélange frigorifique de la
table ci-dessus. Les mélanges frigorifiques sont peu
coûteux, attendu que, dans plusieurs cas, on peut
les évaporer et retirer les sels qu'ils tiennent en
dissolution. M. Walker, qui avait l'habitude de le
faire, n'a pas trouvé que le sel perdît son énergie
par suite des évaporations qu'il subissait. Le corps
le moins dispendieux et le plus efficace qui ait été
employé pour réduire la température, est le muriate de chaux mêlé avec de la neige : il produit
un froid très intense. M. Lowitz, qui s'en servit le
premier, recommande de l'employer parfaitement
sec, et renfermant le plus d'eau de cristallisation

possible. On l'amène à cet état en mettant refroidir la dissolution, lorsqu'elle présente une pesanteur de 1,5 ou 1,53. Cependant, quand on ne veut qu'une réduction de température de 1° au 15°, il vaut mieux faire usage de parties égales de nitre et de sel ammoniac, qu'on peut facilement retirer par l'évaporation.

348. Ce n'est qu'en suivant les principes que nous venons d'expliquer, que le médecin obtiendra des résultats heureux des dissolutions salines employées comme réfrigérantes; celle de nitre, par exemple, est souvent prescrite pour produire du froid dans l'estomac. Le sel, dans ce cas, doit être pris aussitôt qu'il est dissous, autrement il n'a pas d'effet utile. (*Voyez* la Pharmacologie, 6ᵉ édition, vol. 1, p. 212.)

2°. *Par évaporation.*

349. C'est peut-être le mode le plus général et le plus sûr d'abaisser la température; on l'emploie de diverses manières dans les diverses parties du globe : dans l'Inde, où les maisons sont des espèces de tentes, on arrose continuellement les tentures, et on maintient, à l'aide de l'évaporation, la température intérieure à 7 ou 8 degrés. Les caravanes qui traversent les déserts de l'Arabie en tirent aussi un parti avantageux; elles chargent sur leurs chameaux de grandes quantités d'eau qu'elles renferment dans des bouteilles de terre, et, pour empêcher qu'elles s'échauffent et contractent durant le

trajet un mauvais goût, ils enveloppent les bouteilles de toile et les tiennent constamment humides; de cette manière l'évaporation est continuelle,
et l'eau conserve toute sa fraîcheur. On suit un procédé analogue au Bengale. Lorsque les nuits sont
limpides, que la température est à peu près de dix
degrés, on prend de l'eau dans des vases de terre
qu'on place sur des *bambous* mouillés. Il se forme
bientôt des petits glaçons; on les recueille, on les
réunit, on les conserve sous terre enveloppés
dans de mauvais conducteurs. En mer, quand on
veut refroidir le vin et autres liquides, on enveloppe les bouteilles dans de la toile mouillée, et
on les expose à un courant d'air parmi les voiles.
Les alcarazas, dont on fait usage en Espagne pour
refroidir le vin, sont formés sur le même principe. Ce sont des vases de terre très poreux
qu'on tient quelque temps immergés dans l'eau, et
qu'on remplit lorsqu'ils sont saturés de ce fluide.
Le suintement, l'évaporation qu'ils éprouvent, abais-
sent la température intérieure, et réduisent par conséquent celle du liquide qu'ils renferment.

350. C'est sur ce principe, que la raréfaction
subite de l'air produit du froid, qu'est fondé l'appareil réfrigérant qu'a dernièrement proposé Gay-
Lussac. C'est une imitation de la machine de Schem-
nitz, où le corps qu'on veut refroidir est exposé à
un courant d'air qui s'échappe par un petit orifice,
d'une boîte dans laquelle il a été fortement condensé; mais de tous les appareils inventés pour cet

objet, le plus ingénieux et le plus efficace est sans contredit celui de Leslie. Il repose sur le fait bien connu que *l'eau s'évapore avec d'autant plus de rapidité que la pression est moindre, surtout si la vapeur qui se forme est condensée à mesure qu'elle se produit, en sorte que le vide subsiste.*

La *Fig.* 9, *Pl.* 3 représente cet appareil. L'eau qu'on veut congeler est contenue dans un vase peu profond, supporté par un disque placé dans un autre vase qui contient de l'acide sulfurique, du muriate de chaux, du terreau de jardin également desséché, du gruau grillé, ou toute autre substance susceptible d'absorber fortement l'humidité. On couvre le tout avec le récipient d'une machine pneumatique que l'on met vivement en jeu. L'eau se couvre aussitôt de glaçons, l'air qu'elle contient se dégage, la masse entière se trouve solidifiée. La raréfaction doit être poussée à peu près au centième du volume; mais, lorsque la congélation est déterminée, il suffit de la porter au 20e ou même au 10e. L'acide continue d'agir jusqu'à ce qu'il ait absorbé un égal volume d'eau. Si le vase qui contient l'eau est muni d'un couvercle de métal mince, ou de verre fixé au bout d'un fil de fer coulant qui passe dans le col du récipient, de manière qu'il intercepte le contact de l'air et soit en même temps mobile comme dans la figure, l'eau reste fluide après qu'on a fait le vide dans le récipient, jusqu'à ce qu'on ait retiré le couvercle; mais à peine est-il retiré qu'elle se couvre de cristaux aiguillés et se solidifie. Il est évident que s'il n'y avait pas dans cette opération de l'acide sulfurique, ou quelque autre corps analogue, le récipient se remplirait de vapeur aqueuse, et qu'il ne pourrait s'en former d'autre; mais, comme elle se condense à mesure qu'elle se produit, l'évaporation marche très rapidement, et n'a d'autres limites que celles de l'énergie du principe absorbant. Si on examine la température de l'acide, on trouve qu'elle s'est considérablement élevée, comme la chose était facile à prévoir. Ainsi, les opérations inverses de la vaporisation et de la condensation sont dans cette circonstance accompagnées de changemens de température, comme l'indique l'expérience de Faraday (325, note).

351. Si dans la production du froid par l'évaporation on emploie des fluides qui s'évaporent à une température inférieure à celle de la congélation de l'eau, l'effet est encore plus frappant et plus rapide. Ainsi, dans plusieurs circonstances l'éther peut servir à la réfrigération, et ce fluide, aussi-bien que l'alcool, peut fournir au médecin un ingrédient important pour faire des lotions réfrigérantes. L'abus fréquent de ces applications démontre, jusqu'à l'évidence, combien la connaissance de la chimie est indispensable à la préparation et à l'administration des médicamens. Je connais un cas où l'on appliquait une lotion de cette espèce à la tête, et où l'on recouvrait aussitôt le patient d'un bonnet de flanelle. On convertissait ainsi en rubéfiant ce qui devait agir comme réfrigérant. Je citerai un cas inverse, celui

où l'on appliquait l'eau-de-vie aux pieds, pour prévenir les mauvais effets du froid. L'évaporation de ce liquide produit une diminution de température qui aggrave le mal au lieu de le diminuer. Il suffit, pour prévenir les inconvéniens qu'entraîne ordinairement le linge humide, d'intercepter l'évaporation. Une personne qui se couvre d'un grand vêtement bien sec, court peu de risque de sentir les effets de cet accident.

352. L'acide sulfureux liquide, à raison de la rapidité avec laquelle il s'évapore sous la pression ordinaire, a été récemment employé, avec beaucoup de succès, à la réduction de la température.

353. Une bonne méthode d'entretenir une évaporation uniforme pour abaisser la température d'une partie du corps, comme dans le cas de membres fracturés, consiste à établir dessus une distillation d'eau continue au moyen d'écheveaux de coton, comme on l'a décrit (120).

354. Le pharmacien se sert souvent de la vaporisation pour régler la chaleur qu'il emploie. C'est d'après le même principe que la pharmacopée recommande de chauffer les ingrédiens de plusieurs emplâtres avec de l'eau qui emporte dans sa conversion en vapeur une portion considérable de calorique, et empêche ainsi la température de s'élever suffisamment pour mettre la matière grasse en état de décomposer les oxides métalliques, ou de subir un changement chimique capable d'affaiblir la propriété adhésive de l'emplâtre.

355. Enfin, un dernier moyen d'abaisser la température des corps, consiste à les mettre en contact avec des substances qui rayonnent et conduisent bien le calorique, principe dont Davy a fait une si belle application dans sa lampe de sûreté.

2. *Méthodes de produire de la chaleur artificiellement.*

356. Les moyens qu'on a employés dans les différentes parties du monde pour développer la chaleur sont si divers, que je ne puis en rapporter qu'un petit nombre. Je choisirai ceux qui sont susceptibles de quelque application médicale, ou qui peuvent jeter quelque lumière sur la production de la température des animaux.

1°. *Par la percussion.*

357. Une pièce de fer soumise à un martelage vif et répété devient bientôt incandescente, et rien n'est plus commun dans les pays où le combustible est cher, et où l'on n'entretient pas de feu pendant la nuit, que de voir des forgerons se procurer le matin de la lumière par cet expédient. Mais une chose remarquable, c'est que la chaleur n'est jamais dégagée par la percussion des liquides ou des corps tendres qui cèdent aisément aux coups. On verra de quelle importance est ce fait pour le physiologiste, lorsque nous traiterons de la source de la chaleur animale. Le calorique que la percussion dégage paraît être le résultat d'une condensation permanente ou temporaire qui diminue la capacité du corps. Dans quelques cas cependant, une partie se produit d'une autre manière; car la condensation en dégage suffisamment pour porter quelques unes des particules du corps à une température assez élevée pour qu'elles se combinent avec l'oxigène de l'atmosphère.

2°. *Par le frottement.*

358. Le frottement ne paraît être qu'une série de percussions; cependant il ne produit pas comme celle-ci une augmentation de densité. Car on développe de la chaleur en frottant ensemble des corps mous, dont la pesanteur spécifique ne peut s'accroître par un moyen semblable, comme chacun peut s'en convaincre en frottant vivement sa main sur son habit. Il est vrai que les liquides ne dégagent pas de chaleur par le frottement, mais ils cèdent trop facilement pour l'éprouver d'une manière bien marquée. Cet effet n'est pas dû au décroissement qu'éprouve là capacité des corps frottés pour le calorique, car Rumford a démontré qu'il n'est pas sensible. En tout cas, ce ne serait pas à une aussi faible cause qu'on pourrait rapporter la quantité de calorique que dégage quelquefois le frottement; on ne peut pas non plus l'attribuer à la combustion. Dans cet état de choses, doit-on conclure avec Rumford que le calorique n'est pas un corps, mais une espèce particulière de mouvement? Nullement; on ne connaît pas assez les lois du mouve-

ment du calorique pour dire que le frottement ne peut l'accumuler dans les corps; mais la question est peu importante, et peut être négligée sans inconvénient. Les Patagons, les Groenlandais, et autres indigènes du Nouveau-Monde, se procurent du feu en frottant ensemble des pièces de bois dur et sec, jusqu'à ce qu'elles donnent des étincelles ou qu'elles s'enflamment. Quelques peuples de la Californie du nord produisaient le même effet en introduisant un pieu dans un trou pratiqué dans une planche très épaisse, et en le faisant tourner avec une extrême rapidité. Ce fait explique comment le frottement que le vent détermine dans les branchages a quelquefois suffi pour réduire en cendres d'immenses forêts.

3°. *Par la condensation de la vapeur.*

359. Nous avons démontré, dans la section précédente, que les vapeurs dégagent en passant à l'état liquide une portion considérable de calorique. Nous allons chercher à tirer parti de cette circonstance, et en faire des applications utiles.

360. On peut chauffer de grandes quantités d'eau ou d'autres liquides par la vapeur, de trois manières; en portant au moyen d'un tuyau la vapeur dans la masse liquide; en faisant courir la vapeur dans des tuyaux que surnage le fluide, comme dans la distillation, ou en prenant un vase à doubles parois, et en faisant circuler la vapeur entre elles. Ce dernier mode, qui a été adopté avec succès

dans le laboratoire du collége des apothicaires (1), est susceptible d'être appliqué dans tous les cas. On peut, pour des opérations faites sur une plus grande échelle, employer avec avantage des bains de vapeur. Le docteur Ure a décrit un appareil fort simple, qui semble fait pour le médecin; il est économique, bon et d'application facile. C'est une boîte d'étain carrée, d'environ 18 pouces de long, 12 de large et 6 de profondeur; concave au centre de sa base, elle est percée d'un trou rond, dans lequel est soudé un tube d'étain de trois ou quatre pouces de long, qui s'adapte hermétiquement à l'ouverture d'une théière, dont le manche est pliant. A la partie supérieure de la boîte sont pratiqués des trous circulaires de différens diamètres, dans lesquels on place des capsules évaporatoires de platine, de verre ou de porcelaine. La vapeur frappe sur le fond des capsules, les chauffe, les porte à la température que l'on désire, se condense, retombe dans le vase qui la fournit pour s'élever encore, et ainsi de suite. On peut mettre la théière sur un feu ordinaire, en plaçant quelque chose au-dessus pour garantir la caisse à vapeur de la suie : on bouche avec des couvercles d'étain les orifices qui ne servent pas. Lorsqu'on veut faire sécher des précipités, on bouche le tube

---

(1) On trouve un rapport sur cet appareil avec une planche explicative, dans le dispensaire de Londres, de Thompson. 4,62 litres d'eau, à l'état de vapeur, suffisent pour porter 85 litres de ce liquide à 38°.

d'un entonnoir de verre, et on le place avec son filtre directement dans l'ouverture.

Pour faire sécher le chou rouge, les pétales de la violette, etc., on se munit d'un vase d'étain qui s'adapte hermétiquement au sommet de la caisse dont on laisse les orifices ouverts. Cette forme d'appareil convient pour épaissir la masse pâteuse dont on fait des tablettes.

361. Le chauffage des appartemens est une autre application importante de la vapeur. Cette méthode réunit la sûreté, la propreté, l'agrément, et convient à l'économie domestique comme à la fabrication. On prétend qu'un pied carré de surface de tuyau suffit pour chauffer 200 pieds cubes d'espace.

362. On a introduit avec avantage dans la médecine, sous le nom de *bains de vapeur*, des chambres remplies de vapeur échauffée jusqu'à 50° environ. On a aussi employé à cet objet l'air sec qui peut être supporté à une température bien plus élevée que l'air humide. Le docteur Ure voudrait qu'on eût toujours prêt, pour rappeler les noyés à la vie, un grand lit à essieu, rempli de sciure de bois chauffée par la vapeur. Une chambre à vapeur, constamment entretenue, pourrait aussi servir à cet objet.

4°. *Par la combustion.*

363. La combustion est non seulement la source de chaleur la plus abondante, c'est encore la plus certaine et la plus facile à conduire pour les opéra-

tions chimiques et pharmaceutiques. Il est par conséquent nécessaire de faire connaître les moyens de
l'employer avec le plus d'économie et de succès.
Quoique nous n'ayons pas encore considéré la nature de la combustion, nous pouvons néanmoins
parler de son application pratique.

364. Les fluides combustibles, tels que l'alcool,
l'huile, le suif fondu, se brûlent dans diverses
espèces de lampes. Le bois, le charbon minéral et
végétal, la tourbe et le coke, se consomment sur
des grilles et dans des fourneaux. Le sujet se divise
donc naturellement lui-même en deux classes; l'une
qui comprend le choix, la conduite et l'application
des lampes; l'autre la construction et la conduite
des fourneaux.

365. On peut, au moyen d'une lampe, faire,
d'une manière satisfaisante, toutes les manipulations
qui se rapportent à l'instruction. La lampe la plus
simple se compose d'un vase de forme quelconque,
chargé d'huile ou d'alcool, avec un tube qui dépasse
un peu la surface fluide, et contient une substance
fibreuse capable d'aspirer le liquide en vertu de
l'attraction capillaire. L'huile ainsi élevée et répandue dans la substance fibreuse, est assez détachée
de la masse principale pour prendre une température capable de la volatiliser et brûler la vapeur dont
la combustion constitue la flamme de la lampe.
Celle-ci est d'autant plus parfaite, que celle-là est
plus intense, et consume les particules du fluide à
mesure qu'il se volatilise, sans en laisser échapper

aucune. Si la vapeur présente une surface considérable, comme cela doit être, lorsqu'on emploie une mèche solide, l'air atmosphérique ne peut se combiner avec la partie intérieure de la colonne ascendante. L'extérieure entre seule en combustion, et l'intérieure se dégage en fumée. Il y a inconvénient et perte de combustible. On a fait diverses tentatives pour avoir les avantages et éviter les désagrémens que présente une mèche épaisse ; les uns l'ont divisée, les autres l'ont aplatie : mais de toutes ces inventions la plus heureuse est celle qui est connue sous le nom de *lampe d'Argand*. La mèche forme un cylindre ou tube creux qui glisse sur un autre tube de métal, et donne quand elle est allumée une flamme qui dessine un tube mince. L'air arrive par en bas sur les deux surfaces ; un verre cylindrique empêche la flamme de vaciller, et sert jusqu'à un certain point à accélérer le courant d'air. Ainsi la lampe d'Argand a avec la chandelle ou la lampe à huile ordinaire, la même analogie que le feu que renferme un fourneau a avec le feu qui brûle à l'air libre.

366. Cette lampe est d'une grande utilité dans les opérations qui exigent une chaleur vive, facile à conduire et sans fumée. En substituant au verre cylindrique une cheminée en cuivre, on obtient une chaleur plus forte, et on peut introduire par des trous percés dans ses parois, des tubes et autres corps, jusqu'au centre de la flamme. En fixant cette lampe sur une tige droite à laquelle sont adaptées

des anneaux mobiles de diverses grandeurs, on peut l'élever, l'abaisser à volonté, et ajuster des cornues, des flacons, des bassins évaporatoires, etc., à la distance qu'exige l'opération.

La figure que renferme le chapitre qui traite de l'acide nitrique, sert à mieux faire sentir l'utilité de cet appareil.

367. Quand il s'agit d'expériences ordinaires, l'esprit-de-vin est le combustible le plus convenable qu'on puisse employer. De là l'usage qu'on fait de la lampe à esprit-de-vin dans la plupart des analyses. La *Fig.* 10, *Pl.* 3, représente la forme la plus ordinaire qu'on donne à cet appareil; cependant, si on n'en a pas à sa disposition, on peut le remplacer comme suit : On recouvre d'une plaque d'étain d'environ un pouce de long un cylindre de trois huitièmes de pouce de diamètre; si les bords sont bien unis, il n'est pas nécessaire de les souder. On perce un bouchon de liége adapté à une fiole, on passe une mèche de coton dans le petit tube d'étain, et le tube dans le bouchon; la lampe est alors complète et donne une forte flamme, pourvu qu'on n'empêche pas l'esprit de s'élever en forçant trop le bouchon.

368. Pour augmenter la chaleur d'une chandelle ou d'une lampe, on fait arriver sur elle un courant d'air au moyen d'un tube appelé *chalumeau* (1). Ce n'est tout simplement qu'un tube de

---

(1) On ne connaît ni l'époque de l'invention de cet utile

cuivre qui a un huitième de pouce de diamètre à
un bout, et se termine à l'autre par une très petite ouverture par laquelle séchappe le vent; le plus
petit est recourbé d'un côté. Lorsqu'on l'emploie
à des opérations délicates, on le munit d'une boule *a*
(comme dans la *Fig.* 11, *Pl.* 3), où les vapeurs
de la respiration se condensent et se rassemblent,
et de trois ou quatre petits trous avec différentes
ouvertures à son extrémité la plus petite. Il y a
une espèce d'adresse à souffler dans ce chalumeau,
qu'il est peut-être impossible de décrire; mais un
peu d'habitude rend bientôt cette opération facile. Un courant d'air continu est absolument nécessaire. Pour le produire sans se fatiguer les poumons, il faut maintenir une inspiration uniforme,
non interrompue en aspirant l'air par les narines,
tandis que la bouche le chasse dans le tube par
la compression des joues. Lorsqu'on en a l'habitude, on peut entretenir le courant dix ou quinze
minutes sans inconvénient. Une grosse bougie ou
une chandelle est le combustible qui fournit la
flamme la plus forte. On la mouche court, et on
tourne la mèche vers l'objet, de sorte qu'il y en ait

---

instrument, ni le nom de son auteur; mais il paraît qu'il a été
employé par les verriers, les émailleurs et les joalliers, long-
temps avant qu'il fût mis au nombre des appareils chimiques.
Kunkel est le premier qui, dans son *Traité sur l'Art de faire
le verre*, ait fait sentir l'utilité dont il pouvait être pour la
chimie.

une partie couchée horizontalement. C'est sur cette partie que l'on fait arriver le courant d'air, et aussi près que l'on peut, mais sans frapper la mèche. De cette manière la flamme présente deux figures distinctes; l'une intérieure qui est conique, bleue, parfaitement définie, et donne à son extrémité le degré de chaleur le plus intense; l'autre extérieure, qui est rouge, vague, indéterminée et d'une température bien inférieure. Le corps qu'on soumet à l'action du chalumeau ne doit pas être plus gros qu'un grain de blé; on le met sur un morceau de charbon bien brûlé et de texture serrée, à moins qu'il ne soit de nature à couler dans les pores de cette substance, ou susceptible d'être attaqué dans ses propriétés lorsqu'elle entre en incandescence. Dans ce cas, on le met dans une petite cuiller d'or ou d'argent pur, ou sur un paillon de platine.

369. On peut tirer un parti avantageux de cet instrument si simple. Il est petit, portatif, peut servir à éprouver les substances chères et les échantillons les plus faibles. L'opération se fait à nu, et peut être suivie des yeux depuis le commencement jusqu'à la fin. Il est vrai qu'on ne peut guère, par ce moyen, déterminer la quantité du produit; mais la première chose est de connaître la nature et non la quantité des substances qui entrent dans la composition d'un corps. Ces petits essais mettent sur la voie des méthodes qu'il faut suivre pour faire des expériences en grand.

370. On a fait diverses tentatives pour remplacer le souffle de l'homme dans le chalumeau. Paul et Pictet ont employé les premiers la vapeur de l'alcool, et Hook a construit un instrument qui offre le mode le plus convenable d'appliquer ce principe. Dans certains cas, on fait communiquer des soufflets avec le chalumeau, ce qui réussit très bien pour souffler le verre. Lorsqu'on veut substituer le gaz oxigène à l'air atmosphérique, ou produire une chaleur intense par la combustion d'un mélange de gaz hydrogène et de gaz oxigène (1), on recourt aux gazomètres ou autres instrumens analogues.

371. La grande chaleur qu'on obtient avec le chalumeau ordinaire paraît dépendre de deux causes, de la concentration de la flamme en un petit foyer, et de la rapidité que le courant d'air donne à la combustion.

372. L'élève en médecine n'a pas besoin de s'occuper de la construction des fourneaux. Une lampe et un chalumeau lui suffisent pour faire ses manipulations ordinaires ; mais il est bon qu'il se familiarise avec les principes généraux d'après lesquels ils sont construits, surtout s'il descend dans les détails de la chimie pharmaceutique. C'est pour cette raison que nous consignons ici les observations suivantes :

----

(1) Le chalumeau inventé par Brooke est bien supérieur à tous les instrumens de ce genre. On en trouve la description et le dessin dans la chimie d'Henry.

3₇3. Les parties essentielles d'un fourneau sont le *corps* ou le foyer, dans lequel on place le combustible et la substance qu'on veut opérer ; la *cheminée*, qui donne issue à la fumée et à l'air chaud; enfin le cendrier, qui reçoit les cendres et l'air dont s'alimente la combustion. Les principes sur lesquels repose la production de la chaleur dans les fourneaux sont : que la matière inflammable ne peut brûler sans l'accès de l'air ; que la rapidité de la combustion, et conséquemment la quantité de chaleur produite dans un temps donné, est proportionnelle à la quantité d'air consumé. Lorsque le combustible est placé dans une cavité fermée, comme celle d'un fourneau qui communique avec une cheminée, l'air est nécessairement raréfié dans la partie supérieure du fourneau, et s'échappe par la cheminée. La pression de l'atmosphère extérieure précipite dans les ouvertures d'en bas une quantité d'air frais qui s'élève à travers le combustible, et détermine une vive combustion. Ainsi la force de celle-ci dans les fourneaux dépend de deux circonstances: de l'accès de l'air atmosphérique par en bas, et de la hauteur de la colonne d'air chaud. Lorsqu'on allonge le tube ou la cheminée, la différence qu'il y a entre la pesanteur spécifique de la colonne d'air échauffé qu'elle contient et celle de la colonne d'air extérieur, devient plus considérable; une plus grande quantité d'air se précipite sur le combustible, et il s'établit, comme on dit, un fort tirage. Celui-ci est, jusqu'à un certain point, proportionnel à la hauteur du tuyau. Passé ce terme, l'air se refroidit, et le tirage n'augmente plus. On n'a pas encore déterminé par des essais précis quelle doit être la hauteur d'une cheminée ; cependant le docteur Ure pense que ce ne serait pas trop de trente fois son diamètre. Il est évident aussi qu'on peut diminuer ou augmenter le tirage en donnant plus ou moins d'accès à l'air par le bas, et qu'en le suspendant on arrête tout-à-fait la combustion. On règle l'admission de l'air, au moyen de registres qui consistent en un certain nombre de trous munis de chevilles de cuivre, ou, ce qui est plus convenable, en une plaque semicirculaire mobile. Dans la construction des fourneaux, il est aussi un autre objet important à remplir, c'est la concentration de la chaleur, c'est-à-dire le moyen d'empêcher qu'elle ne soit emportée par l'air environnant. On y parvient en recouvrant la surface intérieure de quelque substance qui transmette la chaleur très lentement. On emploie ordinairement un lit d'argile et de sable, qui a de plus l'avantage de défendre la substance dont se compose le fourneau, de l'action du feu. On peut faire des fourneaux en maçonnerie solide ou en matériaux mobiles. Voici ceux dont l'utilité est plus générale.

374. *Le fourneau à air ou à vent,* qui agit par le tirage de la cheminée, comme nous l'avons déjà dit, et dans lequel le corps soumis à l'action de la chaleur, ou le vase qui le contient, est mis en contact avec le combustible.

375. *Le fourneau à compression,* qui diffère du

précédent en ce que l'air, au lieu d'y entrer par le simple tirage de la cheminée, y est porté par la pression des soufflets.

376. *Le fourneau à réverbère,* qui contient le combustible dans un foyer antérieur, et dans lequel on place le corps qui doit être soumis à l'action de la chaleur sur la sole d'une autre pièce, située entre le front du fourneau et la cheminée. La flamme du combustible passe dans le second compartiment, et est réverbérée sur le corps par la forme de la voûte.

377. Cependant un fourneau portatif suffit et au-delà pour toutes les opérations de l'élève. S'il fait des expériences sur une échelle qui exige plus de chaleur que n'en donne la lampe, il faut employer le petit fourneau de Knight, que représente la *Fig.* 12, *Pl.* 3.

Ce fourneau est en fer ouvré et doublé en briques; son diamètre intérieur est de six pouces; *a* est une porte pour le passage du col d'une cornue, quand la distillation se fait à feu nu; *b* une ouverture à laquelle en correspond une autre sur le côté opposé, pour l'admission d'un tube qui doit traverser le fourneau; *c* la porte du cendrier qui fait fonction de registre; *d* la porte du foyer, quand on l'emploie comme bain de sable. Le combustible convenable pour ce fourneau, lorsqu'il sert de fourneau à vent, est du charbon de bois. Pour la distillation au bain de sable, on peut employer du charbon avec un peu de houille.

378. La chaleur que dégagent les corps en com-

bustion varie nécessairement selon les circonstances; aussi lorsque l'opération exige une température plus uniforme qu'élevée, on interpose une couche de sable ou d'autre matière entre le feu et le vase qu'on veut chauffer. Le bain de sable et le bain-marie sont communément employés pour cet objet; mais un bain de vapeur est, comme on l'a dit (360), préférable dans quelques cas. On peut donner une bien plus grande chaleur au bain-marie en le préparant avec des dissolutions de sels; une dissolution saturée de sel commun, par exemple, bout à 107°. On peut, au moyen d'une dissolution de muriate de chaux, obtenir une température qui varie de 100 à 130°.

5°. *Par l'action chimique.*

379. Cette source de chaleur est peu susceptible d'applications utiles; elle peut tout au plus servir à allumer le feu: Ainsi des allumettes imprégnées de sucre et de chlorate de potasse, qu'on plonge dans de l'acide sulfurique, brûlent avec flamme. On a inventé dernièrement une lampe pour se procurer du feu ou une lumière instantanée, qui est fondée sur l'action que l'hydrogène exerce sur une préparation particulière de platine.

6°. *Par les rayons solaires.*

380. On se sert des rayons solaires pour sécher plusieurs substances végétales et hâter l'évaporation spontanée. On obtient une chaleur intense en les concentrant au moyen d'une lentille convexe, d'un miroir concave, ou à l'aide d'une combinaison

de miroirs plans. Cette application n'est cependant pas sans inconvéniens ; car un nuage qui vient à passer sur le soleil suspend l'expérience, et le mouvement de la terre, lorsque le soleil brille de tout son éclat, empêche le foyer d'être stationnaire même un instant.

7°. Par l'électricité.

381. L'électricité transmise dans les corps en quantités considérables élève leur température, et développe un pouvoir calorifique qui va jusqu'à fondre les métaux les plus réfractaires. La décharge électrique fournit donc un moyen sûr de faciliter la combinaison chimique. L'étincelle a aussi la propriété de déterminer la combinaison de plusieurs gaz qui ne s'unissent pas lorsqu'on ne fait que les mêler. Elle peut également produire la décomposition, apparemment en vertu du pouvoir qu'elle a de développer une haute température au point qu'elle frappe.

De la lumière.

382. On regarde communément la lumière comme une substance ou une émanation de particules très rares que lancent, en lignes droites, le soleil, les corps lumineux, et qui se meuvent avec une vitesse extrême. Les propriétés optiques de la lumière sont étrangères à cet ouvrage ; nous ne considérerons que les chimiques.

383. Lorsqu'un rayon de lumière passe obliquement d'un milieu dans un autre qui est plus dense, il se rapproche de la perpendiculaire ; mais si le se-

cond milieu est moins dense, il s'en éloigne; dans l'un et l'autre cas, on dit que la lumière est réfractée. Newton découvrit cependant que les corps onctueux ou inflammables occasionnent une plus grande déviation dans les rayons lumineux que ne comporte leur densité connue. Il conclut de là que le diamant et l'eau contenaient une matière combustible. Ainsi nous voyons que, dans plusieurs cas, on peut déduire la constitution chimique des corps, de leur puissance de réfraction. On a fait une application heureuse de ce principe pour découvrir la pureté des huiles essentielles. On peut employer avec succès, pour ces recherches, un instrument inventé par le Dr Wollaston. On trouve dans l'*Appendix* une table des puissances de réfraction des différentes substances qu'emploie la médecine.

384. On peut, au moyen d'un prisme, décomposer la lumière en sept couleurs ou rayons primitifs doués de certaines propriétés chimiques qui sont caractéristiques; mais il n'est pas nécessaire de rechercher ici à quelle partie du spectre appartiennent les propriétés calorifiques, lumineuses et chimiques. Comme physiologistes et chimistes, nous n'avons qu'à considérer purement la nature de la lumière, et nous verrons que les effets qu'elle exerce sur les corps naturels sont très composés. Une belle végétation exige la présence des rayons solaires; en même temps que la chaleur donne aux sucs végétaux leur fluidité et leur mobilité, elle produit en eux des effets chi-

miques, dégage leur oxigène, et donne naissance à des composés inflammables. Les plantes privées de lumière blanchissent, et sont dites *étiolées*, le blanchîment en est un exemple : elles acquièrent en même temps un excès de particules saccarines et aqueuses. L'Indien trouve sa route au milieu des déserts incultes de l'Amérique, sans autre guide que la couleur produite par la lumière du soleil sur les côtés des arbres, qui sont plus directement exposés à son action. C'est à la même cause que les fleurs doivent la variété de leurs nuances. La présence des rayons solaires est nécessaire aux animaux même, dont les couleurs paraissent matériellement dépendre de leur influence chimique : la comparaison de ceux qui vivent sous le tropique avec ceux qui habitent le pôle, et des parties de leurs corps exposées à la lumière avec celles qui ne le sont pas, démontre la vérité de cette assertion. Le plumage des oiseaux en fournit peut-être la preuve la plus frappante; ceux de la zone torride, par exemple, ont en général des couleurs riches et brillantes, tandis que ceux de la zone glaciale en ont de beaucoup plus pâles. La lumière exerce aussi une grande influence sur la couleur des poissons; car ils ont toujours le dos, qui est exposé directement à son action, plus noir que le ventre qui ne la reçoit pas. L'homme lui-même n'est pas insensible à son absence; la pâleur et l'air maladif des personnes qui sont privées de la lumière du ciel en sont la preuve.

385. Nous avons fait voir quels sont les effets de la lumière sur les corps inorganiques en parlant de la cristallisation (215); nous expliquerons plus tard son influence sur la désoxidation des corps. Il suffit ici d'en donner un exemple que va nous fournir l'expérience qui suit :

Exp. 5o. — Préparez une dissolution de nitrate d'argent, dans la proportion d'une partie de nitrate pour dix d'eau; trempez dans cette dissolution un morceau de papier blanc ou de cuir; placez-le derrière une peinture sur verre, et exposez l'appareil entier à l'action du soleil. Les rayons de lumière qui traverseront les surfaces diversement peintes, produiront des teintes sensiblement différentes, selon les nuances de la peinture. Dans les endroits où la lumière n'est pas altérée, la couleur du nitrate devient plus foncée, ou approche plus de l'état métallique. (1)

386. La lumière paraît se combiner avec différens corps, et s'en dégager ensuite. Quelques savans ont supposé que c'est là l'origine de celle que développe la combustion.

387. Il existe certains corps appelés *phosphores solaires*, (2) qui ont incontestablement la propriété

----

(1) H. Davy a trouvé qu'on peut copier sans difficulté, sur du papier ainsi préparé, les images de petits objets qui sont produites par le moyen du microscope solaire. Dans cette expérience, cependant, il est nécessaire de placer le papier à une petite distance de la lentille.

(2) M. Skrimshire a donné une liste fort étendue de ces substances dans le *Journal de Nicholson.*

d'absorber la lumière, de la retenir quelque temps, et de la dégager ensuite dans le même état et avec une chaleur sensible; tels sont certains animaux marins morts ou vivans, et quelques préparations particulières qui sont le résultat de l'art.

De l'électricité et de son action chimique.

388. La terre et tous les corps contiennent une certaine quantité de fluide très subtil, qu'on appelle *fluide électrique.* La quantité particulière qu'en renferme chaque corps peut être considérée comme sa portion naturelle : tant qu'il n'en contient ni plus ni moins que cette dose, il est inerte et ne produit aucun effet ; mais s'il en a plus ou moins que la quantité naturelle, on dit qu'il est *électrisé.* Il développe alors certains phénomènes qu'on attribue à l'électricité. Dans le premier cas, ils sont dus à ce que le corps abandonne son excès de fluide ; dans le second, à ce que ceux qui l'environnent lui communiquent une portion de celui qu'ils contiennent pour suppléer à ce qui lui manque; car le fluide électrique, comme le fluide calorifique, tend à un équilibre universel. Cet équilibre ne devrait par conséquent être jamais troublé, ou s'il l'était, il devrait être immédiatement rétabli. La rupture serait insensible, si parmi les corps les uns ne donnaient pas passage au fluide électrique, tandis que les autres s'opposent à sa transmission. Les premiers sont dits *conducteurs,* et les seconds *non-conducteurs.* Les métaux appartiennent tous à la première

classe ; le verre, le soufre et les résines à la seconde. Les conducteurs se distinguent en *parfaits* et en *imparfaits*. Les conducteurs, en général, ne s'électrisent pas par le frottement, et sont par conséquent appelés non électriques. Les non-conducteurs, au contraire, s'électrisent, et sont appelés *électriques*.

389. Nous avons établi que parmi les corps les uns peuvent contenir trop de fluide électrique, et les autres pas assez ; mais que, dans ces circonstances, tous donnent naissance à des phénomènes d'électricité : dans le premier cas, on dit qu'elle est *positive*; et dans le second, qu'elle est *négative*.

390. Quand on fait communiquer ensemble deux corps chargés d'électricité différente, ils s'attirent mutuellement : une décharge a lieu, et l'équilibre est rétabli ; ils se repoussent au contraire, s'ils sont chargés de même électricité.

Exp. 51. — Frottez un morceau de cire à cacheter avec de la flanelle sèche, et mettez chacune de ces substances en contact avec deux boules de moelle de sureau suspendues à un fil de soie, vous verrez qu'elles s'attireront mutuellement. Cet effet est dû à ce que la flanelle et la cire sont dans un état d'électricité opposée.

Exp. 52. — Touchez l'une et l'autre de ces boules avec la cire ou la flanelle, vous verrez qu'elles se repousseront, parce qu'elles sont chargées de la même espèce d'électricité.

391. Quand on frotte la cire, elle perd une portion d'électricité, dont la flanelle s'empare ; la première en conséquence est négative, et la seconde positive.

392. Quand l'électricité naturelle d'une substance est ainsi altérée, si celle-ci est environnée de corps non-conducteurs, elle reste en cet état ; car il est évident qu'elle ne peut, dans ce cas, ni recevoir d'électricité des substances environnantes, ni leur en donner pour rétablir l'équilibre : on dit alors que la substance est *isolée*.

393. La connaissance de ces propositions mettra l'élève en état de comprendre la nature de la machine électrique ordinaire. Quand on imprime un mouvement de rotation au cylindre de cet appareil, la partie du verre qui touche le frottoir attire son fluide électrique, ainsi que celui de tous les corps conducteurs qui peuvent communiquer avec lui ; et, reprenant aussitôt son état naturel, repousse le fluide qui est reçu par le principal conducteur destiné à cet objet. Ainsi la machine ne fait autre chose que de troubler la quantité naturelle d'électricité répandue dans les corps, ou de la transmettre à d'autres ; d'où il résulte que l'excès d'électricité acquis par les uns est en raison de la perte que font les autres.

394. Le frottement ne trouble pas seul l'équilibre électrique des corps ; plusieurs autres opérations produisent le même effet. Toutes les fois que les corps changent de forme, ils changent d'état

électrique. La fusion, l'évaporation et les variations de température sont aussi accompagnées de
phénomènes électriques.

395. Il résulte de là que la présence des corps
dits électriques (388) est nécessaire au développement de l'électricité ordinaire; c'est par leur frottement qu'on accumule le fluide électrique et qu'on
peut le soutirer avec ceux qui sont non-électriques
ou conducteurs. Mais il est une autre espèce d'électricité qui se développe par des moyens différens;
elle a été appelée, du nom de Galvani qui l'a découverte, *galvanisme* ou *électricité galvanique*. Bien
différente de l'électricité ordinaire, elle se développe sans le secours d'aucun corps électrique; le
simple contact de *différens* corps conducteurs suffit.

396. L'arrangement le plus simple qu'on puisse
former pour développer cette électricité, est celui
qu'on appelle *cercle galvanique simple*; il consiste
en trois conducteurs, dont deux sont conducteurs
parfaits, et l'autre imparfait, ou deux imparfaits et
l'autre parfait.

Exp. 53. Placez une plaque de zinc sur la langue,
et une d'argent au-dessous; vous n'éprouvez aucune
sensation tant que les métaux ne communiquent pas
mais si vous les mettez en contact, ils développent
une saveur métallique; et si vous établissez une
communication entre eux et le globe de l'œil par le
moyen d'un fil de fer, vous apercevez aussitôt une
étincelle.

397. On a, dans cette expérience, un exemple

de l'arrangement de deux conducteurs parfaits (l'argent et le zinc), avec un conducteur imparfait (la salive). La saveur métallique est due au développement d'une petite quantité d'électricité qui agit sur les nerfs de la langue.

Exp. 54.—Prenez les extrémités inférieures d'une grenouille morte depuis peu; armez le nerf crural d'une plaque de zinc ou d'une feuille d'étain; mettez en même temps les parties musculaires de l'animal en contact avec une pièce d'argent (*Fig.* 13, *Pl.* 3). Aussitôt que les deux métaux communiqueront ensemble par le moyen du conducteur métallique, vous verrez se produire de violentes convulsions.

398. La découverte de ce fait singulier fit penser aux physiologistes, que l'électricité était la source de l'influence nerveuse; ils se promettaient que cette route nouvellement ouverte dissiperait enfin les ténèbres qui couvrent la nature et l'opération de cette puissance mystérieuse. C'est un fait curieux dans l'histoire de la science qu'une expérience qui promettait des résultats si heureux au physiologiste, soit presque demeurée sans résultat pour lui, tandis que le chimiste, à qui elle ne paraissait offrir aucun intérêt particulier, en a tiré des moyens qui ont tellement multiplié ses découvertes, qu'il est impossible de dire où elles s'arrêteront.

399. Les applications de l'électricité galvanique à la physiologie, ne doivent cependant pas être abandonnées comme chimériques. Les dernières recherches du docteur W. Philip et d'autres physio-

logistes anglais sont bien propres à ranimer notre confiance et à nous engager à faire de nouveaux essais; il résulte de ceux qu'on doit à ce médecin que, quand un nerf est divisé de manière à intercepter entièrement la transmission de son action, on peut substituer à sa place un appareil galvanique. Il divisa la huitième paire de nerfs, qui sont distribués dans l'estomac et servent à la digestion, par des incisions faites dans le cou de plusieurs lapins vivans. Après l'opération, le persil qu'ils mangèrent resta dans leur estomac sans s'altérer, et ces animaux, après avoir fait des efforts pénibles pour respirer, moururent de suffocation. Mais quand il transmit l'électricité galvanique, dans d'autres lapins traités de la même manière, le long du nerf au-dessus de sa section, à un disque d'argent qui touchait à la peau de l'animal opposée à son estomac, le sujet n'éprouva aucune difficulté à respirer. L'action électrique ayant été prolongée pendant 26 heures, les animaux périrent, et le persil fut trouvé aussi bien digéré que dans ceux qui étaient bien portans et qui avaient mangé en même temps; leur estomac dégageait cette odeur particulière qu'il donne durant la digestion. Ces expériences furent répétées plusieurs fois et donnèrent toujours les mêmes résultats. Il résulte de là que l'énergie galvanique peut remplacer l'influence nerveuse, de sorte qu'un estomac, qui autrement serait inactif, digère les alimens comme à l'ordinaire, lorsqu'il est soumis à son action. Ces expériences sont très extraordinaires, il est vrai, mais on ne peut les admettre comme une preuve concluante de l'identité de l'électricité galvanique et de l'influence nerveuse. L'électricité n'agit peut-être que comme un puissant stimulant sur les branches qui s'avancent des autres nerfs vers l'estomac, et communiquent au-dessous de la section du *par vagum*, au moyen de laquelle elles donnent à l'action une énergie suffisante par compenser l'absence du nerf principal. La respiration dépend aussi de l'opération digestive; et l'accroissement d'action, ainsi communiqué aux organes respiratoires, peut offrir un nouveau mode d'explication.

400. L'énergie d'un cercle galvanique simple est cependant extrêmement faible, et on fit peu de progrès dans l'étude de cette singulière modification d'électricité, avant qu'on eût découvert une méthode de multiplier les arrangemens qui composent les cercles simples. C'est ce que fit Volta, en 1800, par la construction d'une pile galvanique; mais avant de parler des cercles galvaniques composés ou des batteries, il ne sera pas inutile de présenter quelques observations sur le cercle simple.

401. On doit à sir H. Davy la table suivante dans laquelle les différens cercles simples sont disposés selon l'ordre de leur énergie.

*Table de quelques arrangemens électriques qui, par combi-
naison, forment des batteries composées de deux conducteurs parfaits et d'un conducteur imparfait.*

Zinc. Fer. Étain. Plomb. Cuivre. Argent. Or. Platine. Charbon.	Chacun d'eux est positif pour tous les métaux qui sont au-dessous de lui, et négatif par rapport aux métaux qui sont au-dessus dans la colonne.	Dissolutions d'acide nitrique, d'acide muriatique, d'acide sulfurique, de sel ammoniac, de nitre, d'autres sels neutres.

*Table de quelques arrangemens électriques composés d'un
conducteur parfait et de deux conducteurs imparfaits.*

Dissolution de soufre et potasse, de potasse, de soude.	Cuivre. Argent. Plomb. Étain. Zinc. Autres métaux. Charbon.	Acide nitrique, Acide sulfurique, Acide muriatique, Dissolutions quelconques contenant de l'acide.

402. La pile voltaïque se compose de disques de
cuivre et de zinc, disposés alternativement avec des
rondelles d'étoffes de laine, trempées dans un acide
ou quelques dissolutions, qui conduisent d'une manière imparfaite, comme l'indique la *Fig.* 4, *Pl.* 3,
dont l'ordre est zinc, cuivre, étoffe et ainsi de
suite. En mettant un fil de fer qui communique
avec le dernier disque de cuivre en contact avec le
premier de zinc, on voit jaillir une étincelle, et une

légère commotion se fait sentir. Les extrémités de la pile forment ses pôles; le pôle zinc se charge d'électricité positive, et le pôle cuivre d'électricité négative.

403. On remplace généralement aujourd'hui la pile de Volta par un appareil plus énergique, dans lequel les métaux sont arrangés en forme d'auge; cet appareil, qui est de l'invention de M. Cruickshank, est représenté *Fig.* 15, *Pl.* 3 : on soude ensemble deux plaques, l'une de cuivre et l'autre de zinc; on les cimente dans une auge de bois en ordre régulier, et on emplit les intervalles qui les séparent d'un fluide convenable, pour rendre la combinaison active. Cet appareil fournit, comme on le verra, un exemple d'arrangement galvanique de la *première espèce*, formé de deux *conducteurs parfaits* et d'un *conducteur imparfait* (396, 401); mais on peut le modifier de manière qu'il ne présente plus qu'une batterie de la *seconde espèce*, c'est-à-dire un conducteur parfait et deux conducteurs imparfaits. Dans ce cas, on ne cimente dans les cellules que les plaques d'un métal, et on remplit alternativement les intervalles de deux liquides différens. La première forme est cependant universellement préférée.

404. Comme l'auge est pénible à remplir et à vider, et que les métaux se corrodent rapidement, quelque précaution qu'on prenne, on construit communément aujourd'hui les plaques de manière qu'on puisse les retirer et les placer immédiate-

ment. La *Fig.* 16, *Pl.* 3, représente cet appareil avec les perfectionnemens qu'il a reçus.

L'auge, *a*, est en terre, les plaques métalliques, *z*, sont attachées à une barre en bois, de manière qu'on peut les immerger et les retirer toutes ensemble. Les cellules sont remplies d'acide étendu, et peuvent être éloignées à volonté pourvu qu'elles soient disposées régulièrement. C'est cette forme qu'on avait adoptée pour le superbe appareil de l'institution royale, avec lequel l'illustre Davy décomposa les alcalis fixes, et fit connaître la composition d'autres corps qui avaient jusque-là été réputés simples.

405. Les physiciens établissent, entre l'intensité et la quantité d'électricité, une distinction importante. Ils entendent par la première expression, le pouvoir qu'a le fluide de traverser une certaine couche d'air ou autre milieu, mauvais conducteur; par la dernière, ils expriment la quantité absolue de force électrique que renferme un corps quelconque. Dans la pile de Volta l'intensité de l'électricité augmente avec le nombre des couples, tandis que la quantité croît avec la surface des plaques. Ainsi, si on compare une batterie composée de trente couples de plaques de deux pouces carrés, avec une autre batterie de trente couples de douze pouces carrés, chargée de la même manière, on n'apercevra aucune différence dans leurs effets sur les conducteurs mauvais ou imparfaits. La commotion sera la même; mais, sur de bons conducteurs, les effets des pla-

ques larges sont beaucoup plus remarquables que ceux des petites ; ils enflamment et réduisent en fusion de grandes quantités de fil de platine, et donnent une étincelle très brillante entre des points de charbon.

406. Cette distinction entre la *quantité* et l'*intensité* est importante, et indique le mode le plus convenable pour la construction d'une batterie galvanique. Elle doit varier selon l'usage auquel on la destine.

Électro-Chimie.

407. L'action de l'électricité dans la production de la décomposition chimique est si importante et si étendue, qu'elle forme, pour ainsi dire, une branche distincte à laquelle on a donné le nom d'*électro-chimie*.

408. Davy considère comme probable, que l'attraction et la répulsion électriques sont identiques avec l'affinité chimique. Si ce fait est vrai, il résout le problème et explique en même temps l'action des fluides électrique et galvanique, dans la désunion des élémens des combinaisons chimiques ; car il est évident que, si deux corps sont unis en vertu de leur état électrique, ils doivent se désunir dès qu'on détruit cette électricité.

409. Sous ce point de vue, chaque substance est supposée posséder une électricité qui lui est particulière. Positive dans les unes, elle est négative dans les autres. En conséquence, quand des corps,

dans des états électriques opposés, sont présentés les uns aux autres, ils se combinent. On a fondé un arrangement sur ce fait, et on dit que les corps sont *électro-négatifs* ou *électro-positifs*, suivant qu'ils sont attirés par le pôle positif ou le pôle négatif de la batterie; car c'est une loi de l'attraction électrique que les corps sont repoussés par les surfaces qui sont chargées de l'électricité dont ils le sont eux-mêmes, et attirés par celles qui sont dans des états opposés à ceux où ils se trouvent (390). Il résulte de là que l'état électrique inhérent ou naturel des corps inflammables est positif, puisqu'ils sont attirés par le pôle négatif ou chargé d'électricité différente, tandis que les corps dits *soutiens de la combustion* ou *les principes acidifians*, sont attirés par le pôle positif, et peuvent par conséquent être considérés comme possédant l'électricité négative.

410. Une des premières propriétés qu'on ait reconnues à la pile, est celle de décomposer l'eau. On a inventé plusieurs appareils pour rendre ce phénomène sensible, mais le plus simple est celui qui est représenté *Fig.* 16, *Pl.* 3; np est un syphon de verre contenant de l'eau, dans lequel sont introduits deux fils d'or ou de platine qui traversent les bouchons adaptés à chacune des ouvertures de l'instrument. Ils se terminent avant d'atteindre la courbure dans laquelle est ménagé un petit trou qui fait communiquer l'intérieur de l'appareil avec le liquide dans lequel il est plongé. Si on fait communiquer les parties du fil qui sortent du tube en n et p avec l'extrémité zinc ou extrémité positive, et l'autre avec l'extrémité cuivre ou extrémité négative d'une batterie galvanique, on voit se réunir de petites bulles aux extrémités de chaque fil. On trouve du gaz oxigène rassemblé à la partie qui communique avec l'extrémité positive de d'hydrogène à l'autre, et dans des proportions exactement semblables à celles qui forment l'eau.

411. C'est un fait très extraordinaire et très important, qu'on puisse obtenir ces gaz de deux quantités d'eau qui ne sont pas immédiatement en contact. On prend (*Fig.* 18, *Pl.* 3) deux tubes de verre, *p* et *n*, d'environ un tiers de pouce dediamètre, et de quatre pouces de long; chacun porte un morceau de fil d'or scellé hermétiquement à un bout, et ouvert à l'autre. On les remplit d'eau distillée, on les renverse et on les place dans des verres séparés, *a*, *b*, remplis du même liquide. On fait communiquer ceux-ci par le moyen d'une mèche, comme on le voit en *c*. Aussitôt que les fils de métal scellés aux bouts des tubes sont en contact, l'un avec l'extrémité positive, l'autre avec l'extrémité négative de l'auge galvanique, le gaz se dégage comme dans l'expérience précédente. Maintenant, puisque ces gaz doivent nécessairement venir de la décomposition d'une et même particule d'eau, et que cette particule doit avoir été contenue, soit dans le tube *p*, soit dans le tube *n*, il est clair que l'oxigène ou l'hydrogène doivent être passés de *p* en *n* à travers le fil de communication. *c*. Ces

faits, qui sont une preuve du transport des élémens d'une combinaison à une distance considérable, et dans une forme qui échappe à nos sens, quelque étonnans qu'ils soient, sont nombreux et bien établis.

412. Si au lieu d'eau pure, on fait agir le fluide galvanique sur une dissolution de sel neutre, tel que du sulfate de soude, le transport des élémens s'opère encore. On obtient de la potasse pure dans le vase négatif, et de l'acide sulfurique dans le vase positif. On peut faire cette expérience dans l'appareil dessiné *Fig.* 20. *p* et *n* sont deux vases contenant la dissolution qu'on veut décomposer. On les fait communiquer ensemble au moyen d'une mèche humectée; *w w* sont deux fils de platine fixés aux deux extrémités de l'appareil. Dans ce cas l'acide, et l'alcali traversent la mèche *a* sans s'unir, parce qu'ils sont soumis à l'influence de l'action électrique; l'affinité chimique est tellement détruite que, si on place un vase contenant de l'acide nitrique entre les extrémités positive et négative, la potasse le traverse sans se combiner avec ce liquide.

413. On avait pensé que le transport des élémens d'une combinaison à travers des substances intermédiaires, pouvait fournir les moyens de dissiper les calculs de la vessie (1). Si on pouvait protéger les fonctions de la partie contre l'influence

---

(1) *Journal de Physiologie*, juillet, 1823.

d'un agent si puissant, il est évident qu'il serait possible, à l'aide d'une batterie galvanique d'une intensité convenable, d'extraire de la vessie un calcul composé de sels alcalins ou terreux. Il n'y aurait qu'à introduire une double sonde, qui communiquerait d'un côté avec le calcul et de l'autre avec deux vases remplis d'eau, où seraient plongés les pôles opposés d'un appareil galvanique. Cet appareil transporterait les constituans acides dans le vase qui communique avec l'extrémité positive, et les bases dans celui qui communique avec l'extrémité négative. (1)

414. Les effets produits par l'action d'un cercle galvanique simple ne sont pas moins intéressans pour le médecin praticien, attendu surtout le rapport qu'ils ont avec quelques faits curieux et importans de toxicologie. On sait depuis long-temps que l'étamage prévient les effets délétères du cuivre; mais on supposait que son efficacité cessait lorsque quelque portion de la surface était enlevée. Proust fut le premier qui fit voir l'inexactitude de cette opinion; mais l'explication qu'il donna du fait est purement chimique: elle est fondée sur l'affinité supérieure de l'étain pour l'oxigène. Il établit ainsi que l'alliage de l'étain avec le plomb, n'entraîne aucun accident, puisque le dernier de ces métaux

---

(1) Pour plus de détails sur ce sujet et ces espérances, voyez la *Pharmacologie*, vol. 1, p. 231, sixième édition.

ne peut être dissous par aucun acide, tant qu'il contient un atome d'étain; cependant il faut chercher la véritable explication de ce fait dans les rapports électriques de ces corps, qui se trouvent à la table 1re (401); elle fait voir que l'étain est positif par rapport au plomb, et le cuivre négatif par rapport à l'un et à l'autre; de même, si un vase de cuivre contient de la matière acide, elle devient délétère quand on l'agite avec une cuiller d'argent, parce que ce métal est négatif par rapport au cuivre, tandis que, si on employait une cuiller d'étain ou de plomb, il n'en résulterait aucun effet fâcheux. Ce fut en raisonnant d'après ce principe d'action électro-chimique que sir H. Davy arriva à ce fait important, qu'on peut garantir le cuivre des vaisseaux, de l'action corrosive de l'eau de mer (1) par la juxtaposition de disques de zinc, de fer ou d'étain. Dans ce cas, l'acide muriatique, au lieu d'agir sur le cuivre qui est *négatif*, se porte sur le métal qui est *positif*. Ces recherches ont non seulement confirmé les considérations qu'elles suggèrent, mais elles ont fourni au toxicologiste un fait frappant en faveur de l'assertion de Proust; car l'expérience a démontré que quand le cuivre est ainsi garanti, les insectes marins s'attachent impunément à sa surface. (2)

(1) Le muriate de magnésie contenu dans l'eau de mer, est le sel qui attaque le cuivre avec le plus de force. (*Annales de Philosophie pour septembre* 1824.)

(2) On allait mettre cette feuille sous presse, lorsque j'ai lu

4 1 5. Cette découverte n'est pas non plus sans utilité pour la chirurgie. M. Pepys a proposé de la faire servir à garantir de la rouille les instrumens d'acier. On voit à la table 1ʳᵉ que le zinc est positif par rapport au fer : en conséquence, si on introduit une portion de ce métal dans un étui fait de quelque conducteur imparfait, on complète, en y mettant l'instrument d'acier, un cercle galvanique simple de premier ordre, et le fer est garanti de l'oxidation.

4 1 6. On a fait une autre application du galvanisme qui mérite d'être remarquée; elle a pour objet de découvrir la présence de petites quantités de sublimé corrosif. Pour cela, on laisse tomber une goutte de la dissolution sur une pièce d'or, et on met celle-ci en contact avec un morceau de fer, une clef, par exemple; il se forme aussitôt un cercle galvanique et comme le fer est positif, l'acide se porte dessus, et le mercure se dépose sur l'or.

4 1 7. Il résulte aussi des expériences de M. Brande (1), qu'on peut appliquer le galvanisme à la découverte de quantités d'albumine si petites, qu'aucun autre réactif ne peut les rendre sensibles. Ce chimiste produisit, de cette manière, une coagulation rapide au pôle négatif dans plusieurs fluides

---

un rapport sur des expériences du docteur Bostock, qui avaient pour objet de déterminer si la découverte de Sir H. Davy était applicable aux vases de cuivre qui servent à la cuisine.

(1) *Transactions philosophiques*, 1809.

animaux qu'on n'avait pas supposé contenir de l'albumine.

418. Nous avons déjà présenté nos conjectures (399) sur le rapport que peut avoir l'action électrique avec quelques uns des phénomènes les plus cachés de la vie animale. Il faut avouer que les principes de l'électro-chimie présentent, dans plusieurs occasions, une grande analogie avec ceux de la vitalité; ils donnent l'explication la plus plausible des phénomènes de la sécrétion. On peut imaginer, dit le docteur Young, qu'à la subdivision d'une petite artère, un filament nerveux la perce d'un côté, forme un pôle positif, et un autre un pôle négatif; qu'alors les molécules d'oxigène et d'azote contenues dans le sang se trouvent fortement attirées vers le pôle positif, tendent vers la branche qui lui est contiguë, tandis que ceux d'hydrogène et de carbone se dirigent au côté opposé. On peut diviser encore ces deux portions, si cela est nécessaire, et le fluide ainsi analysé peut former de nouvelles combinaisons par la réunion d'un certain nombre de chacune des deux ramifications. Dans certains cas, l'appareil peut être plus simple que celui dont il s'agit, et plus compliqué dans d'autres.

DEUXIÈME PARTIE.

DES CORPS ÉLÉMENTAIRES ET DES COMPOSÉS QU'ILS FORMENT EN SE COMBINANT ENTRE EUX.

419. Nous avons étudié les forces qui, par l'action qu'elles exercent sur la matière, donnent naissance aux principaux phénomènes de la chimie; passons maintenant aux propriétés chimiques, et à la manière d'agir des substances individuelles sur lesquelles elles s'exercent

420. Dans le langage de la chimie moderne, le mot *élémentaire* ou *simple* a une signification très différente de celle que lui donnaient les savans d'autrefois. Ils le considéraient comme exprimant des substances qui possèdent une simplicité absolue, qui, par des modifications de formes, ou au moyen de combinaisons mutuelles, forment la multitude de corps dont se compose le monde matériel; tandis que les *élémens* de la chimie actuelle ne sont considérés comme simples que par rapport à l'état où se trouve l'art de l'analyse; car on admet, comme principe général, que chaque substance qui n'a pas été décomposée en deux ou plusieurs parties constituantes, doit être regardée comme simple. En conséquence, le nombre et la nature de nos élé-

mens pourront varier suivant les progrès que fera la science. Combien de corps, par exemple, long-temps considérés comme simples, ont été ces dernières années décomposés au moyen de l'électricité! Il est néanmoins probable que les élémens que nous donne l'expérience sont fort éloignés de ceux de la nature; et, dans le cas même où les découvertes futures nous en rapprocheraient davantage, il est probable que nous ne parviendrons pas à soulever le voile qui les couvre, et qu'ils échapperont toujours à la sagacité de l'homme.

421. On n'admettait autrefois que quatre élémens, dont trois sont reconnus aujourd'hui pour des corps composés. Paracelse soutenait l'existence de trois principes, qu'il appelait les *tria prima* ; savoir : le sel, le soufre et le mercure. On en compte actuellement cinquante-deux, qu'on peut soumettre au poids et à la mesure. Quelques uns ajoutent même à ce nombre les élémens impondérables, la lumière, la chaleur, l'électricité et le magnétisme.

422. La classification des corps simples et composés a varié, ainsi que le nombre des élémens, avec les doctrines qui se sont successivement remplacées dans les écoles. Celle qui était la plus populaire et la plus répandue, celle qui reposait sur la faculté qu'ont les substances de subir ou de supporter la combustion, a été singulièrement compromise par les dernières recherches qu'on a faites sur la nature de la combustion. Celle qui est fondée sur les relations électriques des corps paraît être, à beau-

coup près, la plus scientifique, et la seule qui mérite d'être adoptée. Cependant, quand on écrit un
ouvrage de chimie, on doit disposer les matières
suivant l'objet qu'on se propose. S'il est destiné à
des personnes qui connaissent déjà les principes
de la science, il est avantageux qu'il présente les
différentes substances dans l'ordre des rapports
qu'elles ont entre elles. S'il est, au contraire, purement élémentaire, destiné à l'instruction des com-
mençans, il faut, et c'est là la première condition,
qu'il les fasse graduellement passer du connu à l'inconnu, et que dans l'explication des faits il n'anti-
cipe jamais sur les phénomènes compliqués. Il est
vrai qu'on ne peut, dans plusieurs cas, éviter cette
difficulté ; car toutes les branches de la chimie se
tiennent les unes aux autres, quel que soit le point
par lequel on les aborde ; elles supposent toujours des
notions préliminaires. Commence-t-on par l'attraction, on ne peut expliquer ses lois sans parler de
la composition des substances dont on est censé
ignorer jusqu'aux noms. Débute-t-on par l'histoire
de ces substances, on ne peut entendre leur nature
et leurs propriétés, si on ne connaît les attractions
qui les sollicitent. La difficulté est la même si on
ne connaît la composition de plusieurs corps ; on
ne peut donner des exemples de la puissance dissolvante, de cette force extraordinaire ; et, sans la
connaissance de cet agent, comment exposer l'histoire de ces substances dont il a dévoilé la composition ? Dans plusieurs cas néanmoins, ces diffi-

16

,cultés ne sont qu'apparentes, et ne peuvent balancer les avantages d'un tel arrangement: Ces observations me feront pardonner l'ordre que j'ai adopté, et expliqueront les motifs qui m'ont fait abandonner le plan sur lequel sont rédigés les ouvrages élémentaires.

423. Voici celui auquel je me suis arrêté. Je m'occupe d'abord de l'eau, non seulement parce qu'elle est un fluide universellement connu, mais parce qu'elle entre dans la composition des autres corps, et qu'elle modifie par sa présence presque tous les phénomènes dont s'occupe la chimie. Sa décomposition fait ensuite connaître à l'élève deux élémens principaux, l'hydrogène et l'oxigène, dont la nature ne saurait, à raison du rôle important qu'ils jouent, être trop tôt expliquée, puisque leur forme gazeuse présente l'occasion de développer la manière de recueillir, transvaser et d'examiner les gaz. Vient ensuite le carbone qui constitue la base de la matière organisée. Sa combinaison avec l'oxigène et l'hydrogène nous fait connaître la nature, les propriétés de l'oxide de carbone et de l'hydrogène carboné. Dans cette section est comprise l'étude de l'atmosphère qui, à l'exception de l'azote, ne contient aucun principe qui ne soit déjà connu. Cette partie comprend les théories de la chaleur animale, de la combustion et de l'oxigénation; vient ensuite l'histoire des supports simples de la combustion, le chlore et l'iode; puis celle des composés produits par l'union de l'oxigène et de l'azote, de l'hydro-

gène et de l'azote, du carbone et de l'azote. Le soufre, le phosphore, les métaux et les sels neutres, terminent la cinquième partie. Les deuxième et troisième divisions renferment la chimie organique.

Sur la Nomenclature chimique.

424. Ce fut une heureuse idée de substituer au langage vague dont se servaient les chimistes, des noms qui fissent à la fois connaître d'une manière plus spéciale la substance qu'ils désignent et les propriétés qui la caractérisent. Fourcroy, Morveau, Berthollet et Lavoisier, qui en sont les auteurs, présentèrent, en 1787, un système de nomenclature aussi parfait que le comportait alors l'état de la science. Les découvertes extraordinaires faites depuis cette époque, ont ébranlé quelques parties de ce système, et en ont modifié quelques autres : mais la base reste intacte, comme un monument éternel du génie de ceux qui l'ont fondé. Ils ont ré-formé les noms défectueux, et ont conservé les anciens, toutes les fois que cela ne présentait pas d'inconvéniens. Ainsi, les métaux, les terres, les alcalis et plusieurs autres corps, ont gardé ceux sous lesquels ils étaient depuis long-temps connus : mais la découverte des parties constituantes de l'eau et de l'atmosphère les obligea d'en inventer de nouveaux qu'ils tirèrent de quelques particularités que présentent les corps élémentaires. Les deux consti-tuans de l'eau, par exemple, furent désignés sous la dénomination d'oxigène et d'hydrogène, parce que

le premier était à cette époque regardé comme le principe exclusif de l'acidité, et le dernier comme le générateur de l'eau.

L'azote reçut son nom de ce qu'il constitue la partie de l'atmosphère qui est impropre à la vie. Ceux des substances que les dernières découvertes ont ajoutées au nombre des élémens, ont tous été formés d'après le même principe, et les dénominations arbitraires ont été rejetées. Ainsi, le chlore a reçu la sienne de la couleur verte qu'il présente, et l'iode de la teinte violette de sa vapeur. De cette manière quand on connaît une fois les principes de la nomenclature, on ne peut manquer de reconnaître dans les mots *barium* et *strontium* les bases de la baryte et de la strontiane, et celles de la potasse et de la soude dans les noms de *potassium* et de *sodium*. La terminaison des noms qui désignent les corps simples, leur dérivation, tout est calculé de manière à faire connaître à quelle classe de corps appartient une substance quelle qu'elle soit.

Il faut cependant laisser dans la formation des noms qu'on donne aux substances nouvelles une certaine latitude à ceux qui les découvrent; aussi est-ce là la partie défectueuse du système.

On adopte des principes plus précis et plus fixes pour la dénomination de divers composés, tant que la nomenclature est susceptible d'additions; elle doit faire connaître immédiatement la composition de la substance qu'elle désigne. Les composés que produit la combinaison des métaux entre eux s'appellent alliages, à l'exception de ceux où entre le mercure, qui prennent le nom d'amalgame. On se sert pour désigner la combinaison d'un élément inflammable, d'une dénomination qui se termine en *ure*. Aussi les combinaisons de soufre s'appellent sulfures; celles du phosphore, phosphures, et celles de carbone, carbures. Le nom d'un composé dans lequel entre l'oxigène, varie suivant les propriétés dont ce corps jouit. S'il est acide, il se désigne par le nom même de la substance acidifiée. Dans les autres cas, il prend celui d'oxide, et s'il y a plus d'un composé de cette espèce, on indique les proportions d'oxigène par les terminaisons *eux* et *ique*. Ainsi l'azote forme deux oxides; celui qui contient le moins d'oxigène, s'appelle oxide nitreux; celui qui en renferme le plus, deutoxide d'azote. Les acides se distinguent de la même manière. Ainsi il y a l'acide nitreux, l'acide nitrique, l'acide sulfureux, l'acide sulfurique. La première terminaison dénote le minimum, la dernière le maximum d'oxigénation. Il en est de même des autres supports de la combustion qui ont été découverts depuis l'époque où fut formée la nomenclature. Tels sont le chlore et l'iode. Les combinaisons que produisent ces élémens, sont désignées par les dénominations de chlorure et d'iodure. Dans quelques cas les différentes proportions d'oxigène ou de chlore qui s'unissent à la même base, s'indiquent par des noms dérivés du grec, comme protoxide, protochlorure, deutoxide, tritoxide, etc.; et quand la base se combine avec la plus petite quantité possible, le composé, si ce n'est pas acide, s'appelle péroxide ou perchlorure. Les composés que les acides forment avec les alcalis, les terres et les oxides métalliques, sont nommés sels neutres, et la nomenclature composée qui sert à exprimer leur composition constitue la partie la plus précise et la plus utile du système. Quand l'acide combiné avec la base est à l'état le plus bas d'acidification (ce qui est alors indiqué par la terminaison *eux*), le sel qui en résulte est désigné par la terminaison *ite* qu'on ajoute à la première syllabe de l'acide; ainsi l'acide sulfureux forme des *sulfites*, l'acide phosphoreux des *phosphites*. Lorsque l'acide est à son maximum d'acidification, ce qu'annonce la terminaison *ique*, les sels finissent en *ate;* ainsi les acides sulfurique, phosphorique et nitrique forment les *sulfates*, les *phosphates* et les *nitrates*. Mais les sels peuvent être formés de différentes proportions du même acide et de la même base; il faut donc pouvoir indiquer cette différence. Il y a quelques années, le mot *su*, si l'acide était en excès, et celui de *sous*, si la base l'emportait, les distinguaient suffisamment : mais depuis que la théorie atomique (256) nous a appris que si deux corps s'unissent en plus d'une proportion, la seconde, la troisième, sont des multiples de la première, ces dénominations ont été modifiées. Comme la forme la plus simple et la plus régulière de combinaison est celle où l'acide et la base s'unissent d'atome à atome (261), on lui donne simplement le nom générique. Ainsi, quand un atome de chaux s'unit à un atome d'acide sulfurique, le produit est un sulfate de chaux : mais si deux ou plusieurs atomes de base se combinent avec un d'acide, on ajoute la syllabe *sous*; de sorte que le terme qui ne servait d'abord qu'à exprimer une certaine qualité due à un excès de base, sert maintenant à indiquer une proportion définie des ingrédiens. Il faut avouer que de tels changemens produisent des inconvéniens graves, et qu'assez souvent la nouvelle application du mot n'emporte pas la même signification. Le nom qu'on donne au sel de tartre du commerce, et qui est encore conservé dans la pharmacopée, en offre un exemple frappant. Cette substance a long-temps été connue sous le nom de sous-carbonate de potasse; mais comme elle est composée d'un atome d'acide carbonique et d'un de potasse, elle est maintenant, malgré son caractère alcalin, appelée carbonate; et comme il n'existe aucun sel avec une moindre proportion d'acide carbonique, il ne peut y avoir de sous-carbonate de cette base. Mais la réforme introduite par la théorie atomique ne s'est pas arrêtée là; le nombre des atomes d'acide avec lesquels se combine la base se désigne maintenant en plaçant devant le nom générique une syllabe numérique. Si, par exemple, deux atomes d'acide sont combinés avec une base, on met le mot *bi* devant le nom du sel; on emploie la syllabe *tri* s'il y en a trois, et ainsi de suite; ainsi nous disons binoxalate et quadroxalate de potasse. Le sel de potasse qui porte encore dans nos pharmacopées le nom de carbonate, est, à chimiquement parler, un bicarbonate. La même nomenclature s'étend aux composés formés par les inflammables simples; nous avons en conséquence des bisulfures, des bicarbures et des biphosphures. Il reste encore à mentionner une autre forme de combinaison saline qui exigeait une nomenclature : je veux parler de ce qu'on appelle *sels triples*, dans lesquels l'acide est uni avec deux bases; alors, les noms des deux bases entrent dans celui du sel, comme dans le *tartrate de potasse et de soude*. Dans quelques cas, le dernier se place devant le premier comme adjectif; ainsi nous disons: *ammoniaco-muriate de platine*, *ammoniaco-phosphate de magnésie*.

425. En terminant l'histoire de la nomenclature chimique, j'avouerai que je ne crois pas qu'il soit convenable de l'introduire dans la pratique médicale. Son principal mérite, en chimie, est d'aider la mémoire à distinguer et se rappeler les combinaisons multipliées de la nature et de l'art. Ce secours n'est pas nécessaire en pharmacie; nos médecines sont en si petit nombre, qu'il est toujours facile de se les rappeler sans recourir à aucun moyen artificiel. D'une autre part, les noms des médicamens doivent être invariables; il faut que le médecin puisse profiter sur-le-champ de l'expérience de ceux qui l'ont précédé, qu'il soit en état de lire leurs prescriptions par lui-même, et n'ait pas besoin à chaque instant de recourir à un glossaire. On se

met à l'abri de ces inconvéniens en adoptant des noms tout-à-fait arbitraires, et qui n'éprouvent pas les phases des théories chimiques.

De l'Eau.

426. C'était une opinion ancienne et générale, que l'eau constitue le premier principe de presque toute la matière. Les expériences des anciens contribuèrent même à l'étendre. Van Helmont prouva que les plantes végétaient long-temps dans l'eau pure, et en conclut qu'elle était susceptible de se convertir en toutes les substances que renferment les végétaux. Boyle pensait qu'une longue digestion et une ébullition prolongée dans des vases en verre convertissaient en partie l'eau en terre, mais on reconnut depuis que la matière solide provenait de l'appareil qui avait servi à l'expérience.

427. Les recherches des chimistes modernes ont prouvé que l'eau est elle-même un composé, et qu'elle se trouve dans presque toutes les substances naturelles et artificielles; elle constitue au moins les trois quarts du poids des corps animaux, et plusieurs physiologistes distingués supposent que divers changemens morbifiques du corps, ainsi que les variétés naturelles de la constitution de différens individus, dépendent du rapport de l'eau avec la matière solide. On trouvera plus loin qu'elle fournit l'oxigène et l'hydrogène aux différentes parties du corps animal. L'atmosphère en contient toujours une quantité considérable, et plusieurs substances doivent

quelques unes de leurs propriétés à sa présence ; les acides, par exemple, perdent, lorsqu'ils en sont privés, le caractère au moyen duquel on les distingue.

428. L'eau se combine avec les corps solides sous deux états. Dans le premier, la proportion de matière solide excède celle de l'eau qui devient partie du corps, sans le rendre fluide ; dans le second, c'est le liquide qui l'emporte et donne sa forme au composé.

Dans le premier cas, les produits sont nommés *hydrates,* et dans le second, *solutions.* Ainsi le soufre précipité de la pharmacopée est un véritable hydrate. La classe entière des préparations salines, qu'elles aient la forme de cristaux, de poudre ou de masses solides, prennent la même dénomination. La chaux qui se délite offre une preuve frappante de la solidification de l'eau, et de la conversion de la terre en hydrate (298).

429. L'eau, dans ces occasions, est si intimement combinée, qu'elle résiste fréquemment à la puissance de décomposition d'une haute température. Saussure, qui a fait des expériences sur l'hydrate d'alumine, déclare que cette terre a tant d'affinité pour l'eau, qu'elle en retient $\frac{1}{10}$ de son poids, quoique soumise à une chaleur capable de fondre le fer. La potasse est dans le même cas : exposée à une chaleur rouge, elle retient plus de 13 pour cent d'eau ; et la soude, dans des circonstances semblables, près de 19.

430. La proportion de l'eau combinée que ren-

ferment ces composés paraît généralement être définie dans chacun d'eux. Il n'y a qu'une ou deux exceptions à cette loi. Le savon, par exemple, est un hydrate; mais la proportion de l'eau qu'il contient varie. Il en est peut-être de même de plusieurs solides végétaux et animaux.

431. Pour dépouiller les airs et les vapeurs de l'humidité qu'ils contiennent, on les expose en général à l'action de quelque sel absorbant, tel que le muriate de chaux. Quant aux autres dessications, elles se font mieux avec la machine pneumatique et l'acide sulfurique (350).

432. Il n'est pas nécessaire de donner une définition de ce fluide; chacun connaît ses caractères extérieurs, et le peu d'énergie avec lequel il agit sur les substances organisées. C'est cette faible énergie qui le rend si propre à la vie animale et végétale à laquelle il est indispensable; il n'exerce qu'une action légère sur les organes, ce qui le fait regarder comme insipide et inodore; il paraît posséder l'élasticité, et cède sensiblement à la pression. Canton a depuis long-temps prouvé son expansibilité, et Perkins a dernièrement inventé un instrument qu'il appelle *priezomètre*, dans lequel il a soumis l'eau à une pression de 326 atmosphères, et augmenté sa densité de 3,5 pour cent. Dans les circonstances ordinaires, elle paraît acquérir son maximum de densité à 4, 5°, puisqu'elle se dilate au-delà de ce point, qu'on élève ou qu'on abaisse sa température.

433. La forme la plus simple sous laquelle l'eau puisse se montrer, est sous celle de glace; car en la combinant avec une certaine quantité de calorique, on la liquéfie, et si on augmente la quantité de ce principe, on la fait passer à l'état gazeux. Les vapeurs aqueuses les plus déliées ne sont que de la glace dissoute et raréfiée par la puissance dissolvante et expansive de la chaleur.

434. L'eau, telle qu'elle existe naturellement, est rarement pure, si toutefois elle l'est jamais; elle renferme des particules terreuses, salines, métalliques, végétales ou animales, selon les substances sur lesquelles elle coule ou qu'elle traverse. La pluie et l'eau de neige sont beaucoup plus pures, quoique chargées encore de toutes les émanations qui flottent dans l'air.

435. Quand la présence d'une matière étrangère communique à l'eau quelque couleur, quelque goût, quelque odeur particulière ou quelque vertu médicale, on la nomme *minérale*. L'histoire et l'examen de ces eaux constituent une branche importante de chimie médicale, mais ne peuvent former un objet d'instruction élémentaire. On peut cependant, comme l'a indiqué Kirwan, lorsqu'on connaît la pesanteur spécifique d'une eau minérale, prévoir les principes salins qu'elle renferme.

Voici la règle à suivre : retranchez la pesanteur spécifique de l'eau pure de la pesanteur spécifique de l'eau minérale que vous examinez (l'une et l'autre exprimées en nombres entiers), et multipliez le reste par 1,4. Le produit donne les combinaisons salines que renferme une quantité d'eau; elles sont indiquées par le nombre employé à exprimer la pesanteur spécifique de l'eau distillée. Ainsi, supposons que la pesanteur spécifique de l'eau est de 1,079, ou en nombre entier de 1079. La pesanteur spécifique de l'eau distillée, dans ce cas, sera 1000 et 1079 — 1000 × 1,4 = 110,6, qui représente les substances salines contenues dans mille parties de l'eau en question.

Le docteur Ure observe que cette règle peut être simplifiée de la manière suivante: *multipliez par 104 la partie décimale du nombre qui représente la gravité spécifique de la dissolution, le produit sera le sel sec en 100 grains.* Cette formule, il faut l'avouer, est précieuse pour le chimiste et le pharmacien, car elle peut servir à l'examen de diverses dissolutions employées en médecine.

436. Il résulte de là que la pesanteur spécifique de l'eau forme un certain indice de sa pureté; mais il arrive fréquemment que la somme des substances salines en dissolution, n'excède pas la six-millième partie du poids du liquide, et peut cependant être composée de 6 à 8 corps différens. Des expériences de Dalton établissent, en effet, que l'eau de source la plus dure tient rarement en dissolution un millième de son poids d'une substance étrangère. Une eau semblable exige, lorsqu'on l'analyse au moyen de l'aréomètre, des soins et des précautions qu'on ne peut donner à cette opéra-

tion. Il faut par conséquent recourir aux réactifs (252 , note).

437. Les moyens de purifier l'eau nous ont été suggérés par la nature elle-même; ce sont la distillation et la filtration. Parkes a observé que les eaux les plus chargées sont purifiées chaque jour par l'action des rayons du soleil qui séparent les particules limpides , les pompent et les versent sous forme de pluies , de grêle ou de neige. Les collines et les montagnes produisent aussi un effet semblable. Les eaux filtrent à travers leurs couches, et se dépouillent des impuretés qui les souillent.

438. On a découvert que l'eau est composée de deux principes élémentaires, auxquels on a donné, comme nous l'avons déjà dit, les noms d'oxigène et d'hydrogène. La forme la plus simple sous laquelle ces corps puissent se présenter à nous, est celle de gaz, qui est due à la présence d'une certaine quantité de calorique combiné. Il faut bien comprendre que l'eau n'est pas le produit de l'union de ces gaz, mais des bases pondérables qu'ils contiennent; l'eau cependant qui est le résultat de leur combinaison, n'a aucun rapport, en volume, avec celui des gaz; mais son poids coïncide exactement avec celui de ses parties constituantes. (1)

---

(1) Comme nous allons procéder à l'étude des gaz, il est nécessaire de décrire l'appareil et d'expliquer les diverses méthodes de manipulation qui servent à recueillir, conserver, transvaser et analyser ces corps : le principe en est extrême-

Exp. 55. La décomposition de l'eau peut être présentée d'une manière satisfaisante au moyen de l'appareil qui suit :

---

ment simple. Si l'on emplit d'eau une jarre de terre, dont on renverse le goulot dans un tube chargé du même liquide, elle reste pleine en vertu de la pression que l'atmosphère exerce sur la surface. Ainsi disposée, la jarre est propre à recevoir tous les gaz qui ne sont pas solubles dans l'eau. Ceux-ci s'élèvent en vertu de leur légèreté à travers le liquide qu'ils chassent et remplacent peu à peu. On a imaginé, pour la commodité de cette opération, un appareil appelé *cuve pneumatique*, et quelquefois *cuve hydro-pneumatique*. Il se compose d'un tube qu'on peut faire de bois ou de fer vernis, dont la *Fig.* 21, *Pl.* 3, représente une esquisse. On lui donne douze ou quatorze pouces de profondeur, afin de pouvoir emplir commodément les récipiens de verre. Une capsule percée de plusieurs trous est disposée de manière à plonger d'environ un pouce sous le liquide quand la cuve est pleine. Lorsqu'on veut recueillir un gaz quelconque, on emplit d'eau une jarre qu'on renverse et qu'on place avec soin sur un des trous ; on engage au-dessous le bec de la cornue dont s'échappe le gaz : celui-ci s'élève alors sous forme de bulles et déplace le liquide. On peut, de cette manière, emplir successivement un nombre quelconque de jarres du gaz dont on a besoin. Si on veut le garder pour l'analyser plus tard, il est facile d'enlever de la cuve toutes les jarres sans rien perdre de ce qu'elles contiennent, en emplissant d'eau une écuelle dans laquelle on les glisse, en ayant soin que l'embouchure ne s'élève jamais au-dessus de la surface du fluide. Il n'est pas moins facile de transvaser le gaz ; il suffit pour cela d'emplir d'eau la jarre dans laquelle on veut l'introduire, et de la renverser dans la cuve ; on amène alors au-dessous le goulot de celle qui contient le gaz ; celui-ci, que comprime peu à peu le liquide, s'échappe

B est une cornue en verre qui contient un poids donné d'eau, munie d'un tube en terre, *C C*, qui traverse le petit fourneau, et se termine par un ser-

---

et gagne le sommet de la première. Cette opération est tout-à-fait l'inverse de celle qui a pour but de verser de l'eau dans un vase vide; c'est-à-dire qui ne contient que de l'air; car dans ce cas, le liquide qui est plus lourd se verse de la partie supérieure, entre dans le vase dont il expulse l'air de bas en haut; au lieu que dans le premier, le gaz étant plus léger, se verse de la partie inférieure, monte et chasse l'eau de haut en bas. Lorsque le récipient a le goulot étroit, comme une fiole ordinaire, on peut verser l'air par un entonnoir de verre. Si l'on veut faire entrer le gaz dans une vessie, il faut se pourvoir d'une jarre munie, à son orifice supérieur, d'un robinet auquel s'attache la vessie. On l'ouvre alors, en abaissant perpendiculairement la jarre dans l'eau; l'air s'écoule dans la vessie qu'on peut ensuite détacher du vase et conserver pour l'usage.

On emploie, pour mesurer les gaz, des vases cylindriques dont quelques uns sont divisés en cent parties égales, d'autres en dixièmes et centièmes de pouce cube. Un appareil très commode pour cet objet, c'est un tube gradué assez petit pour que le pouce puisse en fermer l'embouchure.

Lorsqu'on a de grandes quantités de gaz à recueillir et à conserver, on se sert de *gazomètres*. L'instrument le plus utile de cette espèce est celui qui a été perfectionné par Pepys (*Fig* 22, *Pl.* 3), et qu'on peut construire en fer vernissé ou en cuivre. Il se compose d'un corps ou réservoir, A, qui contient de vingt-quatre à trente litres; d'une cuvette, B, de laquelle partent deux tubes munis de robinets, *e, f,* dont l'un entre dans le réservoir, et l'autre se prolonge presque jusqu'au fond, comme on le voit par les lignes ponctuées. C'est un petit tube oblique qui part du fond du réservoir et peut se fermer

pentin en étain *d d* qui plonge dans l'eau. On introduit dans le tube C un poids donné de fragmens
de fer, et on chauffe. L'eau de la cornue entre en

---

hermétiquement au moyen d'une vis. D, tube qui communique par les deux bouts avec le corps de l'appareil ; F, entonnoir qui s'adapte au tube *f*, et peut être employé ou non
suivant les circonstances ; il n'a pas d'autre objet que d'accroître
la force de l'eau par la hauteur de sa colonne. Lorsqu'on veut
emplir l'appareil de gaz, la première chose à faire est de le charger d'eau, ce qui peut s'exécuter de la manière suivante : On
ferme le tube C, on ouvre les robinets *e, f*, on verse de l'eau
dans la cuvette ou l'entonnoir ; si l'on emploie ce dernier, le
liquide descend dans le tube le plus long, et force l'air à s'é-
lever dans le plus court. Le réservoir une fois plein, on ferme
les robinets ; on ouvre l'orifice C, à travers lequel l'eau ne peut
s'écouler en vertu de la pression atmosphérique ; on y introduit
le bec de la cornue, ou le tube d'où sort le gaz qui s'élève en
bulles et déplace l'eau. Lorsqu'on voit, en jetant un coup
d'œil sur le tube D, que le cylindre est à peu près plein de
gaz, on ferme l'ouverture ; si on veut le soutirer, on ouvre les
robinets *e, f*, et on le reçoit dans un vase quelconque placé
sur *e* ; ou bien on peut, en ouvrant *f* et *g*, le soutirer à travers
le dernier pour en emplir une vessie, ou alimenter un tuyau de
soufflet. Dans ce dernier cas, il est toujours utile d'employer
l'entonnoir F, afin d'accroître la force du courant.

On ne peut recevoir dans la cuve pneumatique les gaz
qui sont absorbés par l'eau, il faut les recueillir sur le mercure. On a imaginé pour cela une foule d'appareils, dans la
vue d'obtenir le plus grand effet de la plus petite quantité de
métal possible. Le plus commode et le plus économique est
celui de Newman, qu'on peut voir dans le *Manuel de Chimie*
de Brande.

ébullition et forme de la vapeur qui se dégage à travers le métal rouge de feu et se décompose en partie. L'oxigène est absorbé par le fer, l'hydrogène traverse le tube et se dégage en f, où on peut le recueillir à la manière ordinaire; une partie de l'eau non décomposée se condense dans le tuyau d et coule en e. Le fer soumis à cette expérience acquiert une augmentation de poids qui, ajoutée à celui de l'hydrogène dégagé, est exactement égale au poids de l'eau qui a disparu. D'où l'on peut conclure que neuf parties de ce liquide se composent en poids de huit parties d'oxigène et d'une d'hydrogène.

439. La décomposition de l'eau s'effectue, ainsi que nous l'avons déjà dit, d'une manière plus frappante au moyen de l'électricité; car, dans ce cas, l'oxigène et l'hydrogène se présentent sous forme gazeuse, et dans leur proportion exacte, d'un volume d'oxigène pour deux d'hydrogène; et puisque, d'après les expériences les plus récentes, la pesanteur spécifique du dernier gaz, comparée à celle du premier, est dans le rapport de 16 à 1, il s'ensuit que l'évaluation donnée ci-dessus est exacte.

440. Il ne suffit pas néanmoins de décomposer un corps dans ses principes constituans; il faut, pour produire une conviction entière, le recomposer avec les élémens qu'on en a tirés.

Oxigène.

441. La forme la plus simple, sous laquelle on

peut obtenir ce corps, est celle de gaz; il est alors au moins combiné avec le calorique, s'il ne l'est pas avec la lumière et l'électricité.

442. Le gaz oxigène fut découvert en 1774, par Priestley, qui lui donna le nom d'air déphlogistiqué. De nouveau découvert l'année suivante par Scheele, qui n'avait aucune connaissance des expériences du savant anglais, il fut appelé *air empiré*, *air vital*.

443. On le prépare de la manière qui suit : On charge une cornue d'une certaine quantité de manganèse, et on ajoute suffisamment d'huile de vitriol pour l'humecter. On chauffe alors le fond du vase avec une lampe, et on fait dégager le col sous une cloche renversée et pleine d'eau, dans l'appareil hydro-pneumatique. On laisse dégager les premières portions de gaz qui sont mêlées avec l'air de la cornue, et on le recueille lorsqu'on le juge suffisamment pur.

444. Il y a plusieurs autres méthodes de préparer ce gaz. Le manganèse chauffé au rouge dans un tube de fer, tel qu'un canon de fusil dont la lumière est bouchée, une bouteille en fer qu'on emploie ordinairement pour cet objet, donne par livre de matière de 40 à 50 pintes de gaz. Le nitre, chauffé fortement dans une cornue de porcelaine, dégage aussi du gaz oxigène. L'oxide rouge de plomb donne un résultat semblable, ainsi que les oximuriates ou chlorates quand on les porte au rouge. Le gaz obtenu par le dernier procédé est beaucoup

plus pur que celui qu'on se procure par toute autre méthode.

445. Le gaz oxigène possède toutes les propriétés physiques de l'air commun ; il est invisible, élastique, susceptible de se dilater et de se comprimer indéfiniment. Insipide, inodore, il est plus pesant que l'air commun, sa pesanteur spécifique étant de 1,1088. L'eau ne l'absorbe pas, ou l'absorbe à un si faible degré, que lorsqu'on l'agite avec ce fluide, on n'aperçoit pas de réduction.

446. Ce gaz se distingue des autres par les propriétés suivantes :

1°. *Tous les corps inflammables brûlent dans ce gaz avec un grand éclat.*

Exp. 56. Prenez une bougie allumée, et plongez-la suspendue à un fil de fer dans un vase plein d'oxigène, vous verrez aussitôt sa combustion s'animer et répandre un grand éclat ; ou mieux, descendez la bougie avec la mèche éteinte, mais encore chaude, vous la verrez se rallumer avec une sorte d'explosion et brûler vivement. Le phosphore, le fil de fer, le charbon, le soufre, etc., offrent, par leur combustion dans ce gaz, un phénomène magnifique, dégagent beaucoup de calorique et de lumière.

2°. *Il soutient mieux la vie animale que l'air commun.* Un petit animal renfermé dans un vase rempli de ce gaz, vit quatre ou cinq fois plus long-temps que dans une égale quantité d'air ordinaire : c'est pour cela qu'on l'appelle *air vital.*

3°. *Il fait passer le sang noir à un beau vermillon.*

Exp. 57. Introduisez un peu de sang dans une
fiole remplie de gaz oxigène et agitez ; vous verrez
la couleur changer presque aussitôt.

4°. *Pendant que la combustion s'effectue dans
l'oxigène, le gaz éprouve une diminution considérable de volume.* On peut aisément s'assurer du
fait, en brûlant du phosphore ou quelque corps
inflammable dans une cloche de gaz oxigène. Le
premier effet de la combustion sera de déprimer
l'eau que renferme le vase ; mais quand elle sera
finie et la cloche refroidie, on reconnaîtra qu'il
s'est fait une absorption considérable.

5°. *Tous les corps acquièrent par la combustion
dans le gaz oxigène une augmentation de poids qui
est proportionnelle à la quantité de gaz absorbé,*
c'est-à-dire d'environ $\frac{1}{3}$ de grain pour chaque pouce
cube de gaz.

Exp. 58. Remplissez une pipe d'un poids connu
de tournure de fer ; engagez le bout du tuyau dans
un tube de laiton adapté à une vessie pleine de gaz
oxigène ; chauffez au rouge ; comprimez la vessie,
et faites passer un courant d'oxigène. Brûlé et oxidé,
le métal se trouvera beaucoup plus pesant qu'avant
l'expérience. Complétement oxidé, il gagne trente
grains sur cent.

6°. *Les substances susceptibles de se combiner
avec l'oxigène produisent ou un acide, ou un alcali, ou un oxide.* Il n'est pas aisé d'offrir une défi-

nition rigoureuse de ces trois classes de composés, attendu que plusieurs corps de chaque classe manquent de quelques uns des caractères qui les distinguent.

Le mot acide emporte nécessairement l'idée d'aigreur; mais le chimiste entend, par ce terme, un corps qui rougit les couleurs bleues végétales et se combine avec les alcalis, les terres, les oxides métalliques, et forme des composés qui ne présentent plus les propriétés de l'acide, ni celles de la substance. C'est pourquoi nous comprenons dans la classe des acides plusieurs corps qui sont sans aigreur; tels sont l'arsenic blanc, l'acide prussique; bien plus, le sucre, qui est fort loin, dans nos idées, de posséder quelques uns des caractères qui appartiennent à cette classe de corps.

447. L'oxigène n'est pas essentiel à l'acidité d'un composé, comme l'avait supposé Lavoisier; car on a découvert, depuis, que certains corps s'acidifient, les uns en se combinant avec le chlore, les autres avec l'hydrogène; aussi la théorie de ce grand chimiste qui considérait l'oxigène comme le principe acidifiant, ne peut plus être regardée comme exacte.

448. Les alcalis et les terres se distinguent par l'action qu'ils exercent comme bases sur les acides avec lesquels ils se combinent, en perdant leurs propriétés mutuelles. Les alcalis sont solubles dans l'eau, et verdissent les couleurs bleues végétales; les terres se dissolvent peu ou point dans ce fluide.

Quelques unes affectent les couleurs végétales comme les alcalis, et prennent en conséquence le nom d'*alcalines*.

Les oxides, ceux surtout qui proviennent des métaux, sont solubles comme les terres; ils servent également de bases aux acides. Nous avons aussi des exemples dans lesquels le même corps, combiné avec une petite proportion d'oxigène, donne un oxide susceptible de se combiner avec les acides; et d'autres où, en s'unissant avec une plus grande quantité d'oxigène, il engendre un acide susceptible de se combiner avec des bases alcalines et terreuses, et de former des composés salins.

Eau oxigénée.

449. L'oxigène n'avait pas été condensé sous forme liquide jusqu'en 1818, que Thénard parvint à former ce qu'on appelle *deutoxide* ou *péroxide d'hydrogène*. Ce composé renferme, à ce qu'on suppose, une quantité d'oxigène double de celle qui entre dans la composition de l'eau; c'est-à-dire, si nous admettons que ce liquide est formé d'un atome d'hydrogène et d'un d'oxigène, que le péroxide en renferme un du premier et deux du second. Le procédé au moyen duquel on l'obtient est compliqué et difficultueux; cependant le savant qui l'a découvert est descendu dans les plus grands détails à cet égard.

450. Ce composé est liquide et incolore comme l'eau; à peine s'il a de l'odeur; mais, quand on l'applique sur la langue, il blanchit, épaissit la sa-

live, et produit un goût semblable à celui d'une dissolution fortement métallique. Il attaque la peau avec énergie, la blanchit et produit une cuisson dont la durée varie selon les individus : elle présente sur la même personne des différences qui dépendent de la quantité du liquide dont on a fait usage. Sa pesanteur spécifique est de 1,452. Le verse-t-on dans de l'eau? il se précipite comme le sirop, quoiqu'il suffise d'une légère agitation pour le dissoudre. Fortement concentré, il résiste au plus grand degré de froid qu'on puisse produire. Il se décompose à la température de 10°, et dégage abondamment de l'oxigène. Il fait explosion par l'application de la chaleur, le contact de certains corps, tels que l'oxide d'argent, le péroxide de plomb, etc.

451. J'ignore si l'on a fait des essais pour déterminer ses vertus médicinales ; mais il paraît probable qu'il en possède, et qu'il pourrait être administré avec succès, soit à l'extérieur, soit à l'intérieur.

452. C'est probablement une dissolution d'oxigène dans l'eau.

Hydrogène.

453. Comme l'oxigène, ce corps élémentaire ne peut s'obtenir qu'à l'état de gaz. De tous les corps aériformes, c'est celui qui présente au plus haut degré les caractères d'un élément. Sir H. Davy conclut de son extrême légèreté, et des petites quantités dans lesquelles il entre en combinaison, qu'il n'est pas vraisemblable qu'il puisse être réduit en d'autres

formes de matière pondérable par les instrumens ou les procédés connus jusqu'à présent. Il fut examiné pour la première fois, dans son état de pureté, par Cavendish, en 1776.

454. Pour obtenir le gaz hydrogène, on verse de l'acide sulfurique étendu de six ou huit fois son poids d'eau sur de la limaille de fer ou des fragmens de zinc dans un vase semblable à celui que représente la figure 23, *Pl.* 3. Une effervescence a lieu immédiatement, et le gaz dégagé peut être recueilli à la manière ordinaire, dans des cloches placées sur la cuve hydro-pneumatique.

455. Le fer et le zinc sont incapables de décomposer l'eau sans l'intervention de l'acide, du moins avec rapidité. Ce corps paraît agir en formant un cercle galvanique simple.

456. On peut également obtenir ce gaz en faisant passer de la vapeur d'eau sur de la tournure de fer chauffée jusqu'au rouge, dans un canon de fusil, comme on l'a déjà expliqué (*expér.* 55).

457. Ce gaz se distingue par les propriétés suivantes :

1°. *Tel qu'il est obtenu communément, il a une odeur désagréable;* mais cette odeur tient, comme on l'a montré récemment, à la présence d'une huile volatile particulière; car il devient inodore lorsqu'on le fait passer dans l'alcool pur.

2°. *Il reste permanent sur l'eau,* ou n'est pas absorbé dans une proportion qui excède $\frac{1}{50}$ du volume de l'eau.

3°. *Il est beaucoup moins pesant que l'air commun;* c'est le plus léger de tous les fluides élastiques; ce qu'il est facile de démontrer en adaptant un tuyau à une vessie remplie de ce gaz, et en soufflant des bulles de savon. Celles-ci, au lieu de tomber à terre comme celles que soufflent les enfans, s'élèvent rapidement dans l'air; de là son application pour élever les ballons. D'après les expériences de Berzélius et Dulong, sa pesanteur spécifique n'est que de 0,0688; d'où il résulte qu'en prenant 100 pouces cubes d'air atmosphérique à 31 grains, on trouve que le même volume de gaz hydrogène en pèse 2,13.

4°. *Il est inflammable,* ce qui lui a fait donner le nom *d'air inflammable;* c'est ce corps qui donne à tous les combustibles la propriété de brûler avec flamme.

Expér. 59. Remplissez une petite cloche de ce gaz, tenez-la renversée, et mettez-la en contact avec la flamme d'une chandelle; le gaz prendra feu et brûlera sans bruit.

Expér. 60. Dans une forte fiole de la capacité de quatre onces d'eau environ, mêlez deux parties d'air commun et une de gaz hydrogène. Si on l'approche d'une chandelle allumée ou d'un fil de fer incandescent, le mélange brûlera, non pas comme dans l'expérience précédente, mais en donnant lieu à une explosion vive et subite. On peut répéter cette expérience avec le gaz oxigène, en changeant cependant les proportions, et en ne mélant qu'une partie de ce gaz avec deux d'hydrogène. Dans ce cas, la détonation est beaucoup plus grande. Il faut choisir la fiole forte et l'envelopper d'un linge pour prévenir tout accident.

5°. *Quoique inflammable, il éteint les corps en combustion.*

Expér. 61. Plongez une chandelle allumée dans une cloche pleine de ce gaz, elle s'éteindra, quoique lui-même prenne feu, et brûle lorsqu'il est en contact avec l'atmosphère.

6°. *Il est fatal aux animaux.* L'extrême légèreté de ce gaz fait qu'on peut le respirer pendant quelque temps sans inconvénient, pourvu que les poumons soient remplis d'air commun ; mais si la respiration est difficile, on n'en peut faire que deux ou trois inspirations, encore produisent-elles une faiblesse et une oppression considérables dans la poitrine. On a aussi observé qu'elles altèrent le ton de la voix ; cet effet est sensible sur une personne qui parle immédiatement après avoir cessé de le respirer : mais il disparaît bientôt.

458. Nous avons démontré (expér. 60) que le gaz hydrogène se combine avec l'oxigène. Si les deux gaz sont purs, ils ne donnent que de l'eau pour résultat, et les proportions sont en poids une du premier pour huit du second, ou deux pour une en volume. On a ainsi par la synthèse une preuve

Hyd.	Oxi.
1	7,5

de la composition de l'eau. On peut répéter l'expérience pour la rendre sensible, de diverses manières. On peut opérer l'union de ces gaz dans des vases solides et secs par l'étincelle électrique, ou en faisant arriver l'hydrogène dans un vase plein d'oxigène par un tube étroit, au moyen de la pression, et en l'enflammant par l'électricité; on peut aussi brûler, par un moyen analogue, l'oxigène dans l'hydrogène. Dans ces divers cas, il se condense sur la surface intérieure du vase une quantité sensible d'humidité, et on peut, en répétant l'opération, recueillir assez de fluide pour démontrer que l'eau est le seul produit de la combustion. Ces opérations, pour être faites avec exactitude, exigent un fini dans l'appareil, et une précision dans la manipulation qu'on ne peut pas attendre de l'élève. Cependant il peut se convaincre de la vérité de ces faits par l'expérience suivante qui est fort simple.

Exp. 62. Mettez une petite quantité de limaille de fer dans un flacon de verre muni d'un bouchon à travers lequel passe un tube, comme le représente la figure 24, *Pl.* 3, et versez dessus de l'acide sulfurique étendu ; enflammez le gaz hydrogène qui sort par l'orifice du tube, et tenez une cloche renversée sur la flamme. En peu de temps sa surface intérieure se couvrira d'une légère rosée, qui est de l'eau pure produite par la combustion du gaz hydrogène que dégagent les substances contenues dans le flacon, et de l'oxigène de l'atmosphère. Il faut attendre quelque temps avant d'enflammer le premier de ces gaz, pour laisser dissiper l'air atmosphérique que le flacon peut contenir, et dont la présence pourrait occasionner une explosion.

459. La combustion de ces deux gaz, pris dans les proportions nécessaires pour former de l'eau, produit une chaleur qui excède la plus forte que donnent les fourneaux, et avec laquelle on peut fondre les corps les plus réfractaires. Le mode le plus facile et le plus sûr de l'appliquer, c'est d'employer le chalumeau; ces gaz, d'abord comprimés ensemble, sont chassés avec force par un tube capillaire, et exposés à la combustion.

460. L'hydrogène entre en grande quantité dans la composition des corps animaux et végétaux. Il se trouve à l'état gazeux dans le canal alimentaire, en petites quantités dans l'estomac, en grandes proportions dans les gros intestins, et en très grandes dans les petits; l'oxigène au contraire ne se trouve que dans l'estomac.

Carbone.

461. Si on chauffe dans des vases clos une matière végétale, surtout le ligneux des plantes, les parties les plus volatiles se dégagent ou se décomposent, et laissent pour résidu un corps noir, poreux, brillant, appelé *charbon.* Ce corps néanmoins contient toujours plusieurs substances étrangères, comme de l'eau, de l'air, et des matières salines et terreuses. C'est à la matière inflammable particulière, privée de ces impuretés, qu'on donne le nom de *carbone.* Ce principe existe en abondance dans les substances végétales et animales, et peut s'extraire

par la calcination. Le plus pur qu'on puisse obtenir est celui que déposent les huiles ou l'esprit-de-vin, lorsqu'on les fait passer dans des tubes incandescens.

462. Quelque extraordinaire que le fait puisse paraître, les expériences sont trop nombreuses et trop concluantes pour permettre d'en douter : le diamant et le charbon, qui diffèrent tant l'un de l'autre par leurs caractères extérieurs, sont identiquement de la même nature : la différence qui existe entre eux ne dépend, selon toute probabilité, que de l'arrangement de leurs molécules. Newton, ayant remarqué que le diamant était doué d'une grande force réfringente (383), avait, à la vérité, soupçonné que c'était un corps combustible; mais c'est Guyton-Morveau qui a démontré le premier qu'il contenait du carbone. Ce chimiste distingué fut conduit à conclure qu'on ne trouvait le carbone pur qu'à l'état de diamant, et que le charbon était un composé de carbone et d'oxigène, ou un oxide de carbone; mais les recherches de MM. Allen et Pépys sont contraires à cette opinion. Ce qui prouve l'identité des deux corps, c'est qu'ils donnent l'un et l'autre les mêmes produits par la combustion, et qu'ils ont également la propriété de convertir le fer en acier, dans des circonstances sur lesquelles il n'est pas permis de se méprendre.

463. On prépare généralement le charbon en distillant dans des cylindres de fonte le bois qui donne en même temps de l'acide pyro-ligneux dont nous

parlerons en faisant l'histoire de l'acide acétique. Lorsqu'on veut avoir du charbon pour des opérations chimiques délicates, on enfouit sous du sable, dans un creuset, des morceaux de chêne, de saule, de noisetier ou autres bois privés de leur écorce, et on les expose à la plus forte chaleur dans un fourneau à air. Il faut employer ce charbon avant qu'il soit froid, ou si on ne peut s'en procurer de frais, le faire chauffer de nouveau et le porter sous le sable jusqu'au rouge.

464. Le charbon de bois possède les propriétés suivantes. Il est friable, facile à réduire en poudre, noir, parfaitement insipide, inodore et insoluble. Il est deux fois plus pesant que l'eau, et conducteur de l'électricité. Soumis à la plus forte chaleur dans des vases clos et tout-à-fait à l'abri du tact de l'air, il reste infusible. Exposé à l'atmosphère, il en absorbe l'humidité et augmente en poids de 12 à 14 pour 100; il possède aussi la propriété singulière d'absorber, lorsqu'il est parfaitement sec, toute espèce de gaz sans leur faire éprouver d'altération; pour cela il faut l'employer immédiatement après sa calcination, et lorsqu'il est chaud. Cet effet paraît être tout-à-fait mécanique; car il diminue beaucoup lorsque le charbon est réduit en poudre.

465. Le charbon prévient la putréfaction des substances animales et la corrige. Un morceau de viande qui commence à donner de l'odeur, reprend son état naturel si on le saupoudre de poussier, et

se conserve long-temps, si on l'enterre dans du charbon qu'on renouvelle tous les jours. On corrige par le même moyen la putréfaction de l'eau. Les marins conservent ce liquide en charbonnant la surface intérieure des tonneaux qui le contiennent. Il a aussi la propriété de détruire le goût, l'odeur et la couleur de plusieurs substances animales et végétales. Le vinaigre ordinaire bouilli avec ce corps devient parfaitement limpide. Le rhum et autres espèces d'esprits, qui se distinguent par une teinte et une saveur particulières, les perdent l'une et l'autre quand on les fait digérer avec du charbon. Il détruit aussi la couleur du curcuma, de l'indigo et autres matières tinctoriales dissoutes ou suspendues dans l'eau. Il fait également disparaître celle des sirops et des dissolutions salines.

C'est encore ainsi qu'on enlève la mauvaise odeur des fluides animaux en putréfaction, des huiles rances, et de l'air infecté par des exhalaisons fétides.

Le carbonate d'ammoniaque qu'on prépare avec une liqueur tirée des os, et qui exige de longues manipulations pour acquérir la pureté nécessaire, perd son odeur fétide dès qu'on le mêle avec du charbon en poudre, et qu'on le soumet à la sublimation. Les propriétés du charbon le rendent précieux dans la pharmacie et la médecine. Il s'applique dans les ulcères vénériens; il est fortement anti-putride; il fournit le meilleur dentifrice qu'on connaisse, et se recommande dans certaines dypepsies.

466. Le charbon en poudre possède une autre propriété fort curieuse, dont on n'a pas, jusqu'ici, donné une explication satisfaisante. Il enlève certains corps à leurs dissolutions dans l'eau : l'eau de chaux, par exemple, peut être dépouillée de la plus grande partie de la chaux qu'elle contient, par l'action du charbon animal pulvérisé. Le même effet a lieu sur une dissolution étendue d'arsenic blanc.

467. L'article connu dans le commerce sous le nom de *noir de fumée*, n'est que du charbon en poudre légère et impalpable. On le prépare en brûlant des débris résineux dans des fourneaux particuliers qui dégorgent dans des pièces fermées où sont tendues des toiles peu serrées, sur lesquelles la fumée dépose la suie dont elle est chargée. On obtient, en distillant la térébenthine brute, un résidu considérable qui forme la résine du commerce, et qui est souvent si impur qu'on le brûle pour faire du noir de fumée.

468. On peut encore obtenir le charbon des substances animales brûlées en vases clos; mais alors il se présente sous forme d'agrégat, et décolore fortement. Le charbon animal en poudre est souvent falsifié avec du poussier qui est moins cher, mais moins efficace. Un moyen simple de se garantir de la fraude, est d'examiner les cendres qu'ils donnent l'un et l'autre. Celles du charbon végétal, lorsqu'il s'est consumé sur un fer chaud, sont blanches, et, traitées par l'acide sulfurique, forment une dissolution amère ; tandis que celles qui sont

d'origine animale sont à peine affectées par l'acide dont il s'agit, et donnent un composé dont la saveur est tout-à-fait différente.

469. Le charbon est, comme on l'a déjà dit, un mauvais conducteur de la chaleur; il y a une foule de cas où l'on peut tirer parti de cette propriété, surtout dans les procédés qui exigent une température égale pendant un temps donné. Parkes a proposé de construire tous les vases chauffés à la vapeur, à triples au lieu de doubles parois, et de remplir l'intervalle de charbon broyé. Cette disposition préviendrait la déperdition de la chaleur, de sorte qu'on pourrait avoir, pendant un certain espace de temps, une température constante, et faire une économie de combustible. D'après Guyton, le charbon en poudre est moins bon conducteur de la chaleur que le sable sec dans le rapport de 3 à 2.

470. Le charbon sert à désoxider divers corps, comme on l'expliquera plus amplement à l'article des métaux.

471. Quoique le carbone soit complétement insoluble dans tous les menstrues que nous connaissons, il paraît cependant qu'il n'est pas à l'épreuve des acides, avec lesquels il forme une dissolution gélatineuse. Telle est la matière carbonacée que dépose l'alcool traité par l'acide sulfurique, dans la fabrication de l'éther. Elle présente toutes les propriétés essentielles du charbon, à cela près qu'elle se dissout dans les acides, et dégage de l'hydrogène quand on la chauffe : c'est elle qui commu-

nique à l'acide sulfurique la teinte foncée qu'il affecte. Ce sujet si curieux ne paraît pas avoir été jusqu'ici étudié avec l'attention qu'il mérite.

472. Le carbone se combine avec l'oxigène en deux proportions différentes, et donne naissance à deux combinaisons, l'acide carbonique et l'oxide de carbone; nous allons les examiner.

Acide carbonique.

473. Cet acide gazeux se forme toutes les fois qu'on brûle du charbon ou quelque matière carbonacée, dans l'air ou dans le gaz oxigène. Il est aussi un des produits de la fermentation. Les substances animales ou végétales qui se décomposent, la pierre à chaux soumise à l'ignition ou à l'action des acides, en donnent abondamment. Il prend aussi naissance dans l'acte de la respiration, et existe généralement dans le canal alimentaire. Il s'exhale de la surface du corps, et les plantes en versent une quantité considérable dans l'atmosphère pendant la nuit. Il fait partie de l'air, se trouve fréquemment dans les vallées et les souterrains. C'est un principe constituant de plusieurs eaux minérales, auxquelles il communique une saveur piquante et la propriété de mousser.

474. On peut se procurer de l'acide carbonique par le moyen suivant: On introduit dans une fiole, ou tout autre vase analogue, un peu de marbre ou de craie concassé, sur lequel on verse de l'acide sulfurique étendu de cinq à six fois son poids

d'eau; il se dégage immédiatement de l'acide carbonique, qu'on recueille à la manière ordinaire.

Si l'on veut qu'il se dégage moins vivement, on emploie de l'acide muriatique étendu de huit à dix fois son poids d'eau, et des morceaux de marbre grossièrement concassés. L'acide carbonique peut aussi s'extraire du marbre ou de la craie par la simple application de la chaleur. On conçoit aisément ces divers procédés; dans le premier cas, le marbre ou la craie, qui est formée d'acide carbonique et de chaux, se décompose, parce que l'acide sulfurique ou muriatique a plus d'affinité pour la chaux que n'en a l'acide carbonique; celui-là se combine donc avec elle et met celui-ci en liberté. Dans le dernier cas, la chaleur rend à l'acide sa forme gazeuse et détruit la force qui le solidifiait.

475. Voici les propriétés qui caractérisent l'acide carbonique :

1. *Il est plus pesant que l'air commun.* Si 100 pouces cubiques d'air atmosphérique pèsent 30,5 grains, le même volume de gaz acide carbonique en pèse 46,5. Les expériences qui suivent prouvent l'excès de sa densité.

Exp. 64. On prend une fiole (*Fig.* 23, *Pl.* 3), dans laquelle on met du marbre et de l'acide sulfurique étendu, et à laquelle est adapté un tube à double courbure. L'extrémité de la longue branche s'engage dans un vase de verre parfaitement sec à l'intérieur et hermétiquement fermé. L'acide carbonique qu'elle verse dans la partie inférieure chasse l'air commun et prend sa place, attendu qu'il est plus pesant ; c'est précisément comme quand on verse de l'eau dans un vase qui ne contient que de l'air. Lorsque le vase est rempli de gaz (ce qu'on reconnaît aisément en plaçant un peu au-dessous du bord une bougie allumée, qui dans ce cas s'éteint promptement), on prend un autre vase moins grand, on place dedans une bougie allumée, et on verse le contenu invisible du premier dans le deuxième, comme si on versait de l'eau : la bougie s'éteint aussitôt, quoiqu'on ne voie rien qui soit capable de produire un semblable effet.

C'est par suite de cette grande densité que le gaz acide carbonique occupe souvent le fond des grottes, des puits et des mines. La *Grotte du chien*, près de Naples, a long-temps été célèbre par la quantité d'acide carbonique qu'elle contient, et qu'elle dégage à l'entrée comme un cours d'eau. Les chiens et autres animaux de cette taille ne peuvent passer autour sans périr à l'instant, tandis que l'homme, dont le port est plus élevé, le fait sans danger.

2. *Il éteint la flamme.* L'expérience 64 le démontre.

3. *Il est fatal aux animaux.* Si on introduit un petit animal dans un vase rempli de ce gaz et fermé, il y périt au bout d'une minute ou deux. De nombreux accidens prouvent combien il est funeste à l'homme. D'après les expériences de sir H. Davy, lorsqu'il n'est pas mêlé à l'air commun, il agit en fermant la glotte spasmodique, et empêche

ainsi l'entrée de l'air atmosphérique; cependant lorsqu'il est mêlé dans la proportion de trois parties sur sept d'air commun, il est respirable, et semble produire des effets narcotiques. Je suis disposé à croire qu'il peut être bon, dans plusieurs maladies, d'en faire respirer un mélange plus ou moins étendu : tous les individus qui en ont respiré ont montré du calme et de la disposition au sommeil; cet effet a même lieu lorsque le gaz est reçu dans l'estomac. La propriété enivrante des breuvages qui en contiennent est connue.

4. *Il est fortement antiputride, et s'oppose à la putréfaction des substances animales;* on peut aisément le prouver en exposant deux morceaux de viande, l'un à l'air commun, l'autre au gaz acide carbonique, ou en le plaçant dans un petit vase que traverse constamment un courant d'acide : ce dernier est encore intact long-temps après que le premier est putréfié. Cette propriété de l'acide carbonique est souvent mise à profit dans la médecine; et il est prouvé que les fièvres sont peu contagieuses dans le voisinage des fours à chaux.

5. *L'eau l'absorbe aisément.* L'expérience suivante le démontre.

Exp. 65. Remplissez une fiole d'eau et de gaz; placez le doigt sur le goulot, et agitez fortement, il s'absorbera une si forte quantité d'acide, qu'il se formera une espèce de vide, comme on le reconnaîtra par la force avec laquelle l'atmosphère pressera sur le doigt qui intercepte la communication. L'eau peut ainsi être chargée de plus de son volume de gaz acide carbonique, et acquiert alors une saveur piquante et agréable. Cette opération s'exécute plus facilement au moyen d'un appareil connu sous le nom de machine de Nooth, que représente la figure 24, *Pl.* 3. Il est composé de trois pièces principales, une inférieure *a*, une au milieu *c*, une supérieure *d*, qui se termine par un tube recourbé. On introduit dans la partie inférieure les substances qui doivent fournir le gaz, on remplit celle du milieu du fluide avec lequel on veut le combiner, et on laisse vide la partie supérieure. Dès qu'il y a une quantité de gaz suffisante pour vaincre la pression, il enfile les soupapes, s'élève à travers le fluide et se rassemble à la partie supérieure de la pièce du milieu ; il chasse en même temps une certaine quantité de liquide, et quand la surface de celui-ci est au niveau de l'ouverture, il y passe en partie et refoule le fluide. La pièce supérieure est munie d'un bouchon en cône qui cède et permet le dégagement du gaz, quand sa pression devient considérable : *b* est un robinet en verre pour soutirer le fluide. L'influence de la pression sur l'absorption de l'acide a été étudiée avec soin par Henry. Ce chimiste établit comme loi générale que l'eau s'empare du même volume de gaz acide carbonique comprimé que de gaz sous la pression ordinaire ; et puisque l'espace occupé est en raison inverse de la force de compression, il s'ensuit que la quantité de gaz dont se charge l'eau est en raison directe de la pression. Ainsi, si l'eau absorbe dans des circonstances ordinaires un volume égal au sien d'acide carbonique, sous la pression de deux atmosphères elle en absorbera un volume double, sous celle de trois un volume triple, et ainsi de suite. L'acide carbonique ainsi dissous se dégage quand on fait bouillir l'eau, ou qu'on l'expose sous le récipient d'une machine pneumatique; il se dégage même avec assez de force pour déterminer une espèce d'ébullition. La congélation produit le même effet, et la glace qui se forme alors présente l'aspect de la neige.

6. *Il jouit des caractères et des propriétés d'un acide.* Il est acidule, se combine avec les corps alcalins et terreux, et forme des sels; il rougit les couleurs bleues végétales, ce dont on s'assure facilement en plongeant dans l'eau qui en est imprégnée un morceau de papier de tournesol, ou en le mêlant avec des infusions végétales.

7. *Il précipite l'eau de chaux.* En d'autres termes, il convertit la chaux qui est soluble en carbonate de chaux qui est insoluble dans l'eau. C'est un excellent réactif pour reconnaître la pesanteur de l'acide carbonique, comme nous aurons occasion de le démontrer par la suite.

Expér. 66. Introduisez quelques bulles d'acide carbonique dans de l'eau de chaux transparente, le fluide devient aussitôt laiteux.

Cependant un excès d'acide carbonique rend le carbonate de chaux soluble, comme il est facile de le démontrer en poussant l'expérience précédente comme suit :

Expér. 67. Faites arriver un courant de gaz acide carbonique dans l'eau de chaux; en peu de temps elle cessera d'être laiteuse, et recouvrera sa transparence primitive.

8. *Soumis à une forte pression, l'acide carbonique se liquéfie.* Cette découverte intéressante est due à Faraday, qui a réussi à liquéfier, par des expériences si simples que tout le monde peut les répéter, plusieurs gaz qu'on avait long-temps regardés comme permanens.

Expér. 68. Prenez un tube de verre de six pouces de long, et courbez-le légèrement à environ deux pouces de l'une de ses extrémités; scellez hermétiquement sa plus courte branche, et rémplissez-la, à peu de chose près, d'acide sulfurique concentré que vous faites arriver au fond sans en répandre sur les parois; introduisez ensuite de petits fragmens de carbonate d'ammoniaque, de manière que le tube soit presque plein, sans qu'il y ait communication entre le sel et l'acide. Ces dispositions faites, fermez le tube avec soin, et faites arriver l'acide sur le carbonate. Il se dégagera aussitôt de l'acide carbonique, dont la pression croissante ne tardera pas à opérer la condensation, comme le prouvent les gouttelettes qui tapissent les parois du tube; la plus longue branche doit être, pendant toute la durée de l'expérience, entourée de glace. L'acide carbonique est limpide, incolore et très fluide; sa puissance de réfraction est beaucoup moindre que celle de l'eau. L'acide développé dans un tube, comme nous venons de le dire, exérce une pression de 36 atmosphères à o°. Il faut prendre de grandes précautions quand on fait cette expérience, et n'employer que des tubes de verre extrêmement forts. Faraday a trouvé que ceux qui avaient tenu l'acide carbonique deux ou trois semaines, éclatent avec violence lorsque la température éprouve la moindre élévation; tous se brisèrent en éclats lorsqu'il voulut les ouvrir, et produisirent une forte explosion. Nous ne pouvons pas encore apprécier l'étendue et l'importance de ce fait; mais il est probable qu'il conduira à l'explication de plusieurs phénomènes naturels, ainsi qu'à la découverte et au perfectionnement de différens procédés d'art.

477. C'est à Lavoisier qu'on doit la connaissance de la nature chimique de l'acide carbonique; l'expérience suivante la détermine d'une manière synthétique.

Expér. 69. Si vous introduisez un charbon ardent dans un flacon contenant du gaz oxigène, il brûle avec plus d'éclat, et projette des étincelles abondantes. La combustion achevée et l'appareil refroidi, ouvrez sous l'eau, vous verrez que le gaz n'a pas disparu, mais qu'il a complétement changé de nature : il s'est transformé en *acide carbonique.* Vous pouvez vous assurer de ce fait, en employant l'eau de chaux qui se trouble aussitôt, ou la teinture de tournesol qui rougit sur-le-champ.

478. Cette expérience suffit pour expliquer la cause des propriétés délétères des vapeurs du charbon.

479. Uné autre preuve de la constitution de l'acide carbonique, indépendante de la synthèse, est celle que donne l'analyse, qui peut se faire de plusieurs manières. La première des expériences que nous allons rapporter est due à Tennaut, et la seconde à H. Davy.

Exp. 70. On prend un tube de verre très mince, d'environ un tiers de pouce de diamètre, de dix-huit ou vingt pouces de long, et fermé par un bout. On garnit l'intérieur, jusqu'à environ un pouce de l'extrémité fermée, d'un lut de sable et d'argile; on laisse sécher, et on introduit autant de phosphore purifié, et en petits morceaux, qu'en peut contenir la partie nue. On couvre le phosphore de carbonate de chaux, et on porte au rouge la partie du tube qui renferme ce produit. Quand elle est à ce terme, on chauffe suffisamment la partie inférieure pour fondre et volatiliser le phosphore qu'elle contient. La vapeur se répand sur le carbonate qui est rouge de feu, décompose l'acide carbonique, et laisse pour résidu le charbon, qui reste au fond du tube sous forme d'une poudre noire et légère.

Le carbonate de chaux subit, dans cette expérience, deux décompositions, avant de donner du charbon; c'est-à-dire que l'acide carbonique se sépare de la chaux pour laquelle il a une certaine affinité, et que l'oxigène qu'il renferme abandonne le charbon avec lequel il est combiné. Ce résultat est dû à l'affinité d'une partie du phosphore pour l'oxigène de l'acide carbonique, et à celle de l'autre pour la chaux avec laquelle elle forme un phosphure de cette base.

Exp. 71. Chauffez un morceau de potassium dans une cornue de verre pleine d'acide carbonique ; le métal prend aussitôt feu, brûle avec une lumière rouge, et dépose du charbon sous forme pulvérulente ; le gaz a donc disparu, et l'oxigène s'est uni au potassium.

480. D'après les dernières recherches faites sur sa composition, l'acide carbonique paraît être formé de deux atomes d'oxigène (8 + 8), et d'un de carbone (6). Le nombre ou le poids atomique qui le représente est par conséquent 22.

Oxide de carbone.

481. En distillant de la tournure de zinc avec de la craie, on obtient un composé gazeux, dans lequel il entre un atome d'oxigène et un atome de carbone. Le nombre qui le représente est par conséquent (8 + 6) 14. Ce gaz ne possède aucun des caractères essentiels de l'acide carbonique ; il est plus léger que l'air ordinaire ; et contient une si grande quantité de base qu'il est susceptible d'inflammation. Il est très nuisible aux animaux, qui ne peuvent le respirer quelques minutes sans éprouver une sorte de vertige.

Gaz hydrogène carburé.

482. L'hydrogène et le carbone se combinent en deux proportions différentes, et donnent naissance

à deux composés distincts. Le premier, formé d'un atome de charbon et de deux d'hydrogène $(6 + 2 = 8)$, se nomme simplement *gaz hydrogène carburé*. On le distinguait également autrefois sous les noms d'*air pesant inflammable*, de *gaz des marais*, d'*hydro-carbure*, etc.

483. On peut l'obtenir, mêlé d'environ $\frac{1}{20}$ d'acide carbonique, et de $\frac{1}{15}$ ou $\frac{1}{20}$ d'azote, en agitant le fond de presque tous les étangs, s'il est argileux surtout. Le gaz se dégage sous forme de bulles, qu'on peut recueillir à la manière ordinaire, et qu'on lave à l'eau de chaux. Ce gaz se trouve aussi dans celui du charbon qui sert à l'éclairage, et dont on peut aisément l'isoler.

484. Il brûle avec une flamme brillante et jaunâtre ; il n'a aucun goût et très peu d'odeur. Sa pesanteur spécifique, lorsqu'il est pur, est à celle de l'hydrogène comme 8 à 1 ; 100 pouces cubes pèsent 17 grains environ.

Gaz hydrogène bicarburé.

485. Ce gaz, comme l'indique son nom, contient une proportion double de carbone ; il se compose d'un atome de ce corps et d'un atome d'hydrogène. Son poids atomique, ou le nombre qui le représente, est par conséquent $6 + 1 = 7$.

486. Si on veut faire des expériences sur ce gaz, on le prépare en distillant à une douce chaleur, dans une cornue de verre, trois parties d'acide sulfurique concentré, et une d'alcool. Le mélange

prend bientôt une consistance épaisse et une couleur noire, due à la matière carbonacée qui se dépose ; il dégage un gaz qu'on peut recueillir sur
l'eau, et qu'on débarrasse d'acide carbonique en le
lavant avec de la potasse liquide.

487. Il brûle avec une belle flamme blanche, d'un
éclat très intense ; sa pesanteur spécifique est à
celle de l'hydrogène à peu près comme 13 à 1 : 100
pouces cubes pèsent de 29 à 30 grains. Le caractère le plus remarquable de ce corps est l'action
qu'il exerce sur le chlore, que nous décrirons plus
loin. Mêlés à volumes égaux, ces deux corps se
condensent, et forment un fluide qu'on a pris pour
de l'huile, qui est insoluble dans l'eau, et se compose d'hydrogène, de carbone et de chlore (1).
C'est en vertu de cette propriété que le gaz hydrogène bicarburé a long-temps été connu sous le
nom de gaz oléfiant.

488. Le gaz hydrogène carburé est funeste à la
vie animale. Le docteur Beddoes a fait sur ce sujet
une foule d'expériences, d'après lesquelles il semble détruire la vie, en détruisant l'irritabilité de la
fibre musculaire, sans produire aucune excitation
préalable. Afin de résoudre la question, S. H. Davy
imagina de faire trois inspirations du gaz que
donne la décomposition de l'eau par le charbon,
cette expérience faillit lui coûter la vie.

---

(1) Ce composé ressemble, sous quelques rapports, à de
l'éther, ce qui l'a fait nommer *éther chlorique* par Thompson.

489. La variété infinie de gaz inflammables produits par l'exposition à une chaleur rouge faible,
du charbon humide, de l'alcool, de l'éther, de
l'huile, du suif ou du charbon, et qu'on regardait comme des composés indéfinis de carbone et
d'hydrogène, ne sont, ainsi que l'a prouvé le docteur Henry, que des mélanges d'hydrogène carburé et bicarburé, dans lesquels il entre quelquefois une certaine proportion d'oxide de carbone.

L'ATMOSPHÈRE.

490. On peut définir l'atmosphère un océan
d'air qui environne le globe à une hauteur de 6 à
7000 mètres, et produit divers effets en vertu de la
pression mécanique qu'il exerce et de la composition chimique qu'il présente; c'est le réceptacle de
toutes les substances susceptibles de prendre l'état
aériforme à la température moyenne du globe, et
qui se dégagent en plus ou moins grande abondance. Ces corps, néanmoins, ne doivent être regardés que comme accidentels; ils se trouvent rarement en proportion considérable, et sont à peine
formés qu'ils cèdent aux divers moyens que la nature
emploie pour les détruire. Ils échappent quelquefois aux réactifs les plus sensibles, et ne manifestent
leur présence que par l'action qu'ils exercent sur
l'économie animale. C'est au fluide élastique permanent qui constitue le grand corps de l'atmosphère,
qu'on donne le nom d'*air atmosphérique*, dont la
composition, comme la chimie l'a démontré, est

uniforme, quels que soient les endroits et la hauteur où on le puise, dans les villes, à la campagne, sur terre ou sur mer.

491. Les propriétés mécaniques de l'air ne sont pas moins intéressantes que sa composition pour le physiologiste et le chimiste; elles modifient plusieurs fonctions de notre système organique, et peuvent être rendues sensibles par les moyens que fournit la Pneumatique. Il est impossible de comprendre le mécanisme de la respiration, et les effets que produisent sur elle les variations de hauteur, si l'on ne connaît pas la pression et l'élasticité de l'air. Le chimiste ne peut entendre non plus la théorie des opérations qui lui servent à recueillir et transvaser les gaz, s'il n'a pas une idée de ses propriétés mécaniques.

492. Quoique invisible, l'air atmosphérique est matériel, et participe à toutes les propriétés dont jouit la matière; il occupe de l'espace, attire, est attiré, et conséquemment pèse; il tient aussi de la nature fluide, car il prend la forme des vases qui le contiennent, et presse également dans tous les sens.

493. Puisque l'air est pesant, qu'il entoure et enveloppe tout ce qui repose sur la terre, tous les corps animés ou inanimés sont soumis à la pression qu'il exerce, non seulement sur eux, mais encore sur lui-même; et puisqu'il est élastique, c'est-à-dire susceptible de compression, la partie inférieure de l'atmosphère doit être plus dense que celle qui se trouve au-dessus. Supposons, pour rendre cette

proposition plus claire, que le poids total de l'atmosphère soit divisé en 100 parties dont chacune pèse une once ; la terre et tout ce qui se trouve à sa surface sera soumis à une pression de 100 onces ; la couche avec laquelle elle est en contact, à celle de 99 qu'elle supporte ; la seconde à celle de 98, et ainsi de suite jusqu'à la quatre-vingt-dix-neuvième, qui ne subira plus qu'une once de pression, qui est le poids de la couche la plus haute. Il est donc évident qu'à mesure qu'on s'élève, la pression diminue ; par la même raison l'air se raréfie de plus en plus, et arrive à la fin à un état de ténuité extrême. Cette raréfaction n'est cependant pas indéfinie (1), car elle doit cesser aussitôt que la force de gravité qui sollicite une molécule devient égale à la résistance qu'oppose la force répulsive du milieu. Cet exposé suffit pour expliquer le malaise qu'éprouvent les personnes qui s'élèvent dans l'atmosphère : les rapports qui existent, comme on l'a vu plus haut, entre la raréfaction et la température, expliquent le froid qui se fait sentir dans les hautes régions.

494. La pression atmosphérique, au niveau de la mer, est égale à une colonne d'eau de 32 pieds de haut, ou à une colonne de mercure de 28 pouces, ce qui fait environ 15 livres par pouce carré de surface ; de manière qu'un homme de taille ordinaire supporte environ 16,000 kil. Cette pression

---

(1) *Voyez* la note page 17, où sont constatées les preuves de ce fait.

est tout-à-fait insensible, attendu que le ressort
de l'air que renferme le corps, fait exactement équilibre à celui dont il est chargé. Le ressort et la pression se balancent ainsi mutuellement dans toutes les
circonstances, à moins que la communication ne
soit tout à coup interceptée et l'équilibre rompu;
c'est ce qu'on exécute ordinairement au moyen de
la *machine pneumatique*. On fait le vide, à l'aide de
cette machine, dans l'intérieur des vases sur lesquels
l'air extérieur agit immédiatement par son poids.

495. L'air atmosphérique, outre de petites quantités de vapeur aqueuse et d'acide carbonique, se
compose de deux gaz différens : d'*oxigène*, que
nous avons examiné (441), et qui paraît le principal
ingrédient dont dépendent les effets chimiques de
ce corps; et d'*azote*, qu'il est utile de faire connaître
avant d'aller plus loin.

Azote.

496. Cet élément gazeux, découvert en 1772
par Rutherford, constitue les $\frac{4}{5}$ de l'atmosphère, et
se trouve combiné avec divers corps que nous décrirons plus tard : il entre dans la composition des
aim aux, et fait partie de quelques végétaux, auxquels il donne un caractère particulier. Comme
il n'est pas propre à la vie, Lavoisier lui donna
un nom tiré du grec, qui est assez impropre, attendu qu'il désigne une propriété négative; aussi
lui a-t-on substitué en Angleterre celui de *nitrogène*,
parce qu'une de ses propriétés les plus importantes

est de former l'*acide nitrique* en se combinant avec l'oxigène.

497. On le prépare aisément; il suffit de dépouiller d'oxigène l'air atmosphérique. Si, par exemple, on chauffe du mercure en contact avec une certaine quantité d'air, on fixe l'oxigène et on obtient l'azote pour résidu; ou si l'on enflamme du phosphore dans un tube à moitié plein d'air, il reste après la combustion un fluide élastique, qui n'est que ce gaz presque pur. On peut également l'obtenir en dissolvant des matières animales, telles que de la colle ou fibre musculaire, dans de l'eau forte étendue ou acide nitreux fumant, mêlé à dix ou douze fois son poids d'eau; on soumet le mélange à une chaleur de 40°, le gaz se dégage et peut se recueillir sous l'eau.

498. Ce gaz ne se distingue que par des propriétés négatives. Il ne soutient ni la combustion ni la vie animale; il est un peu plus léger que l'air atmosphérique; 100 pouces cubes ne pèsent, selon S. H. Davy, que 29,6 grains.

Composition chimique de l'air atmosphérique.

499. L'air se compose d'oxigène et d'azote dans la proportion, en volume, de 21 du premier et 79 du second; c'est un résultat que prouvent également la synthèse et l'analyse. Ces deux gaz mêlés dans les proportions que nous venons d'indiquer, produisent un mélange qui jouit de propriétés tout-à-fait analogues à celles de l'air atmosphérique.

On peut s'assurer de ce fait, en faisant un mélange de quatre parties d'azote avec une d'oxigène, dans lequel on plonge une bougie allumée qui brûle dans ce mélange comme dans l'air ordinaire.

500. Les expériences les plus exactes ont démontré qu'il n'y a pas de différence sensible entre les proportions d'oxigène et d'azote de l'air, pris en différens endroits; d'où il résulte que la pureté et la salubrité de l'atmosphère tiennent à d'autres causes qui ne dépendent pas de la proportion de ces élémens. Il est également clair que, comme l'oxigène est constamment consumé par la combustion, la respiration et une foule d'autres opérations, l'atmosphère doit avoir des moyens de réparer les pertes qu'elle fait de ce gaz. Une des principales sources où elle puise paraît être l'acte de la végétation. Les plantes vigoureuses exposées en plein soleil, à de l'air qui contient de petites quantités d'acide carbonique, détruisent ce fluide dont elles dégagent l'oxigène, de manière que les deux grandes classes d'êtres organisés sont dans la dépendance l'une de l'autre. Le gaz acide carbonique qui se forme dans la combustion, ainsi que dans la respiration, rendrait, en s'accumulant, l'air délétère, s'il n'était absorbé; mais il fournit une nourriture abondante aux végétaux, et ceux-ci cèdent de l'oxigène qui est nécessaire à l'existence des animaux. C'est ainsi que l'économie de la nature se maintient, et que chacun des êtres dont elle se compose concourt à la conservation commune.

501. Il peut sembler extraordinaire que les gaz dont l'atmosphère se compose, se trouvent mélangés d'une manière si uniforme. Peut-être supposera-t-on qu'ils doivent se séparer et se ranger par ordre de densité; mais une loi à laquelle sont soumis tous les corps gazeux s'y oppose, et tend, comme l'ont fait voir Dalton et Berthollet, à confondre différens fluides élastiques, même lorsqu'ils sont en repos et en contact par de petites surfaces. Les divers gaz dont se compose l'atmosphère, doivent à plus forte raison, se mêler, sans cesse agités comme ils sont par les vents, les courans d'air et autres commotions qu'ils éprouvent. Cette explication dispense de regarder l'air atmosphérique comme un composé chimique dont les élémens sont réunis par l'affinité qu'ils exercent entre eux, théorie qui est pleine de difficultés.

502. Indépendamment de l'oxigène et de l'azote, l'air atmosphérique contient un troisième gaz, qui ne s'y trouve à la vérité qu'en très petite proportion : c'est l'acide carbonique, qu'on a découvert non seulement à des hauteurs ordinaires, mais que Saussure a rencontré au sommet du Mont-Blanc, à près de 16,000 pieds au-dessus du niveau de la mer. Humboldt l'a également trouvé dans l'air qui avait été puisé aux plus grandes hauteurs auxquelles s'élèvent les aérostats. Dalton pense que la proportion n'en excède pas $\frac{1}{1000}$ ou $\frac{1}{1400}$ de son volume, et les expériences de Théodore Saussure l'atténuent encore. On s'est également assuré qu'il est plus abondant en

été qu'en hiver. On rend sa présence sensible, au moyen de l'eau de chaux qu'on expose à l'action de l'air dont on veut connaître la nature. S'il contient de l'acide, la surface du vase ne tarde pas à se couvrir d'une pellicule solide qu'on enlève, et qui est aussitôt remplacée par une autre, et ainsi de suite, jusqu'à ce que l'eau soit dépouillée de toute la chaux qu'elle tient en solution. On dégage l'acide carbonique du précipité qui se forme de cette manière, au moyen d'acides étendus.

503. On a proposé plusieurs substances, pour déterminer avec facilité la quantité d'acide carbonique qui se trouve dans l'air. Elles ont reçu le nom de *substances eudiométriques*, et les instrumens dans lesquels on les emploie, celui d'*eudiomètres*. On se convaincra de l'importance de ces recherches, si l'on considère l'influence de l'air que nous respirons sur l'économie animale. Tout praticien devrait pouvoir les faire. Quel avantage, s'écrie le chirurgien Navy dans ses rapports, si l'on eût pu connaître l'état de l'air dans les différentes parties du vaisseau pendant les épidémies qui l'ont ravagé !

504. On a recommandé une foule de procédés relatifs à l'eudiométrie. Si, par exemple, on renferme un bâton de phosphore dans une portion d'air atmosphérique, il absorbera l'oxigène qui s'y trouve, sans qu'il y ait de combustion visible ; ce qui s'exécute complétement dans l'espace de six ou huit heures. Le gaz azote qu'il donne pour résidu, prend une augmentation de volume qui s'élève à envi-

ron $\frac{1}{40}$ par l'absorption d'un peu de phosphore, circonstance dont il faut tenir compte. Séguin a recommandé d'opérer rapidement la combustion de cette substance. On peut, à cet effet, en introduire un petit morceau dans la boule du tube *a* (*Fig.*25, *Pl.* 3), qui contient un volume donné de l'air qu'on veut analyser, et qui plonge dans le mercure, d'à peu près moitié sa hauteur, c'est-à-dire jusqu'en *b*, afin de prévenir la perte que pourrait entraîner la dilatation. On enflamme alors le phosphore, et quand la combustion est achevée et le tube refroidi, on transporte le résidu pour le mesurer, dans un petit tube cylindrique, gradué en petites parties aliquotes. Il faut alors déduire environ $\frac{1}{40}$ de la quantité apparente de l'azote, parce que ce gaz dissout, comme dans le premier cas, une petite quantité de phosphore qui détermine une légère expansion. Volta avait recours à l'ascension de l'hydrogène pour s'assurer de la pureté de l'air atmosphérique. Il introduisit dans un tube gradué, deux mesures d'hydrogène avec trois de l'air qu'il analysait, et fit passer une étincelle électrique. La réduction de son volume prise lorsque le vase est revenu à sa température primitive, divisée par trois, donne la quantité d'oxigène consumé.

Ce procédé vient de se perfectionner par la découverte qu'on a faite que le platine, précipité en vertu d'une affinité disposante, met l'oxigène et l'hydrogène à même de se combiner paisiblement, et peut remplacer l'étincelle électrique. Il a d'ailleurs sur elle un grand avantage, celui de disposer les gaz à s'unir, quelque faible que soit la proportion d'hydrogène, au lieu que l'étincelle n'enflamme pas un mélange dans lequel l'oxigène est en grand excès. Il suffit, pour faire cette expérience, de mêler l'hydrogène avec l'air dans les proportions que nous avons indiquées plus haut, d'introduire dans la jarre une boule de *platine spongieux*, et de les laisser en contact. Scheele employait dans ses recherches eudiométriques *du sulfure de potasse liquide*, substance qui a la propriété d'absorber l'oxigène sans solidifier l'azote. Elle n'agit en conséquence sur l'air qu'aussi long-temps qu'il y reste de l'oxigène, et peut servir à déterminer la quantité qu'en renferme un certain volume d'air. Pour faire usage de ce moyen, le docteur Hope d'Édimbourg a inventé un instrument, B, qui est représenté *Fig.* 26, *Pl.* 3. Il se compose d'une fiole d'environ trois onces dans laquelle le tube de verre gradué *a* s'adapte à frottement, et qui est munie d'un robinet *b*. Lorsqu'on veut opérer, on emplit le vase de solution, et l'on ajuste le tube *a* qui contient l'air qu'il s'agit d'examiner; on renverse l'instrument, le gaz monte dans la bouteille; on agite afin de multiplier les points de contact; il y a absorption; on ouvre le robinet, l'eau qui surnage s'élance dans le vase; on ferme, on agite de nouveau, et ainsi de suite jusqu'à ce qu'il ne s'opère plus de réduction. On retire alors le tube *a* de la bouteille; on fait plonger le col de celle-ci sous l'eau, et on la laisse quelques minutes dans cette position. La réduction devient à la fin sensible, et se mesure au moyen de l'échelle qui est graduée sur le tube. Henry n'approuve pas cette forme d'appareil; il la trouve sujette à divers inconvéniens. Si le tube *a* et le robinet *b*, par exemple, ne s'ajustent pas exactement, l'air pénètre dans l'instrument, et remplit le vide partiel qu'a déterminé l'absorption de l'oxigène. Celle-ci ne peut avoir lieu, sans diminuer la pression intérieure. Elle se fait en conséquence très lentement vers la fin de chaque agitation. Le liquide eudiométrique s'affaiblit en outre constamment par l'addition de l'eau qu'on introduit par le robinet *b*. Pour obvier à ces difficultés, Henry substitue à la fiole de verre une poire de gomme élastique. Elle est figurée à côté du premier vase.

505. Il existe un gaz particulier que nous décrirons plus tard, appelé *gaz nitreux*, *gaz oxide nitrique* ou *deutoxide d'azote*, qui jouit de la propriété de se combiner avec l'oxigène, et de former l'acide nitreux que l'eau absorbe immédiatement, si le mélange se fait sur ce liquide. Priestley l'appliqua le premier aux recherches eudiométriques. Attaqué depuis par une foule de chimistes, il était en quelque sorte abandonné, lorsque Dalton et Gay-Lussac firent voir que la défaveur était mal fondée, que ce gaz était susceptible de donner des résultats rigoureux, mais que son emploi exigeait quelques précautions. Il faut éviter de se servir d'un tube étroit, mélanger les gaz dans un vase large tel qu'un ballon

de verre, et ajouter, en une seule fois, 100 parties
de gaz nitreux à 100 d'air atmosphérique qu'on a
préalablement mesurées. Il se forme des vapeurs
rouges qui s'absorbent sans agitation, et disparaissent en moins d'une demi-minute. On fait passer le
résidu dans un tube gradué, et, si l'air était pur, il
en aura disparu 84 parties. Ce nombre divisé par 4
donne la quantité d'oxigène condensé, savoir 21.
S. H. Davy a proposé, pour absorber ce gaz, l'emploi d'une solution de fer imprégnée d'oxide nitrique.
Si on préfère ce moyen, il faut se servir de l'appareil du docteur Hope.

506. On peut déterminer la proportion d'acide
carbonique qui se trouve dans l'air, en agitant celui-
ci en contact avec une solution de potasse, et
en notant l'absorption.

507. Dans les recherches relatives à la pureté
de l'air, il faut également essayer l'énergie avec
laquelle il soutient la combustion.

508. Nous allons maintenant étudier la nature
des corps accidentels que renferme l'atmosphère en
proportions variables. Ce sont probablement eux
qui la rendent plus ou moins salubre. L'eau, dans le
temps même le plus sec, existe dans l'air en quantité plus ou moins grande. C'est parce qu'ils attirent
celle qu'il tient en suspension, qu'une foule de corps
salins deviennent humides ou déliquescens. Saussure porte à 11 grains le poids de celle qui entre
dans un pied cube d'air chargé d'humidité à 18°.
La quantité qu'on en peut extraire de 100 pouces

cubes à 15°, est de 0,35 gr. Mais, suivant Clément et Désormes, on ne peut, en l'exposant à l'action du muriate de chaux, en détacher à 12° que 0,236 gr. Les expériences de ces chimistes et celles de Dalton concourent à prouver qu'à la même température, des volumes égaux de tous les gaz cèdent indistinctement la même quantité d'eau aux sels déliquescens. La portion qu'ils leur en abandonnent porte le nom d'*eau hygrométrique*. En retiennent-ils une certaine quantité à un état de combinaison plus intime et qui résiste aux substances déliquescentes? c'est ce qu'on n'a pas encore déterminé.

509. Il existe une foule de corps qui paraissent à peine avoir de l'affinité pour l'eau, et qui cependant l'enlèvent vivement à l'atmosphère. Telles sont presque toutes les substances à l'état pulvérulent, le papier poreux, les sols desséchés artificiellement, le gruau grillé, et même les limailles de métaux. Ces corps sont dits *hygrométriques*.

510. On ne sait pas encore au juste de quelle manière l'eau est suspendue dans l'atmosphère. On a cherché à évaluer le degré d'humidité de l'air, en déterminant le *point de la rosée*, c'est-à-dire la température à laquelle l'humidité se précipite (1). On ne s'est pas borné à cette méthode; on a encore construit une foule d'instrumens qui ont tous le

---

(1) *Voyez* pour plus de détails, et tout ce qui regarde les propriétés de l'atmosphère, les Essais de M. Daniel sur la météorologie.

même objet, et portent le nom d'*hygromètres*. Le plus commun se compose d'une substance telle qu'un cheveu, une bandelette de baleine qui s'allonge lorsque l'atmosphère est humide, et se raccourcit quand elle est sèche (1). On détermine les points extrêmes au moyen d'air qu'on dessèche et qu'on sature artificiellement d'humidité. Pour rendre plus sensible le degré de dilatation et de con-

---

(1) Une foule de productions végétales sont susceptibles de fournir les mêmes indications. La capsule du géranium, la barbe de l'avoine sauvage, peuvent, si on les fixe sur un support, servir d'*hygromètres*, attendu qu'elles se tordent plus ou moins suivant l'humidité dont l'air est chargé. L'épi de l'orge est armé de pointes qui, comme les dents d'une scie, sont toutes tournées vers une de ses extrémités. Lorsqu'il est couché sur la terre, il s'étend dans l'air humide de la nuit, et pousse en avant le grain auquel il adhère. Dans le jour, au contraire, il se raccourcit à mesure qu'il sèche, et comme ces pointes l'empêchent de reculer, il dresse son extrémité pointue et parcourt, en rampant comme un ver, plusieurs pieds de la tige. M. Edgewort a construit sur ce principe un automate dont le dos composé de bois de sapin, d'environ un pouce carré et de quatre pieds de long, était fait de morceaux coupés dans le sens oblique aux fibres et collés ensemble. Il posait horizontalement sur quatre pieds dont les extrémités étaient armées de pointes de fer courbées en arrière. Lorsque le temps était humide, le corps s'allongeait et les deux pieds de devant avançaient; quand il revenait au sec, ceux de derrière se portaient à leur tour en avant, attendu que l'obliquité des pointes empêchait le pied de reculer. Il traversait de cette manière, dans l'espace d'un ou deux mois, l'appartement dans lequel il était renfermé.

traction, on fait communiquer le cheveu avec un axe, qui porte un indicateur circulaire analogue à l'aiguille d'une montre. Leslie et Daniel ont proposé des instrumens plus parfaits, fondés sur ce fait, que l'évaporation est d'autant plus abondante et plus rapide que l'air est plus sec; et comme le froid produit est proportionnel à son intensité, on peut faire servir le thermomètre aux expériences hygrométriques.

511. La vapeur aqueuse qui se trouve dans l'atmosphère exerce une grande influence sur le corps humain. La météorologie offre peu de sujets qui intéressent plus le médecin. Peut-être découvrira-t-on, à l'aide de nouvelles observations, le rôle qu'elle joue dans l'origine des épidémies. L'accroissement de l'humidité est constamment accompagné de la sensation du froid, parce que l'air devient alors meilleur conducteur du calorique. Il arrête en même temps la transpiration insensible, attendu que l'atmosphère est déjà saturée et ne peut plus en emporter le produit (1). Ce sujet n'a pas été étu-

---

(1) Le produit de la transpiration se condense à la surface du corps, ce qui porte à croire que le plus léger exercice suffit pour le faire transpirer beaucoup, tandis qu'en réalité nous transpirons moins. Comme la cause du refroidissement cesse, on éprouve une sensation de chaleur plus forte que ne l'indique l'état du thermomètre. L'extrême sécheresse de l'atmosphère du Chili nous offre une foule de preuves de l'exactitude de ces données. Le Dr Schmidt Mayer rapporte que malgré la haute température qui règne dans ce climat, la tran-

dié jusqu'ici avec l'attention qu'il mérite. De nouvelles recherches pourraient conduire non seulement à l'explication d'une foule de phénomènes
jusqu'à présent inexplicables, mais à la découverte
d'une atmosphère artificielle, susceptible de s'appliquer à certaines maladies. Il est d'ailleurs bon de
dire qu'une atmosphère humide dissout avec plus
d'énergie les substances animales et végétales. De
nombreux exemples prouvent que les corps vola-
tilés se gazifient promptement alors. C'est un fait
bien connu des chaufourniers, que la chaux se calcine et se réduit plus vite lorsque le temps est humide que lorsqu'il est sec; aussi, dans ce dernier
cas, placent-ils dans le cendrier un baquet d'eau,
dont la vapeur favorise l'opération en entraînant
l'acide carbonique. Il en est de même du camphre
qui se volatilise plus vite dans les endroits humides.
Tout le monde sait que le parfum des fleurs est plus
sensible le soir, pendant la chute du serein, ou le
matin quand le soleil évapore ou dissipe la rosée :
c'est par la même raison que la puanteur qu'exhalent
les fosses infectes, les latrines, affecte plus vivement l'odorat avant qu'après la pluie. Il n'est donc
pas étonnant que la chaleur et l'humidité favorisent
le développement et la propagation des épidémies.
Nul doute que la dernière ne modifie l'activité de la
contagion, attendu qu'elle influence la solubilité et

---

spiration insensible s'effectue si complétement, qu'on pourrait
douter s'il en existe.

la volatilité du poison le plus subtil qu'on connaisse, la matière de la contagion. On peut, d'un autre côté, constater que l'*harmattan*, vent qui se fait sentir sur la côte septentrionale de l'Afrique, et qui par son passage à travers une étendue immense de déserts arides se dessèche extrêmement, met fin à toutes les épidémies, telles que petite-vérole, etc. On dit même qu'à cette époque l'infection n'est pas facile à communiquer artificiellement.

512. L'eudiométrie n'est pas encore assez avancée pour nous mettre à même d'apprécier les diverses substances animales qui se trouvent dans les régions inférieures de notre atmosphère, et paraissent influer d'une manière sensible sur la salubrité de l'air. Tous les êtres vivans engendrent, lorsqu'ils sont entassés, une matière particulière qui paraît délétère à un haut degré. On ne peut impunément rassembler aucune espèce d'animaux dans des appartemens mal aérés. Les chevaux contractent la morve, les volailles la pépie (1), et les moutons une maladie qui leur est particulière, s'ils sont trop à l'étroit. Il en est de même dans le règne végétal, et la nature semble avoir établi cette loi afin que l'étendue de ses productions ne dépasse pas certaines limites; au-delà, on ne trouve que malaise. L'insalubrité des villes populeuses doit tenir à une cause

____

(1) Il est digne de remarque que ces maladies, qui sont évidemment le résultat de l'entassement, deviennent par la suite contagieuses.

analogue; et quoique la chimie soit hors d'état de découvrir le principe délétère, on ne peut révoquer en doute son existence.

513. On a dit que l'air le plus pur contient une certaine quantité d'acide carbonique. Elle est plus considérable dans les villes et les appartemens où l'on a respiré ou brûlé quelque matière combustible; l'excès en est funeste. L'acide sulfureux peut aussi se trouver de temps à autre dans une atmosphère chargée de vapeurs de charbon. L'air de Londres en renferme (1), et c'est à sa présence qu'est due probablement l'oxidation rapide du fer; il contient en outre une certaine quantité de charbon extrêmement ténu qui ne peut que nuire à la santé. La présence de ces corps étrangers suffit pour expliquer des effets qu'on sait être le résultat de l'habitation de la métropole (2), et rendre compte du mieux qu'on éprouve quand on la quitte.

---

(1) La méthode ordinaire de recueillir l'air d'un endroit pour le soumettre à l'analyse, est de vider une bouteille d'eau, et de boucher le vase avec soin : mais dans ce cas le liquide entraîne l'acide sulfureux, ou la matière soluble qu'il renferme; il vaut mieux porter sur les lieux une bouteille vide, parfaitement sèche, en déloger l'air ordinaire avec un soufflet, et la fermer hermétiquement une ou deux minutes après.

(2) L'aspect languissant des plantes qui croissent dans la capitale, offre par lui-même une preuve suffisante de l'impureté de l'air. Voici les remarques qu'a faites Evelyn sur ce sujet : « La fumée détruit notre végétation, comme le prouvent les observations faites en 1644, lorsque Newcastle était assiégée

514. Nous pouvons maintenant examiner les fonctions de la respiration et les changemens que subit l'air dans son passage à travers les poumons. La structure des organes au moyen desquels elle s'opère, et le mécanisme à l'aide duquel la poitrine s'élargit ou se contracte alternativement, sont du domaine exclusif de l'anatomiste. Le chimiste n'a à s'occuper que de la composition de l'atmosphère et de la respiration; il se borne aux changemens que le sang subit par son exposition à l'action de l'air, et laisse au physiologiste à déduire les conclusions que renferment les données qu'il lui fournit.

515. Les animaux, quoique différens par leur structure et leurs fonctions, ont cela de commun qu'ils possèdent tous des organes appropriés à l'objet de la respiration, et produisent les mêmes altérations dans l'air qu'ils respirent. L'homme, les quadrupèdes, les oiseaux et les animaux amphibies, ont tous une cavité munie des accessoires qui en dépendent, à l'aide de laquelle ils reçoivent et exhalent une certaine quantité d'air atmosphérique.

---

et que nous étions bloqués dans nos derniers retranchemens. La disette et la rareté du charbon ayant obligé de suspendre ou de réduire les ouvrages auxquels on appliquait ce combustible, les divers jardins et les vergers plantés même au cœur de Londres donnèrent, au grand étonnement des propriétaires, une récolte de fruits telle qu'ils n'en avaient jamais vu, ce qu'ils attribuèrent avec raison au manque de charbon et au peu de fumée qu'ils avaient eu à souffrir cette année. »

Les poissons, qui vivent dans un milieu particulier, accomplissent cette fonction au moyen d'un appareil différent; ils sont pourvus d'un tuyau qui communique avec le gosier ou l'œsophage et aboutit à la surface extérieure du corps, qu'une partie de l'eau qu'ils reçoivent dans la bouche est forcée de pénétrer. Ce tuyau renférme les ouïes, et le sang qui circule dans leurs extrémités se trouve exposé à l'action de l'air que l'eau tient constamment en solution. Ce fait devient évident par la suffocation que les poissons éprouvent lorsqu'on les renferme dans de l'eau qu'on a dépouillée d'air au moyen de la machine pneumatique. La plupart des insectes et les animaux les moins parfaits n'ont d'autres organes respiratoires qu'un certain nombre de tubes ou pores pourvus de bouches ouvertes, et qui ne reçoivent que l'air extérieur; aussi suffit-il pour les suffoquer de leur couvrir le corps avec de l'huile.

516. L'oxigène est le seul des gaz dont se compose l'atmosphère qui paraisse nécessaire à l'entretien de la respiration et de la vie; aucun autre parmi ceux qu'on connaît ne peut le remplacer, et un animal renfermé dans une quantité limitée d'air vit plus ou moins long-temps, suivant la proportion d'oxigène que celle-ci renferme (446). Cependant lorsqu'il expire, la totalité du gaz que contient l'atmosphère n'a pas disparu (1); sa mort est due à la

____

(1) Cette proposition est cependant sujette à des excep-

présence de l'acide carbonique plutôt qu'à l'absence de l'oxigène. Lavoisier a en effet démontré qu'on prolonge la vie de l'animal, en exposant l'air expiré à une substance capable d'absorber ce principe délétère. L'azote ne paraît pas éprouver d'absorption sensible ; il reste passif, pénètre dans les poumons et s'en dégage sans subir aucun changement ; son usage dans l'atmosphère semble se borner à étendre l'oxigène ; telle est du moins l'opinion la plus probable. Quelques physiciens ont cependant prétendu qu'il est absorbé ainsi que l'oxigène.

517. On a cherché, de temps immémorial, à déterminer la capacité des poumons, la quantité d'air qu'ils reçoivent et celle qu'ils dégagent. On a fait une foule de calculs à cet égard ; mais comme on manquait des données que peuvent seules fournir des expériences précises, on n'a pu arriver qu'à des résultats vagues et contradictoires. Ces recherches sont d'ailleurs pleines de difficultés. La quantité d'air que respirent les individus varie suivant la grandeur et la conformation particulière du thorax. On sait que dans la même personne la respiration est modifiée d'une manière sensible par le degré de tension musculaire, l'état de l'estomac, les impressions mentales et la puissance de la volonté. Tout ce que l'expérience peut faire est donc de dé-

---

tions. Vauquelin a trouvé que quelques espèces de vers jouissent de la propriété de séparer l'oxigène de l'azote, de la manière la plus parfaite.

terminer la quantité moyenne d'air qui pénètre dans le corps au moment où cette influence est la moindre.

518. On peut dire que l'inspiration s'accomplit avec trois degrés d'énergie. 1°. L'inspiration *ordinaire,* qui se fait par la dépression du diaphragme et une élévation presque insensible du thorax; 2°. *la grande* inspiration, qui produit une élévation visible du thorax en même temps qu'elle détermine une dépression du diaphragme; 3°. l'inspiration *forcée,* dans laquelle les dimensions du thorax s'accroissent dans tous les sens, autant que la disposition physique de cette cavité lui permet de se contracter. L'expiration présente également trois degrés : l'expiration *ordinaire, la grande* expiration et l'expiration *forcée.*

519. Suivant Meuzies, la quantité moyenne d'air qui entre dans les poumons à chaque inspiration, est de 40 pouces cubes. Goodwin pense que celle qui reste après une expiration complète est de 109 pouces cubes. Meuzies affirme qu'elle est plus considérable, et s'élève à 179. S. H. Davy a trouvé qu'après une expiration forcée ses poumons contenaient 41 pouces cubes ; après une expiration naturelle, 118; après une inspiration naturelle, 135; après une inspiration forcée, 254. Par une expiration forcée, après une inspiration forcée, les poumons dégagèrent 190 p. cubes; après une inspiration naturelle, 78,5; après une expiration naturelle, 67,5.

Il s'en faut beaucoup, d'après Thompson, que la quantité ordinaire d'air contenu dans les poumons soit de 280 pouces, et qu'il en entre ou sorte 40 à chaque inspiration ou expiration. En supposant, par exemple, qu'il se fait vingt (1) inspirations par minute, la quantité d'air qui entrerait et sortirait pendant ce temps serait de 800 pouces cubes, ce qui ferait 48,000 par heure, et 1,152,000 par jour.

520. Il est évident, d'après ce que nous venons de voir, que la proportion d'air expiré n'est pas exactement la même que celle de l'air inspiré, mais une portion de la masse que les poumons retiennent après l'expiration. Si l'on compare le volume qu'ils en renferment ordinairement avec ce qui est inspiré ou expiré à chaque mouvement de la respiration, on est conduit à supposer que l'inspiration et l'expiration sont destinées à renouveler en partie la masse d'air que contiennent les poumons. Ce renouvellement est d'autant plus considérable, que la quantité d'air qui a été expiré est plus grande, et que l'inspiration suivante est plus complète. Lorsque le corps est extrêmement fatigué, il est probable que les inspirations ordinaires ne

---

(1) On peut sans crainte prendre ce nombre comme terme moyen; c'est l'opinion d'Haller. Un individu sur lequel Meuzies a fait des expériences, n'avait besoin de respirer que quatorze fois dans cet intervalle. Davy, d'après ce qu'il rapporte, était obligé de le faire vingt-six ou vingt-sept fois; Thompson dit qu'il lui faut généralement dix-neuf inspirations, et Magendie quinze.

suffisent plus à ses besoins; de là vient la nécessité où l'on est de faire de temps à autre une inspiration forcée. C'est aussi la cause des profonds soupirs qui accompagnent la mélancolie.

521. Maintenant que nous connaissons la nature de l'air atmosphérique, nous pouvons passer à l'étude des changemens physiques et chimiques qu'il subit dans son passage à travers les poumons. Sa température, à la sortie de ces organes, est à peu près la même que celle du corps; et il résulte des expériences d'Allen et Pépys, que l'expiration en dégage la même quantité que l'inspiration en introduit. Il subit, dans sa composition chimique, des altérations sensibles; il revient chargé de *vapeur* aqueuse, appelée *transpiration pulmonaire*, qui ne provient évidemment que de la sécrétion dont les bronches et les vésicules sont couvertes. Lavoisier pensait qu'elle était due à la combinaison de l'oxigène de l'air avec l'hydrogène que dégage le sang; mais cette opinion n'a plus aujourd'hui personne qui la soutienne. Des auteurs ont cherché à évaluer la quantité d'eau que produit cette opération. Le célèbre Sanctorius, qui consacra à cet objet une grande partie de sa vie, porte à environ une demi-livre le poids de la matière qu'exhalent les poumons dans l'espace de vingt-quatre heures. Hales la fait monter à environ 20 onces, Meuzies à 6, et M. Abernethy à 9, ou 3 grains par minute; mais les quantités doivent varier suivant les individus et les variations hygrométriques que l'air éprouve (510).

522. L'air atmosphérique se charge, pendant son séjour dans les poumons, de 8 ou 8,5 pour 100 d'acide carbonique.

Exp. 72. Chassez l'air des poumons, à l'aide d'un tuyau de plume ou de pipe de tabac, à travers un vase d'eau de chaux, le liquide se troublera et déposera du *carbonate* de chaux.

Si l'on respire à plusieurs reprises la même portion d'air, on éprouve un malaise considérable; mais la quantité d'acide carbonique ne peut aller au-delà de 10 pour 100. La proportion qu'en produit le même individu est néanmoins sujette à des variations que Proust a décrites (*Annales de Physique*, XIII, 269). L'examen des changemens que subissent les parties constituantes de l'air prouve que la proportion de l'azote est toujours la même, mais qu'il disparaît un volume d'oxigène égal à celui de l'acide carbonique qui se forme. Celui-ci, comme on l'a vu, contient exactement son volume d'oxigène; il est donc évident que la totalité du principe vital qui disparaît dans la respiration est employée à former cet acide, et qu'aucune portion ne peut, comme Lavoisier l'a supposé, s'unir avec l'hydrogène pour faire de l'eau. Mais d'où vient l'acide carbonique? existe-t-il dans le sang d'où il est chassé par l'oxigène, qui pénètre les membranes des vaisseaux et en déplace une quantité égale à la sienne? ou bien est-il engendré par la combinaison de l'oxigène inspiré avec le carbone de ce fluide? Telles sont les deux questions que propose

Lavoisier, dans un premier Mémoire, sans en résoudre aucune. Dans un second, il adopte la première hypothèse, qui a obtenu la sanction des chimistes et des physiologistes les plus distingués. La seule altération qu'éprouve l'air atmosphérique respiré tient donc à la soustraction d'une certaine quantité d'oxigène (son azote reste intact) que remplace un volume justement égal d'acide carbonique.

523. L'air, en passant dans les poumons, doit donc dépouiller le sang veineux d'une certaine quantité de carbone, ce qui conduit naturellement à demander d'où provient cette matière inflammable. L'élève ne pourra bien entendre la composition chimique du sang que lorsqu'il sera familiarisé avec les divers principes qui le constituent. Il suffit à présent de dire que le sang veineux prend une couleur écarlate, lorsqu'il traverse les petits vaisseaux des lobules pulmonaires ; il acquiert une odeur plus forte, un goût plus prononcé ; sa température s'élève d'environ un degré ; il perd une partie de son sérum qui se vaporise ; il acquiert plus de tendance à coaguler, enfin il devient *sang artériel*. Ces changemens sont dus à l'action de l'oxigène de l'air ; car s'il se trouve quelque autre gaz dans les poumons, ou même si l'air n'est pas convenablement renouvelé, le sang n'éprouve aucune altération dans sa couleur.

Le sang veineux s'accumule souvent dans les poumons avant la mort, et conserve ses propriétés long-temps après, attendu que les artères sont privées d'air. Si l'on injecte celui-ci dans les trachées de manière à enfler les poumons, de couleur rouge-brun qu'il était, il devient vermillon. Le même phénomène a lieu si le sang veineux est en contact avec de l'oxigène ou de l'air atmosphérique (exp. 57).

524. Le sang artériel exposé à l'action du gaz acide carbonique prend aussitôt la couleur du sang veineux. La cause immédiate de ces changemens est inconnue; mais nous aurons occasion de revenir sur ce sujet dans une autre partie de cet ouvrage. Voici de quelle manière le docteur Crawford explique l'origine de l'acide carbonique dégagé. Les parties solides des corps vivans tendent constamment à s'affaiblir; les molécules qui les composent changent sans cesse; celles qui ne peuvent plus accomplir leurs fonctions, sont expulsées et remplacées par d'autres. Le sang artériel qui circule dans les vaisseaux capillaires est le véhicule au moyen duquel s'effectue cette opération. Il transmet aux diverses parties du corps la matière nutritive, à l'aide de laquelle elles réparent les pertes qu'elles éprouvent. En même temps il se charge des molécules putrides qui sont devenues inutiles ou nuisibles au système, les charrie dans les poumons où elles s'unissent à l'oxigène et se dégagent avec l'air expiré. C'est à l'addition de cette matière étrangère que Crawford attribuait la transformation du sang artériel en sang vei-

neux, qui s'en dépouillait dans les poumons, et reprenait son premier état. Lavoisier regardait les produits de la digestion comme la source immédiate du carbone; mais un fait contraire à cette opinion, c'est que le sang devient complétement veineux avant de recevoir les substances que renferme le conduit thoracique. La théorie de Crawford est simple et ingénieuse, mais elle a contre elle une difficulté insoluble; il est contraire à toutes les analogies de supposer que les artères sont les instrumens qui servent à expulser du système la matière inutile. Le corps est pourvu d'un assortiment distinct de vaisseaux, dits *absorbans*, dont les fonctions sont d'éloigner toute substance superflue. Ils ne communiquent avec le système sanguifère que par le conduit thoracique qui reçoit tous les corps absorbés, et les verse dans la veine subclavienne gauche. Une considération qui vient à l'appui, c'est que le sang passe quelquefois à l'état veineux, tout en continuant de circuler dans les grands troncs des artères, comme s'il eût été intercepté par la pression du tourniquet : mais, en supposant même pour un moment que cette objection peut être résolue, la théorie dont il s'agit est-elle bien satisfaisante? Peut-on admettre que la nature aurait établi une fonction si importante et pris tant de soin pour la mettre à l'abri de la plus légère discontinuité, dans la seule vue d'enlever au système une petite portion des excrémens ? Le but serait tout-à-fait au-dessous des moyens. Il n'est pas impossible qu'elle produise ces effets bienfaisans ; mais elle en détermine évidemment une foule d'autres bien plus importans. Elle convertit, par exemple, le chyle en sang (1), encore n'est-ce même qu'un effet secondaire, autrement la respiration serait susceptible d'intermittence. Lorsqu'on se rappelle qu'elle constitue le dernier acte de la vie, qu'elle ne peut être suspendue, même pendant quelques secondes, sans l'éteindre, on est conduit naturellement à conclure qu'elle transmet un fluide trop subtil pour faire un long séjour dans nos vaisseaux, et trop important pour qu'ils puissent souffrir un seul instant son absence. Quelle est sa nature ou son énergie ? nous ne le saurons probablement jamais. Nous tenons cependant à la main la clef des phénomènes secondaires ; les recherches physiologiques et pathologiques ont déjà conduit à des résultats importans. Les progrès de la chimie étendront sans doute le cercle de nos idées à cet égard, et suggéreront de nouvelles applications d'utilité pratique.

525. Quel que soit le principe communiqué ou le milieu à travers lequel il se propage, il est certain que l'énergie musculaire a quelque rapport avec la fonction que nous venons d'examiner. Les animaux

---

(1) De là vient que dans les affections pulmonaires le corps n'est pas nourri, et le patient meurt d'atrophie, à moins qu'il ne survienne quelque accident, tel qu'un vaisseau rompu, une vomique crevée. L'individu qui est attaqué de phthisie vit aussi long-temps que le corps contient de la graisse qui peut s'absorber pour fournir à son entretien.

pourvus de l'appareil pneumatique le plus parfait sont ceux qui jouissent de la puissance musculaire la plus considérable. L'anatomie comparée va nous en fournir des exemples. Les oiseaux doivent leur aptitude à soutenir le vol, aux organes de la respiration, qui, chez eux, sont très développés. Une foule d'insectes (1) ont, cachées sous leurs ailes, des ouvertures par lesquelles l'air pénètre lorsqu'ils les déploient. Ils se procurent par là une plus grande quantité du principe propre à réparer leurs forces épuisées par un long exercice. Les poissons plats, qui, n'ayant pas de nageoires, restent au fond et ne possèdent que peu de vitesse, ont des ouïes entièrement cachées, tandis que ceux qui ont à lutter contre un courant rapide, tels que la truite, la perche ou le saumon, les ont larges et dilatées (2). Les hommes, les quadrupèdes doivent être assujettis aux mêmes lois. L'individu qui a la poitrine étroite est ennemi du travail, et, il faut le dire, il est incapable de le supporter. Chez les animaux, l'*animosum pectus* est toujours un indice de force.

526. Quelques physiologistes ont considéré l'énergie musculaire comme le résultat d'une com-

---

(1) C'est ce qu'on voit surtout dans les diverses espèces de scarabées.

(2) On peut observer, en parlant de la respiration des poissons, que la somme d'oxigène qu'ils absorbent varie avec la quantité d'eau qui la fournit et l'étendue des ouïes. Cette vérité une fois admise, on comprendra comment un courant rapide, au lieu d'affaiblir l'animal, lui donne de la vigueur.

binaison de l'oxigène avec les organes animaux.
Cette opinion néanmoins est par trop chimique, et
repose sur une série d'hypothèses entièrement gra-
tuites. Imaginée par Girtanner, elle acquit beaucoup de crédit par le zèle avec lequel l'adopta le
docteur Beddoes, qui l'appliqua à la pathologie, et
la fit servir de base à de prétendus perfectionnemens dans la médecine-pratique.

527. Sans remonter à la cause du phénomène,
si l'on admet qu'il existe un rapport entre la fonction de la respiration et la contractilité musculaire, il s'ensuivra que la première sera plus ou
moins nécessaire, suivant que la seconde aura été
plus ou moins exercée. Ce fait est un résultat de
l'observation et de l'expérience. On a trouvé que la
quantité d'air vicié par la respiration dans un temps
donné, varie avec le degré d'exercice de l'animal
qui le respire. Lavoisier porte à 1,300 ou 1,400
pouces cubes la quantité d'oxigène qu'un homme
consomme par heure dans des circonstances ordinaires; mais il estime que la consommation peut
aller à 3,200, s'il est soumis à une certaine pression. La conséquence pratique qu'on doit déduire
de ce fait, c'est que si l'on veut économiser l'oxigène, il faut rester tranquille. C'est aussi ce qui fut
observé dans *le trou noir* à Calcutta, où ceux qui
exécutèrent les ordres et se tinrent en repos, souf-
frirent moins. Il en est de même d'une personne
qui tombe en syncope dans l'eau; elle y peut rester
impunément submergée beaucoup plus long-temps

qu'une autre qui serait en état d'exercer ses forces musculaires. Dans mon ouvrage sur la *Jurisprudence médicale*, vol. II, page 39, j'ai consigné l'histoire d'une jeune femme qui, ayant été condamnée à être noyée pour cause d'infanticide, s'évanouit au moment où on la plongea dans l'eau, et qui, retirée une heure et un quart après, recouvra la vie.

528. La nature des alimens paraît cependant influer sur la proportion d'oxigène consommé par la respiration. La quantité d'acide carbonique émise à chaque expiration, et conséquemment celle de l'oxigène inspiré, varie à diverses périodes du jour, et probablement aussi suivant les individus. Elle est à son *maximum* pendant la digestion, et à son *minimum* le matin quand l'estomac est vide, qu'il ne passe pas de chyle dans le sang. Proust a fait voir que les liqueurs fermentées et une nourriture végétale diminuent la proportion d'acide carbonique, et qu'il en est de même lorsque le système est affecté par du mercure. La propriété qu'ont les alimens végétaux de diminuer le besoin d'oxigène a été prouvée d'une manière satisfaisante par les observations de M. Spalding, célèbre plongeur, qui reconnut que toutes les fois qu'il suivait un régime animal, il consommait beaucoup plus promptement l'oxigène de l'air renfermé dans sa cloche. L'expérience lui apprit donc à se borner à un régime végétal. Il trouva qu'il en était de même de l'usage des liqueurs fermentées, fait qui paraît contradictoire à l'observation de Proust; aussi ne

but-il que de l'eau tant qu'il exerça sa profession. C'est une chose bien connue des pêcheurs de perles indiens, qui s'abstiennent de toute espèce de viande, plusieurs heures avant de descendre. Un léger régime végétal paraîtrait en conséquence le seul qu'on dût suivre dans certaines affections pulmonaires.

- 529. Il est probable que diverses maladies modifient les fonctions de la respiration. Des recherches sur ce sujet ne laisseraient pas que de jeter de nouvelles lumières ; mais la pathologie a encore besoin du secours de la chimie.

530. La quantité de transpiration pulmonaire dépend également d'une foule de circonstances, spécialement de la nature liquide des alimens, et de la quantité des fluides pris dans l'estomac. J'ai donné quelque attention à cette circonstance, car elle est susceptible d'applications importantes dans la pratique. Les asthmes qui viennent des humeurs exigeraient une nourriture solide et l'usage modéré des liquides. Le même régime serait encore nécessaire lorsque le temps est extrêmement humide, et que l'air est incapable d'entraîner l'*halitus* (1).

531. La transpiration pulmonaire ne dégage pas seulement la partie aqueuse du sang, le courant livre encore passage à diverses substances qui bientôt s'échappent par les poumons. C'est à

______

(1) J'ai traité de ce sujet avec plus de détails dans ma *Pharmacologie*.

ce fait qu'une foule d'expectorans doivent leur efficacité; aussi l'ai-je pris pour base d'une nouvelle classification de ces remèdes (1). L'ail et diverses gommes fétides sont à peine introduits dans l'estomac qu'ils sont absorbés, charriés aux poumons d'où ils passent dans les bronches, et peuvent se reconnaître à l'odeur qu'ils communiquent à l'air expiré. M. Magendie a fait une foule d'expériences, en injectant dans les veines diverses substances, dont la présence a ensuite été découverte dans l'*halitus* pulmonaire.

532. Après les ingénieuses recherches de Lavoisier, Laplace et Crawford, la chaleur animale fut regardée comme le résultat exclusif de la respiration; mais les expériences de M. Brodie ont fait naître des doutes à cet égard. Peut-être, à l'aide de quelque modification, serait-il possible de réconcilier ensemble ces diverses hypothèses. Je vais, en conséquence, exposer la théorie de Crawford, et expliquer les objections qu'on lui popose.

533. L'économie animale ne présente rien de plus admirable que le pouvoir qu'elle a d'entretenir un degré de chaleur indépendant de celle qui l'environne. On a démontré qu'un corps inerte placé au milieu d'autres substances, prend la même température, en vertu de la tendance du calorique à se mettre en équilibre (281). Le corps humain est

---

(1) *Pharmacologie*, p. 192.

cependant soumis à une loi différente. Entouré de substances dont la chaleur est inférieure à la sienne, il n'en conserve pas moins sa température, et lorsqu'il est placé dans un milieu plus chaud, il ne se prête à la transmission du calorique qu'après qu'il a cessé de vivre. Il y a donc dans l'économie animale deux propriétés différentes et distinctes, celle d'engendrer la chaleur, et celle de produire le froid.

534. L'observation a constaté que la température de différens animaux est d'autant plus grande que leurs poumons sont plus développés. Ainsi les organes respiratoires des oiseaux, comparés à leur grosseur, ont plus d'étendue que ceux d'aucun autre animal. Ils ont en conséquence une très forte chaleur, d'où l'on a conclu que la respiration en est la source, conclusion qu'a confirmée le docteur Black, en observant l'analogie qui existe entre ce procédé et la combustion, dans les changemens que l'air éprouve.

535. C'est au docteur Crawford que nous sommes redevables de cette doctrine, qu'il appuya sur une série d'expériences des plus ingénieuses. Il commença par démontrer qu'en général les corps inflammables subissent, en se combinant avec l'oxigène, une diminution de capacité qui doit entraîner un développement de calorique ; qu'il s'en dégage une grande quantité dans la combustion du charbon qui s'unit à l'oxigène pour former l'acide carbonique. Il est évident qu'il en doit être

de même dans la respiration, dont le résultat est également une consommation d'oxigène et une production d'acide carbonique. Il détermina en outre, par l'expérience, que le sang varie de capacité quand il passe des artères dans les veines, et des veines dans les artères, attendu que celle du sang artériel excède celle du sang veineux dans la proportion de 1,030 à 0,892. C'est sur ces données que Crawford fonda sa théorie de la chaleur animale. Dans la respiration, une certaine quantité d'oxigène se combine avec le carbone ou, comme il le suppose, avec l'hydro-carbone, et il y a formation d'acide carbonique. Le développement du calorique doit être une conséquence de cette combinaison. Mais le sang passe en même temps du veineux à l'artériel, et acquiert par ce changement une plus grande capacité pour cet agent. Il enlève donc le calorique qui a été dégagé par la combinaison, et prévient ainsi tout accroissement de température qui serait incompatible avec la vie. Le sang artériel repasse à l'état veineux pendant qu'il circule dans les vaisseaux extrêmes, et perd alors toute la capacité qu'il avait acquise dans les poumons. Par conséquent, le calorique qui avait été absorbé se dégage de nouveau, et ce dégagement lent et constant de la chaleur dans les vaisseaux extrêmes répandus par tout le corps, est, d'après ce savant, la source de la température uniforme qu'il possède. Outre les expériences dont cette théorie est directement déduite, elle s'appuie encore sur d'autres dans lesquelles on mesure la quantité de calorique rendu sensible par un animal. Crawford, Lavoisier et Laplace, ont trouvé que quand on en renferme un dans un vase construit de manière à mesurer le calorique qu'il cède au milieu environnant et l'oxigène que consume l'animal dans un temps donné, la quantité du premier correspond à peu près à celle que développe la combinaison d'une matière carbonacée, telle que de la cire ou de l'huile, dans la même quantité du second.

536. Il est bon d'observer que cette théorie de la respiration ne se lie à aucune autre de cette espèce. Quelles que soient les différences qui existent entre le sang veineux et le sang artériel, que le dernier contienne ou non de l'oxigène, ou que le premier tienne en solution de l'hydro-carbone, de l'acide carbonique, ou tout autre principe, l'expérience prouve que le sang a, dans ces deux états, des capacités différentes pour le calorique. C'est sur ce fait que repose l'explication de l'origine de la température animale.

537. On peut exposer en peu de mots l'objection dont cette théorie est susceptible. M. Brodie (*Trans. phil.*, 1812) a trouvé que dans un animal décapité le cœur pouvait, pendant quelques heures, continuer ses fonctions, et alimenter la circulation sans le concours du cerveau, si on établissait une respiration artificielle. Il a observé dans cette expérience que la conversion quoique parfaite du sang vei-

neux en sang artériel n'engendrait aucune chaleur, et que l'animal venait peu à peu et régulièrement à la température de l'atmosphère. M. Brande a fait, à sa prière, l'analyse de l'air expiré, et a trouvé qu'il contenait autant d'acide carbonique qu'en eût produit l'animal en santé; de manière qu'il y avait circulation du sang, altération de sa couleur par la conversion de l'oxigène en acide carbonique, sans qu'il parût y avoir de chaleur développée; mais l'action des nerfs se trouvait suspendue par cette puissance mystérieuse qui paraît présider à tous les phénomènes du système animal, et dont la découverte a fait jusqu'ici le désespoir des savans.

538. Il nous reste à considérer un autre sujet relatif à la température animale, et dont il n'est pas possible de rendre compte par la théorie de Crawford. C'est l'accroissement de chaleur que produisent certaines maladies locales dans lesquelles la température de la partie affectée excède de plusieurs degrés (1) celle du sang pris à l'oreillette gauche. Le renouvellement continuel du sang arté-

---

(1) On n'a point fait d'expériences rigoureuses pour déterminer jusqu'à quel degré cet accroissement de température peut s'élever. On trouve cependant sur ce sujet des détails curieux, publiés par Thompson dans le 2ᵉ volume des *Annales de Philosophie*, où il essaie d'évaluer la quantité de chaleur dégagée par une petite glande enflammée dans l'aine. Il résulte des données qu'il rapporte, qu'elle suffirait, au bout de quatre jours, pour élever sept pintes d'eau de 5°, au point de l'ébullition.

riel ne peut suffire pour expliquer ce singulier résultat. M. Magendie pense que cette seconde source
de la chaleur est due aux phénomènes nutritifs qui
se manifestent dans cette partie. La plupart des
combinaisons chimiques élèvent, il est vrai, la
température du corps où elles s'opèrent, et l'on ne
peut douter que les sécrétions et la nutrition ne
donnent naissance à des combinaisons de cette
nature dans les organes. Cependant je serais porté,
dans les cas d'inflammation, à attribuer le phénomène à un état particulier de l'énergie nerveuse de
la partie affectée.

539. La faculté de produire du froid, ou en
termes plus exacts, de résister à la chaleur, peut
s'expliquer complétement par l'accroissement d'é-
vaporation qui en résulte (325).

540. Les poumons ne sont pas la seule partie du
corps qui subisse l'action de l'air ; ce gaz agit également sur la peau, aussi a-t-on trouvé qu'elle exhale
de l'acide carbonique. Les effets qu'il produit sur
les surfaces ulcérées sont extrêmement remarquables ; celui que l'oxigène exerce sur la matière d'un
abcès ordinaire le rend plus corrosif, et c'est à la
propriété qu'a le gaz acide carbonique de prévenir l'accès de ce gaz, et d'empêcher sa combinaison avec la matière sécrétée, que sont dus, en
quelque sorte, les soulagemens que procure son
application sur les cancers et autres ulcères.

De la Combustion.

541. Les phénomènes de la combustion et la distinction des corps en combustibles et en incombustibles sont assez connus. Exposés à la chaleur, ceux-ci augmentent de température, et en prennent une qui est d'autant plus élevée que la chaleur à laquelle ils sont exposés est plus intense; mais si on les éloigne du corps qui les échauffe, ils se refroidissent peu à peu et reviennent à leur prémier état. D'un autre côté, lorsqu'ils sont portés à un certain point, ils subissent des attractions sensibles; ils deviennent plus chauds que les corps qui les environnent, émettent plus ou moins de lumière, et paraissent se consumer, ou plutôt se convertir en des substances nouvelles, qui souvent échappent aux sens. C'est cette émission rapide de lumière et de calorique, ce changement de propriétés, cette perte apparente, qui constituent ce qu'on appelle *la combustion*. Stahl et ses disciples attribuaient ce phénomène à un principe particulier qu'ils appelaient *phlogistique;* ils supposaient que ce principe existe dans tous les combustibles, et détermine la combustion en se dégageant. Mais cette explication était manifestement contraire au fait bien connu que les corps augmentent de poids pendant la combustion.

542. Après la découverte de l'oxigène, lorsque la composition de l'atmosphère fut connue, Lavoisier avança que ce gaz était le support universel de la

combustion ; que celle-ci ne pouvait avoir lieu sans sa présence, et qu'enfin elle n'était autre chose que l'union d'un corps inflammable avec la base de ce gaz, qui par là dégageait, sous la forme de flamme, le calorique et la lumière qu'il contenait auparavant dans son état aériforme. Les découvertes récentes ont démontré que la combustion peut avoir lieu sans oxigène, et l'on sait aujourd'hui qu'elle ne dépend d'aucun principe particulier ou forme de matière, mais qu'elle est un résultat général d'une action chimique intense. Elle peut dépendre des actions électriques des corps ; car tous ceux qui agissent vivement les uns sur les autres se constituent dans des états opposés, c'est-à-dire que l'un est positif et l'autre négatif (409), et le dégagement de chaleur et de lumière peut dépendre de *l'anéantissement de ces états opposés,* qui arrive toutes les fois qu'il y a combinaison.

Acide muriatique.

543. Si l'on verse de l'acide sulfurique sur du sel commun, il se dégage aussitôt des vapeurs blanches, d'une odeur extrêmement acide et pénétrante. C'est du gaz acide muriatique combiné avec une petite portion d'eau atmosphérique.

544. Si l'on fait cette expérience dans une cornue dont le tube recourbé plonge dans une cuve de mercure, on obtient le gaz à l'état de pureté, et on peut le recueillir dans des cloches ; ce gaz a toutes les propriétés mécaniques de l'air. Il a une odeur

piquante et particulière; appliqué quelque temps sur la peau, il produit des ampoules; sa pesanteur spécifique est plus grande que celle de l'air, elle est d'environ 1,278, de manière que 100 pouces cubes pèsent environ 39 grains: mis en contact avec l'atmosphère, il s'unit à l'eau hygrométrique et forme un nuage blanc. Il éteint les corps en combustion, est absorbé vivement par l'eau; une goutte ou deux introduites dans une cloche pleine de ce gaz, le font disparaître à l'instant. Selon Kirwan, une once d'eau en prend 800 pouces cubes, c'est-à-dire quatre cent vingt et une fois son volume, et augmente d'un tiers. Ce gaz est si avide d'eau, que si on le fait arriver sur un morceau de glace, il le liquéfie avec autant de rapidité qu'un fer chaud. C'est dans cet état de combinaison aqueuse qu'on l'emploie pour les opérations chimiques et médicales; on trouve dans les pharmacopées le moyen de le préparer.

545. En faisant agir de l'acide sulfurique sur du muriate d'ammoniaque dans un tube fermé, comme on l'a prescrit pour la condensation de l'acide carbonique (expérience 68), l'acide muriatique se dégage et se liquéfie. Il apparaît alors sous forme d'un liquide incolore, et exige, à la température de 19°, une pression *de* 40 *atmosphères* pour balancer sa force élastique.

546. On obtient l'acide muriatique du commerce en distillant un mélange d'acide sulfurique et de sel commun; les proportions les plus économiques sont 32 parties de sel et 20 d'acide étendu d'un tiers de son

poids d'eau. On lute la cornue dans laquelle on opère avec un récipient qui contient deux fois la quantité d'eau employée à étendre l'acide sulfurique, et on distille au bain de sable en augmentant graduellement la chaleur jusqu'à ce qu'elle devienne rouge.

547. L'acide muriatique liquide ainsi obtenu possède les propriétés suivantes : Sa pesanteur spécifique est d'environ 1,160. Il dégage des vapeurs blanches suffoquantes, composées de gaz acide muriatique qui devient visible par son union avec l'humidité de l'air. Lorsqu'on le chauffe dans une cornue, il se dégage et peut se recueillir sur le mercure. Il produit, lorsqu'on l'étend d'eau, une élévation de température qui est beaucoup moindre que celle que donne l'acide sulfurique dans le même cas. Quand il est parfaitement pur, il est incolore, mais on le trouve rarement en cet état.

548. Ure a donné, pour s'assurer de la quantité d'acide réel contenu dans l'acide liquide de différentes pesanteurs spécifiques, la formule qui suit : *Multipliez la partie décimale du nombre qui représente la pesanteur spécifique par* 147; *le produit sera à peu près ce qu'il contient pour* 100 *d'acide sec* ; *si on veut connaître combien il contient pour* 100 *de gaz acide, on prend pour multiplicateur* 197.

Exemple. La pesanteur spécifique étant 1,160, trouver la proportion d'acide sec contenu dans 100 parties.

$$0{,}160 \times 147 = 23{,}520 = \text{acide réel ou}$$
$$0{,}160 \times 197 = 31{,}521 = \text{gaz acide.}$$

549. Il est peu de sujets dans la chimie qui aient donné lieu à une controverse plus vive que la composition chimique de l'acide muriatique. Mais comme il n'est guère possible de juger du mérite de cette question sans connaître le corps singulier qui résulte de sa décomposition, ou qui se forme par sa combinaison avec l'oxigène, nous allons d'abord donner l'histoire du chlore.

Chlore ou acide-oxymuriatique.

550. Si on mêle de l'acide muriatique avec de l'oxide noir de manganèse dans une cornue de verre, et qu'on chauffe le mélange sur une lampe, il se dégage une grande quantité de gaz qu'on peut recueillir sur l'eau chaude. Il est absorbé par l'eau froide et ne peut être long-temps retenu par ce fluide. On prépare aussi ce gaz avec un mélange de 8 parties de sel commun, 3 d'oxide de manganèse, 4 d'eau et 5 d'acide sulfurique.

551. Le chlore jouit des propriétés suivantes :

1°. *Il a une couleur vert-jaunâtre*, ce qui lui a fait donner le nom qu'il porte, du grec χτωρος, *vert*. Son odeur est piquante et suffoquante ; son action sur les poumons produit non seulement de vives douleurs, mais elle est encore très dangereuse (1); sa pesan-

---

(1) C'est pour avoir respiré une forte dose de ce gaz que l'ingénieux Pelletier perdit la vie. Depuis cet accident il fut attaqué d'une langueur à laquelle il succomba peu de temps après. La vapeur d'éther ou d'ammoniaque paraît être le meilleur antidote du chlore.

teur spécifique est plus grande que celle de l'air commun. Elle est à celle de ce gaz, selon Davy, comme 2,5082 à 1000, de manière que 100 pouces cubes pèsent à peu près 77 grains.

2°. *Il entretient la combustion.* Si on plonge une chandelle allumée dans un vase plein de ce gaz, sa flamme devient rouge, produit une fumée épaisse, et ne tarde pas à s'éteindre. Si néanmoins on y introduit du phosphore, il prend aussitôt feu et brûle vivement; plusieurs métaux réduits en poudre y brûlent aussi avec beaucoup d'éclat. Voilà des exemples de combustion sans oxigène; on peut donc dire que le corps dont il s'agit est un soutien de la combustion. Son électricité naturelle est comme celle de l'oxigène, *négative,* il se porte par conséquent au pôle positif. Les phénomènes qui résultent de son union avec les combustibles, constituent quelques unes des expériences les plus brillantes et les plus frappantes que présente la chimie.

Exp. 73. Suspendez dans une cloche de chlore un morceau de *métal de Hollande* ou une feuille de cuivre, il s'enflammera immédiatement, et la combustion durera jusqu'à ce qu'il soit entièrement consumé.

Exp. 74. Projetez dans une cloche pleine de ce gaz, de l'antimoine, de l'arsenic ou du bismuth en poudre; le métal s'enflammera, et tombera en pluie de feu. Pour faire ces expériences avec succès, la température du gaz ne doit pas être au-dessous de 21°.

3°. *Il détruit les couleurs végétales ;* de là son application au blanchîment. Il est facile de prouver ce fait en introduisant un liquide coloré dans une cloche pleine de ce gaz. Cependant s'il est parfaitement sec, et qu'il ne puisse prendre de l'humidité, il ne détermine pas de changement de couleur. Sa puissance décolorante dépend de l'énergie avec laquelle il enlève l'oxigène au corps coloré. Nous examinerons plus loin la manière dont s'opère ce phénomène.

4°. *Son hydrate prend la forme concrète à 4°.* Quand on entoure de neige ou de glace pulvérisée un récipient rempli de chlore qui n'a pas été desséché artificiellement, le gaz forme sur sa surface intérieure une concrétion solide de couleur jaunâtre, dont les ramifications sont analogues à la glace qui se dépose sur les vitrages dans les nuits d'hiver. Une légère augmentation de chaleur, 10° par exemple, la fondent et la convertissent en un liquide huileux jaunâtre qui, par une nouvelle élévation de température, passe à l'état gazeux. Cette substance, avant que sir H. Davy eût démontré qu'elle contenait de l'eau, était regardée comme le gaz même réduit à l'état concret.

5°. *Il peut être liquéfié à 15° par une pression de quatre atmosphères.* Ce résultat, dû à M. Faraday, peut s'obtenir en chauffant l'hydrate dans un tube de verre hermétiquement fermé, ou en comprimant le gaz même dans un long tube par le moyen d'une pompe de compression.

6°. *Le chlore est absorbé par l'eau.* Cet effet est lent ou prompt, suivant qu'on agite ou n'agite pas. A la température de 15° l'eau en dissout le double de son volume, acquiert un goût âcre, une odeur désagréable, et jouit de la propriété de détruire les couleurs végétales. Lorsque cette dissolution est exposée aux rayons du soleil, l'oxigène se dégage, et le chlore passe à l'état d'acide muriatique.

552. Mais qu'est-ce que le chlore? est-ce un corps simple ou composé? Scheele, qui le découvrit en 1774, le regarda comme un élément de l'acide muriatique, et l'appela en conséquence *acide marin déphlogistiqué.* Lavoisier et Berthollet prétendirent au contraire que c'était un composé de gaz acide muriatique et d'oxigène, et lui donnèrent le nom d'*acide muriatique oxigéné.* Cette opinion se déduisait naturellement du fait que tous les corps capables, en réagissant sur l'acide muriatique, de produire le chlore, contiennent de l'oxigène, et en perdent une partie dans cette opération. Sir H. Davy, cependant, aidé des recherches de Gay-Lussac et Thénard, a créé une théorie tout-à-fait différente. Au lieu de considérer l'acide muriatique comme le corps simple, et le chlore ou l'acide oxymuriatique comme la combinaison qu'il forme avec l'oxigène, il regarde le chlore comme le corps élémentaire, et l'acide muriatique comme le résultat de son union avec l'hydrogène. En conséquence, pour convertir celui-ci en celui-là, il suffit, dans cette manière de voir, de priver l'acide muriatique

de son hydrogène, ce que l'on fait en le traitant par les oxides métalliques, dont l'oxigène se combine avec l'hydrogène de l'acide, et forme de l'eau. De plus, pour convertir le chlore en acide muriatique, on n'a qu'à le combiner avec de l'hydrogène, que l'on peut obtenir par la décomposition de l'eau.

553. Il est curieux de voir comment on peut expliquer d'une manière satisfaisante les phénomènes que présente le chlore par l'une ou l'autre de ces théories. C'est cependant une question qui, à la fin, a été décidée par des expériences délicates et précises, dont l'examen ne peut trouver place dans les bornes étroites d'un ouvrage élémentaire (1). Je me contenterai d'observer que la théorie qui met le chlore au nombre des élémens, est celle qui explique ces phénomènes de la manière la plus satisfaisante.

554. Dans tous les cas où le chlore paraît donner de l'oxigène, comme dans l'opération du blanchîment, l'eau est décomposée, son hydrogène se combine avec le chlore, produit l'acide muriatique, et son oxigène est mis en liberté.

---

(1) *Voyez* sur ce sujet un Mémoire dans le 3e volume du *Journal de Nicholson*, et un Mémoire de S. H. Davy dans les *Transactions philosophiques pour* 1818, page 69. On peut aussi consulter le 8e volume des *Transactions de la Société royale d'Édimbourg*, les *Annales de Philosophie*, xii, 279, et xiii, 26, 285, et un Mémoire par M. R. Philipps, dans la nouvelle série de cet ouvrage, vol. i, p. 27, sur l'action des chlorures sur l'eau.

555. Si la solution aqueuse est exposée à la lumière, l'oxigène se dégage, et le chlore passe à l'état d'acide muriatique; dans la première théorie, on rendait compte de ce phénomène en supposant que l'acide oxymuriatique abandonne son oxigène ; on l'explique dans la seconde par la décomposition de l'eau.

556. Selon cette théorie, l'acide muriatique est composé de volumes égaux de chlore et d'hydrogène, et s'appelle en conséquence *acide hydrochlorique;* ainsi, le simple mélange d'une mesure de chacun de ces gaz, quand ils sont exposés pendant quelques instans aux rayons du soleil, produit deux mesures de gaz acide muriatique. On peut aussi donner de ce phénomène une explication fondée sur la première hypothèse. On n'a pour cela qu'à supposer que l'hydrogène se combine avec l'oxigène de l'acide oxymuriatique, et abandonne l'acide muriatique simple.

557. Le chlore se combine avec les métaux sans exiger, comme les acides, qu'ils soient à l'état d'oxides; mais nous examinerons ce fait dans l'histoire des sels. Les composés qu'il forme avec les différentes bases prennent le nom de *chlorures.*

558. Le chlore et l'oxigène peuvent exister en combinaison; ils forment alors des corps particuliers dont le premier a reçu le nom de *protoxide de chlore.* Il existe à l'état de gaz et fait explosion par une douce chaleur; il paraît être formé d'un atome de chlore et d'un atome d'oxigène. Le second com-

posé qui résulte de la combinaison de ces deux gaz a été appelé *deutoxide* ou *péroxide de chlore*. Il est formé d'un atome de chlore et de quatre atomes d'oxigène. Ces corps n'ont aucun intérêt pour l'étudiant en médecine. Passons au troisième, à l'acide *hyper-oxymuriatique* ou *chlorique*.

Acide chlorique.

559. Cet acide, qui est composé d'un atome de chlore et de cinq d'oxigène, ne peut exister sans eau ou quelque base. On peut le préparer en faisant passer un courant de chlore à travers un mélange d'oxide d'argent et d'eau. Il se fait du chlorure d'argent qui est insoluble et peut être séparé par la filtration. L'excès de chlore que contient la liqueur filtrée se dégage à l'aide de la chaleur, et l'acide chlorique reste en dissolution dans l'eau. Il est sans odeur, mais d'une saveur extrêmement acide, et rougit le tournesol sans détruire sa couleur. Concentré, il a une consistance presque oléagineuse. Il se combine avec différentes bases et forme des *chlorates*, classe de sels importans qu'on connaissait autrefois sous le nom de *muriates hyper-oxigénés* ou *oxy-muriates*.

Iode.

L'iode fut découvert en 1813, par M. Courtois, salpêtrier à Paris. Étonné de la prompte destruction du fond des chaudières qui servaient à l'exploitation des soudes de varec, il rechercha quelle pouvait en être la cause, et reconnut qu'elle était due à un corps nouveau auquel on donna le nom d'iode.

561. L'iode se prépare de la manière suivante : On fait dissoudre de la soude de varec dans l'eau; on prend la lessive, on l'évapore jusqu'à ce qu'elle se recouvre d'une pellicule, et on la met cristalliser; on évapore l'eau-mère presque jusqu'à siccité, et on la traite par la moitié de son poids d'acide sulfurique; on enferme le mélange dans un alambic de verre, on chauffe doucement et l'on voit bientôt s'élever des vapeurs violettes qui se condensent sous forme de cristaux opaques, qui ont l'aspect de la plombagine (1) : c'est l'iode à l'état solide. Pour le débarrasser de l'excès d'acide qu'il contient, on le lave, on le mêle avec de l'eau contenant un peu de potasse, et on le distille de nouveau, après quoi on le fait sécher en le pressant entre deux feuilles de papier brouillard.

562. Solide à la température ordinaire, l'iode a un éclat métallique, est doux au toucher, friable, et pèse spécifiquement 4,946; son odeur est analogue à celle du chlore étendu d'eau, et sa saveur âcre. Appliqué sur la peau, il la colore en jaune : à une température de 15 à 20°, il dégage une vapeur violette, ce qui lui a fait donner le nom qu'il porte (du

---

(1) On a proposé plusieurs autres moyens de préparer ce corps. Ceux qui veulent avoir de plus amples détails sur ce sujet peuvent consulter l'article IODE du *Dictionnaire de Chimie* de Ure, 2ᵉ édition.

mot grec *ἰώδης, violaceus*); à 66 ou 72°, il donne une vapeur plus abondante; à 112°, il entre en fusion, et dégage des vapeurs violettes abondantes qui se condensent en lames brillantes et en octaèdres aigus. Comme le chlore et l'oxigène, il possède les propriétés électro-négatives; aussi est-il attiré par le pôle positif de la pile de Volta. C'est aussi un soutien de la combustion, comme il est facile de le prouver en exposant à sa vapeur un peu de potassium; celui-ci prend feu et brûle avec une flamme d'un bleu pâle. Le phosphore brûle aussi dans les mêmes circonstances. Il jaunit les couleurs bleues végétales, et est fort peu soluble dans l'eau, qui n'en prend que $\frac{1}{7000}$ de son poids; il est beaucoup plus soluble dans l'esprit. Sa dissolution est un des réactifs les plus sensibles, et forme, avec une dissolution étendue d'amidon, un beau composé bleu qui précipite quelquefois.

563. On doit regarder comme élémentaire tout corps qui n'a pu être décomposé; néanmoins, quand on considère que le nombre atomique de l'iode est 125, il semble qu'on peut se promettre que de nouvelles recherches prouveront qu'il est composé.

564. L'iode a beaucoup d'analogie avec le chlore. Il forme, en s'unissant à l'hydrogène, un acide qui n'est pas sans intérêt pour le médecin, puisqu'on a proposé dernièrement d'employer ses combinaisons salines comme médicamens.

Acide hydriodique.

565. Dans les circonstances ordinaires, l'hydrogène et l'iode ne réagissent qu'à la longue; mais quand le premier se présente au second à l'état naissant (1), ils s'unissent rapidement et forment un acide gazeux qu'on appelle *acide hydriodique.*

566. On le prépare en faisant réagir l'iode humide et le phosphore. On le recueille sur le mercure, attendu que l'eau l'absorbe. Il est incolore, énergique, et dégage une odeur analogue à celle de l'acide muriatique; il forme avec les bases une classe de sels appelés *hydriodates.*

567. C'est à l'état d'hydriodate de potasse que l'iode existe dans les plantes marines; comme il est déliquescent, il reste dans l'*eau-mère* après que le carbonate de soude et les autres sels ont été séparés par la cristallisation.

Acide nitrique.

568. On obtient l'acide nitrique en distillant ensemble parties égales de nitrate de potasse et d'acide sulfurique, dans une cornue de verre lutée à un récipient tubulé qui communique avec une bouteille, comme l'indique la figure 25, *Pl.* 3.

569. L'acide nitrique est séparé de la potasse avec laquelle il est combiné dans le nitre, par

____

(1) Ce terme est employé pour indiquer l'état d'un gaz au moment où il se dégage d'une combinaison solide.

l'acide sulfurique qui a plus d'affinité que lui pour cet alcali. Ainsi mis en liberté, il se volatilise dès qu'il éprouve l'action de la chaleur, s'échappe et gagne le récipient où il se condense, et se rassemble dans la bouteille à laquelle ce vase est adapté. Les phénomènes qui accompagnent la distillation varient suivant la quantité d'acide sulfurique qu'on emploie. Si elle est moindre que ne le recommande le collége de Londres, il se dégage, aussitôt qu'on chauffe, des vapeurs d'un jaune orangé qui deviennent pâles à mesure que la chaleur augmente, et continuent ainsi jusqu'à ce que le mélange renfermé dans la cornue soit presque sec, que la chaleur atteigne 260°. Alors, par suite de la décomposition partielle que nous expliquerons ci-après (589), les vapeurs rouges reparaissent, et une certaine quantité d'oxigène est mise en liberté. L'acide liquide contenu dans le récipient acquiert aussi une couleur plus foncée, et présente l'aspect d'un liquide couleur orange. Si cependant la proportion d'acide sulfurique est plus grande, la décomposition n'a lieu qu'à la fin de l'opération. Le récipient présente un liquide beaucoup plus pâle (1).

---

(1) Dans les fabriques où l'on prépare l'acide nitrique en grand, on emploie, au lieu de l'appareil que nous venons de décrire, des vases distillatoires en grès. L'acide nitrique fut découvert dans le 13e siècle par Raimond-Lulle, en distillant un mélange de nitrate de potasse et d'argile, procédé qui est encore employé dans quelques pays. Le nom d'*acide nitrique* lui fut donné en 1787 par les auteurs de la *Nouvelle nomenclature*.

Lorsque la distillation est achevée, on trouve au fond de la cornue un sel composé d'acide sulfurique et de potasse.

570. L'acide nitrique ainsi obtenu et purifié par la cohobation (182), est un liquide limpide, ou de couleur paille, qui pèse spécifiquement 1,5. Exposé à l'air, il dégage des vapeurs blanches, est très sapide et corrosif; il désorganise la peau et la tache en jaune. Quand il a 1,42 de pesanteur spécifique, il entre en ébullition à 120°, et peut être distillé sans éprouver d'altérations essentielles; s'il est plus faible, il acquiert de la force par l'ébullition, tandis que s'il est plus fort il s'affaiblit, de sorte que toutes les variétés de cet acide sont, par une concentration convenable, amenées à la pesanteur spécifique de 1,42. Exposé à l'air, l'acide nitrique concentré absorbe une portion de l'eau hygrométrique de l'atmosphère et s'affaiblit. Si on mêle subitement deux parties de cet acide avec une d'eau, il se produit une élévation de température qui fait monter le thermomètre à 100°. Lorsqu'il est exposé à la lumière du soleil, il devient d'abord couleur de paille, qui se fonce par degrés jusqu'à ce qu'elle soit à l'orange. Dans cet état, il porte fort improprement, comme nous le verrons par la suite, le nom d'*acide nitreux*, ou *eau-forte du commerce*.

571. Le caractère le plus remarquable de cet acide tient à la promptitude avec laquelle il abandonne une partie de l'oxigène qu'il renferme; ce qui fait que tous les corps combustibles agissent

rapidement sur lui. Traités par ce corps, le sucre, l'alcool, le charbon, donnent lieu à une violente effervescence, qu'accompagne un dégagement abondant de vapeurs rouges. Si on verse subitement cet acide sur des huiles essentielles, sur celles de térébenthine et de girofle par exemple, elles prennent feu à l'instant.

572. L'acide nitrique réel ou sec ne peut exister qu'autant qu'il est combiné avec quelque base; l'acide liquide, le plus concentré qu'on puisse obtenir, celui qui a reçu le nom d'*acide hydro-nitrique* (1), contient au moins 25 pour 100 d'eau.

573. Quelque extraordinaire que cela puisse paraître, les mêmes élémens qui constituent l'air que nous respirons, forment, lorsqu'ils sont combinés en proportions différentes, l'acide que nous étudions. Cette découverte est due à Cavendish, qui l'a constatée par des preuves irrécusables. Ayant fait passer des étincelles électriques à travers une portion d'air atmosphérique, ou mélange d'une partie d'azote et deux d'oxigène, renfermé sur le mercure, il observa que le volume diminuait au bout d'un certain temps : il introduisit un peu d'eau, et obtint une dissolution acide qui, après avoir été saturée de potasse, donna des cristaux de nitre.

____

(1) La particule *hydro,* pour exprimer la présence de l'eau, quoique employée par les plus grands chimistes, ne devrait pas l'être d'après les règles de la *Nomenclature.* Elle sert dans d'autres cas à indiquer la présence de l'hydrogène, et ne doit être employée qu'à cet objet.

574. Quand on fait passer de l'acide nitrique en vapeur dans un tube rouge de feu, il se résout en gaz oxigène qu'on peut recueillir à la manière ordinaire, et en acide nitreux que nous examinerons plus loin.

Azote 14	Oxigène 8
	Oxigène 8
	Oxigène 8
	Oxigène 8
	Oxigène 8

575. D'après les expériences les plus exactes, l'acide nitrique est formé d'une proportion d'azote, de cinq d'oxigène, et peut, en conséquence, être représenté par le tableau ci-joint. Ainsi on verra que le nombre qui le représente est $(5\times8+14)$ 54.

576. L'azote se combine aussi avec d'autres proportions d'oxigène que celles ci-dessus, et donne naissance à une série de composés dont l'histoire est si intimement liée à celle de l'acide nitrique, qu'il est impossible de comprendre les changemens que subit ce dernier, sans les connaître parfaitement; nous passons en conséquence à l'histoire de ces corps.

Oxide nitreux.

577. On prépare ce composé gazeux en distillant du nitrate d'ammoniaque à une température de 285°. On peut aussi l'obtenir en exposant pendant quelques jours du gaz nitreux ordinaire à l'action de la limaille de fer, ou de tout autre corps qui a une forte attraction pour l'oxigène. Pour concevoir la théorie de ce phénomène et celle qui explique la conversion des différens composés les uns dans les autres, il faut connaître la nature et la composition de ces combinaisons.

578. L'oxide nitreux est beaucoup plus pesant que l'air ordinaire : 100 pouces cubes de ce corps pèsent 48 à 49 grains. Il entretient la combustion avec plus d'énergie que l'air atmosphérique. Les animaux dont il forme l'atmosphère expirent promptement; mais l'action qu'il exerce sur le corps humain est, sans contredit, sa propriété la plus extraordinaire. Nous devons à sir H. Davy une série d'expériences fort curieuses, entreprises pour constater ses effets. Respiré dans un ballon de soie huilé, il n'en produit pas de funestes, attendu qu'il se mêle avec l'air atmosphérique que renferment les poumons; mais il donne des sensations très agréables, dont l'intensité varie suivant le tempérament de l'individu. On les a comparées à celles qui accompagnent un premier moment de transport. Une grande gaîté, une tendance irrésistible, au rire, une volubilité étonnante, des paroles vives, animées, et une excitation extraordinaire dans les organes musculaires, tels sont les effets que produit ordinairement ce gaz. On prétend, en outre, que ces sensations ne sont pas suivies d'épuisement, comme celles que donne l'usage des liqueurs fermentées.

579. On détermine la composition de ce gaz, en le faisant détonner avec de l'hydrogène, et en examinant les produits que donne l'explosion. Si, par exemple, on enflamme un volume du premier avec un du second, il y a formation d'eau et on trouve un volume d'azote pour résidu. Or, puisqu'un

volume d'hydrogène ne prend que la moitié d'un volume d'oxigène pour former de l'eau, l'oxide nitreux doit se composer de deux volumes d'azote et d'un d'oxigène. Ces trois volumes sont tellement condensés par suite de l'union chimique, qu'ils n'occupent que l'espace de deux. Le diagramme ci-joint figure exactement la composition de ce gaz; le nombre qui le représente sera par conséquent

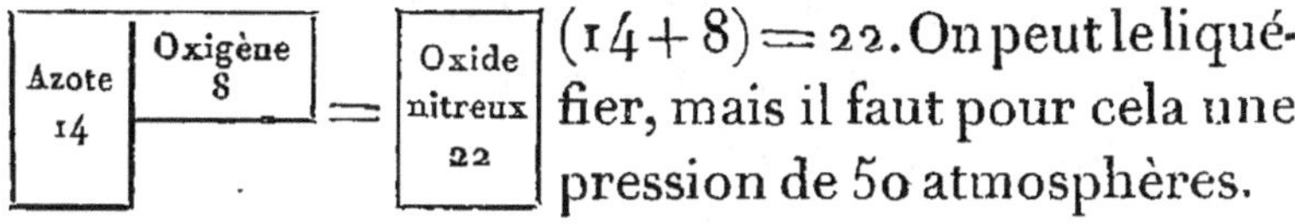

$(14 + 8) = 22$. On peut le liquéfier, mais il faut pour cela une pression de 50 atmosphères.

Oxide nitrique ou gaz nitreux, deutoxide d'azote.

580. On prépare ce gaz, en introduisant de la limaille de fer dans un flacon chargé d'acide nitrique étendu de trois fois son volume d'eau. Il se fait une vive effervescence; il y a production de vapeurs rouges et dégagement abondant de gaz. On peut recueillir celui-ci sur l'eau à la manière ordinaire.

581. Le gaz ainsi obtenu ne montre, quand il est bien lavé, aucun caractère acide. Un morceau de carbonate d'ammoniaque suspendu dans une cloche qui en est remplie, n'éprouve pas la plus légère effervescence. Il éteint les corps en combustion; mais le phosphore et le charbon, plongés incandescens dans ce gaz, brûlent avec rapidité. Il est plus pesant que l'air commun.

582. Il est décomposé par quelques métaux à une température élevée. Un volume d'oxide nitrique se résout alors en volumes égaux d'oxigène et d'a-

Azote 14	Oxigène 8		=	Oxide nitrique 3o
	Oxigène 8			

zote. Le tableau ci-joint donne une idée exacte de sa composition.

583. Le fait le plus remarquable que présente l'oxide nitrique est le changement qu'il éprouve lorsqu'on le mêle avec l'oxigène. Il donne alors naissance à des vapeurs rouges, dégage de la chaleur et se réduit de volume. Mis en contact avec l'air atmosphérique, il présente les mêmes phénomènes, mais d'une manière moins remarquable, et éprouve une réduction de volume plus ou moins grande, selon la quantité d'oxigène que celui-ci contient. C'est à raison de cette propriété singulière qu'il est employé dans l'eudiométrie (5o5). Si on fait cette expérience dans un vase contenant un peu de carbonate d'ammoniaque, il se produit, quand le mélange s'opère, une effervescence qui indique la présence d'un acide, et il se forme un composé nouveau, l'acide nitreux, que nous allons examiner.

Acide nitreux.

584. Si on prend un vase où l'on a fait le vide, qu'on y introduise deux parties de gaz nitreux et une d'oxigène, parfaitement secs, les gaz se réduisent, n'occupent plus que la moitié du volume qu'ils avaient d'abord, et forment un fluide élastique d'une couleur orange foncée, qui porte le nom de gaz *acide nitreux*. Comme cet acide est absorbé par l'eau, il disparaît, ainsi que nous l'avons déjà vu, lorsqu'on mêle sur ce liquide ses constituans gazeux. Il est aussi absorbé par le mercure.

585. Ce gaz entretient la combustion d'une chandelle, du phosphore, du charbon, mais arrête celle du soufre. Le tableau ci-joint représente sa composition. En effet, nous avons vu que l'oxide nitrique est composé de volumes égaux d'azote et d'oxigène, et qu'en ajoutant un nouveau volume d'oxigène, ou deux proportions en poids, on forme l'acide nitreux, qui est par conséquent composé d'un atome d'azote et de quatre d'oxigène. Le nombre qui le représente est par conséquent 46.

Azote 14	Oxigène 8	
	Oxigène 8	= Acide nitreux 46
	Oxigène 8	
	Oxigène 8	

586. Parmi une foule de preuves que l'on peut donner de la composition de l'oxide nitrique et de l'acide nitreux, il n'en est pas de plus simple et de plus intéressante que celle que fournit l'expérience suivante du docteur Milner.

Exp. 75. Introduisez une partie d'oxide noir de manganèse dans un canon de fusil ou dans un tube de porcelaine, et disposez-le en travers dans un fourneau. Lutez, à une de ses extrémités, une petite cornue de verre contenant une dissolution d'ammoniaque, et à l'autre un tube de verre recourbé qui aboutit sous un récipient ou globe de verre. Aussitôt que l'oxigène commence à se dégager, ce qu'on peut reconnaître au moyen d'une chandelle allumée qu'on place à l'ouverture du tube, on applique une chaleur modérée, l'ammoniaque se volatilise, enfile le tube incandescent, et bientôt le récipient se trouve plein de vapeurs rouges. Voici l'explication de ce phénomène : une portion de l'oxigène fourni par le manganèse s'unit à l'azote que donne l'ammoniaque, forme de l'oxide nitrique qui se répand dans l'air et produit des vapeurs rouges; l'autre portion d'oxigène se combine avec l'hydrogène, et donne naissance à de l'eau.

Acide hypo-nitreux ou per-nitreux.

587. Nous avons vu que les composés d'azote et d'oxigène existent dans la proportion de $1+1$ (oxide nitreux), $1+2$ (oxide nitrique), $1+4$ (acide nitreux), et $1+5$ (acide nitrique). Il était naturel de rechercher s'il n'existait pas de combinaison formée d'un atome d'azote et de trois d'oxigène. On a, en effet, découvert qu'elle existait, et on lui a donné le nom d'*acide hypo-nitreux* ou *per-nitreux*.

588. On obtient cet acide en mêlant ensemble, sur une dissolution de potasse renfermée sur du mercure, 400 mesures de gaz nitreux et 100 d'oxigène (dans lesquels l'azote et l'oxigène, pris ensemble, sont en volume dans le rapport de 100 à 150); mais jusqu'ici on n'a pu obtenir ce corps isolé : car si on emploie un acide plus énergique pour le dégager de la potasse, il se transforme en gaz nitreux. Ce composé paraît aussi se former lorsque le gaz nitreux agit sur l'air commun.

589. Il est évident que les cinq composés décrits ci-dessus, puisqu'ils sont formés des mêmes élémens, et ne diffèrent entre eux que par les proportions

d'azote et d'oxigène qu'ils contiennent, peuvent être convertis les uns dans les autres, en ajoutant ou en retranchant une proportion convenable d'oxigène; ainsi l'élève peut maintenant comprendre les changemens que ces corps subissent. Cette expérience peut être appliquée avec avantage à l'explication des phénomènes qui accompagnent la distillation de l'acide nitrique (569). Nous avons dit qu'à différentes époques de l'opération, il se dégage des vapeurs rouges, et qu'il y a de l'oxigène mis en liberté. Cela tient à ce qu'une portion de l'acide nitrique est décomposée par la chaleur, et convertie en gaz nitreux et en oxigène. Le premier de ces gaz se trouvant en contact avec l'atmosphère, se change en acide nitreux, et produit les vapeurs rouges dont nous avons parlé. La proportion additionnelle d'acide sulfurique recommandée par le collége d'Édimbourg, prévient cette décomposition par l'excès d'eau qu'elle fournit. Nous connaissons ainsi la nature de l'acide fumant qu'on appelle communément *nitreux;* c'est simplement de l'acide nitrique qui tient de l'oxide nitrique à l'état d'une faible combinaison. Aussi l'application de la chaleur dégage-t-elle celui-ci, et laisse-t-elle l'acide dans un état incolore. Il en est de même lorsqu'on l'étend d'eau, et il est curieux d'observer alors les changemens de couleur qu'il éprouve suivant la quantité d'eau qu'on ajoute. De l'orangé foncé il passe successivement au bleu, à l'olive et à un bleu éclatant, après quoi il devient transparent.

590. Les mêmes considérations expliquent la

théorie du procédé par lequel on prépare l'oxide nitrique (580); si l'on compare les tableaux qui expriment la composition de l'acide et de l'oxide nitriques, on verra que le premier se transforme dans le second par la soustraction de trois atomes d'oxigène, ce que l'on effectue par la limaille de cuivre. De plus, l'oxide nitrique peut se convertir en oxide nitreux par une nouvelle soustraction d'un atome d'oxigène que l'on opère par de la limaille de fer (577). Le diagramme suivant explique la décomposition et le jeu d'affinités qui ont lieu durant la transformation du nitrate d'*ammoniaque* en *oxide nitreux*.

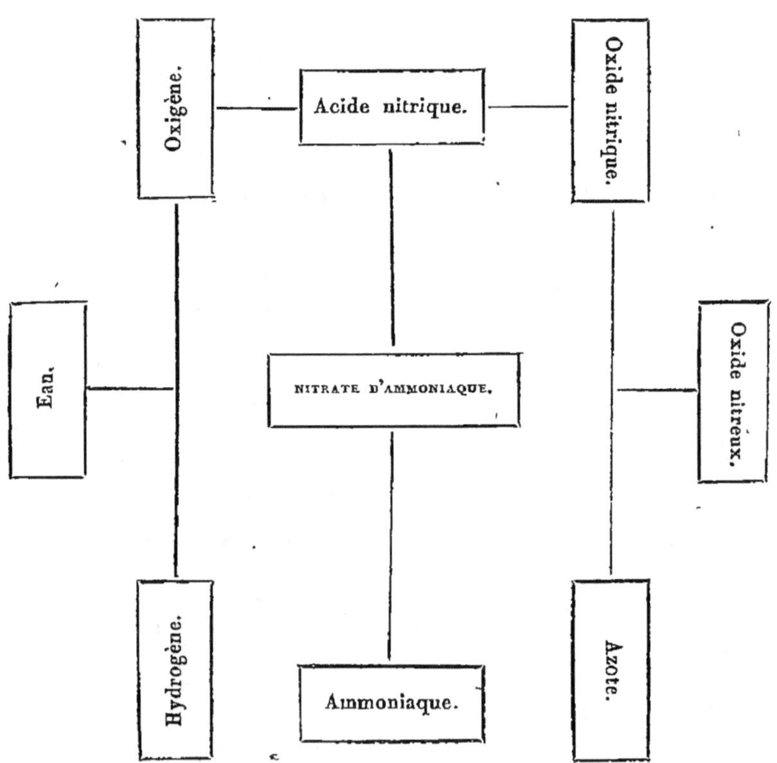

On verra que le nitrate d'ammoniaque est composé d'acide nitrique et d'ammoniaque; l'acide nitrique, d'oxide nitrique et d'oxigène, et l'ammoniaque, d'hydrogène et d'azote; à la température d'environ 215°, l'attraction de l'oxigène pour l'azote de l'ammoniaque, et celle de l'oxide nitrique pour l'oxigène de l'acide nitrique, *diminuent*, tandis qu'au contraire, l'attraction de l'hydrogène de l'ammoniaque pour l'oxigène de l'acide nitrique, et celle de l'azote restant de l'ammoniaque, pour l'oxide nitrique de l'acide nitrique, *augmentent.* Il résulte de là que les premières affinités sont détruites, et qu'il s'en produit de nouvelles, c'est-à-dire que l'hydrogène de l'ammoniaque attire l'oxigène de l'acide nitrique, et donne de l'eau pour résultat; que l'azote de l'ammoniaque se combine avec l'oxide nitrique mis en liberté, et forme de l'oxide nitreux. Si on examine la composition atomique de ces différens corps, on trouve que les proportions de chaque élément, dans les nouveaux composés, s'accordent exactement avec celles que donnent les décompositions; et conséquemment tout le nitrate d'ammoniaque est réduit en oxide nitreux et en eau, sans excès d'oxigène, d'hydrogène ou d'azote, comme on peut le voir par le tableau suivant :

Acide nitrique. { Oxide nitrique.... = 2 oxig. + 1 d'azote.
            { Oxigène.................... = 3 oxig.
Ammoniaque.................. = 1 d'az. + 3 hyd.
____
2 d'oxide nitreux, 3 d'eau.

AMMONIAQUE OU ALCALI VOLATIL.

591. Si on mêle une partie de sel ammoniac (muriate d'ammoniaque) avec deux parties de chaux vive sèche, et qu'on introduise le mélange dans une petite cornue de verre, on obtient, en appliquant une douce chaleur, un gaz piquant qu'il faut recueillir sur le mercure (1), attendu qu'il est très soluble dans l'eau. C'est le gaz ammoniac, auquel Priestley, qui l'obtint le premier, donna le nom d'air alcalin ; il jouit des propriétés suivantes :

1°. *Il éteint immédiatement les corps en combustion, et donne la mort aux animaux;* cependant si on plonge une bougie allumée dans une éprouvette pleine de ce gaz, on voit le disque de la flamme s'agrandir avant de s'éteindre.

2°. *Il est plus léger que l'air atmosphérique;* 100 pouces cubes ne pèsent pas tout-à-fait 19 grains.

3°. *Il présente les caractères d'un alcali.* Si on le met en contact avec du papier bleu, il en change aussitôt la couleur ; ce qui indique son alcalinité.

4°. *Il est susceptible d'être liquéfié.* Ce résultat est dû à Faraday, qui l'obtint de la manière indiquée (325 *note*). Amenée à cet état, l'ammoniaque est incolore, transparente, très fluide, et pèse spécifiquement 0,760.

---

(1) Si on n'a pas à sa disposition cette partie de l'appareil, on peut obtenir une cloche de gaz en se servant de celui que nous avons recommandé pour recueillir l'acide carbonique (exp. 64). Il faut cependant avoir soin de prendre un vase dont l'ouverture soit extrêmement étroite.

5°. *Il est rapidement absorbé par l'eau.* On peut s'assurer de ce fait en introduisant un peu d'eau dans une cloche de ce gaz sur le mercure, ou en recevant le gaz dans l'eau à mesure qu'il se dégage. Dans le premier cas, il est rapidement absorbé; dans le second, les bulles se condensent avec non moins de vitesse, et constituent la *liquor ammoniæ* de la pharmacopée, dont on peut chasser le gaz à l'aide de la chaleur.

592. On peut prouver, par la synthèse et par l'analyse, que la composition de ce corps alcalin est due à la combinaison de l'oxigène et de l'azote. L'expérience suivante, qui est fort instructive, fournit non seulement une preuve de la constitution de l'ammoniaque, mais sert encore à faire connaître la nature des différens ingrédiens qu'on emploie dans l'opération, en même temps qu'elle explique quelques unes des lois les plus importantes de l'affinité chimique.

Exp. 76. Introduisez dans un verre deux drachmes de limaille d'étain sur laquelle vous en versez un d'acide nitrique, étendu du double de son volume d'eau; il se fait aussitôt une vive effervescence qu'on favorise par l'agitation et que suit un dégagement abondant de vapeurs rouges. Lorsque la réaction cesse on ajoute de la chaux vive au mélange, et on s'aperçoit bientôt, à l'odeur des vapeurs qui se dégagent, qu'il y a production d'ammoniaque. On peut, en outre, la reconnaître à l'aide de quelques réactifs que nous décrirons plus tard.

23

593. Examinons maintenant les décompositions qui ont lieu durant le cours de cette expérience. L'acide nitrique et l'eau sont décomposés par l'étain qui s'empare de leur oxigène, s'oxide et se réduit en poudre blanche. L'azote du premier et l'oxigène de la seconde, une fois en liberté, s'unissent et constituent l'ammoniaque; mais, comme il y a excès d'acide nitrique, l'alcali forme avec elle un nitrate qui est à son tour décomposé par la chaux vive. Ainsi, une seule et même expérience fait connaître la nature d'un oxide, la composition de l'acide nitrique, celle de l'eau et de l'ammoniaque.

Exp. 77. Introduisez dans une cloche pleine d'azote de la limaille de fer humide, renversez le tout sur le mercure, vous trouverez bientôt qu'il s'est produit de l'ammoniaque; ce qui se passe dans cette expérience est facile à comprendre. Le fer attire l'oxigène de l'eau, met en liberté son hydrogène qui se combine avec l'azote et forme de l'ammoniaque.

594. On peut expliquer de la même manière la présence de l'ammoniaque dans le produit de diverses décompositions. Les vapeurs, par exemple, qui se dégagent de la combustion du nitre et du charbon, donnent souvent une odeur d'ammoniaque très sensible. Dans ce cas, l'azote de l'acide nitrique que renferme le sel s'empare de l'oxigène de son eau de cristallisation qui se trouve décomposée.

L'analyse en donne une foule de preuves, exemple:

Exp. 78. Introduisez dans un canon de fusil

contenant des fragmens de pipe (1), une certaine quantité de plomb rouge ; chauffez et faites passer à travers de la vapeur d'ammoniaque, vous obtiendrez du gaz azote. Ceci est un cas d'affinité simple ; l'oxigène, fourni par le plomb rouge, se combine avec l'hydrogène de l'ammoniaque, forme de l'eau, et met l'azote à nu. (2)

595. On peut aussi décomposer l'ammoniaque en la faisant passer dans un tube de fer incandescent, sans l'aide d'aucun autre corps ; elle se dilate alors et se résout en hydrogène et azote.

596. Le docteur Henry a également observé qu'on pouvait enflammer un mélange d'ammoniaque et d'oxigène, par le moyen de l'étincelle électrique. Nous pouvons donc déterminer d'une manière précise la proportion de ces élémens. Elle est de trois volumes d'hydrogène et d'un d'azote condensés en deux volumes ; le nombre qui la représente est conséquemment 17.

Azote. 14.	Hydrog. 1.		
	Hydrog. 1.	=	Ammo-niaque. 17.
	Hydrog. 1.		

---

(1) Ces fragmens de pipe ont pour but d'empêcher le canon de s'engorger et de ne laisser aucune issue au gaz, ce qui pourrait occasionner un accident.

(2) Cette expérience ne diffère de celle de Milner, que nous avons rapportée, que parce qu'on substitue du plomb rouge au manganèse. Le premier ne donne que ce qu'il faut d'oxigène pour saturer l'hydrogène, tandis que le second en fournit à l'azote. Il n'est pas inutile d'observer que le plomb rouge, tel qu'on

597. Quand on veut découvrir là présence de petites proportions de gaz ammoniac, on lui présente une tige de verre humectée d'acide muriatique. On voit apparaître aussitôt des vapeurs blanches qui sont produites par la formation du muriate d'ammoniaque, comme nous l'avons démontré par l'expérience 9. Cependant un mélange de nitrate d'argent et d'arsenic blanc donne un réactif plus sensible encore; si l'on met en contact du gaz ammoniac et un papier humecté d'une dissolution de ce mélange, il se produit une couleur jaune intense.

598. L'ammoniaque se combine avec les acides et donne naissance à une classe de composés qui ont reçu le nom de *sels ammoniacaux*. Elle s'unit en volume égal avec l'hydrogène sulfuré et forme de *l'hydro-sulfure d'ammoniaque*, substance qui fournit un réactif important pour les métaux, et qu'on peut obtenir en distillant presqu'au rouge un mélange de 6 parties de chaux éteinte, 2 de muriate d'ammoniaque et 1 de soufre.

Acide prussique ou hydro-cyanique. (1)

Ce composé est connu depuis long-temps; mais c'est aux savantes recherches de Gay-Lussac qu'on doit les idées plus nettes qu'on a aujourd'hui sur sa

---

le prépare ordinairement, donne d'abord un peu d'acide carbonique.

(1) Il tire son nom de la combinaison qu'il forme avec le fer, et qui a été si long-temps connue et employée dans la peinture sous le nom de *bleu de Prusse*.

nature et ses propriétés. Macquer reconnut le premier que le bleu de Prusse peut être décomposé par les alcalis, et le fer isolé du principe inconnu avec lequel il est combiné. Bergman rangea ensuite ce principe parmi les acides, et Sage annonça, en 1772, que cet acide animal, ainsi qu'il s'appelait, pouvait former, avec les alcalis, des sels neutres. Vers le même temps, Scheele réussit à l'obtenir isolé, et le regarda comme une combinaison d'ammoniaque et de carbone.

600. Voici la méthode que conseille Scheele pour le préparer. On mêle quatre onces de bleu de Prusse avec deux d'oxide rouge de mercure obtenu par l'acide nitrique, et on fait bouillir le mélange dans douze onces d'eau, jusqu'à ce qu'il soit incolore. On le filtre alors, on ajoute une once de limaille de fer et six ou sept drachmes d'acide sulfurique. On distille et on recueille environ le quart de cette liqueur ; c'est de l'acide prussique : mais comme il retient une portion d'acide sulfurique, on le distille une seconde fois sur du carbonate de chaux.

601. Cet acide, que des expériences récentes ont démontré contenir six fois son volume d'eau, jouit des propriétés suivantes : Il a une forte odeur de fleurs de pêcher ou d'amandes amères ; sa saveur, d'abord douceâtre, devient âcre et excite la toux. Il est extrêmement volatil, ne neutralise pas complétement les alcalis, et cède même à l'acide carbonique. Il n'a aucune action sur les métaux ; mais il s'unit à leurs oxides et donne naissance à des sels

qui sont la plupart insolubles. Il forme également des sels triples en se combinant avec les oxides et les alcalis.

602. Son odeur particulière faisait soupçonner de l'analogie avec le principe délétère qui passe à la distillation des feuilles du laurier-cerise, des noyaux d'amandes amères et de quelques autres productions végétales. M. Schrader de Berlin a reconnu, en effet, que ces substances contiennent un principe capable de former, comme l'acide prussique, un précipité bleu avec le fer, et que, combiné avec la chaux, il fournit un réactif qui ne le cède pas au prussiate. Le docteur Bucholz de Weimar, et M. Roloff de Magdebourg ont confirmé ce fait. L'acide prussique est plus volatil que les huiles essentielles, car si on les distille ensemble, il passe le premier.

603. Nous avons dit (601) que l'acide de Scheele était étendu d'eau : il était dans le même état que celui qu'on emploie maintenant en médecine. Voici la manière dont on le prépare au collège de Pharmacie : On met une livre de prussiate (ou plus exactement du cyanure) de mercure dans une cornue tubulée, avec six pintes d'eau et une livre d'acide muriatique, de la pesanteur spécifique de 1,15 ; on adapte à la cornue un récipient d'une capacité convenable, et on distille six pintes. La pesanteur spécifique du produit est de 0,995. On le conserve dans des bouteilles loin de la lumière, mais il ne se garde pas long-temps, il est trop sujet à se décomposer. Le

comité du collége de Londres proposa dernièrement
d'introduire dans la pharmacopée une formule pour
préparer cet acide; mais ce projet fut rejeté, sur
l'observation que l'expérience n'avait pas justifié les
heureux effets médicaux qu'on lui attribuait. Le
lecteur peut consulter, à cet égard, ma *Pharmacologie*. Ure considère la pesanteur spécifique de
cet acide comme une indication très imparfaite de
sa force. Il a, en conséquence, proposé une autre
méthode, qui est fondée sur les *considérations
atomiques*, que nous avons déjà expliquées (274).

604. C'est Gay-Lussac qui a obtenu le premier
l'acide prussique ou hydro-cyanique concentré. Voici
son procédé : On introduit une partie de prussiate
ou cyanure de mercure cristallisé dans une cornue
de verre tubulée, au bec de laquelle est un tube
horizontal d'environ deux pieds de long, et d'un bon
demi-pouce de large dans son milieu. On remplit le
premier tiers du tube, du côté de la cornue, de petits
fragmens de marbre, et les deux autres de muriate
de chaux. On adapte à l'extrémité de ce tube un
petit récipient, qu'on entretient constamment froid
à l'aide d'un mélange réfrigérant. On verse sur les
cristaux une quantité d'acide muriatique moindre
que celle qui est nécessaire pour saturer la base
métallique du sel, et on chauffe modérément; l'acide
hydro-cyanique se dégage, se condense dans le
tube. L'acide muriatique qu'il entraîne est absorbé
par le marbre, et l'eau dont il est chargé par le

muriate de chaux. En appliquant une chaleur modérée sur le tube, on fait avancer successivement
l'acide hydrocyanique ; on le laisse quelque temps
en contact avec le muriate de chaux, et on le dégage enfin dans le récipient.

6o5. Vauquelin trouva si faible le produit qu'on
obtient par ce procédé, qu'il en chercha un autre.
Il fit passer un courant d'hydrogène sulfuré dans
un tube légèrement chauffé, qu'il avait rempli de
cyanure de mercure, et dont le bout allait se terminer dans un récipient entretenu avec soin à une
basse température. Il continua l'opération jusqu'à
ce que l'odeur du gaz hydrogène sulfuré fût sensible
dans le récipient. Il réussit par ce moyen à obtenir
une quantité d'acide égale en poids à un cinquième
du cyanure employé. Comme il pourrait rester de
l'hydrogène sulfuré indécomposé dans le récipient,
on place au bout du tube un peu de carbonate de
plomb qui l'absorbe.

6o6. L'acide concentré, qu'il soit préparé par le
procédé de Gay-Lussac ou celui de Vauquelin, est un
liquide incolore extrêmement odorant, et dont les
vapeurs, si on a l'imprudence de les respirer *par les
narines,* produisent un malaise sensible et même
l'évanouissement. Il agit comme un poison rapide et
violent; si on passe une plume trempée dans cet
acide sur la prunelle d'un animal, on le fait expirer
sur-le-champ. C'est ainsi que M. Magendie terminait
les souffrances des animaux qui servaient à ses re-

cherches physiologiques. La saveur de cet acide, d'abord froide, devient bientôt chaude et âcre. Je ne recommande pas à l'élève de vérifier tout ceci par expérience. La pesanteur spécifique de ce corps à 18° est de 0,6969. Il entre en ébullition à 26, et affecte une forme cristalline. Le froid qu'il produit lorsqu'il se vaporise, même à la température de 20°, suffit pour le congeler. Il est facile de produire ce phénomène. Si on en met une petite goutte sur l'extrémité d'un morceau de papier ou d'un tube de verre, il se solidifie à l'instant. Quoique rectifié à plusieurs reprises sur du marbre pulvérisé, il conserve la propriété de rougir faiblement le papier bleu. Cependant la couleur rouge disparaît à mesure que l'acide s'évapore.

607. L'acide prussique est formé d'une base composée, particulière, qui est acidifiée par l'hydrogène, et à laquelle il a donné le nom de *cyanogène*; ainsi le nom d'acide *hydro-cyanique* exprime parfaitement sa composition.

Cyanogène (1), *gaz prussique.*

608. On peut obtenir ce composé gazeux, en chauffant du prussiate de mercure parfaitement sec, dans une cornue de verre ou dans un tube fermé par un bout. Il noircit, se liquéfie et dégage le *cyanogène*, qui s'échappe sous forme de gaz qu'on recueille sur le mercure.

609. Ce gaz a une odeur forte, pénétrante et

---

(1) Cyanogène veut dire qui engendre le bleu.

désagréable ; il brûle avec une flamme bleue mêlée de pourpre ; sa pesanteur spécifique est à celle de l'air comme 1,8064 à 1. Il résulte de là que 100 pouces cubes pèsent 55 grains. L'eau en dissout 4,5 parties, et l'alcool 23. Faraday l'a condensé par une pression de 3,6 atmosphères environ.

610. Le cyanogène peut se comparer avec le chlore et l'iode; il est acidifié par l'hydrogène, et forme avec les bases métalliques des composés qu'on appelle *cyanures*.

611. En faisant détoner le cyanogène avec l'oxigène, on a pour résultat de l'acide carbonique et de l'azote; l'évaluation de leurs proportions a fait voir que le cyanogène est composé de deux volumes de carbone et d'un d'azote. Le nombre qui le représente est par conséquent $(6+6+14)$ 26.

612. L'acide hydro-cyanique est composé de volumes égaux de cyanogène et d'hydrogène; le nombre qui le représente est donc $(26+1)$ 27.

613. Maintenant qu'on connaît la composition du cyanogène, on comprendra facilement la théorie du procédé qu'on emploie, pour obtenir l'acide hydro-cyanique. Dans celui de M. Gay-Lussac (604), le cyanure qui est composé de mercure et de cyanogène est décomposé par l'acide muriatique qui, par le moyen de l'eau qu'il contient, oxide le métal et se combine avec lui, tandis que le cyanogène libre s'unit à l'hydrogène et s'échappe à l'état d'acide hydro-cyanique. Le procédé de Vauquelin est un jeu de double affinité. L'hydrogène sulfuré

qui passe à travers le cyanure de mercure se décompose; le soufre se combine avec le métal, et
l'hydrogène avec le cyanogène.

614. L'acide hydro-cyanique s'unit aux bases
salifiables, et forme une classe intéressante de sels,
appelés *hydro-cyanates*. Nous examinerons ces corps
plus tard.

Du Soufre.

615. Le soufre est une production du règne minéral; il existe cependant dans les matières animales,
dont il est un des principes constituans. Celui qui se
trouve dans le commerce vient en grande partie de
la Sicile; on en extrait aussi une quantité considérable du sulfure de cuivre qui donne par la calcination des vapeurs sulfureuses que l'on condense dans
des chambres de brique; on le purifie ensuite par
la fusion, et on le coule; il se présente aussi sous
forme d'une poudre légère, appelée *fleur de
soufre* et qu'on obtient par la sublimation.

616. Le soufre est friable, jaune pâle, insipide
et inodore quand il est froid; mais il exhale une
odeur particulière dès qu'on le chauffe. Serré dans
la main, il craque et souvent se réduit en pièces. Cet
effet est dû à l'action inégale que la chaleur exerce
sur un corps qui la transmet lentement et a peu de
cohésion. Il entre en fusion à 104° environ, mais
il commence à se volatiliser à 82°. Quand on le
tient quelque temps en fusion dans un vase
ouvert, il devient épais et visqueux; et si on le

verse dans l'eau, il affecte une couleur rouge et est aussi ductile que la cire, ce qui le fait employer pour prendre des empreintes. Sa pesanteur spécifique augmente et s'élève de 1,99 à 2,325. Ce changement n'est pas dû à l'oxidation, comme on le suppose généralement, car il a lieu en vases clos; il paraît dépendre d'un nouvel arrangement de molécules. A 293°, le soufre prend feu en plein air, brûle avec une flamme bleue, et exhale les vapeurs les plus suffoquantes. Si lorsqu'il est fondu, on le laisse refroidir lentement, il forme une belle masse cristalline. Insoluble dans l'eau, il est fort peu soluble dans l'alcool et l'éther, davantage dans l'huile, dans celle de lin surtout.

617. Le soufre est un corps électro-positif, c'est-à-dire que quand il est séparé de ses combinaisons par l'électricité voltaïque, il se rend au pôle négatif. On le regarde comme élémentaire, parce qu'on ne sait rien de positif sur sa composition. H. Davy est à la vérité parvenu, en le soumettant à l'action de l'électricité, à en tirer de l'hydrogène, mais ce gaz peut provenir de l'humidité dont ce corps est ordinairement chargé. Son poids atomique a été fixé à 16.

618. Il s'unit aux métaux, aux alcalis, aux terres, et donne naissance à une classe de composés connus sous le nom de *sulfures*.

619. Le soufre s'unit à l'hydrogène en deux proportions définies, et forme deux composés différens que nous allons examiner.

Acide sulfureux.

620. Du soufre brûlé dans du gaz oxigène sec produit l'acide sulfureux ; mais si le gaz est humide, il y a en même temps formation d'acide sulfurique. La méthode ordinaire d'obtenir ce gaz consiste à distiller, dans une cornue de verre, une partie en poids de mercure avec six ou sept d'acide sulfurique. Il se dégage du gaz acide sulfureux qu'on peut recueillir et conserver sur le métal.

621. Il jouit des propriétés suivantes : Il a une odeur piquante et suffoquante, tout-à-fait semblable à celle que produit la combustion du soufre. Il est deux fois plus pesant que l'air atmosphérique. Il rougit les couleurs bleues végétales et les détruit pour la plupart. Il blanchit plusieurs substances animales et végétales, telles que la soie et la paille ; de là son usage dans le blanchîment. Il est absorbé par l'eau. Ce fluide en prend trente fois son volume, acquiert une saveur sous-acide nauséabonde, et, d'après Thompson, une pesanteur spécifique de 1,0513. Lorsque cette dissolution est nouvellement préparée, la chaleur en dégage le gaz, ce que ne peut faire la congélation. Elle détruit les couleurs végétales comme le gaz même. L'acide sulfureux est converti en acide sulfurique par toutes les substances qui peuvent lui céder de l'oxigène, mais la présence de l'eau paraît être nécessaire à cette transformation. Un mélange de mercure et de gaz acide sulfurique secs se conserve plusieurs

mois sur le mercure sans altération ; mais si on lui donne la plus petite quantité d'eau, il commence à diminuer et se convertit en acide sulfurique. Les proportions nécessaires pour la saturation des deux corps, sont deux volumes d'acide sulfurique et un d'oxigène.

622. Il en est de même du gaz acide nitreux parfaitement sec ; il ne produit aucune altération sur l'acide sulfureux sec ; mais s'ils sont en contact avec une petite quantité d'eau, ces deux corps réagissent vivement. Le gaz acide nitreux cède une portion de son oxigène à l'acide nitreux, d'où résultent du gaz nitreux et de l'acide sulfurique qui, se combinant l'un et l'autre avec une petite proportion d'eau, forment des flocons cristallins très blancs. Si on met une plus grande quantité d'eau en contact avec ces cristaux, elle dissout l'acide sulfurique, et le gaz nitreux se dégage avec effervescence. Ainsi, par le moyen d'une petite quantité de gaz nitreux, on peut transformer une grande masse d'acide sulfureux en acide sulfurique, pourvu que le gaz acide soit mêlé avec la moitié de son volume d'oxigène, ou avec une proportion équivalente d'air atmosphérique ; mais nous aurons occasion de revenir sur ce sujet, quand nous traiterons de la formation de l'acide sulfurique par la combustion du soufre.

623. En soumettant l'acide sulfureux à une pression de deux atmosphères par une température de 7°, M. Faraday l'a réduit en un liquide limpide

et incolore; quand le tube qui le contenait fut ouvert, loin d'en sortir avec explosion, comme cela a lieu pour les autres gaz condensés, une portion du liquide s'évapora rapidement et refroidit tellement l'autre, qu'elle resta fluide sous la pression atmosphérique ordinaire. Elle se dissipa cependant d'une manière rapide, sans produire de vapeurs visibles, mais en dégageant l'odeur d'acide sulfureux pur, et en laissant le tube tout-à-fait sec.

624. On conclut avec raison, de ce que ce gaz n'exigeait qu'une pression de deux atmosphères, qu'on pourrait le liquéfier par la distillation, à une basse température. C'est en effet ce que l'on exécuta en le recevant dans un récipient entouré d'un mélange de glace et de sel.

625. L'acide sulfureux liquide présente des phénomènes curieux. Il produit un froid intense par la rapidité avec laquelle il s'évapore, et fournit ainsi le moyen de congeler des corps qui avaient résisté à tous les moyens ordinaires de réfrigération. Si on verse un peu de ce liquide dans l'eau, celle-ci se convertit immédiatement en glace, et si on en verse sur une boule qui renferme du mercure, le métal est presque aussitôt solidifié.

626. Si on jette un morceau de glace dans le fluide, il se développe de la chaleur, et l'ébullition commencé immédiatement.

627. Les sels que forme cet acide en se combinant avec les bases salifiables, se nomment *sulfites*.

Acide sulfurique.

628. Cet acide est connu et employé depuis long-temps, quoique ce ne soit que depuis peu qu'on a découvert sa composition chimique (1). Dans l'origine, on l'extrayait par la distillation, du vitriol vert (sulfate de cuivre), ce qui lui fit donner le nom d'*acide vitriolique* ou d'*huile de vitriol,* à cause de la consistance oléagineuse qu'il présente lorsqu'on le verse d'un vase dans un autre.

629. Le premier qui adopta, en Angleterre, la méthode de fabriquer l'acide sulfurique par la combustion du soufre, est le docteur Ward (2), qui probablement avait eu occasion de la connaître pendant son séjour sur le continent, car ce procédé est décrit par Lefèvre et Lemery. Quoi qu'il en soit, Ward obtint un privilége exclusif. Il se servait, pour cette fabrication, de vaisseaux de verre à larges cols, aussi grands qu'on pouvait les souffler, et d'une capacité de 120 à 200 pintes; il mettait une petite quantité d'eau dans chaque, et enflammait un mélange de soufre et de nitre dont les vapeurs étaient condensées par le liquide; il

---

(1) La première mention de ce corps se trouve dans les écrits de Basile Valentin. Il fut aussi connu de Paracelse qui mourut en 1541. Cependant Gérard Doronée est le premier qui en ait donné une description exacte dans un ouvrage qu'il publia en 1570.

(2) Le Dr Ward est connu dans la médecine par ses pillules analeptiques et d'autres préparations.

répétait cette opération jusqu'à ce que l'eau fût complétement saturée. En 1746, Roebuck de Birmingham remplaça les vaisseaux de verre par des chambres doublées de plomb, et mit ainsi le fabricant à même de préparer cet acide en grand; c'est ce procédé que l'on suit maintenant. On mêle du soufre avec le septième de son poids de nitre sur des plaques de fer ou de plomb qui communiquent avec une chambre de plomb dont l'aire est couverte de plusieurs pouces d'eau; on met le feu au mélange et on laisse aller la combustion.

630. Pour comprendre la théorie de ce procédé, il faut savoir que l'acide sulfurique est composé d'une proportion de soufre, 16, et de trois proportions d'eau $(8+8+8)$ 24; le nombre qui le représente est par conséquent 40; pour convertir un atome d'acide sulfureux, il suffit d'ajouter une proportion d'oxigène.

631. Voici comment sir H. Davy explique les phénomènes qui ont lieu dans la préparation de l'acide sulfurique par la combustion du soufre et du nitre. Le soufre forme en brûlant du gaz acide sulfureux; l'acide nitrique contenu dans le nitre se décompose, et donne naissance à du gaz nitreux. Celui-ci se trouvant en contact avec l'oxigène de l'atmosphère, forme du gaz acide nitreux qui ne peut convertir l'acide sulfureux en acide sulfurique tant qu'il n'y a pas d'eau (622). Si cette substance n'existe qu'en une certaine proportion, l'eau, le gaz acide nitreux et l'acide sulfureux se combinent et forment un solide

blanc cristallin. Ce nouveau corps est à l'instant décomposé par la grande quantité d'eau qu'on emploie
ordinairement ; il se forme de l'acide sulfurique, et il
se dégage du gaz nitreux qui, par le contact de l'air,
redevient encore du gaz acide nitreux, et ainsi de
suite, jusqu'à ce que l'eau de la chambre soit fortement acide. Ainsi le gaz acide nitreux ne sert ici
qu'à transmettre l'oxigène de l'air à l'acide sulfureux.

632. On a quelquefois observé qu'une portion
de l'acide sulfurique se concrète en une masse
blanche de cristaux radiés, et forme ce qu'on appelle acide sulfurique *glacial*. Thompson considère
ce corps comme de l'acide pur privé d'eau ; d'autres
chimistes le regardent comme une combinaison d'a-
cides sulfurique et sulfureux ; mais il est probable
que c'est un composé d'acide hypo-nitreux et d'acide
sulfurique.

633. L'acide sulfurique jouit des propriétés suivantes : il est de consistance épaisse, oléagineuse ;
quand il est parfaitement pur, il est limpide et incolore. Il prend cependant une teinte noire par le
contact des matières carbonacées qu'il modifie au
point de les rendre solubles (471). Sa pesanteur spécifique est de 1,85 ; il bout à 320°, et se congèle à
— 5° ; mais ces effets dépendent du degré de concentration où il se trouve. Il est extrêmement âcre et
caustique ; il désorganise, ramollit, noircit la paille,
le bois et autres substances végétales, dont il détache une certaine portion de matière carbonacée.

Il a une si grande attraction pour l'eau, que lorsqu'on le mêle subitement avec ce liquide, il dégage une violente chaleur, et le mélange se réduit de volume. Il s'unit si rapidement à l'humidité de l'atmosphère, que si on l'expose dans un vase ouvert, il a bientôt doublé de poids.

634. L'acide le plus concentré qu'on puisse obtenir contient 19 pour 100 d'eau. Ce liquide paraît essentiel à sa constitution ; on ne peut l'en séparer qu'en combinant l'acide avec une base, ce qui porte à croire qu'on lui a donné improprement le nom d'acide sulfurique. D'après les principes de la nouvelle nomenclature, quelques chimistes l'ont appelé acide *hydro-sulfurique*.

635. Ceux qui veulent connaître la proportion d'acide du commerce que contient l'acide sulfurique de diverses pesanteurs spécifiques, peuvent consulter la table que Parkes a publiée dans le second volume de ses *Essais chimiques*.

636. Quand cet acide est parfaitement pur, la dissolution ne trouble pas sa transparence ; ce n'est jamais le cas de celui qu'on trouve dans le commerce ; car une légère addition d'eau détermine un précipité blanc composé de sulfates de plomb et de potasse.

637. L'acide sulfurique se combine avec diverses bases, et donne naissance à une classe de sels appelés *sulfates*.

Du gaz hydrogène sulfuré.

638. Ce composé gazeux de soufre et d'hydro-gène existe dans plusieurs eaux minérales, dans celles d'Harrogate surtout, et se trouve dans les grands intestins des animaux; il se dégage aussi pendant la décomposition des substances animales, et peut être artificiellement formé en présentant du soufre à l'hydrogène à son état naissant, c'est-à-dire lorsqu'il s'échappe d'un composé dans lequel il existait sous forme solide. Ceci arrive lorsqu'on verse de l'acide sulfurique étendu sur la substance appelée sulfure de fer (1). Cependant on peut, par le procédé suivant, se procurer ce gaz en très grande abondance et dans le plus grand état de pureté.

Exp. 70. Introduisez dans un flacon ou dans une cornue de verre du sulfure d'antimoine en poudre (antimoine cru des boutiques), et sur lequel vous versez cinq ou six fois son poids d'acide muria-tique; chauffez à la lampe, et recueillez le gaz à la manière ordinaire.

639. Ce gaz possède les propriétés suivantes : 1° *Il est soluble dans l'eau.* Ce fluide en absorbe trois fois son volume, lorsqu'on facilite cet effet par

____

(1) Pour obtenir cette substance, on chauffe au blanc une barre de fer qu'on frotte alors avec un canon de soufre. Ces deux corps s'unissent et forment un composé liquide qui se congèle et doit être conservé dans une fiole bien bouchée.

l'agitation. Il faut, en conséquence, le recevoir dans des bouteilles munies de bouchons de verre, et les boucher quand elles sont pleines. Lorsqu'on veut obtenir une solution aqueuse d'hydrogène sulfuré, on fait passer un courant de ce gaz dans une fiole contenant de l'eau distillée, ou on l'agite avec une certaine quantité de ce fluide.

2°. *Son odeur est fétide*, analogue à celle des œufs pourris ou des lavages de fusil, qui lui doivent celle qu'ils exhalent. Elle se développe dans le premier cas pendant la décomposition; dans le second, l'explosion de la poudre produit un peu de sulfure de potasse qui abandonne son hydrogène sulfuré lorsqu'il trouve de l'eau.

3°. *Il est inflammable*, brûle paisiblement ou avec explosion, suivant qu'il est ou n'est pas mêlé avec du gaz oxigène ou de l'air atmosphérique. Il donne pour résultat de l'eau, de l'acide sulfureux et un peu d'acide sulfurique.

4°. *Mêlé avec des corps capables de se combiner avec son hydrogène, il abandonne son soufre*; ainsi le chlore, quand il est mêlé à ce gaz, s'unit à son hydrogène, forme de l'acide muriatique et précipite le soufre. Tenu long-temps en contact avec l'hydrogène sulfuré, l'air atmosphérique produit le même effet. La dissolution aqueuse subit les mêmes changemens; quelques gouttes d'acide nitrique ou nitreux déterminent à l'instant la précipitation du soufre.

5°. *Il se comporte comme un acide* (1). La disso-

____

(1) Quelques chimistes allemands ont proposé de lui donner

lution aqueuse rougit l'infusion de violettes; le gaz est rapidement absorbé par les alcalis, les terres, à l'exception de deux ou de trois avec lesquels il forme une série de composés appelés *hydro-sulfures*.

6°. *Il précipite les métaux de leurs dissolutions;* ce qui en fait un réactif très important pour ces sortes de corps. Si on excepte celles de fer, de nickel, de cobalt, de manganèse, de titane et de molybdène, il décompose toutes les solutions métalliques. Il ternit l'argent, le mercure et les autres métaux polis; il noircit à l'instant les peintures blanches et les dissolutions d'acétate de plomb. Henry a trouvé qu'une mesure de ce gaz, mêlée avec 20,000 d'air commun, décolorait sensiblement le blanc de plomb ou l'oxide de bismuth (1), mêlé avec de l'eau ou étendu sur une carte.

7°. *Il est impropre à la respiration et détruit promptement la vie animale.* Un petit oiseau que l'on plonge dans une atmosphère contenant $\frac{1}{1500}$ de son volume d'hydrogène sulfuré périt sur-le-champ; un chien succombe dans un air qui en contient $\frac{1}{100}$, et un cheval dans celui qui en contient $\frac{1}{150}$. On l'a long-temps consi-

---

le nom d'*acide hydro-thionique*. Gay-Lussac l'a très improprement appelé acide hydro-sulfurique, nom qu'on a donné à l'acide sulfurique liquide.

(1) L'oxide de bismuth est connu, comme cosmétique, sous le nom de *blanc de perles;* mais les personnes qui s'en servaient ne tardèrent pas à s'apercevoir que leur figure noircissait par la combustion du charbon minéral et par diverses autres opérations où il se dégage de l'hydrogène sulfuré.

déré comme un poison très énergique et d'autant plus dangereux qu'il détruit la sensibilité sans causer de souffrance. Ce gaz paraît agir sur le système nerveux par l'intermédiaire du sang, dans lequel il est extrêmement soluble. Il constitue le gaz des latrines, et produit ces accidens nombreux dont les vidangeurs sont si souvent victimes. Quand on veut s'assurer s'il en existe dans un lieu quelconque, il suffit d'y exposer une carte humectée avec du blanc de plomb. (*Voyez* ci-dessus 639, 6°.)

640. La pesanteur spécifique de l'hydrogène sulfuré est à celle de l'hydrogène dans le rapport de 16 à 1. En faisant détoner ce gaz avec la moitié de son volume d'oxigène, on obtient un volume d'acide sulfureux et de l'eau; de sorte que le soufre est transformé en un volume d'oxigène, et l'hydrogène en la moitié d'un volume : il est, par conséquent, composé de 16 de soufre + 1 d'hydrogène, et le nombre qui le représente est 17.

De l'hydrogène bi-sulfuré ou sur-sulfuré.

641. On obtient ce composé en versant peu à peu de l'hydro-sulfure de potasse (formé en faisant bouillir de la fleur de soufre avec de la potasse liquide) dans de l'acide muriatique : il s'échappe une très petite portion de gaz; et tandis que la plus grande partie du soufre se sépare, l'autre se combine avec l'hydrogène sulfuré, prend l'apparence d'une huile et se dépose au fond du vase. Son odeur est analogue à celle de l'hydrogène sulfuré, mais

elle est moins forte. L'hydrogène bi-sulfuré est inflammable et plus pesant que l'eau. Il forme avec les alcalis et les terres, des composés appelés *hydro-bi-sulfures*.

642. D'après Dalton, il est composé de deux atomes de soufre=32 et d'un atome d'hydrogène. Le nombre qui le représente est conséquemment 33.

643. Ainsi il existe trois combinaisons distinctes de soufre et de ses composés avec les alcalis et les terres. Les premières sont simplement composées de soufre uni à une base alcaline ou terreuse, et portent le nom de *sulfures*; les secondes sont composées d'hydrogène sulfuré uni à une base, ce sont des *hydro-sulfures*; les troisièmes contiennent de l'hydrogène bi-sulfuré avec une base, et ont reçu le nom d'*hydro-bi-sulfures*.

Du phosphore.

644. La découverte du phosphore remonte à 1669; elle est due à l'alchimiste Brandt, qui la fit en cherchant la pierre philosophale. On tira d'abord cette substance de l'urine humaine; mais Gahn la découvrit, en 1769, dans les os, et Scheele donna bientôt après un moyen de l'en extraire. Le phosphore existe dans les os, uni à l'oxigène avec lequel il forme l'acide phosphorique, qui est uni à la chaux avec laquelle il constitue un phosphate. Ainsi, l'art de préparer le phosphore consiste à décomposer ces corps; ce qui se fait en séparant l'acide phosphorique de la chaux, et en dégageant

ensuite l'oxigène de cet acide. Voici le procédé qu'on emploie ordinairement.

645. Après avoir obtenu l'acide phosphorique, en décomposant les os par l'acide sulfurique, on le mêle avec son poids de charbon; on le met dans une cornue de terre ou de verre lutée, qu'on place dans un fourneau, et dont le col va plonger dans un bassin d'eau. On chauffe, il se dégage une grande quantité de gaz; et, quand l'appareil arrive au rouge, il donne une substance d'une couleur rougeâtre ressemblant à la cire; c'est du phosphore impur. On le purifie en le faisant fondre sous l'eau, et en le passant à travers une peau de chamois; après quoi on le coule en cylindre. (1)

646. Le phosphore jouit des propriétés suivantes : Il est généralement couleur de chair; il est incolore et parfaitement transparent quand il est pur. Sa pesanteur spécifique est de 1,77 : il est tendre comme la cire, et cède facilement au couteau. Il est si inflammable, qu'à 38° environ il prend feu, brûle vivement et dégage d'abondantes vapeurs blanches. A la température ordinaire de l'atmosphère, il émet une fumée blanche qui est lumineuse dans l'obscurité, et a l'odeur de l'ail. On peut l'enflammer en le frottant entre deux feuilles de pa-

---

(1) On peut facilement obtenir le phosphore en mêlant une dissolution de phosphate de soude avec une dissolution d'acétate de plomb, dans la proportion de quatre de la première pour une de la seconde. Il se forme un précipité de phosphate de plomb qui donne du phosphore à la distillation.

pier brun. Couvert d'eau de manière à ce que l'atmosphère ne puisse agir sur lui, il fond à 5o ou 6o°,
et bout à 28o°. Les huiles le dissolvent, pourvu que
la température soit un peu élevée; il devient alors
lumineux; l'éther rectifié en prend aussi une certaine
quantité; et, quand le fluide phosphoré se trouve
en contact avec l'eau, il produit une apparence lumineuse : le nombre qui le représente est 12.

647. Le phosphore agit comme un poison énergique sur le système animal. On l'emploie cependant
en médecine à la dose d'un quart de grain. M. Leroy
prétend qu'il est très efficace pour rétablir les forces
des jeunes gens épuisés par les plaisirs des sens, et
qu'il peut même prolonger la vie des vieillards.
Weickard rapporte plusieurs cas d'empoisonnement
par le phosphore.

648. Si on fait chauffer du phosphore dans de
l'air raréfié, il se combine avec l'oxigène et produit
trois oxides distincts, qui sont caractérisés par des
propriétés différentes. Le premier est rouge, solide,
et moins fusible que le phosphore; le second est
blanc et plus volatil que ce corps; le troisième est
blanc et fixe.

649. Le phosphore se combine avec les bases
terreuses et métalliques, et forme une série de composés appelés *phosphures*.

De l'acide phosphoreux.

65o. Si on expose le phosphore à l'action de
l'atmosphère, il se forme de l'acide phosphoreux

et un peu d'acide phosphorique. Si on veut obtenir le premier parfaitement pur, il faut suivre un procédé moins direct. On sublime d'abord le phosphore à travers du sublimé corrosif : on mêle le produit avec de l'eau, et on le chauffe jusqu'à une consistance sirupeuse. Le liquide ainsi obtenu est un composé d'acide phosphoreux pur et d'eau, qui se solidifie et cristallise en refroidissant. Sa saveur est acide ; il rougit les couleurs bleues végétales, et s'unit aux bases salifiables avec lesquelles il forme des *phosphites*.

651. L'acide phosphoreux, d'après les expériences les plus récentes, paraît être composé d'un atome de phosphore (12), et d'un atome d'oxigène (8). Le nombre qui le représente est par conséquent 20.

Acide phosphorique.

652. Pour préparer cet acide, il suffit de brûler du phosphore dans le gaz oxigène. Cependant cette opération sert plutôt à prouver sa nature qu'à en obtenir une certaine quantité. Une manière économique de se le procurer, c'est de décomposer les os calcinés par l'acide sulfurique.

653. Il est composé d'un atome de phosphore (12), de deux d'oxigène (16). Le nombre qui le représente est 28.

654. Les sels que forme l'acide phosphorique avec les bases s'appellent *phosphates*.

Cet acide existe en abondance dans les animaux et les végétaux.

Des gaz hydrogène phosphoré et bi-phosphoré.

655. Le phosphore peut se combiner avec l'hydrogène en deux proportions, qui forment deux composés distincts : *l'hydrogène phosphoré;* celui-ci ne brûle pas spontanément lorsqu'il est en contact avec l'air, mais produit une détonation violente lorsqu'il est porté avec de l'oxigène à 140° environ; et l'*hydrogène bi-phosphoré,* qui prend feu dès qu'il se trouve en contact avec l'atmosphère, phénomène qu'il est facile de prouver en laissant échapper le gaz dans l'air à mesure qu'il sort de la cornue. Sa combustion est accompagnée d'une épaisse fumée blanche circulaire, qui s'élève en forme d'anneau horizontal, s'agrandit à mesure qu'elle monte, et dessine une espèce de couronne. Mêlé subitement avec du gaz oxigène, il produit une violente détonation; la même chose arrive lorsqu'on le mêle avec du chlore ou de l'oxide nitreux. Il dépose du phosphore par le repos, et se convertit en hydrogène phosphoré.

656. L'hydrogène phosphoré est composé d'un atome de phosphore et deux atomes d'hydrogène $(12 + 1 + 1) = 14$, l'hydrogène bi-phosphoré de deux atomes de phosphore et d'un d'hydrogène $(12 + 12 + 1) = 25$.

657. On peut facilement se procurer l'hydrogène bi-phosphoré, de la manière suivante : on introduit dans une cornue remplie d'une dissolution de potasse, une portion de phosphore, et on chauffe à la lampe : bientôt le gaz se dégage et peut se recueillir sur l'eau. On peut aussi obtenir l'hydrogène phosphoré en prenant cinq parties d'eau, une demi-partie de phosphore qu'on coupe en très petits morceaux, et une de zinc en grenaille, auxquelles on ajoute trois parties d'acide sulfurique concentré. L'expérience est amusante ; le gaz se dégage en petites bulles qui couvrent toute la surface du fluide, et prennent feu dès qu'elles entrent en contact avec l'air; celles-ci sont suivies par d'autres, en sorte que le feu est continuel. Le phosphure de chaux, lorsqu'il est en contact avec l'eau, décompose ce liquide, et produit aussi en abondance de l'hydrogène sulfuré.

658. Le gaz hydrogène bi-phosphoré se dégage aussi durant la putréfaction, et produit ces apparences lumineuses qu'on connaît sous le nom de *feux follets.*

Des métaux.

659. Les métaux constituent la classe la plus étendue des corps qu'on n'a pu jusqu'ici décomposer. En considérant leurs nombreuses propriétés chimiques, leurs importantes applications aux arts, et la foule de merveilleux remèdes qu'ils fournissent, il est difficile de dire à qui ils offrent plus d'intérêt, du chimiste, du fabricant, ou du médecin. On ne doit cependant pas exiger d'un élève qu'il suive dans tous

leurs détails les nombreuses combinaisons que forment les métaux. Il n'y en a que quelques unes qui jouissent de vertus médicales. Celles-ci réclament toute son attention. Il doit étudier avec le soin le plus minutieux les changemens qu'ils subissent en s'unissant à d'autres corps.

660. Les métaux jouissent des propriétés suivantes. Ils ont le lustre métallique au plus haut degré, sont opaques, combustibles, conducteurs de l'électricité et du calorique. On a cru long-temps qu'une grande pesanteur spécifique était un de leurs traits caractéristiques; mais sir H. Davy a découvert des corps plus légers que l'eau, qui néanmoins possèdent toutes les autres propriétés de la classe de ceux dont il s'agit, et que l'on doit par conséquent ranger parmi eux. Les métaux diffèrent aussi considérablement dans leurs propriétés mécaniques, telles que la dureté, la fragilité, la ténacité, etc. Les uns, par exemple, sont susceptibles de s'étendre presque indéfiniment sous le marteau, et sont en conséquence appelés *malléables;* ils sont aussi *ductiles,* et peuvent se tirer en fils. Les autres, au contraire, sont cassans, mais à divers degrés. Les différences que présentent les métaux ont servi de base à leur classification. On ne regardait autrefois comme métaux que ceux qui sont malléables, et on appelait semi-métaux ceux qui sont cassans; mais cette distinction manquait tout-à-fait de justesse, et a été abandonnée. Les métaux diffèrent beaucoup en fusibilité. Le mercure est constamment

fluide à la température ordinaire, tandis que le platine fond à peine à la chaleur la plus intense de nos fourneaux.

661. Les métaux présentent aussi, sous le rapport de leurs propriétés chimiques, les différences les plus frappantes. Les uns résistent, tandis que les autres cèdent à l'action des agens auxquels ils sont soumis. De là la distinction entre les métaux ordinaires et ceux que la chaleur et l'air ne peuvent altérer, tels que l'or, l'argent et quelques autres, auxquels on a donné le nom de métaux *parfaits* ou *nobles*.

662. La classification la plus simple et la plus juste peut-être qu'on puisse faire de ces corps, repose sur ce fait : ceux qui sont le moins altérés par les agens extérieurs occupent le premier rang, et ces propriétés diminuent dans une série qui va continuellement en décroissant, jusqu'à ce qu'on arrive à ceux qui ne peuvent conserver, même quelques minutes, leur état et leur aspect métallique. Cependant, sous le point de vue médical, l'ordre le plus convenable à suivre est celui qui a un rapport plus direct avec l'emploi des métaux dans la médecine et la pharmacie. Nous avons en effet préféré cette classification.

663. Avant de faire l'histoire particulière des métaux, nous allons exposer les propriétés générales qui les caractérisent.

664. L'oxigène, qui forme un cinquième de l'at-

mosphère et huit neuvièmes de la masse aqueuse,
exerce une action continuelle sur les métaux, auxquels il fait perdre leurs propriétés essentielles,
telles que l'éclat, la ténacité; il les convertit en
masses terreuses qui n'offrent aucunes traces de
propriétés métalliques, si on en excepte la densité.
Ces composés sont connus sous le nom d'*oxides
métalliques*. Tous les métaux sont susceptibles de
cette transformation. Les métaux nobles même,
qui résistent à l'action combinée de la chaleur et
de l'air, peuvent être oxidés par la pile voltaïque
ou par le concours d'affinités complexes. L'expérience journalière prouve que les métaux n'attirent
pas tous l'oxigène avec le même degré d'énergie.
Les uns, tels que le mercure, le fer, etc., l'absorbent à une température approchant de la chaleur rouge; d'autres, tels que le plomb, l'étain, l'antimoine, etc., s'en emparent lorsqu'ils sont en
fusion; il en est enfin qui le fixent même à la température ordinaire. De ce nombre sont l'arsenic, le
manganèse, le potassium, etc.; de même il y en a
qui peuvent décomposer subitement l'eau à toutes
les températures et se combiner avec son oxigène,
tandis que d'autres ne produisent cet effet qu'à une
chaleur rouge. La décomposition de ce fluide par
le potassium est si rapide qu'elle est accompagnée
d'inflammation. La limaille de fer, au contraire,
s'oxide très lentement lorsqu'elle n'est qu'humectée, tandis que le métal, s'il se trouve en contact

avec l'eau pendant qu'il est incandescent, la décompose avec rapidité et dégage des torrens de gaz hydrogène (exp. 55).

665. Dans certains cas, le métal s'oxide en décomposant des acides ou d'autres oxides métalliques. En général la rapidité de l'oxidation par les premiers de ces agens est en raison inverse de l'affinité de la base acide pour l'oxigène. L'action des acides qui ne contiennent pas d'oxigène sur les métaux est très peu marquée; il en est de même de ceux où ce gaz et la base sont unis par une grande affinité; ainsi l'acide sulfurique concentré attaque à peine les métaux à la température ordinaire, parce que l'oxide et le soufre dont il se compose s'attirent fortement l'un et l'autre. Au contraire l'acide nitrique, qui abandonne facilement une partie de son oxigène, agit avec une grande énergie, comme nous l'avons démontré dans l'expérience 70. Mais tel acide qui, dans son état concentré, refuse de céder son oxigène au métal, le lui abandonne lorsqu'il est étendu d'eau : c'est le cas de l'acide sulfurique. L'élève demandera peut-être si, en étendant d'eau ce dernier, on affaiblit l'affinité qui existe entre le soufre et l'oxigène; non sans doute, le métal, dans cette circonstance, ne tire en aucune manière son oxigène de l'acide, mais de la décomposition de l'eau, comme nous l'avons expliqué (455); une preuve que l'acide, dans ce cas, n'a pas été décomposé, c'est que toute la quantité

de ce corps qu'on a employée se trouve combinée avec l'oxide de fer.

666. Les expériences 26, 27, 28, etc., prouvent qu'un métal peut s'oxider aux dépens d'un autre; bien plus, si on chauffe de l'oxide de mercure avec du fer métallique, on obtient du mercure métallique et de l'oxide de fer. Il en est de même du potassium chauffé avec l'oxide de manganèse; il s'oxide et donne du manganèse métallique.

667. Tous les métaux se combinent avec une quantité définie d'oxigène, et lorsqu'un d'entre eux est susceptible de s'unir en plusieurs proportions, les quantités d'oxigène qui entrent dans le second, le troisième, etc. composés, sont des multiples de celles qui entrent dans le premier. On a distingué ces différens résultats en les faisant précéder de nombres grecs, comme on l'a expliqué dans le chapitre de la nomenclature. Dans quelques cas cependant, on leur donne des noms tirés des couleurs qu'ils affectent. Ainsi on dit, oxides noir et rouge de mercure, oxides blanc et noir de manganèse. Ces différens oxides du même métal sont, non seulement caractérisés par des couleurs différentes, mais par une série distincte de propriétés chimiques, et surtout par des actions différentes sur les acides, comme nous le démontrerons quand nous parlerons des sels métalliques.

668. Les oxides métalliques se décomposent et cèdent leur oxigène avec plus ou moins de facilité.

Les uns, tels que ceux d'or, de mercure, etc., subissent ce changement par leur simple exposition
à la chaleur; les autres exigent l'action réunie de la
chaleur et de quelque corps inflammable, tel que
l'hydrogène, le phosphore où le carbone. Ces agens
décomposent à la température ordinaire les dissolutions des métaux parfaits, et ceux-ci, en perdant
leur oxigène, se précipitent sous forme métallique.

669. Quand un oxide repasse à l'état métallique,
on dit qu'il est réduit ou revivifié. Le charbon est
l'agent qu'on emploie ordinairement dans les arts
pour cette opération. On mêle l'oxide avec une certaine quantité de matière inflammable, on l'expose
à une chaleur intense, et l'on obtient pour résultat
de l'acide carbonique et du métal. Cependant, pour
obtenir ce dernier en masse et non en petits grains,
on fait usage de quelqu'une de ces substances fusibles connues sous le nom de *flux* (1).

670. L'expérience suivante peut donner une
idée de la puissance de désorganisation de la matière carbonacée sur les métaux.

----

(1) Le flux le plus utile pour ces opérations est celui qu'on
appelle *flux noir*. Il opère à la fois la réduction de plusieurs
oxides métalliques. Il est composé de charbon et de sous-carbonate de potasse; mais on en obtient un qui est préférable encore,
en jetant dans un creuset incandescent un mélange d'une partie
de nitre et de deux de tartre en poudre. Le mélange reste en
fusion à une chaleur rouge, et lie les petits globules de métal
réduit qui se rassemblent et forment un bouton au fond du
creuset.

Exp. 8o. Exposez un alliage de plomb (1) rouge ordinaire à la flamme d'une chandelle, il en tombera de petits globules ignés qui prouveront, si on les recueille sur une carte, qu'ils sont composés de plomb métallique. Dans ce cas, la farine du *wafer* se convertit en charbon, agit immédiatement sur l'oxide rouge de plomb qui le colore et le réduit.

671. L'oxidation des métaux mérite toute l'attention du médecin comme du chimiste. Ces corps ne peuvent s'unir aux acides pour former des sels, comme ils ne peuvent agir sur le corps humain, à moins qu'ils ne soient à l'état d'oxide.

672. Plusieurs oxides métalliques ont de l'affinité pour l'eau, et forment avec elle des *dissolutions* ou des *hydrates*.

673. Dans certains cas, les oxides métalliques, au lieu d'affecter les caractères dont nous avons parlé, présentent des propriétés alcalines ou acides, comme on le verra lorsque nous traiterons du potassium, du sodium et de l'arsenic.

674. Les métaux se combinent les uns avec les autres, et forment des composés qu'on appelle *alliages*; lorsque le mercure en fait partie, ils prennent le nom d'*amalgames*. On a agité la question de savoir si ces corps sont de véritables composés chimiques, ou s'ils ne sont que des mélanges; mais les

---

(1) Pour faire cette expérience, il faut prendre du plomb rouge ordinaire; celui d'une qualité supérieure est coloré avec du vermillon, qui ne convient pas pour cet objet.

changemens que subissent les élémens dont ils se composent laissent peu de doutes sur l'exactitude de la première de ces opinions. De plus, ils ne s'unissent, dans quelques cas, qu'en proportions définies, ce qui est une preuve péremptoire qu'ils se combinent.

675. Outre les oxides et les alliages, les métaux, peuvent encore donner naissance à une classe importante de composés, en s'unissant au chlore, à l'iode, à l'hydrogène, au carbone, au phosphore et au soufre; ces composés prennent le nom de *chlorures, iodures, hydrures, carbures, phosphures* et *sulfures*.

676. Les combinaisons des corps métalliques avec le soufre, les décompositions qu'elles subissent, et les différens composés nouveaux auxquels elles donnent naissance par l'action d'autres corps, constituent une des branches les moins connues de la chimie. La nomenclature compliquée et confuse qu'on a employée pour exprimer leur nature n'a fait qu'ajouter aux difficultés qu'elle présente. Vauquelin les divise en trois classes : 1°. les composés de métaux et de soufre, qui seuls sont justement appelés *sulfures ;* 2°. les composés de soufre et d'oxides métalliques, appelés *oxides sulfurés;* 3°. ceux d'hydrogène sulfuré et d'oxides métalliques, qui ont reçu le nom d'oxides *hydro-sulfurés.*

677. La table suivante contient une liste des métaux; ceux qui sont en *lettres italiques* ne présentant aucun intérêt à l'étudiant en médecine, nous

nous contenterons de les citer dans cet ouvrage, où nous ne les avons fait entrer que pour compléter le tableau.

CLASSE PREMIÈRE.

Métaux qui fournissent des alcalis en se combinant avec une certaine proportion d'oxigène.

1. Potassium.   3. *Lithium.*
2. Barium.

CLASSE II.

Métaux qui produisent des terres.

1. Calcium.   6. *Yttrium.*
2. Barium.   7. Aluminum.
3. *Strontium.*   8. *Thorinum.*
4. Magnesium.   9. *Zirconium.*
5. *Glucinum.*   10. *Silicium.*

CLASSE III.

Métaux qui produisent des acides.

1. Arsenic.   4. *Tungstène.*
2. *Molybdène.*   5. *Columbium.*
3. *Chrôme.*   6. Antimoine.

CLASSE IV.

Métaux qui ne fournissent que des oxides, qui n'ont ni les caractères des acides ni ceux des alcalis, et qui exigent pour se réduire l'intervention d'une matière combustible.

PREMIER ORDRE.

Ceux qui ne décomposent l'eau qu'à l'aide de la chaleur rouge.

1. Manganèse.
2. Zinc.
3. Fer.
4. Étain.
5. *Cadmium.*

SECOND ORDRE.

Ceux qui ne décomposent l'eau à aucune température.

1. *Uranium.*
2. *Cerium.*
3. *Cobalt.*
4. *Titane.*
5. Bismuth.
6. Cuivre.
7. *Tellure.*
8. Plomb.

CLASSE V.

Métaux dont les oxides peuvent se réduire par la chaleur, sans l'intervention d'une matière combustible.

1. Mercure.
2. Argent.
3. *Or.*
4. Platine.
5. *Palladium.*
6. *Rhodium.*
7. *Iridium.*
8. *Osmium.*
9. *Nickel.*

678. Combinés avec une certaine proportion d'oxigène, les métaux de la première classe consti-

tuent des corps particuliers qu'on a long-temps connus sous le nom d'*alcalis fixes*, et qui sont doués de propriétés extraordinaires et importantes : ils neutralisent les acides, font passer au vert les couleurs pourpres de plusieurs végétaux, les rouges au pourpre, et les jaunes au brun. Leur saveur est âcre et urineuse, ils agissent sur les matières animales comme des dissolvans ou des corrosifs énergiques, et se combinent avec elles de manière à les neutraliser. Ils s'unissent aux huiles, forment du savon, se combinent en toute proportion avec l'eau, et sont aussi très solubles dans l'alcool. Comme il faut une température très élevée pour les volatiliser, on leur a donné le nom d'*alcalis fixes,* pour les distinguer de l'ammoniaque.

679. Les chimistes furent long-temps dans une ignorance complète sur la nature chimique de ces corps; les uns s'imaginaient que, comme l'oxigène était le principe reconnu de l'acidité, le corps opposé, l'hydrogène, devait être celui de l'alcalinité; conjecture qui semblait justifiée par la composition connue de l'ammoniaque. Mais personne ne soupçonnait qu'ils fussent de nature métallique, jusqu'à ce que sir H. Davy réussit à les réduire, et fit connaître leur composition. (1)

Du potassium.

680. Si on place un morceau de potasse caus-

---

(1) *Transactions philosophiques,* 1808.

tique humecté entre deux disques de platine, qui communiquent avec les extrémités d'une pile de 200 paires de quatre pouces carrés, il entre aussitôt en fusion; l'oxigène se rend au pôle positif, et il se dégage de petits globules métalliques qui se rassemblent au pôle négatif; ces globules ne sont autre chose que du *potassium*. Mais ce procédé, qui est cependant celui qu'employa Davy, ne donne jamais qu'une très petite quantité de métal; aussi ne suit-on plus que celui qu'ont indiqué Gay-Lussac et Thenard. Il consiste à fondre la potasse et à mettre sa vapeur en contact avec de la tournure de fer chauffée à une chaleur blanche dans un canon de fusil courbé. A cette température, le fer dépouille la potasse de son oxigène et met en liberté le potassium, qui se rassemble dans la partie froide du canon.

681. Le potassium jouit de propriétés très extraordinaires. Il est plus léger que l'eau; sa pesanteur spécifique est de 0,865. A la température ordinaire, il est solide, mou, et se pétrit dans les doigts comme de la cire; mais à 0° il est dur et cassant. Il fond à 40°, et se vaporise un peu au-dessous de la chaleur rouge; il brûle au contact de l'air avec une flamme brillante; il est parfaitement opaque, présente une section d'un blanc d'argent qui se ternit dès qu'il est exposé au contact de l'air; aussi le conserve-t-on dans le naphte (1). Il a une telle

---

(1) Le potassium a peu d'action sur le naphte parfaitement incolore et nouvellement distillé, mais il s'oxide bientôt dans

affinité pour l'oxigène, que si on le projette dans l'eau, il la dépouille de ce principe, l'absorbe, brûle avec une belle lumière rouge mêlée de violet, et forme avec celle qui a échappé à la décomposition une dissolution de potasse pure. Il donne lieu aux mêmes phénomènes, lorsqu'on le jette sur la glace; mais cette expérience exige quelque précaution, car l'action est si violente, et la rapidité avec laquelle une portion de l'eau liquéfiée se vaporise, telle qu'elle détermine quelquefois une explosion, et disperse le produit. Plongé dans le chlore, le potassium brûle avec un vif éclat; il agit aussi promptement sur tous les fluides qui contiennent de l'eau, beaucoup d'oxigène ou de chlore, ce qui en fait un réactif précieux. On a vu déjà qu'on peut ainsi décomposer le gaz acide carbonique (exp. 71).

682. Le potassium se combine avec l'oxigène en différentes proportions, et forme des composés distincts. On considéra d'abord comme un oxide la croûte gris-bleuâtre qui se forme sur sa surface, lorsqu'il est exposé à l'air; mais il est reconnu maintenant qu'elle est composée de potassium métallique et de protoxide.

683. Le *protoxide de potassium,* ou la potasse, se forme par l'action de l'eau sur le potassium. En observant la quantité d'hydrogène dégagée durant cette opération, on détermine la proportion d'oxi-

---

celui qui a été exposé à l'air, se combine avec cette substance huileuse et donne naissance à un savon brunâtre.

gène qu'absorbe le métal : il paraît que 100 parties de potassium en prennent 20 d'oxigène, de sorte qu'on peut adopter 40 pour le nombre proportionnel du potassium, car 20 : 100 : : 8 : 40 ; le protoxide est, par conséquent, représenté par 48, puisqu'il se compose d'un atome de potassium = 40 et d'un atome d'oxigène = 8. Cependant la potasse contient ordinairement une certaine proportion d'eau dont il est impossible de la dépouiller par la chaleur la plus intense ; c'est par conséquent, rigoureusement parlant, un *protoxide hydraté de potassium*, composé d'un atome d'eau + un atome de protoxide ; le nombre qui le représente sera donc 48 + 9 = 57. On n'obtient jamais cet hydrate, pour les opérations chimiques et médicales, par l'oxidation directe du métal; nous ne parlerons de son mode de préparation qu'en faisant l'histoire du sel dont on l'extrait.

684. La potasse hydratée est une substance blanche très acre et corrosive ; elle absorbe rapidement l'eau de l'atmosphère et devient déliquescente ; elle forme, dans cet état, l'huile de tartre *per deliquium* des anciens chimistes ; dissoute elle constitue la *Liquor Potassæ*, et fondue en bâtons, la *Potassa Fusa* de la pharmacopée ; sous ce dernier état cependant, elle contient un peu de protoxide dont nous parlerons ci-après (687), et dégage par conséquent de l'oxigène lorsqu'on la dissout dans l'eau.

685. Le potassium s'unit au soufre, et forme un *sulfure de potassium*, qu'on appelle communément

sulfure de potasse. Ce fait est couvert d'une telle obscurité, qu'il est difficile d'en donner une explication simple. Il paraît, à quelques exceptions près, que les métaux ont une affinité plus forte que leurs oxides pour le soufre; aussi plusieurs oxides, chauffés avec du soufre, se décomposent, dégagent leur oxigène à l'état d'acide sulfureux, et donnent pour résidu un véritable sulfure métallique : c'est ce qui arrive à l'oxide de potassium (potasse). Il semble y avoir deux combinaisons distinctes de soufre et de potassium (1) : un sulfure ou proto-sulfure, composé d'un atome de chaque constituant $= 16 + 40 = 56$, et un bi-sulfure $= 16 + 16 + 40 = 72$. On prépare le premier de ces corps en décomposant le sulfate de potasse à une chaleur rouge par le charbon; cependant il est difficile de l'obtenir parfaitement pur, car il agit également sur le verre et le platine. Il a la couleur pâle du cinnabre et une cassure cristalline; il attire l'humidité de l'air et se résout en un fluide jaunâtre. On prépare le second sulfure en fondant ensemble du carbonate de potasse et du soufre, à l'abri du contact de l'air, dans les proportions indiquées par les nombres atomiques. Quand on fait chauffer le soufre et la potasse, comme le

---

(1) Berzélius, en variant les proportions de soufre et de sous-carbonate de potasse, obtint ce qu'il considéra comme une série de sulfures différens, composés de 1 atome de potasse avec 2, 4, 6, 7, 8, 9 et 10 atomes de soufre; mais la plupart de ceux-ci ne sont probablement que de simples mélanges.

recommande la pharmacopée de Londres, l'acide carbonique est chassé du dernier de ces corps, et les trois quarts de la potasse ou de l'oxide de potassium se décomposent; l'oxigène se combine avec le soufre pour former de l'acide sulfurique, et celui-ci s'unissant avec le quart de la potasse non décomposée, donne naissance à du sulfate. Le potassium de la potasse décomposée se combine aussi avec le soufre, et forme ainsi du *sulfure de potassium;* d'où il résulte, suivant Phillips, que le *sulfure de potasse* des pharmaciens est un composé de sulfate de potasse et de sulfure de potassium. Cependant je soupçonne, d'après la proportion de soufre employée, que le produit contient en quantités variables un mélange de *proto-sulfure* et de *bi-sulfure de potassium.*

686. Exposée à l'air, cette substance s'altère rapidement; car le soufre et le potassium s'emparant l'un et l'autre de l'oxigène, donnent naissance à du sulfate de potasse. Elle ne peut exister en dissolution, parce qu'aussitôt qu'elle se trouve en contact avec l'eau, celle-ci la décompose : son oxigène forme de la potasse avec le potassium, et son hydrogène se combinant avec le soufre produit de l'hydrogène sulfuré, dont une partie se dégage, tandis que l'autre forme avec l'excès de soufre de l'hydrogène bi-sulfuré, qui, s'unissant à la base, donne naissance à un sulfure hydrogéné, qu'on pourrait appeler plus convenablement un *hydro-bi-sulfure;* car, puisqu'un composé d'hydrogène sulfuré et d'une base est

appelé *hydro-sulfure*, ne serait-il pas plus exact de désigner par le nom que nous proposons un composé semblable d'hydrogène sulfuré, qui ne diffère du premier que parce qu'il contient une proportion double de soufre? Si on ajoute un acide à la dissolution qu'on forme en dissolvant le sulfure de potassium dans l'eau, il précipite une certaine quantité de soufre, de l'hydrogène sulfuré se dégage, et un sel de potasse qui reste en dissolution.

687. *Le péroxide de potassium* s'obtient en chauffant le métal dans un grand excès d'oxigène; il se forme aussi dans d'autres opérations : il existe, par exemple, en très petites quantités dans la *potasse fondue* des pharmaciens. C'est une substance d'une couleur orangée qui fond à une chaleur moindre que la potasse hydratée, et qui cristallise par le refroidissement. Projetée sur l'eau, elle dégage du gaz oxigène et passe à l'état de protoxide. Elle est composée d'un atome de potassium $= 40$ $+ 3$ atomes d'oxigène $= 24$; le nombre qui la représente est par conséquent 64.

688. Le potassium s'unit au chlore; mais, comme le composé qui en résulte se lie inséparablement à l'histoire du muriate de potasse, nous nous réservons d'en parler ailleurs.

Sodium.

689. L'histoire de ce métal et de ses composés, ainsi que son mode de préparation, diffère si peu de ce que nous venons de dire du potassium, qu'il

suffit d'énumérer les circonstances dans lesquelles ces deux métaux diffèrent. Le sodium est un peu plus lourd ; sa pesanteur spécifique est de 0,9 ; il est aussi moins fusible. Il décompose l'eau comme le potassium, mais ne donne pas lieu aux mêmes phénomènes ; car il n'y a point de flamme de produite : le nombre qui le représente est 24.

Métaux de la seconde classe.

690. Les composés qui résultent de l'oxidation de ces métaux ont été long-temps connus sous le nom de *terres*, et constituent la masse de notre globe ; mais depuis les découvertes qui ont fait connaître leur composition, les caractères qui les distinguent des autres oxides métalliques sont moins nombreux : quelques uns, comme la chaux, la baryte et la strontiane, diffèrent si peu des alcalis par leur saveur, leur action sur les couleurs végétales, leur propriété de former des sels solubles et de dissoudre la matière animale, qu'on les a appelés *terres alcalines*, tandis que les autres, qui se rapprochent plus des oxides des autres métaux, ont seulement reçu le nom de *terres*.

Calcium.

691. Si on électrise négativement de la chaux vive en contact avec du mercure, on obtient un amalgame qui fournit du calcium par la distillation. Mais on a jusqu'à présent si peu étudié ce corps, que ses propriétés sont presque inconnues. On a

supposé que son oxide (la chaux vive) est composé de 100 parties de calcium et de 39,4 d'oxigène ; ce qui donne 20,3 pour le nombre représentatif du métal ; car 39,4 : 100 : : 8 : 20,3, par conséquent 20 + 8 = 28 représente un atome de chaux.

692. La chaux forme, combinée avec l'acide carbonique, une grande masse de la croûte extérieure du globe ; en soumettant cette substance à la chaleur, on dégage l'acide carbonique, et on obtient de la chaux, ou de la chaux-vive, comme on l'appelle communément, à cause de ses propriétés corrosives. Les caractères de ce corps sont trop connus pour qu'il soit nécessaire d'entrer dans de grands détails à cet égard : pur, sa pesanteur spécifique est de 2,3 ; sa couleur est grise : il devient blanc par l'exposition à l'air, parce qu'il absorbe de l'eau et un peu d'acide carbonique. Il a une saveur âcre, amère ; il agit comme caustique sur les matières animales : il n'est pas volatil, et ne peut être fondu que par la chaleur intense de l'électricité voltaïque, ou du chalumeau qu'alimente un courant d'oxi-hydrogène. Il absorbe l'eau très rapidement, se délite, et dégage pendant la réaction un degré de chaleur capable de mettre le feu à quelques corps inflammables (1). Le calorique ainsi dégagé est celui que

---

(1) On rapporte plusieurs exemples d'incendies occasionnés par l'extinction subite de la chaux vive. Théophraste fait mention d'un vaisseau qui, étant chargé de toile et de chaux vive,

contient l'eau et qui produit sa fluidité : en se combinant avec la chaux, le liquide se solidifie et prend, à ce qu'on suppose, un plus grand degré de condensation que lorsqu'il est à l'état de glace. On verra que, durant cette opération, la vapeur est capable d'agir sur le papier réactif ; cependant cet effet ne doit pas être attribué à la volatilité de la chaux, mais à la vapeur qui en emporte des molécules. Il en est de même de l'odeur qui se dégage dans l'opération.

693. La chaux éteinte est un hydrate sec, dans lequel l'eau paraît entrer en une proportion atomique.

694. La chaux délayée avec une quantité d'eau convenable prend le nom de *lait de chaux*, dont il est souvent parlé dans les ouvrages médicaux et pharmaceutiques.

695. La chaux n'est pas très soluble dans l'eau ; ce fluide à 15° n'en prend que 1,752 de son poids : on doit à Dalton un fait curieux, c'est que la chaux est plus soluble dans l'eau froide que dans l'eau chaude.

696. La dissolution aqueuse de chaux, ou l'eau de chaux, comme on l'appelle communément, a une saveur âcre, styptique, et présente les caractères d'un

---

fut brûlé, parce qu'on jeta par hasard de l'eau sur cette dernière. Un accident semblable a eu lieu dernièrement à Edmonton par un écoulement d'eaux qui se précipitèrent dans des ateliers de maçonnerie qui prirent feu, et furent totalement consumés.

alcali. Exposée à l'atmosphère, la chaux attire l'acide carbonique, et forme un carbonate insoluble qui se précipite.

697. Sir H. Davy obtint le barium et le strontium en distillant des amalgames formés avec les terres pures, comme nous l'avons dit dans l'histoire du calcium. Le magnésium, qui est la base de la magnésie, est très peu connu; dans les essais qui ont été faits pour distiller ses amalgames, le métal paraissait agir sur le verre, avant même que tout le mercure fût distillé. On n'a pas encore pu obtenir dans un état isolé les autres métaux de cette classe, mais l'expérience indirecte, ainsi que l'analogie, nous autorisent à conclure qu'ils existent comme bases des différentes terres dont ils ont tiré leurs noms.

Métaux de la troisième classe.

698. Ces métaux, dont l'arsenic et l'antimoine présentent seuls quelque intérêt à l'étudiant en médecine, diffèrent de tous les autres par la propriété qu'ils ont de s'acidifier par un certain degré d'oxidation. Cependant, avec d'autres proportions d'oxigène, quelques uns d'entre eux prennent les caractères ordinaires des oxides. On a un exemple remarquable de ceci dans l'histoire de l'antimoine qui forme avec l'oxigène deux ordres de composés très distincts. Dans le premier cas, ils jouent le rôle d'une base acidifiable, comme dans le tartre émétique; dans le second, ils jouent celui d'un acide, neutra-

lisent les oxides, les autres bases, et donnent naissance aux sels connus sous le nom d'*antimonites* et d'*antimoniates*.

Arsenic.

699. L'arsenic se trouve rarement à l'état métallique (1); mais il est facile de l'extraire de ses combinaisons natives. Si on mêle de l'arsenic blanc du commerce avec un flux noir, et qu'on mette le tout dans un creuset sur lequel on en lute un autre avec un mélange d'argile et de sable, et qu'on porte le vase inférieur à une chaleur rouge, on trouve le supérieur tapissé d'un métal brillant, semblable à l'acier poli : c'est de l'arsenic métallique. Cependant, pour avoir une preuve de sa décomposition, il n'est pas nécessaire d'opérer sur une si grande quantité de ce corps. En renfermant dans un tube de verre une très petite portion de cette substance avec un flux noir, et en chauffant le mélange à une lampe à esprit de vin, on obtient assez de métal pour en faire l'analyse.

700. L'arsenic métallique est très cassant, très fusible, et se volatilise à 180°. Sa pesanteur spécifique est de 8,31. Distillé en vases clos, il n'éprouve aucune altération, mais projeté sur un fer rouge, il brûle avec une flamme bleue, une fumée blanche, et dégage en même temps l'odeur de l'ail, qui, il faut bien se le rappeler, n'appartient qu'au métal.

_____

(1) Il se rencontre quelquefois dans les veines des roches primitives , parmi les minerais d'argent, de cobalt et de cuivre.

701. L'arsenic s'unit à l'oxigène en deux proportions définies, et produit deux composés distincts qui possèdent l'un et l'autre des propriétés acides. En effet, en les exposant à l'air, on obtient une grosse poudre noirâtre, que Berzélius est porté à regarder comme un sous-oxide; mais qui n'est évidemment qu'un mélange d'arsenic métallique et d'arsenic blanc.

702. L'acide arsénieux ou l'arsenic blanc (1) du commerce, qu'on appelle quelquefois *oxide blanc*, est le premier produit de l'oxidation du métal; il est facile de se le procurer par la combustion. Il se présente en fragmens semi-vitreux, brillans; sa fracture est concoïde, sa saveur âcre, corrosive, et laisse une impression de douceur; sa pesanteur spécifique est de 3,7. Il se volatilise à la température de 195°; à une forte chaleur il se vitrifie, devient transparent et cristallise en octaèdre. Sa vapeur est tout-à-fait inodore, quoiqu'elle paraisse souvent dégager l'odeur de l'ail, à cause de la facilité avec laquelle elle se métallise. (Voyez *Arsenicum album* dans la sixième édition de la *Pharmacologie*.) Il est soluble dans l'eau,

---

(1) Il vient principalement des fabriques de cobalt de Saxe. Les minerais de ce métal contiennent beaucoup d'arsenic, qu'on sublime par une longue torréfaction. Ses vapeurs se recueillent et se condensent en poudre grisâtre ou noirâtre qu'on raffine par une seconde sublimation dans des vases clos, avec un peu de potasse pour retenir les impuretés; comme la chaleur est très forte, elle fond les fleurs sublimées, en masses cristallines, telles qu'on les trouve dans le commerce.

dont il exige 400 parties à 15°, et seulement 13 à 100°. Cependant Klaproth a démontré que, si on fait bouillir 100 parties d'eau sur de l'acide arsénieux, et qu'on les laisse refroidir, elles en retiennent trois grains en dissolution, et déposent l'excès sous forme de cristaux tétraèdres. Il est aussi soluble dans soixante-dix ou quatre-vingts fois son poids d'alcool, ainsi que dans les huiles. Il jouit des principales propriétés des acides ; il rougit les couleurs bleues végétales, et se combine jusqu'à saturation avec les alcalis purs, en donnant naissance à une classe de sels, appelés *arsénites*.

703. L'acide arsénieux paraît être constitué d'un atome d'arsenic et de deux atomes d'oxigène. On a adopté 38 pour le nombre qui représente le métal, celui qui représente l'acide arsénieux sera conséquemment = 38 + 8 + 8 = 54.

704. *Acide arsenic.* On l'obtient en distillant un mélange de quatre parties d'acide muriatique, de vingt-quatre d'acide nitrique et de huit d'acide arsénieux ; on porte graduellement la cornue à une chaleur rouge. On peut aussi l'obtenir par une distillation répétée à l'aide de l'acide nitrique seul. Cet acide a une saveur métallique et aigre ; il rougit les couleurs bleues végétales, attire l'humidité de l'atmosphère et fait vivement effervescence avec les dissolutions des carbonates alcalins. Il est incristallisable, et prend par l'évaporation la consistance d'une gelée. Il est beaucoup plus soluble que l'acide arsénieux, puisqu'il n'exige que deux parties d'eau pour

se dissoudre. Il s'unit aux bases salifiables, et donne naissance à une classe de sels, appelés *arséniates*.

705. La quantité d'oxigène de cet acide est à celle de l'acide arsénieux comme 3 à 2, le nombre qui le représente sera par conséquent ($38 + 8 + 8 + 8$) $= 62$.

706. Ces deux acides sont l'un et l'autre des poisons très violens.

707. L'arsenic s'unit au chlore avec lequel il forme un chlorure. On peut opérer cette combinaison en projetant dans le chlore le métal en poudre fine; il s'enflamme et donne pour résultat un composé déliquescent, blanchâtre et volatil. On peut aussi obtenir ce sel en distillant six parties de sublimé corrosif avec une d'arsenic en poudre; le chlorure passe dans le récipient sous forme d'un fluide onctueux, qu'on appelait autrefois *beurre d'arsenic*. D'après les considérations les plus probables, il est formé d'un atome d'arsenic et de deux de chlore; le nombre qui le représente est par conséquent ($38 + 36 + 36$) $= 110$.

708. Il y a deux sulfures d'arsenic, qu'on trouve l'un et l'autre à l'état natif; l'un rouge, appelé *réalgar*, et l'autre jaune brillant, connu sous le nom d'*orpiment*. On peut obtenir le premier en fondant un mélange d'arsenic métallique et de soufre, ou en chauffant de l'arsenic blanc avec ce corps; on prépare le dernier en faisant dissoudre de l'arsenic blanc dans de l'acide muriatique, et en le précipitant par l'hydro-sulfure d'ammoniaque. C'est un fait très curieux

que ces sulfures natifs ne produisent aucun effet en médecine, tandis que ceux qui sont le résultat de l'art agissent avec beaucoup d'énergie. M. Renaud avait supposé que cet effet est dû à ce que le métal est à l'état d'oxide dans le dernier cas, et que dans le premier il est à l'état métallique; mais l'expérience est contraire à cette conjecture. On ne sait encore rien de positif sur la constitution atomique de ces corps.

709. L'arsenic forme avec la plupart des métaux, des alliages qui sont généralement cassans; cependant celui qu'il produit avec le cuivre est blanc et malléable.

Antimoine.

710. On emploie toujours dans le commerce le mot *antimoine* pour désigner un minerai qui est le sulfure de ce métal; quelquefois on appelle ce minerai *antimoine brut*, pour le distinguer du métal pur ou régule, comme on le nommait autrefois. Pour obtenir l'antimoine métallique, il faut mêler le sulfure natif avec deux tiers de son poids de tartre brut (bi-tartrate de potasse) et un tiers de nitre; on projette ensuite le mélange par cuillerées dans un creuset rouge, et on verse la masse qui en résulte dans un moule de fer frotté avec un corps gras. L'antimoine, à raison de sa pesanteur spécifique, va au fond du vase, où il adhère aux scories, dont on le sépare avec un marteau. On peut aussi l'obtenir en fondant deux parties du sulfure avec une

de limaille de fer dans un creuset couvert, et en ajoutant au mélange, lorsqu'il est en fusion, une demi-partie de nitre. Dans ce cas, le soufre abandonne l'antimoine et s'unit au fer. Mais il contient encore des matières étrangères; on le fait dissoudre, pour le purifier, dans de l'acide nitro-muriatique, et on verse la dissolution dans l'eau; il se forme alors un précipité blanc qui, séché, mêlé avec deux fois son poids de tartre brut, et fondu ensuite, donne le métal parfaitement pur.

711. Ce métal est d'un blanc argentin, très cassant, et d'une texture lamelleuse ou écailleuse. Sa pesanteur spécifique est de 6,712. Il fond à 432°, et cristallise en pyramides.

712. L'antimoine se combine avec l'oxigène en différentes proportions définies, mais les chimistes ne sont pas d'accord sur le nombre et la composition des oxides qu'il fournit. Proust n'en admet que deux. Berzélius en a décrit quatre; il a compris dans ce nombre la substance qu'on obtient par une longue exposition du métal à une atmosphère humide, et qu'on peut appeler un sous-oxide, mais qui ne paraît pas être un composé défini. Ainsi on peut, en toute sûreté, admettre l'existence de trois oxides, dont les deux derniers doivent être mis au nombre des acides, puisqu'ils se combinent avec les bases salifiables, et donnent naissance à une classe de sels.

713. Le protoxide d'antimoine s'obtient en versant du muriate d'antimoine dans l'eau, en lavant

le précipité, d'abord avec une très faible dissolution
de potasse, puis avec de l'eau, et en le faisant sécher;
il s'obtient aussi en faisant bouillir 5o parties d'antimoine métallique en poudre avec 2óo parties
d'acide sulfurique concentré, én lavant le résidu,
d'abord avec une faible dissolution de potasse, puis
avec de l'eau, et en le faisant sécher. Une autre
manière de préparer ce sel, est de précipiter le tartre
émétique par l'ammoniaque pure, et d'édulcorer
le précipité avec de l'eau chaude. Cet oxide est, de
plus, le produit immédiat de la combustion du métal,
et constitue ce qu'on appelait autrefois *fleurs argen-
tines d'antimoine.* Fusible à une chaleur rouge, il
est décomposé par le soufre et le charbon. Soumis à l'action de l'acide nitrique, il se convertit
en péroxide. Il paraît être le seul oxide qui puisse
se comporter avec les acides en véritable base;
c'est aussi celui qui agit avec le plus d'énergie en
médecine : aussi existe-t-il dans toutes les préparations antimoniales que distingue leur efficacité. (1)

714. Berzélius obtint le deutoxide en traitant le
métal par l'acide nitrique, en évaporant le produit,
et en le soumettant à une chaleur ignée; on peut
aussi se le procurer en calcinant le protoxide dans
un creuset de platine; convenablement calciné, il
est blanc comme la neige. Berzélius le nomme, à
raison de ses propriétés acides, *acide stibieux,* du

---

(1) On trouvera une liste de ces préparations dans ma
Pharmacologie, à l'art. *Antimonii sulphuretum.*

nom latin du métal *stibium ;* cependant on l'appelle plus généralement *acide antimonieux ;* on désigne par conséquent sous le nom d'*antimonites* les sels auxquels il donne naissance. Le *péroxide* d'antimoine s'obtient en faisant agir pendant un temps considérable un excès d'acide nitrique sur le métal en poudre, et en exposant le produit à une, chaleur rouge. Jaune, difficilement fusible, il forme des sels avec les bases salifiables, ce qu'il ne fait pas avec les acides. Berzélius lui a donné le nom d'*acide stibique,* mais celui d'*acide antimonique* est préférable. Ses sels s'appellent par conséquent *antimoniates.* Il constituait l'*antimoine diaphorétique* des anciens pharmaciens; son effet en médecine est presque nul.

715. On ne sait rien encore de certain sur la composition de ces corps. Proust, Berzélius et Thompson ont émis chacun des opinions différentes à cet égard; celle du dernier est néanmoins plus conforme à la loi générale de la combinaison chimique. Henry pense qu'on peut adopter 44 comme le nombre équivalent de l'antimoine, et regarder le protoxide comme composé d'un atome de métal et d'un atome d'oxigène $(44+8)=52$; le deutoxide de un et de un et demi $(44+12)=56$; et le péroxide de un et de deux $(44+16)=60$. Nous avons cependant, par rapport au deutoxide, une anomalie; le multiple de l'oxigène du premier oxide étant de un et demi au lieu d'un nombre entier.

716. Le chlorure d'antimoine s'obtient par

les procédés que nous avons décrits en parlant du chlorure d'arsenic. Il se forme aussi par la dissolution du protoxide dans l'acide muriatique. Cette substance était autrefois connue sous le nom de *beurre d'antimoine*, ainsi appelé à cause de sa consistance. A la température ordinaire, c'est un solide mou; il se liquéfie par la chaleur, et cristallise par le refroidissement. Exposé à l'air, il tombe en déliquescence, et forme, quand on le verse dans l'eau, un précipité qui est un sous-muriate du protoxide; il constitue une préparation célèbre autrefois sous le nom de *poudre d'Algaroth*. Pris à la dose de trois ou quatre grains, c'est un purgatif et un émétique violent. On peut isoler l'acide muriatique de ce précipité par une faible dissolution de potasse, et obtenir l'oxide à l'état de pureté (713). Le chlorure d'antimoine est probablement composé d'un atome de chaque constituant; le nombre qui le représente est par conséquent $(44+36) = 80$.

717. *Sulfure d'antimoine.* Nous avons déjà dit que ce composé constitue l'antimoine brut du commerce; mais on peut aussi le préparer en fondant le métal avec du soufre. Il est formé d'un atome de chacun de ses constituans; par conséquent le nombre qui le représente est $(44 + 16) = 60$.

718. Quand on expose ce sulfure à l'action réunie de la chaleur et de l'air, la plus grande partie du soufre se volatilise, et l'antimoine, se combinant avec l'oxigène de l'air, se convertit en prot-

oxide; on le soumet ensuite à une forte chaleur dans un creuset de terre, en le combinant avec de la silice dont il forme une espèce de verre, ce qui l'a fait appeler *verre d'antimoine.* Cette substance est composée de huit parties de protoxide d'antimoine, d'une proportion variable de silice qui monte quelquefois à dix pour cent, et d'une partie de sulfure. On la trouve souvent dans le commerce mêlée avec du verre de plomb, et telle est la ressemblance de ces deux corps, que l'œil le plus exercé s'y trompe quelquefois; mais leur pesanteur spécifique fournit un moyen facile de les distinguer (5o). Une partie d'oxide d'antimoine et deux de sulfure donnent un composé opaque, d'une couleur rouge inclinant au jaune, connu sous le nom de *crocus metallorum.* Huit parties d'oxide et quatre de sulfure forment une masse opaque d'une couleur rouge foncée, appelée *foie d'antimoine.*

7 1 9. L'hydrogène sulfuré peut se combiner avec le protoxide d'antimoine, et donner naissance à des composés long-temps employés en médecine. Le premier est appelé *kermès minéral,* et le second *soufre doré d'antimoine;* c'est le précipité d'antimoine sulfuré des pharmaciens. Quand on fait bouillir le sulfure natif en poudre dans une dissolution de potasse, il donne lieu à différentes compositions et décompositions, et forme une dissolution qui dépose, en se refroidissant, un oxide hydro-sulfuré d'antimoine; c'est le kermès minéral. En ajoutant un peu d'acide étendu à la

dissolution, lorsqu'elle est froide, il se forme un précipité d'une couleur plus brillante, qui est la préparation de la pharmacopée. Voici un tableau qui représente assez bien ces changemens.

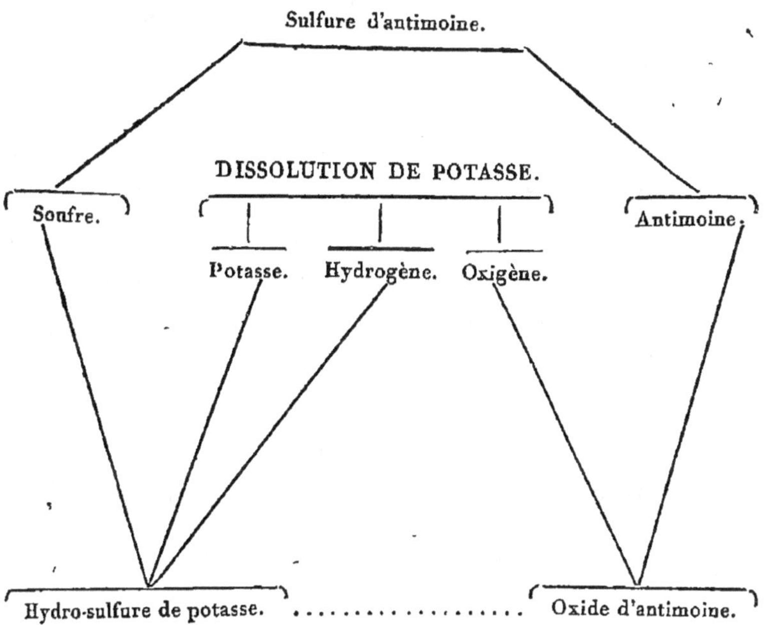

Le sulfure d'antimoine et une dissolution de potasse sont les agens qui, comme on le verra, fournissent le soufre, la potasse, l'hydrogène, l'oxigène et l'antimoine. La potasse se combine pendant l'ébullition avec le soufre du sulfure d'antimoine, et forme un sulfure de potasse qui, décomposant une partie de l'eau, attire son hydrogène et forme un hydro-sulfure de potasse, tandis que son oxigène convertit l'antimoine en oxide, qui est dissous par l'hydro-sulfure alcalin. A mesure que la dissolution se refroidit, les affinités qui unissaient ces corps s'affaiblissent, et l'oxide d'antimoine, se précipitant combiné avec l'hydrogène sulfuré, constitue le kermès minéral. Lorsqu'on y ajoute de l'acide sulfurique, il se forme un sulfate de potasse, et une partie de l'hydrogène sulfuré se dégage, tandis que l'oxide d'antimoine se combine avec l'hydrogène sulfuré restant et avec l'excès de soufre. Ainsi, la seule différence qu'il y ait entre le kermès et le soufre doré, c'est que le dernier contient une plus grande proportion de soufre. Si l'un est un *hydro-sulfure* de l'oxide, on peut dire que l'autre est un *hydro-bi-sulfure* ou un *sulfure hydrogéné*. La préparation de la pharmacopée n'est ni l'un ni l'autre de ces composés, mais un mélange de tous les deux. On a donné d'autres explications ; mais je suis porté à croire que celle que je présente est la mieux fondée.

Métaux de la quatrième classe.

720. Les composés qui résultent de la combinaison de ces métaux avec l'oxigène ne sont ni acides ni alcalins, mais des oxides dans le sens rigoureux du mot, et ne peuvent être réduits à l'état métallique par le secours d'aucun corps combustible.

Manganèse.

721. Ce métal n'a jamais été trouvé à l'état natif, et telle est son affinité pour une certaine pro-

portion d'oxigène, qu'il faut beaucoup d'habileté pour le réduire. La substance noire connue dans le commerce sous le nom de manganèse, est un péroxide, qui contient cependant du carbonate de chaux, des oxides de fer, de cuivre, de plomb, et quelquefois une petite quantité de baryte. Si on introduit une boule faite avec de la poudre de cet oxide et de la poix dans un creuset, dont on achève de remplir la capacité avec du poussier de charbon, et qu'on l'expose pendant une heure à la plus forte chaleur qu'on puisse produire, on obtient du manganèse métallique. Il est d'un blanc mat, très cassant, et d'une fusion difficile.

722. On n'est point d'accord sur le nombre et la composition des oxides de ce métal. Sir H. Davy n'en admet que deux, l'olive et le noir; Brande en compte trois, Thenard quatre, et Berzélius cinq; cependant il en existe trois qui paraissent bien définis : le protoxide, formé de 1 atome de métal $+$ 1 d'oxigène; le deutoxide, $1 + 1\frac{1}{2}$, et le péroxide de $1 + 3$. Thompson conclut de l'analyse du sulfate, que le nombre équivalent du maganèse est 28 ; celui du protoxide sera par conséquent $(28 + 8) = 36$, celui du deutoxide $(28 + 8 + 4) = 40$, et celui du péroxide $(28 + 8 + 8 + 8) = 52$. Le péroxide est celui qui intéresse le plus l'étudiant en médecine; c'est aussi un agent chimique et pharmaceutique important, à cause de la facilité avec laquelle il abandonne une portion de son oxigène. Exposé à une chaleur intense, le péroxide passe à

l'état de deutoxide, mais il ne se décompose pas par la température la plus élevée. Ce fait repose sur une loi de l'affinité chimique dont on a déjà parlé (269).

723. Quelques chimistes ont supposé que le péroxide est susceptible d'un nouveau degré d'oxidation, qui lui donne les propriétés d'un acide. Cette hypothèse est basée sur les phénomènes qu'on remarque dans une substance appelée *caméléon minéral*, et qu'on obtient en exposant à une chaleur ignée parties égales de manganèse noir et de nitre. Ce corps a la propriété singulière de prendre différentes couleurs selon la quantité d'eau à laquelle on l'allie.

Exp. 81. Introduisez dans un verre un petit morceau de cette substance, et versez dessus un peu plus d'eau qu'il n'en faut pour la couvrir, vous obtiendrez une dissolution verte; ajoutez plus d'eau, la couleur deviendra bleue, et passera successivement au pourpre et au pourpre foncé par de nouvelles additions d'eau.

Exp. 82. Mettez parties égales de cette substance dans deux verres séparés; versez de l'eau chaude dans l'un et de l'eau froide dans l'autre; la dissolution d'eau chaude aura une belle couleur verte, et celle d'eau froide une couleur pourpre foncée.

724. Chevillot et Edwards croient que, dans ce composé, le manganèse se convertit en acide manganésique, qui se combine avec la potasse et forme un manganésiate. Forckammer suppose qu'il produit

deux acides, et que les différentes couleurs de la dissolution dépendent de la conversion de l'acide manganéseux en acide manganésique.

Zinc.

725. C'est un métal d'un blanc éclatant, dont la pesanteur spécifique varie de 6,66 à 7,1. Il entre en fusion à 360°, et cristallise en refroidissant.

726. On ne connaît qu'un oxide de zinc, qu'on forme soit par la combustion, soit en mettant la vapeur d'eau en contact avec ce métal à l'état d'ignition.

Exp. 83. Si vous jetez dans un creuset chauffé au rouge un morceau de zinc, il prend feu et produit en brûlant une superbe flamme, dont il se sublime un oxide blanc, mélangé d'un peu de carbonate. Cet oxide ressemble à de la laine cardée, et avait en conséquence reçu le nom de *lana philosophorum.* Suivant le docteur Henry, le nombre proportionnel du zinc est 33; celui de l'oxide sera par conséquent $(33 + 8) = 41$.

Fer.

727. Ce métal est extrêmement répandu : il est peu de substances minérales qui n'en contiennent. On le trouve aussi dans les eaux minérales, dans les matières animales et végétales. On le rencontre combiné avec le soufre; mais ce sont ses oxides et ses carbonates qui fournissent aux besoins des arts. On ne l'a jamais trouvé à l'état natif, si ce n'est allié au

nickel, ce qui a fait supposer qu'il est d'origine mé-
téorique, car les aérolites en contiennent fréquemment.

728. Le procédé au moyen duquel on extrait
le fer de son minerai constitue l'art du fondeur, et
consiste à décomposer celui-ci à l'aide du charbon
et d'une haute température.

729. Le fer est blanc bleuâtre, susceptible d'un
beau poli : il est extrêmement malléable; et, quoiqu'il ne puisse se laminer en feuilles aussi minces
que l'or et l'argent, il est fort ductile, et si tenace
qu'un fil de $\frac{73}{1000}$ de pouce de diamètre peut supporter
un poids de cinquante livres. Il exige pour entrer en
fusion la chaleur la plus intense. La fonte contient
de l'oxigène, du carbone, du soufre et de la silice.
On la convertit en fer ouvré, en l'agitant lorsqu'elle
est en fusion dans le fourneau à réverbère, de manière à porter chaque partie en contact avec l'air et
la flamme.

730. Le fer se combine avec l'oxigène au moins
en deux proportions, qui constituent le protoxide
ou oxide noir, et le péroxide ou oxide rouge.

731. Le protoxide se prépare en brûlant le fer
dans du gaz oxigène, ou en exposant le métal, par
une température élevée, à l'action de l'air. Les petits
morceaux, par exemple, qui se détachent d'une
barre qu'on forge, sont composés d'oxide. Le fer
subit la même altération, mais plus lentement, lorsqu'il est exposé à l'action de l'atmosphère, surtout si
l'air est humide. Lorsqu'il est rouge de feu, et qu'il

se trouve en contact avec la vapeur d'eau, il se convertit en oxide noir et dégage un torrent d'hydrogène (55). L'eau prise à la température ordinaire
produit à la longue le même effet sur lui (exp. 77);
mais on prétend qu'elle a besoin du concours de
l'air atmosphérique. Quand on veut obtenir ce protoxide à l'état de pureté, on prend une dissolution
de sulfate de fer qu'on traite par la potasse; on recueille le précipité, on le lave, à l'abri du contact de
l'air, et on le fait sécher à une basse température.

732. Ce protoxide constitue la base de plusieurs de nos préparations médicinales. Elles doivent par conséquent être mises à l'abri du contact
de l'air; sans cela elles ne tardent pas à s'oxider.

733. *Péroxide de fer.* Lorsque le protoxide où
le fer lui-même, dissous dans l'acide nitrique, a
bouilli pendant quelque temps, la dissolution précipite par l'ammoniaque. On recueille le dépôt, on
le lave, on le sèche et on le calcine à une chaleur
modérée. C'est le péroxide ou oxide rouge de fer,
qu'on appelait autrefois *safran de mars.* Il fait partie de plusieurs préparations médicinales, et paraît
posséder de l'énergie lorsqu'il est combiné avec des
corps qui peuvent exciter sa solubilité.

734. Ces deux oxides forment, avec les acides,
des sels distincts, dont nous considérerons plus
tard les caractères et les propriétés. Ils paraissent
aussi former deux hydrates ou hydro-oxides qui cor-
respondent aux deux oxides qu'on obtient, lorsqu'on précipite leurs dissolutions respectives dans

un acide au moyen d'un alcali fixe. La substance appelée *ochre* est un hydrate natif de péroxide, mélangé avec des ingrédiens terreux.

735. On a pris pour le nombre proportionnel du fer 28. Le protoxide est composé d'un atome de métal et d'un d'oxigène. Son nombre proportionnel est donc $(28 + 8) = 36$. Celui du péroxide formé d'un atome de métal et d'un et demi d'oxigène $(28 + 8 + 4) = 40$: de sorte que l'oxigène du dernier n'est pas le produit de celui du premier oxide par un entier, mais par un nombre fractionnaire. On corrige cette anomalie et d'autres semblables, en multipliant par 2 le nombre qui exprime ces proportions. Le rapport est celui de 2 à 3 au lieu d'être celui de 1 à $1\frac{1}{2}$.

736. *Carbure de fer.* Le fer forme avec le carbone diverses combinaisons dont la plus importante est l'acier ; il n'y a pas, comme l'observe Henry, d'exemple plus frappant de l'influence qu'exercent, sur les caractères extérieurs de légères différences de composition chimique ; car l'acier ne doit ses propriétés qu'à une quantité de carbone qui va de $\frac{1}{60}$ à $\frac{1}{140}$ de son poids.

Ce composé joint à la fusibilité de la fonte, la malléabilité du fer en barre ; lorsqu'il est chauffé et refroidi tout à coup, il devient extrêmement dur. De là sa supériorité pour la fabrication des instrumens tranchans. On peut à l'instant distinguer l'acier du fer au moyen de l'acide nitrique. Une goutte de ce fluide mis en contact avec le premier forme immédiatement une teinte noire. La plombagine qu'on emploie à la confection des crayons et des creusets est un carbure de fer, dans lequel cependant le métal n'entre qu'en très petite proportion comparativement à celle du carbone.

737. *Sulfure de fer.* Le fer s'unit avec le soufre en deux proportions définies, dont les produits sont le sulfure ou proto-sulfure, qui est composé d'un atome de métal et d'un atome de soufre $(28+16)=44$. Le bi-sulfure, qui est formé d'un atome de métal et de deux de soufre $(28+16+16)=60$. Si nous obtenons artificiellement quelque sulfure qui ne coïncide pas avec ce que nous venons d'énoncer, la différence qu'il présente tient à un mélange de fer métallique. On ne peut cependant obtenir le proto-sulfure ou le bi-sulfure noir qu'artificiellement. Le fer et le soufre se combinent avec beaucoup d'énergie. Un mélange d'une partie de limaille et de trois de soufre mêlées avec soin et fondues dans un tube, développe une brillante combustion au moment où la combinaison s'opère, et forme une pâte de limaille de fer, de soufre et d'eau, qui s'enflamme bientôt. Si vous frottez un morceau de fer chaud avec un cylindre de soufre, il se fait un composé liquide qui tombe goutte à goutte, et le métal est rapidement corrodé. C'est la meilleure méthode de préparer le sulfure pour la production de l'hydrogène sulfuré (638). Le proto-sulfure se dissout rapidement dans les alcalis étendus, et donne pendant sa dissolution une grande quantité

de ce gaz. Le bi-sulfure ou sulfure jaune est un produit naturel, très abondant, connu sous le nom de *pyrites de fer*. Il est presque insoluble dans les acides sulfurique et muriatique étendus, et ne dégage pas d'hydrogène sulfuré avec les acides.

738. Les pyrites sont employés dans la fabrication du vitriol vert (sulfate de fer). On les grille et on les expose à l'air et à l'humidité. Quelques variétés se décomposent spontanément et fournissent le sel dont il s'agit; c'est ce qu'on appelle *sulfatisation*. La matière animale paraît exercer une action opposée; car si on met en contact avec elle une dissolution de sulfate de fer, elle se transforme en sulfure. Ce fait explique la conversion des substances animales en pyrites, phénomène que connaissent tous ceux qui s'occupent de fossiles. Les végétaux semblent posséder la puissance de désoxider quelques uns des composés de fer, et de les rendre ainsi solubles dans leurs sucs. En un mot, ces corps paraissent jouir de la propriété de subir aisément et rapidement une série de combinaisons; propriété qui sûrement n'a été départie que pour mieux répandre un élément si essentiel à l'existence animale et végétale, et si propre à déterminer plusieurs changemens importans dans l'économie minérale du globe.

Étain.

Ce métal est connu de temps immémorial. On ne l'a jamais trouvé à l'état natif, mais on le rencontre en masse, sous forme d'oxide qu'on réduit en le chauffant au rouge avec du charbon. Il y a deux oxides et deux sulfures d'étain, mais ils n'offrent aucun intérêt pour l'étudiant en médecine.

Bismuth.

Ce métal se trouve à l'état natif et combiné avec l'oxigène, l'arsenic et le soufre : on peut l'obtenir pur, en dissolvant dans l'acide nitrique le bismuth du commerce, et en décomposant par l'eau la dissolution qu'il forme. On édulcore l'oxide qui en résulte, on le met avec du flux noir dans un creuset couvert, et on le revivifie au moyen d'une forte chaleur.

Le bismuth est un métal cassant et blanc, qui a une légère teinte de rouge. Il est composé de larges plaques brillantes, qui adhèrent les unes aux autres, et pèse spécifiquement 9,822 : c'est un des métaux les plus fusibles; il fond à 246°, et cristallise plus aisément qu'aucun autre par un refroidissement gradué. Il est susceptible de s'allier avec la plupart des métaux, et de former avec quelques uns d'entre eux des composés d'une fusibilité remarquable : 8 de bismuth, 5 de plomb, et 3 d'étain, composent le métal fusible de Newton, qui fond dans l'eau au-dessous du point d'ébullition. Cette propriété le rend utile pour les moulages anatomiques et autres objets analogues.

Nous ne connaissons qu'un seul oxide de bismuth, qui se forme pendant la combustion de ce métal. Son analyse donne 7 pour le nombre proportionnel du bismuth, et par conséquent 79 pour celui de l'oxide.

Cuivre.

Presque tout le cuivre du commerce s'extrait des pyrites de cuivre ou minerai de cuivre jaune, comme on l'appelle. C'est un composé de soufre, de fer et de cuivre, dans des proportions telles qu'il semble contenir deux atomes de proto-sulfure de fer et un atome de per-sulfure de cuivre, avec certaines quantités d'arsenic et de matière terreuse. La calcination dégage le soufre et l'arsenic, et le cuivre s'obtient par des fusions répétées, dans quelques unes desquelles on ajoute du charbon. Berzélius a prouvé que le cuivre du commerce contient toujours un peu de charbon et de soufre, ainsi que du plomb, de l'antimoine et de l'arsenic. Cependant quelques expériences que j'ai faites avec soin, il y a quelques années, me portent à croire qu'il ne renferme jamais de charbon. Si on a besoin de cuivre parfaitement pur, pour des opérations chimiques, il faut le dissoudre dans l'acide muriatique concentré, étendre la dissolution d'eau, et précipiter au moyen d'une plaque de fer poli. On lave le métal d'abord avec de l'acide muriatique étendu, puis avec de l'eau. On peut le fondre et le garder en poudre.

744. Le cuivre a une belle couleur rouge et beaucoup d'éclat; il est très malléable, très ductile, et exhale une odeur particulière quand il est chauffé ou frotté. Il fond au rouge cerise ou chaleur tout-à-

fait blanche. Sa pesanteur spécifique est de 8,8. Il ne décompose pas l'eau, qu'on peut même faire passer en vapeur à travers un tube de ce métal rouge de feu, sans que ses élémens se dissocient.

745. Il n'est susceptible que de deux degrés d'oxidation, qui produisent le protoxide ou le péroxide de cuivre.

746. On prépare le *péroxide* en calcinant les écailles que le marteau détache du cuivre, lorsque ce métal a été exposé à l'action de la chaleur, ou en portant à l'ignition le sel, appelé nitrate de cuivre. C'est un réactif utile dans l'analyse des matières végétales, comme je l'expliquerai plus loin.

747. On prépare le protoxide en dissolvant un mélange de cuivre métallique et de péroxide de cuivre dans de l'acide muriatique, et en ajoutant de la potasse à la dissolution. Il se précipite un protoxide hydraté d'une couleur orange, qui, si on le fait sécher à l'abri du contact de l'air, devient brun-rougeâtre.

748. L'analyse du protoxide de cuivre donne 64 pour le nombre proportionnel du métal, et comme le protoxide est composé d'un atome de cuivre et d'un atome d'oxigène, son nombre proportionnel doit être $(64 + 8) = 72$, et celui du péroxide qui est composé d'un atome de métal et de deux d'oxigène $(64 + 8 + 8) = 80$.

749. Les oxides de cuivre se combinent avec l'ammoniaque, et forment des composés appelés ammoniures. Le péroxide, mis en digestion dans cet

alcali, forme un liquide d'une belle couleur bleue
dont on peut, en l'évaporant, séparer l'ammo-
niure, sous forme de beaux cristaux bleus. Le protoxide est aussi soluble dans l'ammoniaque, mais
il forme une dissolution incolore, qui cependant
devient bleue par l'action de l'air, dont elle absorbe
l'oxigène.

Exp. 84. Prenez une fiole bouchée et d'une demi-
once de capacité, remplissez-la d'une dissolution
d'ammoniaque et jetez-y quelques morceaux de
cuivre métallique; laissez-la débouchée, vous obtiendrez bientôt un beau liquide de couleur bleue;
replacez le bouchon, cette couleur disparaît en peu
de temps, et reparaît si vous le retirez et que vous
exposiez le liquide à l'action de l'air.

Plomb.

750. On extrait surtout ce métal du sulfure
natif. Il est blanc-bleuâtre, et offre, lorsqu'il est
récemment coupé ou fondu, un lustre considérable qui pourtant se ternit bientôt; sa pesanteur
spécifique est de 11,35. Il fond à 315°. Exposé à
l'action de l'air et à une chaleur rouge, il se dégage
en fumée, se sublime et produit un oxide qui se
dépose sur les corps froids qu'il rencontre. Il
s'oxide aussi, mais lentement, lorsqu'il est exposé à
l'action de l'air, à la température ordinaire, et plus
rapidement s'il est alternativement soumis à celles
de l'atmosphère et de l'eau.

751. Il y a trois oxides de plomb : 1°. le prot-

oxide jaune, qu'on obtient en chauffant au rouge le nitrate en vases clos; il est insipide, insoluble dans l'eau, mais soluble dans la potasse et les acides. Il forme, avec les derniers, une classe de sels qui seront décrits plus loin. Cet oxide est connu dans le commerce sous le nom de *massicot*. Il subit, lorsqu'on le chauffe, une espèce de semi-vitrification, et forme la litharge. 2°. Le deutoxide de plomb peut s'obtenir en exposant le protoxide à l'action de la chaleur. Rouge brillant, il est connu dans le commerce sous le nom de *minium* ou plomb *rouge*. Ce produit, tel qu'il se trouve dans les boutiques, contient beaucoup de matières étrangères, tel que du sulfate, du muriate de plomb avec excès de base, de l'oxide de cuivre, de la silice, et une certaine quantité de protoxide. 3°. Le péroxide s'obtient en exposant l'oxide rouge à l'action de l'acide nitrique. Il se résout en protoxide qui se dissout immédiatement, et en péroxide qui a l'apparence d'une substance brune insoluble.

752. Des analyses rigoureuses de ces trois oxides prouvent que la quantité d'oxigène qu'ils contiennent est dans le rapport de 1, 1 $\frac{1}{2}$ et 2. Le nombre proportionnel du métal est fixé à 104; celui du protoxide doit par conséquent être ($104 + 8$) $= 112$; celui du deutoxide ($104 + 8 + 4$) $= 116$, et celui du péroxide ($104 + 8 + 8$) $= 120$.

753. L'eau pure n'a aucune action sur le plomb lorsqu'elle agit sans le contact de l'air; mais si ces deux corps concourent simultanément, ils conver-

tissent le plomb en carbonate; ce que prouve la couche blanche qui se montre constamment à la surface de l'eau qui séjourne dans les citernes de plomb. Les eaux présentent néanmoins à cet égard une grande différence dans la puissance corrosive, et qui est due à la présence des impuretés salines dont elles sont chargées.

754. Si l'on traite par l'hydrogène sulfuré ou l'hydro-sulfure d'ammoniaque l'eau qui contient du plomb en dissolution, on obtient immédiatement un oxide hydro-sulfuré de plomb qui est brun foncé. Aussi ces composés fournissent-ils d'excellens réactifs pour rendre sensible la présence de ce métal.

755. Le plomb à son état métallique paraît être inerte; mais il fournit par ses combinaisons une série de remèdes actifs et de poisons violens.

MÉTAUX DE LA CINQUIÈME CLASSE.

Mercure ou vif-argent.

756. C'est le seul métal connu qui soit fluide à la température ordinaire de l'atmosphère. Il est blanc, brillant comme l'argent, ce qui l'a fait surnommer *vif-argent* (*argentum vivum, hydrargyrum*). Sa pesanteur spécifique est de 13,5. Il entre en ébullition à 330° et se volatilise; ce qu'il fait aussi à des températures ordinaires (322), comme l'a observé Faraday; résultat qui rend raison de divers phénomènes qui auparavant étaient inexplicables.

757. *Oxides de mercure.* L'union du mercure et de l'oxigène donne naissance à deux composés

définis. L'oxide noir ou protoxide s'obtient en agitant long-temps le métal en contact avec l'air, ou en lavant à l'eau de chaux bouillante la substance connue sous le nom de *calomel*. Ce n'est cependant par aucun de ces procédés qu'on obtient le protoxide parfaitement pur. Dans le premier cas, le produit est mélangé avec du mercure métallique; dans le second, avec une petite quantité de péroxide. C'est d'après la manière dont cet oxide était ordinairement préparé que Boërhaave lui a donné le nom d'*Éthiops per se*. Il constitue l'*Hydrargyri oxidum cinereum* de la pharmacopée, et entre dans plusieurs préparations médicinales. C'est une poudre insipide parfaitement insoluble dans l'eau. L'oxide rouge ou péroxide s'obtient en exposant plusieurs jours le métal fluide, presqu'au degré de l'ébullition, dans un vase de verre plat et à long col; l'air, au moyen de cette disposition, pénètre librement, et la longueur du tube empêche que la vapeur du mercure ne s'échappe. Cet oxide a l'apparence d'écailles et de cristaux brun-rougeâtres. On l'appelait autrefois *Præcipitate per se*. Il a une saveur âcre et métallique; il est délétère, et ne se dissout qu'en partie dans l'eau. Lorsqu'il est distillé seul dans une cornue de verre, il produit du gaz oxigène et reprend son état métallique.

758. Selon Fourcroy, Thenard et Wollaston, le protoxide est composé de 100 de métal $+$ 4 d'oxigène, et le péroxide de 100 du premier et de 8 du second. Il résulte de là que l'atome du mercure

pèse 200. L'équivalent du protoxide est donc de (200 + 8) = 208, et celui du péroxide (200 + 16) = 216.

759. Le mercure se combine avec le chlore, mais comme l'histoire des chlorures qu'il forme est renfermée dans celle des sels muriatiques, il convient de n'étudier les premiers que lorsque nous nous occuperons des derniers.

760. *Sulfures de mercure.* Le mercure produit en se combinant avec le soufre deux composés distincts. Le proto-sulfure, qui se forme en triturant le métal avec le soufre, ou en versant le premier dans le dernier, lorsque celui-ci est à l'état de fusion. C'est une substance noire et insipide qu'on appelait autrefois *ethiops minéral,* et qui constitue l'*hydrargiri sulphuretum nigrum* de la pharmacopée. Le bi-sulfure de mercure ou cinnabre s'obtient en chauffant au rouge le proto-sulfure. On dégage ainsi une portion de mercure, et on obtient un sublimé de couleur gris-d'acier qui, réduit en poudre fine, devient d'un beau rouge et forme le vermillon de la pharmacopée. Il est incolore, insipide, et ne peut s'altérer par l'action de l'air. Lorsqu'il est chauffé au rouge, à vases ouverts, le soufre se convertit en acide sulfureux, et le mercure se gazéifie. On remarque cependant qu'employé en fumigation, les effets qui en résultent sont dus à la volatilisation du mercure métallique.

761. La composition de ces sulfures a été examinée par Guibourt, dont les expériences établis-

sent que le proto-sulfure est composé d'un atome de métal et d'un de mercure (260 + 16) = 216; et le bi-sulfure d'un et de deux, (200 + 16 + 16) = 232.

Argent.

762. Pour obtenir ce métal à l'état de pureté, on fait dissoudre l'argent étalon du commerce dans de l'acide nitrique pur qu'on étend d'un volume égal d'eau, et on plonge une plaque de cuivre dans la dissolution; il se forme un précipité d'argent métallique; on le recueille sur un filtre, on le fait bouillir avec une dissolution d'ammoniaque, et on le lave avec de l'eau; après quoi, on le fond en bouton. On peut aussi l'obtenir en ajoutant à la dissolution ci-dessus, une dissolution de sel commun; on recueille le précipité, on le lave, on le fait sécher, et on le fond ensuite avec son poids de sous-carbonate de potasse.

763. L'argent est d'un blanc pur et d'un lustre qui ne le cède qu'à celui de l'acier poli; sa pesanteur spécifique, lorsqu'il est forgé, est de 10,51. Il est si malléable et si ductile, qu'on peut l'étendre en feuilles qui n'ont pas plus d'un dix-millième de pouce d'épaisseur, et le tirer en fils beaucoup plus fins qu'un cheveu. Il entre en fusion à une légère chaleur rouge, et affecte par un refroidissement lent une forme cristalline régulière; mais lorsqu'il est exposé à une plus haute température, il se volatilise; il s'oxide difficilement par le concours de

la chaleur et de l'air; la perte de son éclat est due au soufre qu'il absorbe.

764. Il résulte de quelques expériences récentes de Faraday, qu'il y a deux oxides distincts de ce métal, dont le premier se forme spontanément comme une pellicule sur une dissolution ammoniacale d'oxide d'argent exposée à l'air. Selon Thompson, le protoxide est formé de trois atomes d'argent et de deux atomes d'oxigène : il ne se combine pas avec les acides.

765. *Le péroxide d'argent* s'obtient en décomposant le nitrate (caustique lunaire) avec une dissolution de chaux ou de baryte, et en lavant le précipité. Il est d'une couleur noir-olive, sans saveur, insoluble dans l'eau, et peut être réduit à l'état métallique par une douce chaleur. Il est composé d'un atome de métal et d'un d'oxigène; et, comme on a pris 110 pour le nombre représentatif de l'argent, son équivalent sera $(110 + 8) = 118$.

766. Cet oxide se dissout promptement dans l'ammoniaque, et forme un composé fulminant. Si on verse une petite quantité de la dissolution d'ammoniaque sur l'oxide, elle le dissout en partie et donne pour résidu une poudre noire qui est le composé détonant. Exposé à une douce chaleur, il fait explosion; l'azote et l'eau se dégagent en un instant, et l'argent se réduit.

767. L'argent se combine avec le chlore, en donnant naissance à un chlorure, dont nous parlerons en faisant l'histoire du muriate.

768. L'argent peut servir à faire des creusets pour fondre les corps avec les alcalis, usage auquel on ne peut employer le platine. Cependant il ne peut supporter une chaleur au-dessus du rouge modéré, aussi emploie-t-on des bains de sable.

Or.

769. L'or ne joue pas un grand rôle en méde-, cine ; nous renvoyons pour l'histoire de ce métal à d'autres ouvrages de chimie.

Platine.

770. Le platine est un métal précieux pour la confection des vases destinés aux analyses chimiques, à cause de la haute température qu'exige la fusion et du peu d'action qu'exercent sur lui la plupart des réactifs. Cependant son utilité est bien restreinte par l'effet que produisent sur lui le nitre et les alcalis. Quand on se sert d'un creuset de platine, il faut toujours le mettre dans un creuset ordinaire pour le garantir de l'action directe du charbon, qui s'attache aux parois et au fond avec tant d'opiniâtreté, qu'on ne peut l'en débarrasser sans courir le risque d'endommager le vase.

771. Ce métal se trouve dans l'Amérique du sud, en petits grains, qui contiennent généralement de l'or, du fer, du plomb et quatre autres métaux qu'on a nommés *palladium*, *rhodium*, *iridium* et *osmium*. On extrait le métal pur de ces

grains par un procédé qu'il n'est pas nécessaire de décrire ici.

772. Si l'on traite un muriate de platine par l'ammoniaque, et qu'on expose le précipité à une forte chaleur rouge, on obtient le métal sous forme spongieuse, et doué de la propriété singulière d'éprouver la chaleur ignée par le contact du gaz hydrogène. On a appliqué ce fait à la construction d'une lampe qui donne instantanément de la lumière. Cette même substance est aussi très utile dans l'eudiométrie, comme on l'a déjà expliqué (504).

773. Nous avons passé rapidement sur l'histoire des métaux, parce que leur action, comme remèdes, est insensible ou nulle, s'ils ne sont combinés avec d'autres corps. Cette circonstance tient probablement à leur insolubilité; car ils acquièrent de l'énergie dès qu'ils subissent dans l'estomac un changement qui détermine leur oxidation, et, par suite, leur union avec un acide : c'est le cas du fer et de quelques autres métaux. Les oxides semblent, du moins dans plusieurs exemples, posséder une énergie qui est en raison inverse de leur degré d'oxidation; c'est une chose certaine pour l'antimoine et le fer, dont les péroxides ne produisent aucun effet s'ils ne sont combinés avec des acides. L'arsenic, il est vrai, fait exception ; mais, dans ce cas, les oxides sont solubles. Le péroxide de mercure est aussi plus actif que le protoxide ; aussi est-il plus soluble.

Des sels.

774. Dans l'origine, on ne donnait le nom de sel qu'au sel commun, mais on l'étendit ensuite à tout corps sapide, de fusion facile, soluble dans l'eau et non combustible. Plus tard, on restreignit l'usage de cette dénomination à trois classes de corps, les acides, les alcalis et les composés que forment les acides avec les alcalis, les terres et les oxides métalliques. Ceux des deux premières classes furent appelés *sels simples*, et les sels de la troisième *sels composés* ou *neutres*. Les chimistes ont encore récemment borné la signification de ce mot, en rejetant de la classe des sels les acides et les alcalis ; maintenant il exprime un composé, en proportions définies, de matière acide, appelée par Lavoisier *principe salifiant,* avec un alcali, une terre ou un oxide métallique qu'on nomme *base salifiable.* Lorsque les proportions des parties constituantes sont dans un rapport tel que le composé qui en résulte n'altère pas les couleurs bleues végétales, on dit que le sel est neutre ; quand il y a excès d'acide, ce qui a lieu lorsqu'il les rougit, on dit qu'il est acidule. Si, au contraire, l'acide n'est pas en quantité suffisante pour neutraliser la base, on dit que le sel est avec excès de base. Nous avons déjà expliqué (424) la nomenclature composée qui est employée pour exprimer la constitution de ces corps.

775. Les considérations que nous venons d'exposer sur la constitution des corps neutro-salins,

quoique chimiquement exactes dans plusieurs cas, ont été singulièrement modifiées par les expériences de Davy et de Gay-Lussac. Ces savans ont démontré que plusieurs corps salins ne contiennent ni acides ni alcalis, mais sont composés de leurs bases. Il est prouvé, par exemple, que le sel commun, qu'on a long-temps regardé comme un muriate de soude, est un chlorure de sodium. La même difficulté s'applique aux prussiates, et cependant ces corps ont tous les caractères qu'on regardait autrefois comme particuliers aux sels neutres.

776. La solubilité des sels dans l'eau est leur propriété générale la plus importante. En général, ils cristallisent dans ce menstrue, dont l'action les purifie et les sépare, en raison inverse de leur solubilité. Comme opération médicinale, la dissolution des sels mérite une attention particulière, à cause du rapport qu'elle a avec l'efficacité de ces corps.

777. On a divisé les sels en trois classes, selon la nature de leurs bases : en sels alcalins, terreux et métalliques. On pourrait maintenant les comprendre tous dans la même division, puisqu'il est prouvé que les alcalis, à l'exception de l'ammoniaque et des terres, sont des oxides métalliques; néanmoins, nous conserverons la première classification. Les genres sont déterminés par les acides qu'ils contiennent, et les espèces par ceux de la base. Cependant, comme celle-ci donne ordinairement au sel un caractère médicinal très important,

je préférerais une classification fondée sur ce principe; ainsi, au lieu de classer ensemble tous les
muriates, les sulfates, les nitrates, etc., je réunirai
les sels qui ont la même base, comme les sels
de soude, les sels de potasse, les sels ammoniacs,
les sels calcaires, les sels d'arsenic, etc. Mais com-
mençons d'abord par dire quels sont les caractères
généraux que les sels terreux et alcalins tirent de
leurs acides particuliers.

778. 1. *Carbonates.* Quand on verse de l'acide
sulfurique sur ces sels, ils font une vive effervescence, et dégagent de l'acide carbonique; si on les
expose à une forte chaleur, ils perdent leur acide et
se réduisent à la base. Plusieurs exigent une violente
chaleur pour subir la décomposition; mais on facilite l'opération en les mêlant avec du charbon, qui
décompose l'acide carbonique. Les carbonates alcalins verdissent les couleurs bleues végétales, et ont
une saveur alcaline; ceux des terres sont insolubles,
mais deviennent solubles quand on ajoute un excès
d'acide.

779. 2. *Muriates.* Ils font effervescence avec l'a-
cide sulfurique, et dégagent des vapeurs blanches,
âcres d'acide muriatique. Chauffés avec des combustibles, ils n'éprouvent aucun changement; ils
sont fusibles et volatils à une haute température.
Mêlés avec l'acide nitrique, ils exhalent une odeur de
chlore; solubles dans l'eau, ils élèvent le point d'é-
bullition de ce fluide. A l'exception du muriate d'am-

moniaque, aucun de ces corps n'existe à l'état sec; exposés à la chaleur, ils perdent l'oxigène de leur base et l'hydrogène de leur acide, et laissent pour résidu de véritables chlorures métalliques.

780. 3. *Sulfates*. Ils sont solubles dans l'alcool, qui les précipite de leur dissolution dans l'eau sous forme de cristaux. Chauffés jusqu'au rouge avec du charbon, ils se convertissent en sulfures. Quand on verse de l'eau de baryte, ou une dissolution de quelque sel contenant cette terre, dans la dissolution aqueuse d'un sulfate, il se forme un précipité blanc abondant, qui est insoluble dans l'acide acétique. Plusieurs sulfates se combinent avec un excès d'a-cide, et forment des sels acidules ou des sur-sels.

781. 4. *Sulfites*. Ils possèdent une saveur désa-gréable, et une odeur analogue à celle du soufre en combustion. Exposés à l'air humide, ils absorbent l'oxigène et passent à l'état de sulfates. Ils sont dé-composés par l'acide sulfurique qui chasse l'acide sulfureux, et les convertit en sulfates. Lorsqu'ils sont parfaitement purs, la dissolution de baryte n'a aucune action sur eux.

782. 5. *Nitrates*. Ils sont solubles dans l'eau, et susceptibles de cristalliser par le refroidissement. L'acide sulfurique agit sur ces sels, et donne lieu à un dégagement de vapeurs blanches qui ont l'odeur de l'acide nitrique. Chauffés avec de l'acide mu-riatique, ils dégagent du chlore. Ils sont décom-posés par la chaleur, et abandonnent du gaz oxi-gène; mêlés avec des matières combustibles, ils pro-

duisent, à une chaleur rouge, l'inflammation et la détonation.

783. 6. *Chlorates*. Ces sels appelés autrefois *oxy-muriates* ou *hyper-oxy-muriates*, sont solubles dans l'eau; quelques uns même le sont dans l'alcool. A une basse chaleur, ils dégagent une grande quantité de gaz oxigène, et se convertissent en muriates ordinaires ou chlorures. Mêlés avec des combustibles, ils détonent avec plus de violence que les nitrates; cette détonation est aussi produite par le frottement et la percussion; quelquefois elle a lieu spontanément. Traités par les acides sulfurique, nitrique ou muriatique, ils dégagent des vapeurs jaunes ou vertes.

784. *Phosphates*. Chauffés avec des combustibles, ces sels ne se décomposent pas et ne cèdent point de phosphore. Soumis à l'action du chalumeau, ils se convertissent en un globule de verre, qui est transparent dans certains cas, et opaque dans d'autres; solubles sans effervescence dans l'acide nitrique, ils sont précipités de cette dissolution par l'eau de chaux. L'acide sulfurique les décompose en partie, et leur acide, ainsi séparé, donne du phosphore (645), quand il est mêlé avec du charbon, et chauffé jusqu'au rouge. Lorsqu'ils ont été exposés à une forte chaleur, ils développent souvent les phénomènes de la phosphorescence. Comme les sulfates, ils se combinent promptement avec un excès d'acide et forment des sels acidules.

785. *Prussiates* ou *hydro-cyanates*. Ces sels sont

tous alcalins, même lorsqu'il entre un grand excès d'acide dans leur composition, et sont décomposés par les acides les plus faibles. Ils n'ont point de fixité, s'ils ne sont unis à quelque oxide métallique, et existent à l'état des sels triples; une simple exposition à l'air suffit pour les décomposer. Ils n'ont aucune propriété utile.

Nous parlerons des sels formés par les acides acétique, benzoïque, citrique, malique, tartarique et autres acides végétaux et animaux, dans l'histoire de la chimie organique.

I. *Sels à base de potasse.*

786. Ces sels sont solubles dans l'eau, et ne forment point de précipités avec les alcalis purs ou carbonatés. Dans le muriate de platine, ils en produisent un qui est un composé triple de potasse, d'oxide de platine et d'acide muriatique. L'hydrogène sulfuré et le ferro-prussiate de potasse n'ont aucune action sur eux. Mêlés avec le sulfate d'alumine, ils sont susceptibles de cristalliser et de former de l'alun.

787. *Carbonate de potasse* ou *sous-carbonate de potasse.* Ce sel est connu dans le commerce, à différens états de pureté, sous les noms de *cendres de bois*, de *potasse* et de *cendres perlées.* On l'obtient à un état impur par l'incinération des végétaux, de là le nom d'alcali végétal (1) qu'on a donné à la

---

(1) D'un autre côté, la soude, qui est la base du sel gemme,

potasse. Ce sel vient de Russie, d'Amérique, de Trèves, de Dantzick et des Vosges. Comme il importe beaucoup de s'assurer de sa pureté, on a proposé divers modes faciles de l'essayer, mais aucun n'est plus simple et plus sûr que celui qu'a proposé Ure. Il prend un tube divisé en 100 parties, dont les divisions portent les mots *carbonate de soude, carbonate de potasse,* etc. ; quand on veut essayer une des substances ci-dessus, on introduit sur la division, de l'acide sulfurique de la pesanteur spécifique de 1,146 et on achève le centième avec de l'eau ; on verse ensuite ce liquide goutte à goutte sur un poids donné de l'échantillon, jusqu'à ce qu'il y ait saturation parfaite : chaque mesure d'acide employée indique un grain d'alcali.

788. On a appelé cette substance *sel de tartre,* parce qu'en calcinant le tartre (cristaux de bitartrate de potasse), on l'obtient dans un état de grande pureté ; procédé qu'on peut suivre avec avantage lorsqu'on veut préparer ce sel pour des expériences. Dans cette opération, l'acide tartarique est décomposé et converti en acide carbonique.

---

a reçu le nom d'*alcali minéral.* Cependant cette distinction, qui est due à Avicenne, n'est pas rigoureusement vraie ; la potasse, loin d'être le produit exclusif de la végétation, est une partie constituante du granite, qui est la roche fondamentale du globe. On l'a aussi découverte dans divers minéraux, et quoiqu'on soit dans l'habitude de l'extraire des végétaux, ainsi que la soude, il est probable que ceux-ci la tirent du sol dans lequel ils croissent.

Ainsi traité, le tartre donne environ le tiers de son poids de carbonate sec. On peut aussi le préparer d'une autre manière. On mêle le tartre avec un huitième environ de nitre purifié, et on l'enveloppe dans du papier en forme de cônes, qu'on place sur une plaque de fer et auxquels on met le feu; on lessive le résidu et on l'évapore jusqu'à siccité. On peut également mêler du nitre purifié avec le quart de son poids de charbon, et le projeter dans un creuset rouge; lorsque le mélange est en fusion, on le verse dans un vase de fer. Le carbonate ainsi obtenu n'est pas tout-à-fait la moitié du nitre employé. Exposé à l'air, le carbonate de potasse attire tant d'humidité qu'il devient déliquescent et passe rapidement à l'état liquide; mais on peut le dessécher de nouveau, en l'exposant à une chaleur convenable. Soumis dans un creuset à une forte température, il fond, mais ne perd pas de son acide carbonique. Il se dissout très promptement dans l'eau, qui, à la température ordinaire, en prend plus de son poids; la dissolution qui en résulte a une pesanteur spécifique de 1,54, et contient en poids 48,8 pour 100 de carbonate, ou huit atomes d'eau pour un de sel; quoique celui-ci ait une saveur beaucoup plus douce que l'alcali pur, il verdit encore l'infusion bleue des végétaux, ce qui l'a fait regarder pendant long-temps comme un sous-carbonate; composé d'un atome de potasse et d'un atome d'acide carbonique, il est considéré maintenant, d'après les principes de la nomenclature atomique (424), comme un carbonate. Le nombre qui le représente est $(48 + 22) = 70$.

789. Le bi-carbonate de potasse, ou, comme on l'appelait autrefois, le carbonate, nom qu'il conserve encore dans la pharmacopée, s'obtient en faisant passer un courant d'acide carbonique dans une dissolution du sel précédent. Si on fait lentement évaporer celle-ci, elle forme des cristaux réguliers, qui ne sont autre chose que le sel même. Il a une saveur beaucoup plus douce que le carbonate, quoique encore alcaline ; c'est donc, dans le sens primitif du mot, un sous-sel. Exposé à l'air, il ne s'altère pas, et n'est soluble que dans quatre fois son poids d'eau à 15° ; lorsque ce fluide est en ébullition, il en dissout les cinq sixièmes de son poids, mais le sel se décompose en partie pendant l'opération, comme le prouve le dégagement de gaz acide carbonique. Calciné à une basse température, il se convertit en carbonate. Selon Wollaston, la quantité d'acide carbonique contenue dans le bi-carbonate est exactement double de celle qui entre dans le carbonate ; l'expérience 38 en a déjà fourni la preuve. Ainsi ce sel est formé d'un atome de potasse $= 48$, de deux atomes d'acide carbonique $(22 + 22) = 44$ et d'un atome d'eau $= 9$, en tout 101, qui est le nombre qui le représente.

790. Le carbonate et le bi-carbonate de potasse sont l'un et l'autre décomposés par la chaux, qui les prive d'acide carbonique : ainsi il est facile, avec cette terre, de se procurer de la potasse caustique

ou du protoxide hydraté de potassium. Le meilleur procédé consiste à faire bouillir pendant une-demi-heure, dans un vase de fer bien propre, du carbonate de potasse obtenu par la calcination du tartre (788), avec son poids de chaux vive, qu'on éteint d'abord dans l'eau. On passe la lessive dans une toile propre, et on la concentre par l'évaporation dans un vase d'argent; on met ensuite la masse sèche dans une bouteille, où l'on verse autant d'alcool qu'il est nécessaire pour dissoudre tout ce qui est soluble dans ce fluide. On décante la dissolution et on la distille dans un alambic d'argent pur, muni d'un chapiteau de verre. L'alcali réduit en fusion, on le verse dans un plat d'argent, on le laisse refroidir, on le casse en morceaux, et on le conserve dans des fioles bien bouchées.

791. *Muriate de potasse.* Ce sel, que les anciens pharmaciens appelaient *sel fébrifuge et digestif de Sylvius, tartre régénéré*, s'obtient en faisant dissoudre jusqu'à saturation de l'hydrate ou du carbonate de potasse dans l'acide muriatique. Mais les dernières recherches de H. Davy et d'autres, démontrent que, lorsque ce sel est évaporé jusqu'à parfaite siccité, il se convertit en chlorure de potassium; l'hydrogène de l'acide muriatique s'unit à l'oxigène de la potasse, avec lequel il forme de l'eau qui se volatilise. Cependant si on fait dissoudre de nouveau cette substance dans l'eau, elle redevient du muriate de potasse. A l'état sec, ce sel est composé d'un atome de potassium et d'un atome de chlore,

ce qui donne pour le nombre qui le représente ($40 +$
36) $= 76$. Mais en dissolution, où il doit exister à
l'état de muriate, on peut le regarder comme formé
d'un atome d'acide muriatique $= 37$ et d'un atome de
potasse $= 48$; son nombre équivalent est par conséquent $= 85$. Ce que nous venons de dire sur la
conversion d'un corps en un autre par la simple
action de l'eau, est si contraire à tous les préjugés
et aux opinions populaires, qu'il est difficile à l'élève
d'y ajouter foi sur-le-champ. C'est sans doute une
assertion surprenante de dire qu'un corps qui est du
chlorure de potassium dans ses mains, devient dans
la bouche du muriate de potasse : cependant ce changement n'est pas plus extraordinaire que celui que
produit l'action de l'eau sur un sulfure alcalin (686),
changement qui nous est annoncé d'une manière
sensible par le dégagement de l'hydrogène sulfuré.
On ne peut dire qu'elle est la saveur du chlorure de
potassium, puisqu'il est impossible de le mettre dans
la bouche sans qu'il se convertisse aussitôt en muriate; cependant la dissolution est amère et désagréable. Il cristallise en cubes, éprouve peu d'altérations par l'exposition à l'air; il est soluble dans
trois fois son poids d'eau à $15°$, et dans une moindre
proportion à $100°$.

792. *Sulfate de potasse* : c'est le sel *de duobus*
des anciens chimistes; il peut s'obtenir directement en saturant l'acide sulfurique de potasse et
en faisant cristalliser la dissolution. Il cristallise en
prisme à six pans, terminés par des pyramides à six

pans avec des faces triangulaires. Sa pesanteur spécifique est de 2,047, et sa saveur amère. Jeté sur un fer rouge, il décrépite ; il fond à une forte chaleur et se volatilise ensuite. Il ne contient point d'eau. A 15° ce liquide n'en prend qu'un sixième de son poids ; mais il en dissout un cinquième lorsqu'il est en ébullition, et même un quart si on continue de le chauffer. Ce sel est formé d'un atome d'acide + un atome de base ; ainsi le nombre qui le représente est $(40 + 48) = 88$.

793. *Bi-sulfate de potasse* ou *sur-sulfate*. Il s'obtient en ajoutant de l'acide sulfurique à une dissolution chaude de sulfate de potasse. Il se forme aussi pendant la préparation de l'acide nitrique (569), et reste dans la cornue après la distillation. D'une saveur très aigre il est beaucoup plus soluble dans l'eau que le sulfate neutre, puisqu'une partie se dissout dans deux d'eau à 15°, et dans moins que son poids à 100°. Il contient, selon Wollaston, deux fois autant d'acide que le sulfate : il est, par conséquent, composé d'un atome de base et de deux atomes d'acide $(48 + 40 + 40) = 128$; mais comme il contient un atome d'eau, il faut ajouter 9, ce qui donne pour le nombre qui le représente $= 137$.

794. Le *sulfate de potasse* s'obtient en faisant passer de l'acide sulfureux dans une dissolution de potasse, et en l'évaporant à l'abri du contact de l'air. Il cristallise en lames rhomboïdes blanches, d'une saveur sulfureuse, et très solubles. Exposé à

l'air, il passe à l'état de sulfate de potasse. Ce sel a la propriété d'empêcher le sirop de fermenter.

795. *Nitrate de potasse, nitre* (1), *salpêtre.* Ce sel peut s'obtenir en saturant la potasse ou son carbonate d'acide nitrique; mais il se trouve en si grande abondance dans les Indes orientales, qu'on a plus de bénéfice à l'acheter. Cependant, à l'état où on l'importe, il est extrêmement impur; il contient une portion considérable de sel commun, et diverses autres substances : on l'appelle alors *nitre brut.* Pour les opérations chimiques, on le purifie, en le faisant dissoudre dans l'eau et cristalliser, après quoi il prend le nom de *nitre* ou de *salpêtre purifié.* En Allemagne et en France, on le prépare dans ce qu'on appelle *lits de nitre* (2). Il cristallise

---

(1) Le nitre des anciens était la soude, ainsi Jérémie dit, chap. II, 22 : « Tu as beau te laver avec du *nitre*, et prendre « beaucoup de savon, ton iniquité te souille toujours à nos yeux.»

(2) Ce procédé consiste à jeter des substances animales, comme du fumier ou d'autres excrémens mêlés avec de vieux plâtras ou d'autres terres calcaires écrasées avec une batte, dans des fossés creusés pour cet objet, et recouverts de hangars pour les garantir de la pluie. On arrose et on retourne de temps en temps les matières pour accélérer l'opération et renouveler les surfaces; mais un excès d'humidité serait nuisible. Au bout de plusieurs mois, on trouve que la masse s'est imprégnée de nitre qu'on peut extraire par le lessivage. Si les lits contenaient beaucoup de matières végétales, une grande partie du sel nitrique est du salpêtre ; dans le cas contraire, l'acide est presque entièrement combiné avec la terre calcaire ; on l'isole, en le mêlant avec du sous-carbonate de potasse. Dans

en prismes à six pans, terminés par des sommets dièdres : il se dissout dans sept fois son poids d'eau à 15°, et dans son propre poids à 100°; mais la présence du sel commun augmente beaucoup sa solubilité. Il fond à une chaleur modérée, et lorsqu'il est coulé, il forme ce qu'on appelle *sel Prunelle* (1). Il se décompose à une chaleur rouge; si on le distille dans une cornue de terre ou dans un canon de fusil, la décomposition de son acide donne lieu à un grand dégagement d'oxigène, et laisse à nu l'alcali, qui corrode le vase distillatoire. Les substances carbonacées le décomposent rapidement à une haute température, et donnent pour produits de l'azote, du gaz acide carbonique, et un résidu de sous-carbonate de potasse qu'on appelait autrefois *Clyssus de nitre*. L'acide sulfurique, comme nous l'avons déjà vu (568), le décompose aussi, et dégage de l'acide nitrique. Il est formé d'un atome d'acide nitrique $= 54$ et d'un de potasse $= 48$; le nombre qui le représente est par conséquent 102.

796. *Chlorate de potasse*, autrefois *hyper-oxymuriate de potasse*. Ce sel s'obtient en faisant passer du chlore à travers une dissolution de potasse dans

---

cette opération, l'azote de la matière animale et l'oxigène de l'air semblent se combiner et former de l'acide nitrique, qui s'unit ensuite à la potasse fournie par les végétaux décomposés, ou avec la matière calcaire qui se trouve dans le mélange.

(1) Ainsi appelé à cause de la ressemblance que cette substance avait originairement avec une prune, l'usage ayant été en Allemagne de la colorer en pourpre.

des bouteilles de Woolf (176). L'eau se décompose; son oxigène s'unit avec une partie du chlore, et forme de l'acide chlorique, tandis que son hydrogène, se combinant avec l'autre, produit de l'acide muriatique. Ainsi il y a en même temps production de chlorate et de muriate de potasse, qu'il faut séparer par la cristallisation ; ce qui est facile à faire, puisque le premier cristallise avant le second. Le chlorate de potasse cristallise en lames rhomboïdes brillantes ; sa saveur est fraîche, désagréable, et sa pesanteur spécique 2. Il est soluble dans 16 parties d'eau à 15°, et dans $2\frac{1}{2}$ d'eau bouillante ; il l'est peu dans l'alcool. Exposé à une forte chaleur, il fond et dégage de l'oxigène à son plus grand état de pureté. Ce sel agit d'une manière très énergique sur les corps inflammables, et donne lieu à quelques unes des expériences les plus remarquables et les plus brillantes que présente la chimie.

Exp. 86. Mêlez un peu de sucre avec la moitié de son poids de chlorate, et versez sur le mélange une petite quantité d'acide sulfurique concentré, aussitôt une vive combustion aura lieu. (1)

---

(1) C'est sur cette propriété que reposent les briquets oxigénés. On prend des allumettes imprégnées de ce mélange au moyen d'un peu de gomme, et on les trempe dans une petite fiole pleine d'acide sulfurique pour leur faire prendre feu. Il faut cependant avoir soin de tenir la fiole bien bouchée pour que l'acide ne s'évente pas, ce qui le rendrait impropre à cet usage.

29

Exp. 87. A un grain de sel pulvérisé dans un mortier, ajoutez un demi-grain de phosphore, il détonera avec fracas par le plus léger frottement.

Exp. 88. Mettez dans un verre une partie de phosphore et deux de chlorate, et remplissez presque le vase d'eau. Introduisez ensuite, par le moyen d'un tube de verre ou d'un entonnoir qui va jusqu'au fond, trois ou quatre parties d'acide sulfurique ; le phosphore prendra feu et brûlera sous l'eau.

Voyez aussi l'expérience 2.

797. Ces phénomènes sont dus à la décomposition de l'acide chlorique. De l'acide sulfurique versé sur des mélanges de ce sel et de combustibles, produit une ignition intense qui est due au dégagement du chlore.

798. Les expériences ci-dessus exigent beaucoup de précautions ; il ne faut jamais garder le sel mélangé avec du carbone, du soufre ou d'autres corps inflammables, parce qu'il pourrait produire une explosion spontanée.

799. Le chlorate de potasse est composé d'une proportion d'acide chlorique = 76, et d'une de potasse = 48 ; son nombre équivalent est par conséquent 124.

800. *Prussiate* ou *hydro-cyanate de potasse.* Ce sel peut s'obtenir par le mélange de ses constituans ; mais son instabilité est telle, que les acides les plus faibles, l'acide carbonique même, le décomposent ;

il forme cependant à l'état de sel triple, avec une base métallique, des composés plus permanens, dont le plus utile est celui qui suit :

801. *Ferro-cyanate* ou *prussiate triple de potasse.* Si on fait digérer une dissolution du sel précédent avec du protoxide de fer, une portion de ce dernier se dissout, et forme une dissolution qui devient jaune; et si on y ajoute de l'acide hydro-cyanique, on obtient un fluide neutre, susceptible de cristalliser, qui fournit le sel dont il est question. Cependant le mode le plus ordinaire de le préparer est de décomposer le bleu de Prusse par la potasse. Ce corps est une combinaison d'acide hydro-cyanique et de péroxide de fer avec une portion d'alumine (1). Pour le séparer de cette dernière substance, on fait chauffer le bleu de Prusse du commerce avec

---

(1) Il y a des manufactures de bleu de Prusse dans plusieurs parties de l'Angleterre. On calcine jusqu'au rouge, dans de grands creusets de fonte de fer, parties égales de sous-carbonate de potasse et de différentes matières animales, telles que sabots, cornes, sang desséché, etc.; lorsque la masse est en fusion, on la verse dans des vases de fer, où elle se prend en blocs. Quand elle est froide, on la traite par six ou huit parties d'eau, on filtre la dissolution et on la mêle avec une liqueur qui contient deux parties d'alun et une de vitriol vert (sulfate de fer); il se forme un précipité, qui est d'abord coloré en vert, mais qui, après un lavage répété avec de l'acide muriatique très étendu, prend une belle nuance bleue. Dans cette opération, la matière animale fournit l'acide prussique, qui est un nouveau produit dû à la réunion de quelques uns de ses élémens.

poids égal d'acide sulfurique étendu de cinq ou six parties d'eau ; après quoi on le lave bien avec de l'eau distillée. On le pulvérise ensuite, et on l'ajoute chaud, par portions successives, à l'hydrate liquide de potasse, jusqu'à ce que sa couleur cesse de s'altérer : on filtre alors la dissolution, on l'évapore et on la fait cristalliser ; le bleu de Prusse est décomposé, il perd, par ce traitement, sa couleur bleue ; l'acide hydro-cyanique s'unit à la potasse et à une portion de l'oxide de fer.

802. Ce sel affecte la forme de beaux cristaux volumineux et transparens, de couleur jaune citron, sans saveur et sans odeur ; sa pesanteur spécifique est de 1,833. L'eau à 15° en dissout presque un tiers de son poids, et poids égal lorsqu'elle est en ébullition. Il se décompose à une haute température.

803. Ce sel est un réactif important pour découvrir la présence du fer et autres métaux. Il décompose toutes les dissolutions métalliques, excepté celles d'or et de platine. La table suivante, que nous avons extraite du *Dictionnaire de Chimie* de Ure, indique les couleurs des précipités qu'il produit.

Dissolution de	*Donne un précipité*
Manganèse	blanc.
Protoxide de fer	blanc abondant.
Deutoxide de fer	bleu clair abondant.
Tritoxide de fer	bleu foncé abondant.
Étain	blanc.
Zinc	blanc.

Dissolution de   *Donne un précipité*

Antimoine. . . . . blanc.
Cobalt. . . . . vert d'herbe.
Bismuth. . . . . blanc.
Protoxide de cuivre. . . . . blanc.
Deutoxide de cuivre . . . . brun cramoisi.
Plomb, ... blanc.
Deutoxide de mercure. . . . . . blanc.
Argent. . . . . blanc, tournant au bleu.

Sels à base de soude.

8o4. Le *carbonate* ou *sous-carbonate de soude*
s'obtient par la combustion de plantes marines (1),
dont les cendres fournissent par le lessivage le sel
impur connu dans le commerce sous le nom de
barille, qu'on importe d'Espagne et du Levant en
masses poreuses, dures, d'une couleur brune bario-
lée. Dans cet état, il contient du sel commun et
d'autres impuretés, dont on le débarrasse en le
faisant dissoudre dans une petite portion d'eau, en
filtrant la dissolution et en l'évaporant à une basse
température; le sel commun se rassemble à la surface sous forme de cristaux, et s'enlève avec une
écumoire. Quand on le veut d'une grande pureté,
on le prépare en soumettant l'*acétate,* à une chaleur rouge, qui le convertit en charbon et en carbonate, dont on s'empare au moyen de l'eau. Comme
le sous-carbonate de potasse, il a des caractères al-

____

(1) Surtout du genre *salsola,* que l'on dit douée de la
propriété de décomposer le sel de mer et d'absorber la soude.

calins très prononcés. Lorsqu'on le fait chauffer, il fond, perd son eau de cristallisation, et se convertit en poudre blanche. Il est soluble dans la moitié de son poids d'eau à 15°, et dans moins de son poids à 100°. Exposé à l'air, il s'effleurit. Il est composé d'un atome de soude = 32 et d'un atome d'acide carbonique = 22 ; son nombre représentatif, à l'état sec, est par conséquent 54 ; mais à celui de cristallisation, où il contient onze atomes d'eau = 99, son nombre équivalent est 153.

805. *Bi-carbonate* ou *carbonate de soude*. Il se prépare par un procédé semblable à celui que nous avons décrit pour le bi-carbonate de potasse. Quand la dissolution est parfaitement neutre et n'agit plus sur le papier tournesol, il se forme de petits cristaux de bi-carbonate de soude, qui, étant moins solubles que le sous-carbonate, tombent au fond du vase ; ils sont parfaitement blancs, n'ont qu'une saveur légère et non alcaline, et se décomposent en partie, même à une température très modérée. Indépendamment de son eau de cristallisation, dont la proportion, selon M. Phillips, n'est pas encore bien connue, le bi-carbonate contient deux fois autant d'acide que le carbonate, et est, par conséquent, formé de deux atomes d'acide $(22 \times 2) = 44$, et d'un atome de soude = 32 ; ainsi le nombre qui le représente est 76. Quoique M. Phillips assure avoir vu du véritable bi-carbonate à l'état de cristaux humides, il n'en a cependant jamais trouvé à l'état

sec qui n'eût perdu un quart de son acide carbonique par l'exposition à la chaleur ; c'est alors une poudre blanche, graveleuse, moins soluble que le carbonate, qui a comme lui une saveur alcaline, et brunit les couleurs jaunes végétales, mais à un degré beaucoup moindre. Ce sel cristallise quelquefois; il se décompose à une chaleur rouge, comme le véritable bi-carbonate, et donne du carbonate de soude sec pour résidu. Selon le même auteur, ce sel, le carbonate des pharmaciens, est un composé d'un atome de carbonate et d'un atome de bi-carbonate (1) combinés avec l'eau; il est formé de trois atomes d'acide carbonique $= (22 \times 3) = 66$, de deux atomes de soude $= (32 \times 2) = 64$, et de quatre atomes d'eau $(9 \times 4) = 36$. Son nombre représentatif est en conséquence 166.

806. *Muriate de soude* ou *chlorure de sodium, sel commun*. Ce sel existe en abondance dans la nature, où il forme des masses fossiles immenses, appelées *sel gemme*, et en dissolution dans de l'eau de mer. A l'état fluide, c'est un véritable muriate de soude; mais à l'état sec, il se change en chlorure de sodium. Les observations que nous avons déjà faites sur ce sujet, en parlant du muriate de potasse, s'appliquent également à l'histoire chimique de ce corps

---

(1) Les sels composés d'un atome de carbonate et d'un de bi-carbonate sont quelquefois appelés *sesqui-carbonates*, parce qu'ils sont équivalens à un atome et demi d'acide et un atome de base.

salin. Il cristallise en cubes réguliers solides, ou, par une évaporation précipitée, en pyramides quadrangulaires creuses, qui sont presque inaltérables à l'air, lorsqu'elles sont parfaitement pures. Le sel cependant, tel qu'il se présente ordinairement, est mêlé avec du muriate de magnésie, auquel on peut attribuer sa tendance à devenir déliquescent. Henry a démontré que les divers états sous lesquels se trouve ce corps proviennent de modifications dans la grosseur et la dureté du grain, plutôt que de quelque différence essentielle dans la composition chimique. Soluble dans deux fois et demi son poids d'eau à 15°, il ne l'est guère plus dans l'eau chaude : aussi fait-on cristalliser sa dissolution par l'évaporation et non par le refroidissement (198). Exposé à la chaleur, il fond et prend la forme d'une masse solide compacte. Projeté sur des charbons incandescens, il décrépite. L'acide sulfurique (543) ainsi que l'acide nitrique le décomposent. A l'état sec, il est composé d'un atome de sodium = 24, et d'un de chlore = 36; son nombre équivalent est par conséquent 60.

807. *Sulfate de soude. Sel de Glauber.* Nous avons déjà expliqué la production de ce sel pendant la préparation de l'acide muriatique. Il forme des cristaux dont la figure primitive est un prisme oblique à quatre pans. Sa saveur est amère; exposé à l'air, il s'effleurit; il est très soluble dans l'eau, qui en dissout le tiers de son poids à 15°, et son poids total à 100°. La chaleur lui fait éprou-

ver la fusion aqueuse. Ce sel est composé d'un atome d'acide $= 40$, d'un de soude $= 32$, et de dix d'eau $= 90$; le nombre qui le représente est par conséquent 162.

808. *Nitrate de soude*. Ce sel peut s'obtenir en saturant le carbonate de soude d'acide nitrique, ou en distillant du sel commun avec les trois quarts de son poids d'acide nitrique. Il cristallise en prismes rhomboïdaux.

809. *Chlorate de soude*. Il se prépare par un procédé analogue à celui qui est employé pour obtenir le chlorate de potasse, dont il diffère peu.

810. *Phosphate de soude*. Il peut s'obtenir en saturant le carbonate de soude d'acide phosphorique. Cristallisé par l'évaporation, il contient toujours un excès de base : M. Dalton le regarde cependant comme un bi-phosphate. Il faut, pour le neutraliser, doubler la quantité d'acide, d'où il résulte que le phosphate neutre doit être un *quadriphosphate*.

Sels à base d'ammoniaque, ou sels ammoniacaux.

811. Les caractères distinctifs de ces sels sont les suivans : Traités par un alcali ou une terre fixe caustique, ils exhalent une odeur ammoniacale. Ils sont en général solubles dans l'eau, et susceptibles de cristalliser; ils se décomposent tous à une chaleur rouge modérée : si l'acide est fixe, si c'est de l'acide phosphorique, par exemple, l'ammoniaque s'en sépare et reprend l'état de fluide élastique.

812. *Muriate d'ammoniaque*. C'est en Egypte

que se fabriquait autrefois ce sel, qu'on extrayait de la fiente des chameaux. On lui donna le nom de *sel ammoniac*, parce qu'il se trouvait en abondance aux environs du temple de Jupiter Ammon. On le prépare maintenant en grand par divers procédés; la plupart consistent à obtenir, par la distillation de substances animales, une ammoniaque impure, qu'on combine avec l'acide sulfurique; à décomposer le sulfate qui en résulte par le muriate de soude, et à sublimer le muriate qui se forme par la réaction de ces sels composés. C'est alors une masse compacte, solide, un peu ductile et demi-transparente (1). Il est très soluble dans l'eau; trois parties et demie à 15° en prennent une de sel, et il y a une grande absorption de calorique pendant sa dissolution; à 100°, il est plus soluble encore; il cristallise d'une manière régulière par le refroidissement; à l'état sec, il est composé d'un atome d'acide muriatique $= 37$, et d'un d'ammoniaque $= 17$; son nombre équivalent est par conséquent $= 54$. Mais tel qu'il se présente ordinairement, il contient un atome d'eau $= 9$, ce qui porte le nombre qui le représente à 63.

813. *Carbonate d'ammoniaque.* Il y a au moins deux composés d'acide carbonique et d'ammoniaque, le carbonate, qui est composé d'un atome d'acide carbonique et d'un atome d'ammoniaque, et le

---

(1) *Voyez* un rapport intéressant sur la fabrication de ce sel, dans les *Essais chimiques* de Parkes, vol. 2, p. 437.

bi-carbonate, qui est formé de deux du premier et d'un de la seconde; si on admet le sous-carbonate comme un troisième composé, il faut l'appeler, ainsi que le propose M. Phillips, *sesqui-carbonate*, puisqu'il est formé d'un atome et demi d'acide carbonique et d'un atome d'ammoniaque, ou plutôt de trois de l'un et deux de l'autre; mais il est peut-être plus exact de le regarder comme composé d'un atome de carbonate et d'un de bi-carbonate. Le carbonate peut s'obtenir en mêlant sur le mercure un volume d'acide carbonique et deux volumes d'ammoniaque, et le bi-carbonate, en imprégnant une dissolution du carbonate ordinaire de gaz acide carbonique : il n'a point d'odeur, peu de saveur, et est susceptible de cristalliser en prismes à six faces. Le sous-carbonate ou *sesqui-carbonate* se prépare en sublimant le muriate d'ammoniaque avec du carbonate de chaux : il se fait une double décomposition, l'acide muriatique s'unit à la chaux, et l'acide carbonique à l'ammoniaque. Fraîchement préparé, ce sel a une apparence cristalline, est un peu transparent, dur et compacte; son odeur est piquante, sa saveur caustique et pénétrante. Il attaque les couleurs végétales comme les alcalis; il est soluble dans quatre fois environ son poids d'eau froide, et se décompose dans l'eau chaude avec effervescence. Exposé à l'air, il perd rapidement de son poids, cesse d'être transparent, devient inodore, cassant, et se convertit enfin en bi-carbonate.

814. *Sulfate d'ammoniaque.* Il existe dans la

suie, et donne à cette substance cette amertume
particulière qu'elle possède. On peut l'obtenir directement en saturant le sous-carbonate, d'acide sulfurique. Il cristallise en longs prismes plats à six pans,
terminés par des pyramides à six faces.

815. *Phosphate d'ammoniaque.* Il peut s'obtenir en saturant d'ammoniaque l'acide phosphorique ; il existe aussi dans l'urine des animaux car-
nivores. Exposé au feu, il fond, se gonfle, et se
décompose, laissant l'acide sous forme de verre
fondu.

Sels terreux.

816. Plusieurs de ces composés sont insolubles
dans l'eau comme leurs bases : d'autres sont solubles comme les sels alcalins ; mais ils sont précipités de leurs dissolutions par le carbonate de
potasse, quoiqu'il y ait quelques exceptions à cette
loi.

Sels de chaux ou calcaires.

817. Ils sont en général peu solubles dans l'eau ;
et leurs dissolutions, décomposées par les carbonates alcalins, la potasse, la soude, la baryte,
par l'acide oxalique et le carbonate d'ammoniaque,
résistent à l'ammoniaque pure. Les sels insolubles
de chaux se décomposent lorsqu'on les fait bouillir
avec le carbonate de potasse, et donnent du carbonate de chaux.

818. *Carbonate de chaux.* Il se trouve en abondance dans le règne minéral, il constitue des mon-

.tagnes immenses de pierre à chaux, de craie, de marbre, etc.; dans le règne animal, il existe dans les écailles d'une foule d'animaux. Soumis à une forte chaleur, l'acide carbonique se dégage, et laisse de la chaux pour résidu. Les acides le décomposent aussi avec effervescence, et s'emparent de la chaux avec laquelle ils forment des composés particuliers. Quoique le carbonate dont il s'agit soit à peine soluble dans l'eau, il le devient cependant par l'intervention de l'acide carbonique, comme nous l'avons déjà démontré par l'exp. 67. En chauffant la dissolution de chaux dans un excès d'acide carbonique, on n'obtient pas, comme cela arrive pour les dissolutions alcalines (789), un bi-carbonate, sel encore inconnu, mais de la chaux qui se précipite à l'état de carbonate simple, tandis que l'excès d'acide carbonique se dégage. Ce sel est formé d'un atome de chaux = 28, et d'un atome d'acide carbonique = 22; son nombre équivalent est par conséquent 50.

819. *Muriate de chaux* ou *chlorure de calcium.* L'acide muriatique, lorsqu'on le sature de carbonate de chaux, qu'on l'évapore jusqu'à siccité et qu'on le fond ensuite, se décompose : son hydrogène s'unit à l'oxigène de la chaux, se dégage à l'état d'eau, et le chlore, se combinant avec le calcium, forme un chlorure. Exposé à l'air, ce corps tombe bientôt en déliquescence, parce qu'il est soluble dans une très petite quantité d'eau, et devient un véritable muriate. Ainsi le chlorure et le muriate peuvent mutuellement se convertir l'un

en l'autre par une addition ou une soustraction d'eau. Le muriate a une saveur très amère, est susceptible de cristalliser, et contient dans cet état cinq proportions d'eau.

820. *Sulfate de chaux, gypse.* Ce sel se trouve en abondance dans la nature, sous les noms de *gypse, plâtre de Paris, albâtre*, etc.; on peut aussi le produire immédiatement par l'union de ses élémens. Si on ajoute de l'acide sulfurique à une dissolution concentrée de muriate de chaux, il se forme aussitôt un précipité si abondant, que tout le fluide se solidifie; en le calcinant doucement, on obtient du sulfate de chaux. Il est peu soluble, ne se dissout que dans 500 fois son poids d'eau froide et 450 d'eau chaude; il est fusible à une chaleur modérée; il absorbe l'eau rapidement après la calcination, et forme un ciment précieux; il est décomposé par les carbonates alcalins, avec lesquels il fait un échange de principes. Il résulte de là que les eaux *dures*, qui doivent cette propriété au sulfate de chaux, font cailler le savon, parce que l'acide sulfurique s'empare de son alcali et met l'huile en liberté. Il est composé d'un atome de chaux $= 28$ et d'un atome d'acide $= 40$, son nombre équivalent est 68.

821. *Chlorate de chaux.* Il peut se préparer synthétiquement; il est déliquescent, caustique et d'une saveur amère; il est soluble dans l'alcool, et donne du gaz oxigène, quand il est exposé à la chaleur.

822. *Phosphate de chaux*. Les os contiennent 86 pour 100 de phosphate de chaux, qu'on peut extraire en les faisant dissoudre, après les avoir calcinés et pulvérisés dans de l'acide muriatique étendu, et en précipitant la dissolution par l'ammoniaque pure. Le précipité est du phosphate de chaux pur, lorsqu'il est convenablement édulcoré; c'est une poudre blanche insipide, insoluble dans l'eau, mais soluble dans les acides nitrique, muriatique et acétique étendus, et susceptible d'être de nouveau précipitée, et sans altérations, de ces acides par l'ammoniaque caustique. Il fond à une haute température, et affecte la forme d'un émail blanc, opaque. Il est composé d'un atome d'acide = 28, + 1 de base = 28, l'atome composé = 56. Selon plusieurs chimistes, l'acide phosphorique se combine en d'autres proportions avec la chaux, et donne naissance à un bi-phosphate, tri-phosphate, quadri-phosphate, octo-phosphate et dodeca-phosphate.

823. *Ferro-cyanate de chaux*. Ce composé, qui est un excellent réactif pour découvrir la présence du fer, peut se préparer par le procédé qu'on emploie pour le ferro-cyanate de potasse.

Sels à base de baryte, ou barytiques.

824. Ces sels sont en général insolubles dans l'eau et indécomposables par le feu; ils sont tous délétères et décomposés par les carbonates alcalins.

825. *Carbonate de baryte*. L'acide carbonique

se comporte avec cette terre comme avec la chaux ; les observations que nous avons faites dans l'histoire du carbonate de chaux s'appliquent, par conséquent, à celui de baryte. Il est presque insoluble dans l'eau et sans saveur. Il se présente en abondance dans la nature ; on ne s'en sert que pour obtenir la baryte et ses sels.

826. *Muriate de baryte* ou *chlorure de barium*. Ce sel peut s'obtenir à l'état de chlorure, en chauffant la baryte pure dans du chlore, et à celui de muriate, en faisant dissoudre le carbonate dans de l'acide muriatique étendu. C'est un réactif utile pour découvrir la présence des sels sulfuriques ; car cette terre a plus d'affinité que toute autre base pour l'acide sulfurique, avec laquelle elle forme un précipité insoluble.

Sels à base de magnésie, ou magnésiens.

827. Ces sels sont en général amers et solubles dans l'eau ; ils forment des précipités de magnésie et de carbonate de magnésie, lorsqu'on y ajoute de la soude pure et du carbonate de soude. Mêlés avec des sels ammoniacaux qui contiennent le même acide, les sels magnésiens déposent promptement des cristaux d'un sel ammoniaco-magnésien.

828. *Sulfate de magnésie.* Ce sel est aussi connu sous le nom de *sel d'Epsom,* parce qu'on l'obtint pour la première fois des sources d'Epsom. On l'a extrait long-temps des eaux mères du sel marin, mais il contenait ordinairement une si

grande quantité de muriate de magnésie, que ce sel déliquescent le rendait humide. On est cependant parvenu à vaincre cette difficulté par un procédé à l'aide duquel on s'empare du muriate (153), et le sel ainsi purifié se vend dans le commerce sous le nom de *sel double d'Epsom raffiné*. On l'a obtenu récemment de la pierre à chaux magnésienne par un procédé ingénieux que l'on doit au docteur Henry. Le sulfate de magnésie cristallise promptement, et quoique ses cristaux soient ordinairement petits, on peut les obtenir d'un volume considérable en laissant refroidir lentement la dissolution. C'est un sel extrêmement amer, très soluble dans l'eau froide, et encore plus dans l'eau chaude : la première en dissout un poids égal au sien, et la seconde un tiers de plus. Il est inaltérable à l'air, mais il perd son eau de cristallisation lorsqu'il est exposé à l'action de la chaleur. Il est composé d'un atome d'acide $=$ 40, $+$ 1 de magnésie $=$ 20, et 7 d'eau $(9 \times 7) = 63$; ainsi le nombre qui le représente est 123. C'est l'un des purgatifs les plus répandus; on l'emploie principalement à cet usage et pour obtenir le carbonate.

829. *Sulfate ammoniaco – magnésien.* Ce sel triple se prépare en versant une dissolution d'ammoniaque pure dans du sulfate de magnésie liquide; une partie de la terre se précipite, l'autre reste en dissolution, et l'on obtient, par l'évaporation, un sel triple, composé d'acide sulfurique, de magnésie et d'ammoniaque, qui cristallise en octaèdres.

83o. *Sulfate de magnésie et de soude.* Ce sel

triple se rencontre souvent dans le sulfate de soude; il se reconnaît à la figure rhomboïde de ses cristaux.

831. *Carbonate de magnésie.* Le sous-carbonate des pharmacopées s'obtient en mêlant à chaud des dissolutions concentrées de carbonate de potasse et de sulfate de magnésie. Il se fait une double décomposition; l'acide sulfurique s'unissant à la potasse forme un sulfate de cette base qui reste en dissolution, tandis que l'acide carbonique se porte sur la magnésie, se combine avec elle et donne naissance à un composé insoluble qui se précipite. On ne connaît pas bien la composition de ce corps : il ne paraît pas être complétement saturé d'acide carbonique. Berzélius le regarde comme un composé de trois atomes de carbonate de magnésie et d'un atome de l'hydrate de la même terre. Exposé à une chaleur modérée, l'acide carbonique se dégage, et la magnésie pure se trouve à nu; de là le nom de *magnésie calcinée* qu'on donne communément à cette terre.

832. *Bi-carbonate de magnésie.* Si on fait passer un courant d'acide carbonique dans de l'eau qui tient en suspension de la magnésie commune, on obtiendra, peu de jours après, un amas de cristaux qu'on a considérés comme de véritables carbonates. Henry n'admet pas l'existence de ce composé qu'il regarde comme formé d'un atome d'acide carbonique, d'un de magnésie et de trois d'eau. Une dissolution de magnésie dans un excès d'acide

carbonique est un médicament efficace contre les calculs.

833. *Phosphate de magnésie.* Il peut s'obtenir en ajoutant du carbonate de magnésie à l'acide phosphorique, ou en mêlant des dissolutions de sulfate de magnésie et de phosphate de soude; il se forme, au bout de quelques heures de repos, de larges cristaux transparens de phosphate de magnésie. Ce sel est soluble dans 15 parties d'eau froide, et dans une moindre proportion d'eau bouillante.

834. *Phosphate ammoniaco-magnésien.* L'intérêt que présente ce sel tient à ce qu'il forme une partie de quelques calculs urinaires, et qu'il se dépose en cristaux sur les parois des vases où l'urine a séjourné long-temps. On peut l'obtenir en mêlant des dissolutions de phosphate d'ammoniaque et de phosphate de magnésie, ou de quelque autre sel soluble qui a cette terre pour base.

Sels à base d'alumine ou alumineux.

835. Ces sels sont, en général, solubles dans l'eau, ont une saveur douceâtre et styptique. L'ammoniaque précipite leur base terreuse.

836. *Sulfate d'alumine et de potasse : Alun.* Ce sel important a été l'objet de recherches innombrables tant pour sa fabrication que pour sa composition. La plus grande partie de celui qu'on trouve dans le commerce s'extrait de divers minéraux connus sous le nom de *minerais d'alun.* On soumet le schiste alumineux, qui abonde en soufre, à une combustion étouffée. On le fait digérer dans l'eau, et on ajoute à la lessive qui en résulte du muriate de potasse, quelquefois même de l'urine. La théorie de ce procédé est facile à comprendre. La combustion du soufre produit de l'acide sulfurique qui s'unit à l'alumine du schiste et forme du sulfate d'alumine; comme ce sel exige pour cristalliser la présence d'un alcali, on ajoute du muriate de potasse. L'alun cristallise en octaèdres, il a une saveur astringente et douceâtre; sa pesanteur spécifique est de 1,71. Il est soluble dans l'eau; ce liquide à 15° en prend le cinquième de son poids, et à peu près les trois quarts à chaud. La dissolution qu'il forme rougit les couleurs bleues végétales, ce qui indique que l'acide est en excès; aussi lui a-t-on donné le nom de *sur-sulfate*. Mêlé avec une dissolution de carbonate de potasse, il fait effervescence; et, lorsque l'excès d'acide est saturé, l'alumine se précipite à l'état de fine poudre blanche. Exposé à l'air, l'alun s'effleurit à la surface, mais ne s'altère pas de long-temps à l'intérieur: son eau de cristallisation suffit pour le fondre à une douce chaleur; porté à une température plus élevée, il écume et perd en poids 45 pour 100. Le résidu spongieux qu'il donne forme l'alun calciné, *alumen exsiccatum* des pharmaciens; exposé à une chaleur intense, il dégage une grande partie de son acide. Les analyses qu'on a données de l'alun, ainsi que les opinions des chimistes sur l'état de combinaison dans lequel existent la potasse et l'acide sulfurique, présentent des différences remarquables. Phillips considère l'alun comme composé de 1 atome de bi-sulfate de potasse, + 2 atomes de sulfate d'alumine, + 22 d'eau ; Thompson, au contraire, n'admet pas l'existence d'un bi-sulfate de potasse, mais pense que l'alun est formé de 1 atome de sulfate de potasse, + 3 atomes de sulfate d'alumine, + 25 d'eau. Il y a aussi un alun ammoniacal dans lequel l'ammoniaque remplace la potasse, et un alun de soude dont la forme et la saveur sont celles qu'affecte l'alun du commerce.

Sels métalliques.

837. Parmi ces sels, les uns sont solubles dans l'eau, d'où ils sont précipités par l'hydro-sulfure de potasse ; les autres, insolubles, mais fusibles avec le borax et le charbon ; ils se réduisent en verre coloré avec le premier, et en bouton métallique avec le second.

Sels d'arsenic ou arséniqués.

838. Comme l'oxide, dans ces composés, remplit les fonctions d'un acide, il y a des sels d'arsenic alcalins, terreux et métalliques. Il existe en outre deux classes de ces sels ; les *arsénites*, dans lesquels le métal est au minimum d'oxidation, et constitue l'acide arsénieux ; les *arséniates*, dans lesquels l'arsenic est au maximum d'oxigénation, ou à l'état d'acide arsénique. L'acide arsénieux forme, avec les alcalis fixes, des arsénites qui ne sont pas susceptibles de cristalliser, mais qui sont très solubles. La chaleur

et les acides les décomposent; la première volatilise
l'acide arsénieux, les seconds le précipitent. Il forme
avec l'ammoniaque un sel susceptible de cristalliser, mais qui se décompose très aisément par la
chaleur; son azote se dégage, son hydrogène s'unit
à une partie de l'oxigène de l'acide, et forme de
l'eau. Les arsénites de chaux, de baryte, de strontiane et de magnésie sont très peu solubles, et se
préparent en faisant bouillir l'acide dans les dissolutions alcalines ou terreuses. Un très bon moyen
d'obtenir les arsénites métalliques, c'est de mêler
les dissolutions d'arsénites alcalins avec les sels métalliques. L'arsénite de potasse, par exemple, produit un précipité ou un arsénite blanc avec les sels
blancs de manganèse; il en produit un vert avec
les dissolutions de fer, un blanc dans les dissolutions de zinc ou d'étain ; mêlé avec une dissolution
de sulfate de cuivre, il forme un précipité d'une
belle couleur vert de pomme, appelé, du nom de son
inventeur, *vert de Scheele*. Il détermine, dans les
dissolutions de plomb, d'antimoine et de bismuth,
un précipité blanc, et donne, avec le nitrate d'argent, un arsénite jaune qui est très soluble dans
l'ammoniaque. Chauffés au chalumeau sur du charbon, tous ces arsénites exhalent une odeur d'ail qui
caractérise l'arsenic.

839. Les arséniates diffèrent essentiellement des
arsénites : les alcalins exceptés, ils sont tous insolubles dans l'eau, mais deviennent la plupart solubles par un excès d'acide arsénique. Les acides

phosphorique, nitrique et muriatique dissolvent les arséniates, et les convertissent probablement en sous-sels. Tous dégagent une odeur d'ail, lorsqu'on les décompose à une chaleur rouge avec du charbon.

840. *Arséniate de potasse.* Il peut s'obtenir en faisant détoner dans un creuset un mélange d'acide arsénieux et de nitre; il cristallise en prismes à quatre pans, terminés par des pyramides très courtes à quatre faces. Il est soluble dans cinq fois environ son poids d'eau froide. L'*arséniate de soude* est moitié moins soluble que le précédent, et communique au liquide ses propriétés alcalines; versé dans la plupart des sels terreux et métalliques, il détermine des précipités. Les arséniates affectent une couleur différente de celle des arsénites des mêmes métaux; mêlé avec du nitrate d'argent, par exemple, un arséniate alcalin donne naissance à un précipité couleur de briques, et produit un vert bleuâtre avec le sulfate de cuivre.

Sels de zinc.

841. Solubles, incolores, ils ne sont précipités ni par les métaux ni par l'infusion de noix de Galle, mais ils le sont en blanc par les alcalis (à l'état d'oxide hydraté), par le ferro-cyanate de potasse et l'hydrogène sulfuré.

842. *Sulfate de zinc, vitriol blanc.* Le métal s'oxide promptement et se dissout dans l'acide sulfurique étendu: il se dégage du gaz hydrogène (454), et il en résulte une dissolution incolore de sulfate

de zinc, qui cristallise par l'évaporation en prismes à quatre pans, terminés par des pyramides à quatre faces. On prépare néanmoins ce sel en grand avec certaines variétés de sulfure natif; on grille le minerai, on le lessive et on l'expose à l'air. On évapore la dissolution ainsi obtenue, et on la coule. Les cristaux de ce sel sont incolores, ordinairement très petits et assez difficiles à distinguer de ceux de sulfate de magnésie. Le sulfate de zinc a une saveur métallique désagréable; il est inaltérable à l'air, mais il perd son eau de cristallisation à une chaleur modérée; exposé à une haute température, il se décompose entièrement : l'acide se dégage et laisse l'oxide pour résidu; il est soluble dans deux fois et demi son poids d'eau à 15°, et dans une quantité bien moindre au point d'ébullition. Il est composé d'un atome d'acide $= 40, + 1$ d'oxide $= 42$, et de six atomes d'eau $= 54$; son nombré équivalent est par conséquent 136.

843. *Carbonate de zinc.* On peut l'obtenir en ajoutant du carbonate de potasse au sulfate de zinc. Il se présente aussi à l'état natif, formant une des variétés du minéral appelé *calamine.* Il est composé d'un atome d'acide carbonique $= 22, + 1$ d'oxide $= 42$; son nombre équivalent est par conséquent $= 64$.

Sels de fer.

844. Ils sont presque tous solubles dans l'eau, et forment une dissolution d'un brun rougeâtre, ou qui

devient telle par l'exposition à l'air. Elle forme avec le ferro-cyanate de potasse un précipité bleu, ou qui le devient à l'air, et un précipité noir avec l'hydro-sulfure d'ammoniaque. L'infusion de noix de Galle y produit un précipité noir ou pourpre foncé.

845. *Sulfate de fer, vitriol vert, couperose.* Ce sel se prépare en grand, en exposant les pyrites grillés à l'humidité (738). Quand on traite le fer métallique par l'acide sulfurique étendu, l'eau se décompose, l'hydrogène se dégage, et l'oxigène s'unit au métal de manière à former un protoxide. Celui-ci se combine immédiatement avec l'acide sulfurique, et constitue le sulfate de fer ou proto-sulfate de fer, qu'on obtient, en évaporant la dissolution, cristallisé en prismes rhomboïdes. Ce sel a une forte saveur styptique; il rougit les couleurs bleues végétales, se dissout dans deux parties environ d'eau froide, et dans les trois quarts de son poids d'eau bouillante; il est insoluble dans l'alcool. Exposé à une atmosphère humide, il se couvre d'une croûte brune, formée d'un sel qui est composé de péroxide de fer et d'acide sulfurique, et dont on peut s'emparer au moyen de l'alcool dans lequel il est soluble. Chauffé modérément, le proto-sulfate perd 40 pour 100 d'eau, et donne pour résidu un composé de 1 atome de sulfate + 1 atome d'eau : distillé à une forte chaleur, ce sel se décompose et cède son acide sulfurique (628). Il est formé, selon Berzélius, de 1 atome d'acide sulfurique = 40, 1 de protoxide de fer = 36, et 7 d'eau = 63; son nombre équivalent est

par conséquent 139. Lorsqu'on fait chauffer au contact de l'air une dissolution de ce proto-sulfate, une partie du protoxide passe à l'état de péroxide, se combine avec une portion d'acide, et se précipite sous forme de poudre jaune; c'est, selon Berzélius, un sulfate de péroxide avec excès de base, ou un sous-per-sulfate. Cet effet a lieu à un faible degré lorsqu'on dissout le sel dans l'eau; l'air atmosphérique qu'elle contient oxide le fer, et produit une dissolution trouble; il résulte de là que ce sel offre un moyen facile de découvrir la présence de l'oxigène libre dans les fluides aqueux. Il faut en conséquence, lorsqu'on administre un sel en dissolution, faire préalablement bouillir l'eau pour en chasser l'air.

846. Il existe d'autres sulfates avec une base de péroxide de fer, qu'on a nommés, d'après leur composition atomique, *per-bi-sulfate* et *per-quadri-sulfate*; mais jusqu'ici on n'a pas découvert de sulfate du protoxide avec excès d'acide.

847. En faisant bouillir le proto-sulfate dans l'acide nitrique, et en évaporant la dissolution jusqu'à siccité, sans élever la chaleur au point de dégager l'acide, on obtient une masse dont on peut extraire, en la faisant dissoudre dans l'eau, un sel composé d'acide sulfurique et de péroxide de fer. La dissolution, de couleur jaunâtre, ne fournit point de cristaux; mais elle forme, lorsqu'on l'évapore jusqu'à siccité, une masse déliquescente qui est soluble dans l'alcool, à l'aide duquel on peut la sé-

parer du proto-sulfate. Ce sel est communément appelé *oxy-sulfate*; mais il serait mieux nommé *sulfate de péroxide de fer*, ou, par abréviation, *persulfate de fer*. Il est composé de $1\frac{1}{2}$ atome d'acide sulfurique $= 60$, $+$ 1 de péroxide de fer $= 40$; son nombre équivalent par conséquent $= 100$.

848. *Carbonate de fer.* On ne connaît qu'un carbonate de fer, qui est composé de 1 atome de protoxide $= 36$, $+$ 1 atome d'acide carbonique $= 22$. C'est par conséquent, rigoureusement parlant, un proto-carbonate. Un très bon moyen d'opérer la combinaison consiste à mêler les dissolutions de proto-sulfate de fer et de carbonate de potasse; il se fait une double décomposition; l'acide sulfurique du sulfate se combine avec la potasse du carbonate, et l'oxide du sulfate de fer s'unit à l'acide carbonique que cette base a dégagé. Le sulfate reste en dissolution; mais le carbonate qui est insoluble se précipite : on le recueille et on le fait sécher à une douce chaleur. Telle est cependant l'énergie avec laquelle le protoxide de fer se combine avec une dose additionnelle d'oxigène, qu'il est impossible d'obtenir, par ce moyen, un carbonate parfait; une partie du fer se péroxide durant la dessiccation, et l'acide carbonique se dégage; car il n'existe pas de *per*-carbonate de fer solide. Le sous-carbonate de fer des pharmacopées est un mélange de carbonate et de péroxide de fer.

849. *Muriates de fer.* Il existe deux muriates de fer distincts : l'un, dans lequel le fer est à l'état

de protoxide, qui est un proto-muriate ; l'autre, dans lequel le métal existe à l'état de péroxide, qui est un per-muriate. Le premier est vert, le second rouge ; l'un et l'autre sont déliquescens et refusent de cristalliser. Le muriate vert est susceptible de se convertir en muriate rouge par une simple exposition à l'atmosphère. Évaporés jusqu'à siccité, ces deux sels se décomposent ; le proto-muriate passe à l'état de chlorure, et le per-muriate à celui de per-chlorure de fer.

Sels de bismuth.

850. Ces sels n'ont été étudiés que très imparfaitement ; ils présentent d'ailleurs peu d'intérêt à l'étudiant en médecine ; leurs dissolutions sont incolores, précipitées en blanc par l'eau, en orange par l'infusion de noix de Galle, et en noir par les hydro-sulfures.

851. *Nitrate de bismuth.* Si on met des fragmens de bismuth métallique dans de l'acide nitrique, on obtient une dissolution qui cristallise en prismes à quatre pans. Ce n'est autre chose que du nitrate de bismuth : lorsqu'on le met dans l'eau il se décompose, et forme un précipité blanc qui constitue le magistère de bismuth ou le blanc de perles : celui-ci est composé d'oxide de bismuth avec une petite quantité d'acide nitrique, et le liquide qui surnage, une dissolution de bismuth avec un grand excès d'acide. On emploie maintenant ce précipité en médecine, sous le nom de *sous-nitrate*

de bismuth ; il est très soluble dans l'ammoniaque pure, mais beaucoup moins dans les alcalis fixes purs. L'hydrogène sulfuré et les vapeurs des substances en putréfaction le noircissent (639, 6°).

Sels de cuivre.

852. Ces sels sont presque tous solubles dans l'eau, et d'une couleur bleue ou verte. Quand on ajoute de l'ammoniaque en excès à leurs dissolutions, elle donne naissance à un composé d'un bleu très foncé. L'hydro-sulfure d'ammoniaque y forme un précipité noir ; et, quand on plonge une plaque de fer poli dans un sel de cuivre liquide, le cuivre se précipite sous forme métallique.

853. *Sulfate de cuivre, vitriol bleu.* Si on traite le péroxide de cuivre par l'acide sulfurique, on obtient une dissolution qui donne des cristaux d'une très belle couleur bleue, dont la composition est celle d'un bi-per-sulfate ; composé de 1 atome de péroxide de cuivre = 80, + 2 atomes d'acide sulfurique = 80, + 10 atomes d'eau = 90 ; ce qui porte son nombre représentatif à 250, ou à 160, si on fait abstraction de son eau de cristallisation. Ce sel est soluble dans 4 parties d'eau à 15°, et sa dissolution est décomposée par les alcalis purs et carbonatés. Les premiers, cependant, redissolvent le précipité : si, par exemple, on ajoute de l'ammoniaque pure à la dissolution, il se forme un précipité ; mais si on ajoute encore de l'alcali, il est redissous, et il en résulte un liquide d'une belle couleur bleue. Si on examine

le précipité qui se forme dans le premier cas, on verra que c'est un sous-sulfate; ce sel est aussi précipité par les alcalis fixes : il est composé, abstraction faite de l'eau, de 1 atome d'acide + 2 atomes de péroxide. Ce sel existe dans le *Cuprum ammoniatum* des pharmaciens.

854. Thompson a aussi décrit un quadri-sulfate, composé de 1 atome de base + 4 d'acide; on n'a pas découvert encore de proto-sulfate.

855. *Carbonate de cuivre.* Il se forme en exposant le métal à l'air humide, et on l'obtient artificiellement en ajoutant un alcali carbonaté à une dissolution de cuivre. Il est composé de 1 atome de péroxide = 80, + 1 d'acide carbonique = 22; ainsi son nombre équivalent = 102; mais, dans cet état, il doit être considéré comme anhydre. Dans sa forme ordinaire, il contient 1 atome d'eau; ce qui fait son nombre = 111. Les cendres bleues sont un précipité bleu qui se forme lorsqu'on ajoute du carbonate de chaux à une dissolution de nitrate de cuivre.

856. *Muriates de cuivre.* Il y a un proto-muriate et un per-muriate ou plutôt un bi-per-muriate de cuivre : le premier s'obtient en exposant des plaques de cuivre à l'action de l'acide muriatique, et se compose de 1 atome de protoxide + 1 d'acide; le second, en faisant dissoudre le péroxide dans l'acide muriatique. En évaporant ces muriates respectifs jusqu'à siccité, ils se convertissent en chlorures correspondans, le proto-muriate en proto-chlorure, et le per-muriate en per-chlorure.

857. *Nitrate de cuivre.* Ce sel s'obtient en traitant le métal par l'acique nitrique étendu (580); la dissolution cristallise en prismes d'une belle couleur bleue. Lorsqu'on expose ce nitrate à une douce chaleur, une portion de l'acide est mise en liberté, et il reste un sous-nitrate.

Sels de plomb, sels de saturne.

858. Parmi ces sels, les uns sont solubles, les autres ne le sont pas. Les premiers ont une saveur austère, douceâtre, et sont précipités en blanc par le ferro-cyanate de potasse, en brun par l'hydro-sulfure d'ammoniaqué, et en jaune par l'hydriodate de potasse; les seconds, ou ceux qui sont insolubles, sont dissous par la soude, la potasse et l'acide nitrique, lorsque la présence du métal est rendue sensible par l'hydrogène sulfuré. Chauffés au chalumeau sur du charbon, ils se réduisent en boutons métalliques.

859. *Nitrate de plomb.* Il s'obtient en faisant dissoudre le métal dans de l'acide nitrique étendu et en évaporant la dissolution. Il cristallise en tétraèdres ou en octaèdres, il se dissout dans $7\frac{1}{2}$ parties d'eau bouillante, sans se décomposer. Il ne contient point d'eau de cristallisation, et est formé de 1 atome de protoxide jaune $= 112$, $+$ 1 d'acide nitrique $= 54$; son nombre équivalent est 166. On peut obtenir un sous-nitrate en faisant bouillir un mélange de poids égaux de nitrate et de protoxide de plomb dans l'eau, en filtrant la dissolution pen-

dant qu'elle est chaude et en mettant cristalliser. Il est composé de 2 atomes de protoxide = 112 × 2 = 224, + 1 atome d'acide nitrique = 54; son nombre équivalent est par conséquent 278.

860. *Carbonate de plomb, blanc de plomb.* Il se prépare en ajoutant un carbonate alcalin à une dissolution de nitrate de plomb. Il est sans saveur et insoluble dans l'eau, mais soluble dans les alcalis. Il est formé de 1 atome de protoxide = 112, + 1 atome d'acide carbonique = 22. Le nombre qui le représente est par conséquent 134.

Sels de mercure.

861. Parmi les sels mercuriels, les uns sont solubles, les autres ne le sont pas. Les premiers sont précipités en blanc par le ferro-cyanate de potasse, et en noir par l'hydrogène sulfuré. Si on plonge une plaque de cuivre dans leurs dissolutions, elle en sépare le mercure à l'état métallique. Les seconds sont volatils à une chaleur rouge, et donnent du mercure métallique lorsqu'on les distille avec du charbon.

862. *Sulfate de mercure.* L'acide sulfurique n'agit sur ce métal que lorsqu'il est bien concentré et en ébullition. On verse en conséquence dans une cornue de verre, du mercure, avec deux fois environ son poids d'acide sulfurique. Aussitôt qu'on chauffe le mélange, une effervescence a lieu, une portion de l'acide se décompose et se réduit en acide sulfu-

reux et en oxigène : le premier se dégage à l'état gazeux; le second se combine avec le mercure qu'il convertit en péroxide, et celui-ci, s'unissant à l'acide qui
n'est pas décomposé, forme un sur-sulfate, ou, pour
mieux dire, un bi-per-sulfate de mercure. Lorsqu'on
évapore jusqu'à siccité la masse qu'on a pour résultat,
et qu'on la fait dissoudre dans l'eau, on obtient deux
sels distincts : le bi-per-sulfate qui cristallise en aiguilles, et le per-sulfate, substance insoluble qui,
par le lavage, prend immédiatement une belle couleur de citron, et qu'on appelait autrefois *turbith
minéral*. Le premier de ces sels est composé de deux
atomes d'acide sulfurique = 80, et d'un atome de
péroxide de mercure = 216; ainsi son nombre équivalent = 296. Le second est formé d'un atome de
chaque, son nombre équivalent est par conséquent
(216 + 40) = 256. Il y a en outre un proto-sulfate
de mercure, qui est composé de 1 atome de protoxide + 1 d'acide. Il se prépare en faisant bouillir du mercure dans son poids d'acide sulfurique, et
en lavant la masse déliquescente ainsi obtenue à l'eau
froide : on obtient de cette manière un précipité
blanc et presque insoluble, puisqu'il ne se dissout
que dans près de 500 parties d'eau : c'est le proto-sulfate. Il cristallise en prismes, et le nombre qui le
représente est (208 + 40) = 248.

863. *Muriate de mercure.* On a compris sous
cette dénomination deux des plus importans sels
mercuriels, qu'on appelle communément *sublimé
corrosif* et *calomel*. Avant que sir H. Davy eût fait

connaître la composition de l'acide muriatique, on considérait le premier comme un composé d'acide muriatique et de péroxide de mercure : on l'appelait en conséquence *oxy-muriate de mercure*, nom qui est synonyme de *per-muriate*, comme on peut l'appeler à plus juste titre. Le calomel est une combinaison du même acide et de protoxide de mercure, qu'on appelait improprement *sous-muriate* ; car qu'on emploie le mot *sous* pour exprimer la composition atomique ou les propriétés chimiques, il est également inapplicable au calomel, qui est, dans toute la rigueur du terme, un sel neutre. Il est vrai qu'il entre moins d'acide muriatique dans sa composition que dans celle du sublimé corrosif, parce que le protoxide en exige moins pour se saturer que le péroxide. On considère aujourd'hui ces sels avec plus de raison comme des composés de chlore et de mercure métallique, qui ne diffèrent que par les proportions de leurs élémens. Néanmoins, il ne sera pas inutile, en exposant la nature de ces composés et la manière de les préparer, de faire connaître les deux théories.

864. *Sublimé corrosif, oxy-muriate de mercure, ou bi-chlorure de mercure.* Si on fait arriver un courant de chlore sur du mercure en ébullition, la vapeur métallique brûle avec une belle flamme verte, et le sublimé corrosif se sublime. Dans ce cas, le chlore, d'après la théorie qui le regardait comme de l'acide oxy-muriatique, abandonnait son oxigène au métal, l'acide muriatique mis en liberté s'unis-

sait au péroxide, et formait un per-muriate ou oxy-muriate de mercure : selon la nouvelle, au contraire, les deux élémens s'unissent immédiatement, et forment un bi-chlorure de mercure. Néanmoins, on ne prépare jamais ce corps en combinant directement les élémens dont il se compose : on suit un procédé qui repose sur les lois de la double affinité; on broie du sel commun dans un mortier de terre avec du bi-per-sulfate de mercure, préparé d'après la méthode que nous avons décrite (862), on introduit ensuite le mélange dans une cucurbite de verre ou vase sublimatoire, et on soumet l'appareil à une chaleur qu'on élève graduellement : de cette manière, le sel se volatilise à mesure qu'il se forme. Selon la première théorie, le mélange est composé de muriate de soude et de sulfate de mercure, qui échangent entre eux leurs élémens, donnent naissance à du sulfate de soude et à de l'oxy-muriate de mercure, composé volatil qui s'élève en vapeur et se condense dans la partie supérieure du vase. D'après la seconde théorie, le sel commun est composé de chlore et de sodium. En conséquence, lorsqu'on traite ce composé par le sulfate de mercure, le sodium s'unit à l'oxigène de l'oxide métallique, et forme de la soude, qui se combine avec l'acide sulfurique, et produit du sulfate de soude. Le chlore, de son côté, se combine avec le mercure métallique ainsi revivifié, et constitue le bi-chlorure de mercure. Selon l'ancienne théorie, ce sel est un bi-per-muriate composé de :

Acide muriatique.... 20,58, ou 2 atomes d'acide $=$ 56 (1)
Péroxide de mercure.. 79,42 — 1 —— péroxide $=$ 216

100. Poids de son atome $=$ 272

Envisagé d'après la nouvelle, un bi-chlorure est composé de :

Chlore.............. 26,48 ou 2 atomes de chlore $=$ 72
Mercure ....,.... 73,52 — 1 ———— métal $=$ 200

Poids de son atome $=$ 272

865. Le sublimé corrosif se présente en masse cristalline, blanche demi-transparente; sa pesanteur spécifique est de 5,2; sa saveur est nauséabonde, âcre, et laisse dans la bouche celle d'un métal : à 16°, l'eau en dissout plus d'un vingtième, et à 100°, le tiers de son poids. La lumière n'a, d'après les expériences de Davy, aucune action sur ce sel à l'état solide, mais elle le décompose en partie lorsqu'il est dissous, et détermine un précipité de calomel ou de proto-chlorure de mercure. Les alcalis fixes et l'eau de chaux forment dans cette dissolution un précipité d'oxide rouge, et l'ammoniaque un précipité blanc, qui est un composé triple d'acide, d'oxide métallique et d'alcali, et identique au *précipité blanc* de la pharmacopée. Le sublimé corrosif est beaucoup plus soluble dans l'alcool, l'éther, l'acide muriatique et le muriate d'ammoniaque, avec lequel il forme un sel double.

---

(1) Le poids d'un atome de chlore est 36, et si on regarde ce corps comme composé d'acide muriatique et d'oxigène, le nombre qui représente l'acide muriatique sera 36—8=28.

866. *Proto-chlorure de mercure, sous-muriate de mercure, calomel.* Ce sel se prépare en triturant le sulfate avec du mercure métallique, jusqu'à ce que les globules de ce dernier aient totalement disparu; on ajoute ensuite du sel commun, et on chauffe le mélange dans des vases de terre. Le proto-chlorure se forme et se dégage de la masse par la sublimation; on le réduit en poudre fine, et on le lave soigneusement avec de l'eau distillée. Si on considère le sublimé corrosif comme un bi-per-muriate, il faut regarder le calomel comme un proto-muriate; le premier passe dans ce cas à l'état de proto-muriate, en perdant la moitié de son acide et de son oxigène, dont s'empare le mercure métallique. Mais si on le considère, ainsi que le font aujourd'hui les chimistes, comme un bi-chlorure, le seul changement qu'il éprouve dans sa conversion en calomel, c'est que la moitié du chlore s'unit à la portion de mercure ajoutée, de sorte que le bi-chlorure se convertit en proto-chlorure. Envisagé comme muriate, le calomel est composé de:

Acide muriatique...... 11,86 ou 1 atome d'acide = 28
Protoxide de mercure.. 88,14 — 1 — de protoxide = 208

100. Poids de son atome = 236

Considéré comme un proto-cholure, il est composé de :

Chlore .... 15,25 ou 1 atome de chlore = 36
Mercure............,... 84,75 — 1 — de protoxide = 200

100. Poids de son atome = 236

867. Le calomel est inodore, insipide et insoluble dans l'eau; sa pesanteur spécifique est de 7,175. Exposé à la lumière, il prend à la longue une couleur noire, qui est due à l'altération partielle qu'il éprouve. Les alcalis, la chaux le décomposent, mais leurs carbonates n'exercent sur lui qu'une action imparfaite. L'acide nitrique le convertit en sublimé corrosif; et les alcalis en séparent un protoxide. Si on le considère comme un muriate, on doit simplement expliquer cette décomposition par l'affinité de l'acide muriatique qui est plus grande pour les alcalis que pour le protoxide; en conséquence, il abandonne l'un pour s'unir aux autres; si, au contraire, on le regarde comme proto-chlorure, il faut supposer que l'eau est décomposée, que l'oxigène de celle-ci se porte sur le métal, et son hydrogène sur le chlore.

868. *Nitrates de mercure*. Il y a deux nitrates de mercure bien différens : l'un qui a pour base le protoxide et l'autre le péroxide. L'acide nitrique étendu, traité à froid par le métal, produit le premier; concentré et à chaud, il forme le second. La dissolution du proto-nitrate donne, par l'évaporation, de larges cristaux transparens; l'eau ne le rend pas laiteux, mais l'ammoniaque, les alcalis fixes purs le précipitent en noir-grisâtre. Traitée par l'eau, la dissolution du per-nitrate se décompose : il se fait un sous-nitrate qui se précipité, et un sur-sel qui reste en dissolution. Exposé à l'action de la chaleur, le nitrate perd la plus grande partie de son acide, et se convertit en

écailles rouges brillantes, qu'on appelle communément *précipité rouge*. C'est, proprement parlant, un nitroxide, puisque le péroxide tient toujours en combinaison une portion d'acide nitrique : d'où il résulte que cette préparation agit avec plus d'énergie que l'oxide rouge qu'on prépare en faisant chauffer le métal.

Sels d'argent.

869. On reconnaît les sels solubles d'argent par la propriété qu'ils ont de former, avec l'acide muriatique, un précipité blanc qui noircit à la lumière et qui est très soluble dans l'ammoniaque; une autre propriété sert à les distinguer, c'est celle qu'ils ont de donner de l'argent métallique lorsqu'ils sont mis en contact avec une plaque de cuivre. Des sels insolubles dans l'eau sont solubles dans l'ammoniaque liquide, et donnent un globule d'argent, lorsqu'ils sont chauffés sur du charbon qu'active le chalumeau.

870. *Nitrate d'argent.* L'acide nitrique, étendu de deux parties d'eau, oxide promptement l'argent, le dissout ensuite et forme un nitrate, composé d'un atome d'acide nitrique = 54, + un atome d'oxide d'argent = 118; ce qui fait le poids d'un atome du sel = 172. Si l'acide employé contient la moindre quantité d'acide muriatique, la dissolution se trouble et dépose un précipité blanc, et si l'argent contient du cuivre, il prend une teinte verdâtre. La dissolution de ce sel est caustique et tache les substances animales en noir foncé; aussi s'en

sert-on pour teindre la peau. Elle donne, par l'évaporation, des cristaux incolores, transparens , dont la forme primitive est un prisme rhomboïde droit. Ce sel est fusible à la chaleur, et forme, quand il est coulé en petits cylindres, le caustique lunaire, l'*argenti nitras* de la pharmacopée. La dissolution de nitrate d'argent est un excellent réactif pour découvrir la présence de l'acide muriatique (252); le sel se décompose, et il se forme du chlorure d'argent qui se précipite. C'est un jeu de double affinité; l'hydrogène s'unit à l'oxigène de l'oxide, et le chlore se combine avec l'argent. Le chlore décompose aussi le nitrate d'argent, simplement comme font les dissolutions de chlorures et de muriates dans l'eau. Le chlorure , ainsi produit, quoique insoluble dans ce liquide, est très soluble dans l'ammoniaque. Chauffé dans un creuset d'argent, il fond sans perdre de son poids, et se prend par le refroidissement en une masse concrète demi - transparente, qu'on a appelée *lune cornée*. Cette substance a la propriété d'absorber une quantité considérable de gaz ammoniac (325 *note*), dont on peut la séparer par la chaleur. La dissolution de nitrate d'argent est aussi décomposée par l'acide sulfurique et ses sels, qui produisent un sulfate d'argent presque insoluble , puisqu'il ne se dissout que dans quatre-vingt-dix parties d'eau à 15°. En ajoutant du carbonate de potasse à la même dissolution , on obtient un carbonate d'argent insoluble.

Sels de platine.

87 1. Ces sels ont été peu examinés.

87 2. *Muriate de platine.* L'acide nitro-muria-tique est le dissolvant le plus énergique de ce métal, et donne une dissolution qu'on emploie comme réactif pour découvrir la présence de la potasse, avec laquelle elle produit un précipité jaune, soluble dans l'eau.

87 3. *Sulfate de platine.* Il se prépare en acidifiant le sulfure, par le moyen de l'acide nitrique. Il est soluble dans l'eau, et forme, selon M. E. Davy, un réactif très délicat pour découvrir la gélatine.

TROISIÈME PARTIE.

CHIMIE ORGANIQUE.

874. Quoique les corps que nous allons examiner, soient les produits des règnes animal et végétal, on verra néanmoins qu'ils sont composés des élémens de la matière ordinaire, et pourraient, par conséquent, être compris dans l'histoire des corps inorganiques. On les distingue cependant des composés dont nous avons jusqu'ici fait l'histoire, parce que le nombre de leurs atomes élémentaires est plus grand, et que leurs molécules ne sont unies que par une faible force de cohésion. Ils possèdent en conséquence des propriétés plus variées, et sont d'une constitution moins permanente ou moins stable. Il résulte de là que tous, sans exception, se décomposent à une haute température, et sont même susceptibles d'éprouver des changemens spontanés par la réaction mutuelle de leurs principes ; ce qui constitue les divers phénomènes de fermentation et de putréfaction, phénomènes qui donnent naissance à des composés nouveaux, qu'on emploie dans l'économie animale et végétale ; de sorte que, comme on l'a observé, ce qui nous charme aujourd'hui dans le parfum de la rose, peut nous servir demain d'ali-

ment ou de boisson. Cependant ces observations ne s'appliquent qu'aux corps organiques qui sont privés de vie, car l'action de ce principe mystérieux surpasse toutes les puissances de l'affinité chimique, et tend constamment à s'opposer à leur effet ou à les modifier; l'art n'a aucun moyen qui puisse suppléer à cette énergie. Les puissances de la vie, dit M. Thenard, ne sont pas à la disposition de l'homme; ce principe une fois perdu, l'organisation cesse aussitôt et ne dépend plus que de la volonté de celui dont nous les tenons. D'un autre côté, si nous examinons les produits organiques dans leurs rapports passifs, les proportions compliquées de leurs élémens, le mode inconnu de leur union, s'opposent à la confirmation des résultats obtenus par la synthèse. Il convient donc de diviser les produits organiques en diverses classes que déterminent leurs propriétés naturelles.

875. Les corps peuvent, d'après leur constitution particulière, être soumis à deux espèces d'analyses, dont une a pour objet de découvrir leur composition élémentaire, ou les principes immédiats dans lesquels on peut les réduire, et l'autre de rechercher les composés secondaires, ou les principes médiats dont ils sont formés.

876. Les principes médiats sont donc ces composés qui existent tout formés dans le corps organisé, et qu'on peut isoler, sans les décomposer, par de simples procédés d'art. Les principes immédiats

sont les élémens qui, en se combinant suivant des proportions rigoureusement déterminées, donnent naissance aux principes médiats.

877. Les principes immédiats sont peu nombreux; les substances végétales en contiennent rarement plus de trois, l'oxigène, l'hydrogène et le carbone; quelquefois elles renferment de l'azote. Ils entrent tous dans la composition des substances animales; le dernier est celui qui en forme la proportion la plus considérable; la chaux, le phosphore, plusieurs métaux, les deux alcalis fixes, soit purs, soit combinés, en font souvent partie, mais toujours en petites quantités; ainsi quatre élémens seuls donnent naissance à cette multitude de corps dont se compose le globe.

878. Si on devait assigner aux produits organiques une place dans la classification chimique des corps, il est évident qu'il faudrait ranger le plus grand nombre de ceux qui sont d'origine végétale, dans les oxides ternaires, et la plupart de ceux qui appartiennent au règne animal, parmi les quaternaires.

Analyse des corps organiques.

879. On doit rarement s'attendre, quand on fait l'analyse d'un produit organique, à obtenir les élémens dont il se compose, à l'état de pureté; ils forment entre eux de nouveaux arrangemens, et af-

fectent une forme toute différente de celle qu'ils avaient d'abord. On donne à ces résultats le nom de *produits*, pour les distinguer des composés qu'on obtient par l'analyse à l'état où ils se trouvaient dans le corps organique.

880. L'analyse ne fut, pendant long-temps, qu'une opération grossière et imparfaite, dont les résultats étaient nécessairement inexacts. Elle consistait simplement à distiller à fond le corps dont on voulait connaître la nature, ou, en d'autres termes, à l'exposer à l'action de la chaleur, en vases clos, et à recueillir ses produits. Une manière d'opérer si défectueuse ne pouvait donner que des connaissances vagues et générales ; vérité qui devient évidente lorsqu'on sait que les plantes vénéneuses et alimentaires produisent les mêmes résultats. Une nouvelle méthode, proposée par Guay-Lussac et Thenard, jeta un rayon de lumière sur cette partie si négligée de la chimie; elle consistait à distiller le corps avec quelque substance qui contient de l'oxigène, à un état de combinaison assez faible pour qu'il puisse se dégager à une chaleur ignée, s'unir avec les combustibles simples et donner naissance à de l'acide carbonique, ou à de l'eau, suivant qu'il se combine avec le carbone de l'hydrogène. On a fait, en suivant cette méthode, une foule d'analyses qui toutes concourent à prouver que les élémens de la matière organique, comme ceux de la matière inorganique, sont unis en proportions définies, et que la loi des multiples simples préside à toutes les

combinaisons. C'est un pas très important pour les progrès de la science, attendu qu'il donne le moyen de corriger, par le calcul, les erreurs de l'expérience, et d'estimer les proportions des élémens dont la détermination, par d'autres procédés, serait extrêmement pénible.

881. Guay-Lussac employait dans ses essais le chlorate de potasse, qu'on a remplacé depuis par le péroxide de cuivre (1); ce sel exige un appareil moins compliqué, présente moins de difficultés de manipulation, donne des résultats plus exacts, et mérite surtout la préférence pour les analyses de matières animales. Les instrumens nécessaires dans ces opérations ont aussi reçu des améliorations successives. Proust a imaginé un appareil avec lequel on peut chauffer le tube qui contient le corps à analyser et recueillir les produits gazeux, sans cuve à mercure (2). Il applique la chaleur au moyen d'une lampe à esprit de vin, à laquelle Ure préfère un fourneau à charbon, parce que le coup de feu qu'elle donne est trop faible pour tenir le tube à une température uniforme, circonstance importante vers la fin d'une expérience. Mais M. Cooper a récemment vaincu cette difficulté, à l'aide d'une

---

(1) Un très bon moyen de le préparer, c'est de soumettre le nitrate pur de ce métal à une chaleur ignée.

(2) On peut voir une description de cet appareil, et la manière de l'employer, dans l'excellent ouvrage de Henry sur la *Chimie expérimentale*, 9e édit. vol. 2, p. 167.

lampe ingénieuse qui contient plusieurs mèches disposées à une certaine distance les unes des autres. On les éteint, on les allume, on donne le coup de feu qu'on désire et on l'applique au point qu'on juge convenable. Le plan et l'objet de cet ouvrage ne nous permettent pas d'entrer dans de grands détails à cet égard; nous nous contenterons de présenter une esquisse des améliorations qu'a reçues ce procédé et des découvertes importantes qui ont suivi son adoption.

882. Un tube de crown-glass, de 9 ou 10 pouces de long à peu près et de $\frac{1}{10}$ de diamètre intérieur, terminé en syphon, afin qu'on puisse l'introduire sous le mercure reçoit les substances sur lesquelles on veut opérer. On réduit celles-ci en poudre et on les dessèche en les plaçant avec de l'acide sulfurique sous le récipient de la machine pneumatique. On en triture de 3 à 5 grains dans un mortier de verre, qu'on mêle et qu'on incorpore parfaitement avec 200 de protoxide de cuivre; cela fait, on en charge le tube, on place au-dessus 20 ou 30 grains de protoxide, on achève de le remplir avec de l'amianthe, et on le chauffe. L'eau qui se forme est absorbée par celle-ci qui en indique la quantité par l'augmentation du poids qu'elle acquiert. On peut aussi mesurer avec une précision rigoureuse, les produits gazeux, lorsqu'ils ont été recueillis sur le mercure; l'opération exige cependant de grands soins et une habileté rare dans celui qui opère. Il n'est pas non plus facile d'évaluer la quantité d'eau formée, parce

que le péroxide de cuivre absorbe rapidement celle de l'atmosphère ; c'est pourquoi il faut, après l'ignition, l'exposer quelque temps à l'air et noter exactement son augmentation de poids, dont on tient compte ensuite. La même difficulté se présente pour dessécher parfaitement les corps organiques avant de les mêler avec le péroxide. Ure propose, en conséquence, de les exposer pareillement à l'air, après les avoir fait sécher autant que possible, et de noter, comme pour le péroxide, la quantité d'eau qu'ils absorbent.

883. Le mode de manipulation exposé, voyons quels sont les résultats qu'on obtient. Si la substance sur laquelle on opère, est du carbone et quelque corps incombustible, on jugera par le volume d'acide carbonique dégagé la proportion du premier ingrédient ; pour cela, il faut d'abord trouver le poids de l'acide carbonique, ce qui est facile par la règle de proportion, puisque 100 pouces cubes pèsent 46,5 grains à une moyenne du baromètre et thermomètre. Dans ce poids 6 parties sur 22 sont du carbone pur. Supposons ensuite qu'on opère sur un composé de carbone et d'hydrogène ; on calcule par la même méthode la quantité de carbone qu'il contient, et on n'a qu'à déduire ce poids de celui du corps qu'on analyse ; la différence donne celui de l'élément qui reste, l'hydrogène ; on doit en même temps évaluer la quantité d'eau produite, dont une partie sur neuf est de l'hydrogène. Si l'expérience est bien faite, ces résultats coïncident. Mais nous suppo-

serons que la substance, indépendamment de l'hydrogène et du carbone, contient de l'oxigène ; dans ce cas, on trouve qu'en sommant les résultats, le poids des deux premiers principes ne représente plus le poids primitif ; et s'il ne s'est pas formé d'autre produit que l'eau et l'acide carbonique, on peut en toute sûreté attribuer le déficit à l'oxigène : on doit en même temps examiner la quantité de ce gaz qu'a perdue l'oxide qui, dans ce cas, ne représenterait pas celle qui est contenue dans l'acide carbonique et l'eau ; s'il existe de l'azote dans le corps, il se dégage à l'état gazeux, et se trouve pur après qu'on s'est emparé de l'acide carbonique avec une dissolution de potasse, et de l'oxigène avec une substance eudiométrique.

884. En évaluant la quantité des gaz dégagés, il faut se rappeler qu'ils sont saturés d'eau, dont il faut faire déduction en employant une formule qu'on doit à Ure, et qui se trouve dans les *Transactions philosophiques* pour 1818. Dans certains cas où l'hydrogène est en petite quantité, ce chimiste emploie du calomel au lieu de péroxide de cuivre ; alors le gaz acide muriatique obtenu indique sa présence.

885. Lorsque le corps à analyser est un fluide, Ure le renferme dans une petite boule de verre de la capacité de 3 grains d'eau, et munie d'un petit orifice ; il la chauffe, chasse ainsi l'air qu'elle contient, et la remplit en plongeant son orifice dans le liquide ; il la pèse ensuite avec soin, la place dans

le fond du tube, et on la recouvre de la quantité nécessaire de péroxide de cuivre.

886. Guidés par ces principes, Gay-Lussac et Thenard ont déduit d'une série d'expériences faites sur différens corps végétaux, les conclusions suivantes :

1°. Une substance végétale est toujours acide lorsque l'oxigène et l'hydrogène sont dans une proportion plus grande que celle qui est nécessaire pour faire l'eau, ou, en d'autres mots, lorsque l'oxigène est en excès;

2°. Une substance végétale est toujours résineuse, huileuse ou alcoolique, lorsque l'oxigène est à l'hydrogène dans une moindre proportion que celle qui constitue l'eau, ou lorsqu'il n'y a pas excès d'hydrogène;

3°. Une substance végétale n'est ni acide ni résineuse, mais saccharine, mucilagineuse, etc., lorsque l'oxigène et l'hydrogène qu'elle renferme sont dans les proportions nécessaires pour faire l'eau, ou lorsqu'ils ne sont ni l'un ni l'autre en excès.

887. Il paraît cependant qu'il y a quelques exceptions à cette loi générale. Lorsque nous aurons examiné les principes des végétaux, nous donnerons une table des résultats d'analyse qu'ont obtenus les chimistes les plus réputés.

Des principes médiats des végétaux.

888. Ces principes existent dans les végétaux

à l'état de mélange ou de combinaison légère, et peuvent être facilement isolés. Les vertus médicinales d'une plante dépendent d'un ou de plusieurs de ces composés; de là l'importance de l'analyse des végétaux qui appartiennent à la matière médicale. La connaissance qu'elle donne met à même de les employer avec plus de discernement, et de les soumettre à un traitement pharmaceutique convenable.

889. On peut extraire les principes médiats des plantes dans lesquelles ils existent, par des procédés qui varient suivant les espèces. Quelquefois ils s'exsudent spontanément des arbres ou arbustes en pleine végétation, ou s'obtiennent par des incisions faites dans le tronc; c'est le cas de plusieurs gommes et résines : d'autres fois, il suffit d'employer la chaleur : on peut, de cette manière, obtenir, dans un état d'assez grande pureté, les huiles essentielles, le camphre, l'acide benzoïque, etc. D'autres fois enfin on effectue la séparation par différens dissolvans dont les principaux sont l'eau chaude et froide, l'alcool, l'éther, et un petit nombre d'acides. Ainsi l'amidon est précipité en bleu par l'iode, l'acide gallique en noir par les sels de fer, la gomme à l'état de lait caillé par le sous-acétate de plomb, etc. C'est par ce moyen qu'on traite un végétal, soit pour s'assurer de sa composition, soit pour en extraire quelque principe utile.

890. Le nombre des principes qu'on peut isoler ainsi est considérable, et s'est beaucoup accru

ces dernières années. On peut maintenant les porter à plus de quarante, qui demandent tous une étude spéciale.

<table>
<tr><td>1.</td><td>Extractif.</td><td>15.</td><td>Acides végétaux.</td></tr>
<tr><td>2.</td><td>Matière colorante.</td><td></td><td>acétique.</td></tr>
<tr><td>3.</td><td>Gomme.</td><td></td><td>benzoïque.</td></tr>
<tr><td>4.</td><td>Gelée.</td><td></td><td>citrique.</td></tr>
<tr><td>5.</td><td>Résine.</td><td></td><td>gallique.</td></tr>
<tr><td>6.</td><td>Amidon.</td><td></td><td>malique.</td></tr>
<tr><td>7.</td><td>Gluten.</td><td></td><td>oxalique.</td></tr>
<tr><td>8.</td><td>Albumine.</td><td></td><td>tartarique.</td></tr>
<tr><td>9.</td><td>Sucre.</td><td></td><td>prussique, etc., etc.</td></tr>
<tr><td>10.</td><td>Tannin</td><td>16.</td><td>Alcalis végétaux.</td></tr>
<tr><td></td><td>caoutchouc.</td><td></td><td>morphia.</td></tr>
<tr><td>11.</td><td>Principe amer.</td><td></td><td>chinchonia.</td></tr>
<tr><td>12.</td><td>Huiles fixes.</td><td></td><td>quina, etc., etc.</td></tr>
<tr><td>13.</td><td>Huiles volatiles.</td><td>17.</td><td>Autres principes.</td></tr>
<tr><td>14.</td><td>Cire.</td><td>18.</td><td>Lignite.</td></tr>
</table>

Extractif végétal, ou extrait.

891. Thenard, Bostock et Ure ont admis l'existence d'un principe distinct auquel ils ont proposé de donner le nom d'*extrait.* On réussira probablement dans la suite à le réduire; mais jusqu'à ce qu'on y soit parvenu, il faut le considérer comme un corps particulier. L'élève ne doit pas cependant le confondre avec ces parties des végétaux qui sont solubles dans l'eau, et peuvent s'obtenir à l'état solide par l'évaporation. Ces préparations, qui sont connues en pharmacie sous le nom d'*extraits,* sont nécessairement des mélanges des divers principes que l'eau peut séparer de la plante soumise à son action. Voici quelles sont ses propriétés. Il est soluble dans l'eau froide, beaucoup plus dans l'eau chaude, et

donne une dissolution brune; cette couleur est encore relevée par les alcalis, et la dissolution pure d'extractif, lorsqu'elle est étendue au point d'être incolore, se relève au moyen de ces corps, de sorte qu'on peut, dans certaines circonstances, les employer comme réactifs pour découvrir sa présence. Insoluble dans l'alcool et dans l'éther, il est soluble dans l'alcool qui contient une petite proportion d'eau. Les acides le précipitent de sa dissolution aqueuse. Dissous à plusieurs reprises dans l'eau, il prend, lorsqu'on l'évapore, une couleur foncée, devient insoluble et presque inerte. Fourcroy attribue ce changement à l'absorption de l'oxigène qu'il solidifie; Saussure, à la combinaison d'une partie d'oxigène et d'hydrogène qui s'unissent dans les proportions nécessaires pour faire de l'eau, et laissent ainsi une plus grande quantité de carbone à nu. La première opinion paraît plus probable. Le chlore semble produire instantanément une altération semblable dans l'extractif. La dissolution de ce principe, évaporée lentement, fournit une masse demi-transparente, et tout-à-fait opaque lorsque le coup de feu est vif. Exposée à l'air, elle absorbe peu à peu l'eau de l'atmosphère, et devient un peu déliquescente. L'extractif possède encore une autre propriété caractéristique, qui dépend de l'affinité qu'il a pour l'alumine et divers oxides métalliques; ces derniers le précipitent de sa dissolution aqueuse, et forment avec lui des composés insolubles. Ainsi l'on voit combien il est

dangereux de faire entrer ces corps dans les médicamens, où l'activité de la substance végétale dépend de l'extractif.

892. Ce que nous venons de dire semble établir l'existence de l'extractif comme principe distinct et indépendant; cependant, si on pousse
plus loin les recherches, qu'on fasse des expériences sur les plantes où l'on suppose qu'il existe,
on trouve que les propriétés qu'on lui attribue
sont loin d'être uniformes. Il semble qu'il y a autant de variétés d'extraits que d'espèces de plantes; l'extrait du safran, par exemple, que l'on considère comme le principe dans son état le moins
équivoque, jouit de propriétés que ne possède
aucun autre. Il est susceptible de prendre diverses couleurs; il est naturellement jaune, et forme
une dissolution aqueuse qui devient incolore lorsqu'elle est exposée à l'action des rayons solaires.
Versé goutte à goutte, l'acide sulfurique la colore
en bleu indigo foncé, l'acide nitrique en vert, le
nitrate de mercure en rouge, etc.; ce qui lui a fait
donner le nom de *polycroïte* par Bouillon-Lagrange.
On ne sait cependant, dit Henry, si ces changemens ne sont pas produits dans quelque substance
qui accompagne l'extrait, plutôt que dans l'extrait
lui-même; et il n'est pas impossible que les autres
modifications qu'il présente dans ses propriétés dépendent de son union avec différens principes.
L'insolubilité, qu'il acquiert par l'exposition à l'air,
est peut-être sa propriété caractéristique la plus

uniforme et la plus importante; le pharmacien ne
doit donc pas soumettre les plantes médicinales dont
il est un constituant essentiel, comme le séné et le
quinquina, à des opérations capables de produire
ce changement.

Matière colorante.

8g3. C'est une question fort incertaine de savoir si la matière colorante (1) des végétaux réside
dans un principe particulier, différent de tous les
autres; elle agit d'une manière trop diverse avec
les agens chimiques, pour que cette opinion soit
probable. Elle s'extrait de quelques substances au
moyen de l'eau, de quelques autres à l'aide de l'alcool ou de l'huile, selon la nature de la base dans
laquelle elle réside. Elle est en général très fugitive,
surtout lorsqu'elle est bleue et rouge; la jaune est
permanente.

Gomme.

8g4. La séve des plantes paraît d'abord se transformer en gomme, aussi celle-ci existe-t-elle en
abondance dans le règne végétal. Elle se trouve
dans toutes les jeunes plantes en plus ou moins
grande quantité, et s'exsude quelquefois sponta-

---

(1) On peut obtenir une matière colorante artificielle en
faisant digérer des dissolutions de noix de galle avec de la
craie; on a pour résultat un fluide vert qu'on peut colorer en
rouge avec un acide, et faire repasser au vert avec les alcalis.

nément. Elle abonde aussi dans leurs racines, leurs tiges, leurs feuilles, et surtout dans leurs graines. D'après les expériences du docteur Bostock, il existe une grande variété dans les propriétés chimiques des gommes; prenons pour exemple celle qui est connue sous le nom d'*arabique*. C'est une substance inodore, insipide et glutineuse, qui est soluble en toute proportion dans l'eau, avec laquelle elle forme une dissolution gluante, épaisse, qui prend la dénomination de *mucilage*. Lorsqu'on l'évapore et qu'on la sèche, elle redevient cassante et soluble. Elle est insoluble dans l'alcool, l'éther ou l'huile; le premier la précipite de ses dissolutions dans l'eau en flocons blancs opaques, et fournit un moyen facile de s'assurer si elle existe dans les végétaux. Il suffit de faire bouillir doucement la substance dans l'eau; la gomme se dissout et forme, si elle est abondante, une dissolution glutineuse. On la laisse déposer, on l'évapore, et on ajoute trois parties d'alcool, qui séparent toute la gomme et la précipitent en flocons.

895. Le mucilage se conserve long-temps sans s'altérer, cependant il finit par s'aigrir; ce qui est dû à ce qu'il éprouve une décomposition spontanée, partielle, et qu'une partie de ses principes se combine de manière à former de l'acide acétique. Il est précipité à l'état de lait caillé épais, par le sous-acétate de plomb (1), et à celui de gelée

______

(1) Berzélius a examiné le précipité ainsi obtenu, et l'a

brune demi-transparente par le sulfate rouge de fer. D'autres sels produisent aussi le même effet.; ceux surtout qui contiennent du mercure et du péroxide de fer. Il agit aussi sur les oxides de cuivre, d'antimoine et de bismuth, car il empêche l'eau de les précipiter de leurs dissolutions acides, à l'état de sous-sels. Cependant on a trouvé que les effets des réactifs sur une dissolution de gomme varient considérablement selon les espèces : il en est plusieurs qu'on doit plutôt attribuer à la présence de la chaux et autres matières étrangères, qu'au précipité même. La potasse silicée, qui forme dans un mucilage très étendu un précipité blanc floconneux, passe pour être le réactif le plus sensible de la gomme. Duncan a néanmoins trouvé qu'il n'y a que les dissolutions des échantillons les plus légèrement colorés, et qui ont des propriétés différentes de ceux d'une couleur plus foncée, qui produisent cet effet.

896. La gomme est soluble dans les alcalis purs et dans l'eau de chaux, dont elle est précipitée sans altération par les acides. Elle est aussi soluble dans les acides faibles, mais ces agens la décomposent lorsqu'ils sont concentrés. L'acide sulfurique, par exemple, la convertit en charbon, en acide acéti-

---

trouvé formé de gomme et d'oxide de plomb ; il suppose que la gomme joue le rôle d'un acide, et appelle en conséquence le composé *gommate de plomb*. Il est formé de 100 de gomme + 62,105 d'oxide de plomb.

que et en eau ; l'acide nitrique exerce sur elle une action particulière, produit des résultats distincts et caractéristiques ; il détermine un dégagement d'oxide nitrique, et forme une dissolution qui dépose, en se refroidissant, un acide particulier, auquel on a donné le nom d'*acide mucique ou saccholactique;* il se forme en même temps un peu d'acide malique. Si on prolonge la chaleur, on obtient une quantité d'acide oxalique qui s'élève presque à la moitié du poids de la gomme employée. Un courant de chlore qu'on fait arriver dans une dissolution de gomme, la convertit en acide citrique.

897. Distillée à fond, la gomme donne une substance acide qu'on désignait autrefois sous le nom d'*acide pyro-muqueux,* et que des expériences récentes ont prouvé n'être que de l'acide acétique, tenant en dissolution une portion d'huile essentielle et un peu d'ammoniaque; ce dernier produit semble indiquer que l'azote existe dans la gomme, mais Henry pense qu'il ne s'y trouve qu'accidentellement. Après la distillation, on trouve dans la cornue un résidu de chaux et de phosphate de chaux.

898. Indépendamment des constituans terreux ci-dessus, on peut considérer la gomme comme formée de carbone, d'oxigène et d'hydrogène, dans des proportions atomiques qu'on n'a pas encore déterminées d'une manière satisfaisante.

899. La *Cérasine*, ainsi nommée parce qu'elle

s'exsude du cerisier, est un principe qu'on a long-temps considéré comme une espèce de gomme; elle porte en pharmacie le nom de *gomme adraganthe*, parce qu'elle est le produit de l'*astragalus tragacantha*. Elle diffère de la gomme par quelques circonstances essentielles; elle est par exemple, strictement parlant, insoluble dans l'eau. Plongée dans l'eau froide, elle l'absorbe, se gonfle et forme un mucilage; elle semble se dissoudre dans l'eau bouillante; mais elle s'en sépare par le refroidissement en masse gélatineuse. Elle se comporte avec l'acide nitrique comme la gomme; mais distillée à fond, elle fournit une plus grande proportion d'ammoniaque, d'où on peut conclure qu'elle contient plus d'azote.

900. On rencontre dans le commerce diverses gommes, qui semblent être des mélanges de ces principes en différentes proportions; la variété, par exemple, appelée *gum dominica*, est composée de trois parties de cérasine et d'une de gomme.

Gelée végétale.

901. Ce principe bien connu s'obtient en soumettant à une douce évaporation du jus fraîchement exprimé de différens fruits acides. C'est une substance molle, tremblante, presque incolore lorsqu'elle est bien lavée, et d'une saveur sous-acide agréable. A peine soluble dans l'eau froide, elle l'est beaucoup dans l'eau chaude, et donne une dissolution qui prend par le refroidissement une forme

gélatineuse. Soumise à une longue ébullition, elle
perd néanmoins la propriété de se coaguler; de là
la nécessité, quand on prépare la gelée de certains
fruits, de ne pas prolonger l'ébullition. Sa dissolution dans l'eau précipite par l'infusion de noix
de galle. Il est probable que la gelée n'est qu'une
gomme combinée avec quelque acide végétal; car
elle donne au filtre une liqueur acide, et laisse
pour résidu une substance transparente qui ressemble à de la gomme.

Amidon, fécule ou farine.

902. Ce principe important existe surtout dans
les parties blanches et cassantes des végétaux, particulièrement dans les racines des tubéreuses et les
graines des graminées. On peut l'en séparer en les
écrasant, ou en les râpant et les lavant à l'eau froide:
la première opération dégage la fécule de la matière
fibreuse qui l'enveloppe, la seconde l'isole complétement; la partie fibreuse va au fond et laisse l'a-
midon suspendu dans l'eau, d'où il se précipite sous
forme de poudre blanche; on peut aussi placer la
substance broyée ou râpée sur un tamis de crin;
on la lave alors à l'eau froide, l'amidon passe à travers le tamis qui retient les parties grossières.

903. En grand, on fait macérer le grain dans
l'eau jusqu'à ce qu'il soit ramolli; on le met ensuite
dans des sacs de toile grossière, qu'on presse dans
des cuves pleines d'eau; il en sort un jus laiteux, qui
laisse précipiter l'amidon au fond du vase. Cela fait,

on abandonne quelque temps les cuves à elles-
mêmes, afin que le liquide éprouve une légère fermentation et s'aigrisse. Ceci est une partie essentielle de l'opération, attendu que l'acide qu'elle forme
dissout une partie des impuretés qui souillent l'amidon; on recueille ensuite le sédiment, on le lave et
on le fait sécher à une chaleur modérée; il se par-
tage ainsi en petits fragmens, tels qu'on les rencontre dans le commerce, et qu'on teint généralement en bleu avec une préparation de cobalt.

904. L'amidon pur n'est soluble dans l'eau que
lorsque celle-ci est à 72°; si on porte la température
à 82°, la dissolution se coagule et forme une gelée
épaisse transparente. Ce fait est d'une grande importance; il prouve la nécessité de régler la chaleur
dans toutes les opérations où la dissolution de ce
principe est essentielle. Combien de fois les bras-
seurs, pour avoir négligé cette précaution, n'ont-ils
pas éprouvé des pertes et des désagrémens! Évaporée
à une faible chaleur, cette gelée prend de la consistance, et forme enfin une substance transparente et cassante qui ressemble à la gomme, mais
qui n'est pas soluble dans l'eau froide. Elle paraît
être un hydrate ou un composé d'amidon et d'eau;
l'amidon semble éprouver quelque altération en se
dissolvant, puisqu'il ne peut plus reprendre son
état primitif, et qu'il est devenu plus nutritif et plus
digestif. La dissolution de ce corps dans une grande
quantité d'eau précipite par le sous-acétate de
plomb, mais ne le fait par aucun sel métallique;

elle précipite aussi par l'infusion de noix de galle, mais le précipité se redissout lorsqu'on chauffe le mélange à 50°, et se dépose par le refroidissement. Thompson considère ce phénomène de dissolution et de précipitation alternatives comme caractéristique de l'amidon; cependant la propriété qui le distingue le plus, est celle qu'il a de former avec l'iode des combinaisons de couleurs variables. Quand la proportion de ce dernier corps est faible, la couleur est violette, bleue quand elle est un peu plus forte, et noire lorsqu'elle l'est davantage encore. A l'instant même où on le traite par une dissolution d'iode, le liquide qui contient de l'amidon change de couleur : il résulte de là que ces corps fournissent d'excellens réactifs pour se rendre réciproquement sensibles.

905. L'amidon est insoluble dans l'alcool et l'éther; mais les acalis purs à l'état liquide agissent sur lui et le convertissent en une gelée transparente, qui est soluble dans l'alcool, et se décompose par les acides qui rétablissent l'amidon. L'acide sulfurique concentré le dissout lentement; il se dégage de l'acide sulfureux, et se dépose une quantité considérable de charbon.

906. Exposé à une forte chaleur, l'amidon subit un changement très important; il devient jaune, brun rougeâtre, se gonfle et exhale une odeur pénétrante. Si on arrête l'opération, on a pour résultat une substance connue dans le commerce sous le nom de *gomme anglaise;* il n'est plus alors sen-

sible à l'action de l'iode, il possède plusieurs propriétés de la gomme, mais ne donne que de l'acide
oxalique, sans trace d'acide mucique, lorsqu'il est
traité par l'acide nitrique.

907. L'amidon de pommes de terre diffère
sensiblement de celui de blé; il est plus friable,
composé de grains ovoïdes deux fois à peu près
aussi gros, il se réduit en gelée dans l'eau à une
plus basse température, se dissout dans les lessives
alcalines, et se décompose moins facilement par
la fermentation spontanée; il contient aussi plus
d'eau hygrométrique. Cependant les expériences
de Berzélius ont démontré que sa composition chimique ne diffère pas de celle de l'amidon de céréales. Outre celles dont nous venons de parler, on
rencontre plusieurs autres espèces d'amidon dans le
commerce, telles que l'*arrow root*, qu'on extrait du *-
maranta arundinacea*; le *sagou*, préparé avec la
moelle du palmier, *cycas circinalis*, qui doit sa couleur brune à ce qu'on le fait sécher à la chaleur, et
auquel on donne une forme granulaire en le faisant
passer, lorsqu'il est parfaitement sec, à travers des
ouvertures d'une grandeur convenable; la *cassave*,
extraite des racines du jatropa manioc, qui croît
dans l'Amérique du sud, et dont le suc est si véné-
neux que les Indiens l'emploient pour empoisonner
leurs flèches. L'amidon qu'on en retire fait cependant un pain nutritif, lorsqu'il est lavé et séché avec
soin. Le *tapioca* est la même substance sous une
forme différente, qu'il prend en séchant. Le salep se

tire principalement de l'*orchis mascula.* Il existe une foule d'autres plantes qui fournissent, lorsqu'elles sont soumises à un traitement convenable, une proportion considérable de fécule nutritive. (1)

908. Les analyses qu'on a données de l'amidon présentent peu d'accord entre elles : suivant Gay-Lus-sac, ce principe est composé de 43,55 de carbone + 49,68 d'oxigène + 6,77 d'hydrogène.

909. L'amidon peut être converti en sucre ; mais nous croyons plus convenable de ne parler de cette transformation que lorsque nous traiterons de la nature et de la composition du sucre.

Gluten.

910. Si on malaxe sous un filet d'eau de la farine de froment, on obtient trois principes distincts : de la matière saccharine mucilagineuse, qui est très soluble ; de l'amidon, qui est entraîné par le liquide, et du gluten, qui se présente sous forme d'une substance élastique coriace. Il est insipide, il ne se fond

---

(1) On a trouvé de l'amidon dans les plantes suivantes : la bardane (*arctium lappa*), la belladone commune (*atropa belladona*), la bistorte (*polygonum bistorta*), la bryone blanche (*bryonia alba*), le colchique (*colchicum autumnale*), la flipendule (*spiræa filipendula*), la renoncule bulbeuse (*ranunculus bulbosus*), la grande scrophulaire commune (*scrophularia nodosa*), l'hièble (*sambucus ebulus*), le sureau commun (*sambucus nigra*), la jusquiame (*hyoscyamus niger*), la patience aquatique (*rumex aquaticus*), le gouet commun (*arum maculatum*), la fleur de luce ou glaïeul d'eau (*iris pseudacorus*), etc.

ni ne perd sa ténacité dans la bouche; il est gris, devient brun et cassant par la dessiccation ; il est très peu soluble dans l'eau froide, puisqu'il ne se dissout que dans 100 parties de ce fluide, et se sépare lorsqu'on chauffe sa dissolution, sous forme de flocons jaunes; l'acétate, le sous-acétate de plomb, le muriate d'étain et plusieurs autres réactifs le précipitent également. Insoluble dans l'alcool et l'éther, il fermente lorsqu'il est exposé à l'humidité, éprouve une espèce de putréfaction, exhale une odeur extrêmement désagréable, et produit en même temps une espèce d'acide. Il est alors en partie soluble dans l'alcool, et forme une dissolution qui peut être employée comme vernis. Dissous par les acides, il est précipité par les alcalis, qui l'altèrent et lui font perdre son élasticité. Il subit une altération semblable, lorsqu'il se dissout dans les alcalis purs et qu'il est précipité par les acides. Fortement chauffé, il diminue de volume, fond, se noircit et brûle comme la corne. Distillé à fond, il donne tous les produits des substances animales, de l'eau imprégnée de carbonate d'ammoniaque, et une quantité considérable d'huile fétide, ce qui indique la présence d'une forte proportion d'azote.

911. Le gluten existe dans les végétaux, dont on peut l'extraire, sous forme de substance sèche, pulvérulente ; il doit sa ténacité et son adhésion à l'eau qu'il absorbe pendant qu'on le prépare. Il se trouve dans un grand nombre de plantes, et paraît être une des substances les plus nutritives qu'elles

contiennent; on attribue la supériorité du froment sur les autres grains, à ce qu'il renferme une plus grande proportion de ce principe, qui le rend plus léger et plus poreux, comme nous l'expliquerons plus au long en parlant de la fermentation panaire. Sir H. Davy a trouvé que le froment de divers pays, et même celui d'Angleterre, contenait, suivant les lieux qui l'ont produit, différentes proportions de gluten. Il a analysé divers échantillons de froment de l'Amérique du nord; tous en contenaient plus que celui d'Angleterre. En général, les céréales des climats chauds sont celles qui contiennent le plus de gluten et de parties insolubles; c'est pour cette raison qu'elles ont plus de densité, qu'elles sont plus dures et plus difficiles à moudre. Le froment du midi convient particulièrement, à cause de la plus grande quantité de gluten qu'il contient, à la confection du macaroni et autres pâtes dont le principal mérite est une qualité glutineuse.

912. M. Taddei, chimiste italien, a annoncé dernièrement que le gluten du froment peut être réduit en deux principes, auxquels il a donné les noms de *gliadine* (de γλìα, gluten) et de *zimome* (de ξυμη, ferment). On les isole en malaxant du gluten frais sous un filet d'alcool, jusqu'à ce que le liquide cesse d'être laiteux lorsqu'on l'étend d'eau. La dissolution alcoolique, abandonnée à elle-même, dépose graduellement une matière blanchâtre, composée de petits filamens de gluten, et qui devient par-

faitement transparente. Soumise à une évaporation lente, elle donne la gliadine, qui a la consistance du miel, et se trouve mêlée avec un peu de matière résineuse, dont on la débarrasse en la faisant digérer dans l'éther sulfurique : la gliadine n'est pas sensiblement soluble. La portion de gluten non dissoute par l'alcool est le zimome.

913. La gliadine, exposée à une douce chaleur, exhale une odeur semblable à celle des rayons de miel, et analogue à celle des pommes cuites. Elle adhère à la bouche, et développe une saveur douceâtre. Elle est modérément soluble dans l'alcool bouillant, qui perd sa transparence à mesure qu'il se refroidit, et n'en retient qu'une petite quantité. Elle se ramollit, mais ne se dissout pas dans l'eau distillée froide. A 100° centigr. elle se convertit en écume, et laisse le liquide légèrement laiteux. Sa pesanteur spécifique est plus grande que celle de l'eau. Sa dissolution alcoolique étendue d'eau devient laiteuse, et précipite sous forme de flocons par les carbonates alcalins. Elle est à peine attaquée par les acides minéraux et végétaux. La gliadine sèche se dissout dans les alcalis caustiques et les acides. Jetée sur des charbons incandescens, elle se boursoufle, se contracte ensuite à la manière des substances animales. Elle brûle avec une flamme vive, et laisse un résidu de charbon spongieux, d'une incinération difficile. Elle semble, sous quelques rapports, avoir les mêmes propriétés que la résine, dont elle diffère cependant en ce qu'elle

est insoluble dans l'éther sulfurique. Sensiblement affectée par l'infusion de noix de galle, elle est susceptible d'éprouver une fermentation spontanée, lente, et de la développer dans les substances saccharines.

914. Le zimome existe sous forme de petits globules, ou de masse dure, coriace, sans cohésion, et d'un blanc cendré. Lavé dans l'eau, il recouvre une partie de sa viscosité, et se brunit promptement lorsqu'il est exposé à l'air. Sa pesanteur spécifique est plus grande que celle de l'eau; sa fermentation n'est pas plus longue que celle du gluten. Il se dissout complétement dans le vinaigre et dans les acides minéraux bouillans. Il se combine avec la potasse caustique, et forme une espèce de savon. Lorsqu'on le met dans de l'eau de chaux ou dans des dissolutions de carbonates alcalins, il se durcit, et prend une nouvelle apparence sans se dissoudre. Projeté sur des charbons incandescens, il brûle avec flamme, et exhale une odeur analogue à celle de cheveux ou de corne brûlés. Il se trouve dans différentes parties des végétaux, et produit diverses espèces de fermentation, selon la nature de la substance avec laquelle on le met en contact.

915. On doit à M. Taddeï, qui a découvert le zimome, un réactif simple pour manifester sa présence. Lorsqu'on fait agir du guaiacum en poudre sur le gluten, ou mieux encore sur du zimome pur, il se produit une très belle couleur bleue; cependant ce changement n'a lieu qu'avec le contact de

l'oxigène. C'est pourquoi ce corps résineux peut
servir de réactif pour découvrir l'àltération qu'é-
prouve quelquefois la farine par la destruction
spontanée de son gluten, ainsi que pour s'assurer
d'une manière générale de la proportion de ce principe.

Albumine.

9₁6. Ce n'est que depuis peu qu'on s'est assuré
de l'existence de ce principe dans les végétaux. Il
abonde dans le suc du papayer (*caricà papaya*), se
trouve dans les champignons, dans différentes espèces de fungus et dans les graines émulsives :
les amandes, par exemple, contiennent 3o pour
1oo d'une substance analogue à l'albumine coagulée. Le suc du fruit du gombo (*hibiscus esculentus*)
renferme, suivant le docteur Clarke, une telle quantité d'albumine liquide, qu'on l'emploie à la Domi-
nique au lieu de blancs d'œuf pour clarifier le jus de
la canne à sucre. La principale propriété qui la caractérise est de se coaguler lorsqu'on l'expose, dissoute dans l'eau, à l'action de la chaleur ou des
acides. Suivant Bostock, la dissolution, lors même
qu'elle ne contient que $\frac{1}{1000}$ de grain d'albumine,
devient nuageuse quand on la chauffe. Elle fournit
par la combustion les mêmes produits que le gluten, dont elle diffère probablement peu par sa
composition.

Caoutchouc ou gomme élastique.

9₁7. Les propriétés physiques de ce corps sont

à peu près les mêmes que celles du gluten. On obtient le caoutchouc en faisant des incisions dans l'écorce de différens arbres qui croissent au Brésil; l'*hævea caoutchouc* et le *jatropa elastica* (1). Il en sort un suc blanc laiteux qui se concrète immédiatement et forme une substance élastique, dont on fait les bouteilles de gomme élastique qu'on importe en Europe. On les confectionne au moyen de moules; on applique successivement plusieurs couches qu'on laisse sécher avant d'en donner de nouvelles. Sa pesanteur spécifique est de 0,9335. Il est inodore, insipide et incolore lorsqu'il est pur; combustible, il brûle avec une flamme blanche, exhalant une fumée épaisse et une odeur très désagréable. Il fond à une température un peu au-dessous de celle de la fusion du plomb. Lorsqu'il est en cet état, Hancock de Strand le coule par un procédé qui n'a pas encore été rendu public, en planches qui servent à faire différens instrumens utiles, tels que des tubes, des sacs, etc.; il est aussi susceptible de prendre par l'insufflation la forme de globules d'une extrême ténuité. Le caoutchouc est insoluble dans l'eau et l'alcool; mais il est attaqué par l'éther purifié, et donne une dissolution susceptible d'être employée à divers usages économiques. Il est aussi soluble dans le naphte rectifié, et traité par ce corps il a donné

------

(1) Il existe aussi dans une grande variété d'autres plantes, telles que le *ficus indica*, l'*artocarphus integrifolia* et l'*urceola elastica*.

à Mackintosh Glasgow un vernis qui rend l'étoffe imperméable à l'eau. Le meilleur dissolvant du caoutchouc est l'huile de *cajeput ;* mais le prix élevé auquel elle se vend ne permet pas de l'employer à cet usage. Il est composé, suivant le docteur Ure, de carbone et d'hydrogène en des proportions qui autorisent à le considérer comme un hydrogène *sesqui-carburé.*

Sucre.

918. Le sucre, à l'état de sa plus grande pureté, se prépare avec le suc de l'*arundo saccharifera ,* ou canne à sucre, par une série d'opérations qui se trouvent décrites dans divers ouvrages de chimie.

919. Il y a plusieurs variétés de matière saccharine ; il en existe deux espèces bien distinctes dans le suc de canne ; l'une qui est susceptible de cristalliser, et l'autre qui ne l'est pas, et se trouve généralement chargée de matière colorante. Ces substances sont communément connues sous les noms de *sucre candi blanc* et de *mélasse.* On les isole, jusqu'à un certain point, dans les colonies, au moyen de l'évaporation et de la filtration ; mais le sucre brut qu'on importe en Europe contient encore une quantité considérable de cette dernière, qu'on sépare par le raffinage. On ne sait pas d'une manière bien certaine en quoi consiste la différence chimique que présentent ces variétés de sucre ; les uns attribuent le défaut de cristallisation à la présence d'une certaine quantité de matière extractive, les

autres, et ceux-ci ont pour eux les résultats de l'analyse, à un excès d'oxigène.

920. La canne n'est pas la seule plante qui fournisse du sucre. Ce corps peut s'extraire d'une foule de productions végétales et de fruits mûrs. Le raisin lui-même fournit un sucre grossier qui est moins blanc que celui de canne, et cristallise difficilement. Les chimistes sont loin de s'accorder sur la composition du sucre : tous le considèrent comme un composé de carbone, d'oxigène et d'hydrogène, mais diffèrent sur les proportions. Il paraît cependant que sa composition est, à peu de chose près, la même que celle de l'amidon, et que l'un peut se transformer en l'autre par des opérations naturelles et artificielles : c'est ce qui a lieu dans la germination des grains et dans l'opération du maltage. M. Kirchoff, de Saint-Pétersbourg, a découvert ce fait curieux, que l'amidon se convertit en sucre lorsqu'on le traite par l'acide sulfurique : cette transformation s'effectue comme suit : — On prend dans un vase de terre une livre et demie d'amidon de pommes de terre, six pintes d'eau distillée et un quárt d'once d'acide sulfurique ; on chauffe, on fait bouillir, on agite continuellement, et on maintient le mélange à un degré uniforme de fluidité. Au bout de vingt-quatre heures, la bouillie manifeste une douceur sensible qui va en augmentant jusqu'à la fin de l'opération : on ajoute alors une once de charbon réduit en poudre fine, et on entretient l'ébullition pendant deux heures. Ce temps

révolu, on sature l'acide avec de la chaux récemment calcinée, et on continue de faire bouillir pendant une demi-heure; après quoi on filtre et on lave à plusieurs reprises le résidu avec de l'eau chaude. Celui-ci, qui pèse lorsqu'il est sec sept huitièmes d'once, est composé de charbon et de sulfate de chaux. La liqueur claire évaporée jusqu'à consistance syrupeuse, et abandonnée à elle-même, se trouve au bout de huitaine convertie en une masse cristalline qui ressemble à du sucre ordinaire chargé de mélasse. La matière saccharine ainsi obtenue tient le milieu entre le sucre de canne et celui de raisin. Suivant La Rive et Théodore de Saussure, il ne se dégage point de gaz durant l'opération; la conversion se fait également dans des vases clos; il n'y a point d'acide sulfurique de décomposé, et le poids du sucre excède celui de l'amidon employé. Il faut conclure de là que la conversion de l'amidon en sucre n'est autre chose que sa combinaison avec l'eau, ou plutôt avec ses élémens qu'il solidifie. Braconnot a récemment étendu le cercle de nos idées sur la production artificielle du sucre et de la gomme. Il a trouvé que de la sciure de hêtre et des chiffons de toile, traités par l'acide sulfurique de 1,827 de densité, puis étendus d'eau et saturés par la chaux, fournissaient par l'évaporation une matière gommeuse, susceptible de se convertir en sucre cristallisable par une nouvelle ébullition avec de l'acide sulfurique étendu. Rien ne peut mieux expliquer la facilité avec laquelle un principe se convertit en un autre ; et, quelque étrange que puisse paraître cette assertion à ceux qui ne sont pas familiers avec la chimie, une livre de chiffons donne plus d'une livre de sucre. Ces recherches ont un intérêt particulier pour l'étudiant en médecine ; car elles peuvent lui indiquer les altérations que les alimens subissent dans leur conversion en sang, et servir à expliquer une grande partie des changemens qui arrivent continuellement dans le laboratoire du corps vivant.

921. Les propriétés du sucre ne sont pas non plus sans intérêt pour lui, puisque cette substance entre dans la composition des médicamens, et peut opérer sur plusieurs corps des changemens qu'il doit connaître. Parfaitement pur, le sucre est inaltérable à l'air, à cela près qu'il devient un peu déliquescent lorsque l'atmosphère est humide. Exposé à la chaleur, il fond, devient brun, dégage un peu d'eau et se décompose. Distillé jusqu'à fond, il donne pour produit de l'eau, de l'acide acétique, de l'hydrogène carburé, du gaz acide carbonique, du charbon, un peu d'huile, et une quantité d'acide pyro-muqueux qui s'élève à plus de la moitié du poids du sucre.

922. Soluble dans un poids d'eau froide égal au sien, le sucre l'est, pour ainsi dire, indéfiniment dans l'eau chaude. Dans ce dernier cas, la dissolution prend le nom de *sirop*, et donne, par le repos dans un lieu chaud, des cristaux transparens (*sucre candi*) qui ont la forme de prismes à quatre ou six pans.

L'alcool dissout à chaud le quart de son poids de sucre, à peu près.

923. Les propriétés les plus intéressantes du sucre sont celles qu'il développe avec les alcalis et les terres. Il s'unit aux premiers avec lesquels il forme des composés insipides. Cependant, en ajoutant de l'acide sulfurique à leurs dissolutions aqueuses, on obtient un sulfate alcalin; et si on précipite celui-ci par l'alcool, le sucre se revivifie sans présenter d'altération. Il se combine aussi avec quelques terres; dissous dans l'eau à 10°, il prend la moitié de son poids de chaux, et forme une dissolution couleur de vin blanc dont l'odeur est analogue à celle de la chaux nouvellement éteinte. La chaux est précipitée par les acides carbonique, citrique, tartarique, sulfurique, oxalique, et la dissolution est décomposée par l'action de la double affinité, par les carbonate, citratre, tartrate, oxalate, etc. Dans ce cas le sucre se combine avec la base alcaline, et l'acide forme un sel de chaux.

924. Le sucre décompose plusieurs sels métalliques, lorsqu'on le fait bouillir avec leurs dissolutions; dans certains cas il réduit les oxides à l'état métallique, et dans d'autres il ne fait qu'affaiblir leur degré d'oxidation. Il se combine avec l'oxide de plomb, et forme un composé insoluble que Berzélius a nommé *saccharate de plomb*; il suppose que, dans cette circonstance et d'autres semblables, le sucre joue le rôle d'un acide (446, 6).

925. Les phosphures, les sulfures et les hydro-

sulfures paraissent avoir la propriété de convertir le sucre en gomme; les alcalis caustiques opèrent le même changement, lorsqu'on les met en contact avec ce corps.

926. L'acide sulfurique et l'acide muriatique concentrés décomposent le sucre en dégageant une certaine quantité de carbone. L'acide nitrique le convertit en acide oxalique, et le chlore le transforme en acide malique.

Tannin.

927. Le principe tannant, ainsi appelé à raison de l'importance de son application au tannage des peaux, constitue le principe astringent que contiennent les végétaux. On peut l'obtenir en faisant digérer des noix de galle concassées, des pepins de raisin, de l'écorce de chêne ou du catechu, dans l'eau froide. La dissolution, évaporée donne une substance jaune-brunâtre, très astringente, soluble dans l'eau et l'alcool, et insoluble dans l'éther. C'est alors du tannin mêlé de matière extractive et d'autres corps étrangers: il n'est pas facile de trouver un procédé pour l'obtenir pur; ceux qu'on a proposés l'altèrent considérablement. Sir H. Davy pense que le tannin le plus pur est celui qu'on extrait des pepins de raisin; l'extrait de *rhatany* (*krameria triandra*) le fournit aussi dans un état plus pur que le catechu.

928. Le tannin possède les propriétés suivantes :

Évaporé jusqu'à siccité, il forme une masse brune, friable, soluble à chaud et à froid dans l'eau, avec laquelle elle donne une dissolution brun foncé, très amère; insoluble dans l'alcool, il devient soluble par la présence d'une très petite proportion d'eau. Il est précipité de sa dissolution aqueuse par presque tous les acides, avec lesquels il forme des composés insolubles. L'acide nitrique cependant, ainsi que le chlore, le convertit en une matière brun-jaunâtre, soluble dans l'alcool; l'eau de chaux et les carbonates alcalins le précipitent; les alcalis fixes, purs, le séparent de sa dissolution concentrée; mais l'ammoniaque ne produit aucun effet sur lui. Certains sels métalliques, tels que l'acétate de plomb, le sulfate de fer, le tartrate d'antimoine, etc., précipitent le tannin, et sont par conséquent incompatibles avec ses infusions. L'effet le plus frappant néanmoins est celui que produit sur sa dissolution celle de colle de poisson, ou de toute autre gelée animale, avec laquelle il forme une combinaison dense, insoluble dans l'eau bouillante, et qui n'est, dans le fait, que du *cuir;* c'est sur cette combinaison qu'est fondé l'art du tannage. Ce fait amène naturellement une question qui est d'un grand intérêt pour le médecin; celle de savoir si, dans des cas de langueur où il convient d'administrer des médicamens qui contiennent du tannin, on doit en même temps prescrire des alimens gélatineux. Comme chimiste, je ne puis hésiter à me prononcer pour la négative; mais j'ai souvent observé, dans un autre ouvrage (1), que les lois de la chimie gastrique diffèrent de celles qui régissent les combinaisons du laboratoire : le cas est douteux, et dans de telles circonstances, il vaut mieux, si on se trompe, le faire en suivant la méthode la plus probable, et défendre l'usage de ces restaurans diététiques au malade, auquel on administre des remèdes astringens.

929. Avant l'importante découverte de M. Hatchett, le tannin n'était connu que comme une production naturelle; mais ce chimiste est parvenu à le former artificiellement en faisant digérer, pendant plusieurs jours, du charbon dans de l'acide nitrique étendu. Il a obtenu de cette manière une liqueur brun-rougeâtre qui, évaporée avec soin, lui a donné une substance brune et d'une cassure résineuse (2). Il n'y a de différence entre ces deux espèces de tannin, qu'en ce que l'un résiste à l'action de l'acide nitrique, qui décompose toutes les variétés de l'autre.

930. Les élémens du tannin, d'après les expé-

---

(1) *Pharmacologie*, sixième édit. vol. 1, p. 339.

(2) Il y a d'autres manières de préparer le tannin artificiel : elles consistent à traiter la résine commune par l'acide nitrique, ou par l'acide sulfurique la même substance, ainsi que l'élixir, l'assa-fœtida, le camphre, etc. Chenevix a même observé que le café acquérait, en se torréfiant, la propriété de précipiter la gélatine.

riences les plus récentes, sont 6 atomes de carbone, + 4 d'oxigène, + 3 d'hydrogène.

Du principe amer.

931. Il est douteux qu'on puisse attribuer la saveur amère de certains végétaux à un principe particulier et indépendant. Il convient néanmoins, dans l'état actuel de nos connaissances, d'adopter cette distinction pour mieux recueillir et grouper les faits nombreux qui se rapportent à cet objet. Dans plusieurs cas, il est difficile de distinguer la matière amère de l'extractive; dans d'autres, elle est susceptible d'être isolée complétement, comme le prouve mon *analyse de l'elaterium* (1), et celle du houblon par le docteur Ives. (2)

932. On peut obtenir le principe amer du bois de *quassia*, de la racine de gentiane, du houblon, du fruit de la *coloquinte*, etc. Il suffit de les faire infuser quelque temps dans l'eau froide. On doit à Thompson presque tout ce qu'on sait sur le principe amer; voici les propriétés qu'il lui attribue. Évaporée jusqu'à siccité à une très douce chaleur, l'eau ainsi imprégnée dépose une substance brun-jaunâtre, qui conserve un certain degré de transparence. Elle reste quelque temps ductile, et finit par devenir cassante: sa saveur est très amère. Exposée à la chaleur, elle se ramollit, se boursoufle et noircit; elle brûle ensuite, mais en donnant peu de flamme, et une petite

---

(1) *Pharmacologie,* vol. 2, art. *extractum elaterii.*
(2) *Ibid.* art. *humuli-trobili.*

quantité de cendres. Très soluble dans l'eau, dans l'alcool, elle n'altère pas les couleurs bleues végétales. Elle n'est ni précipitée par la dissolution aqueuse de chaux, ni altérée par les alcalis. La teinture, l'infusion de noix de galle et l'acide gallique n'ont aucune action sur elle. Parmi les sels métalliques, le nitrate d'argent et l'acétate de plomb sont les seuls qui la précipitent. Le dépôt qu'elle forme avec le dernier est très abondant; aussi ce corps est-il le meilleur réactif qu'on puisse employer pour la découvrir, pourvu toutefois qu'aucune autre substance ne vienne en opérer la décomposition.

933. En faisant digérer de l'indigo, de la soie et un petit nombre d'autres substances dans l'acide nitrique, on obtient une matière très amère que Welther a nommée le *principe amer jaune*. Il est susceptible de cristalliser régulièrement; il brûle comme la poudre et détone par le choc du marteau. Tout considéré, dit le docteur Henry, il paraît mieux mériter d'être classé à part comme un principe distinct que celui qu'on extrait par l'infusion.

Huiles fixes.

934. On extrait généralement ces huiles de certaines graines par la pression. Elles présentent de grandes différences de densité, mais toutes en ont une moindre que celle de l'eau. Celle de l'huile de navette est de 0,913, et celle de l'huile d'amandes de 0,923. Elles sont liquides, presque insipides, onctueuses, et laissent sur le papier une tache grasse, que la

chaleur ne fait pas disparaître. Gardées quelque temps, elles deviennent rances, visqueuses, et paraissent contenir un acide libre. Ce changement paraît néanmoins dû plutôt à la décomposition du mucilage qu'elles contiennent ordinairement en dissolution, qu'à une véritable modification. Elles sont ordinairement colorées, mais deviennent parfaitement incolores lorsqu'elles sont quelque temps en digestion sur du charbon animal. Absolument insolubles dans l'eau, elles sont susceptibles de se combiner imparfaitement avec ce liquide, par le moyen de substances intermédiaires, telles que le sucre, la gomme, etc.; mélange qui est connu en pharmacie sous le nom d'*émulsion*. Elles se solidifient généralement à une température plus élevée que celle qui est nécessaire pour la congélation de l'eau, et quelques unes, comme celle de palmier, sont solides à la température ordinaire de l'atmosphère, ce qui leur a fait donner le nom de *beurres végétaux*. Les huiles fixes sont, pour la plupart, peu solubles dans l'alcool et l'éther; il faut cependant en excepter l'huile de castor, qui se dissout, suivant Brande, presque indéfiniment dans l'alcool de 0,820 de densité, et dans l'éther de celle de 0,7563. Lorsqu'on exprime de l'huile coagulée entre des feuilles de papier brouillard, on a pour résultat une substance analogue à la cire, qu'on a nommée *stéarine*, et le papier en absorbe une autre qui a reçu le nom d'*élaïne*.

935. Les huiles fixes s'unissent aux alcalis, avec

lesquels elles forment un composé appelé *savon* (1). Ce corps est très soluble dans l'eau et l'alcool; si on concentre la dissolution qu'il forme avec ce dernier, elle devient gélatineuse, et le savon prend une belle forme transparente, lorsqu'on distille l'alcool. La dissolution est décomposée par les acides et les sels neutres à base terreuse. C'est pour cela que l'eau *dure* fait cailler le savon ; l'acide du sel en dissolution s'unit à l'alcali que le savon renferme, et met son huile en liberté. Ainsi, une dissolution de savon est un réactif qui sert à s'assurer des propriétés générales d'une eau quelle qu'elle soit; si elle se trouble, c'est qu'elle contient du sulfate de chaux ou d'autres sels terreux qui la rendent impropre aux infusions.

936. Lorsqu'on fait bouillir les huiles fixes avec des oxides métalliques, elles éprouvent deux changemens différens; si la quantité d'oxide est petite, ce corps se combine avec le mucilage, en même temps qu'il cède une portion de son oxigène à l'huile, qui devient siccative; c'est-à-dire que si on l'étend en couches minces sur une surface, elle se durcit et devient résineuse, propriété qui la rend plus propre à la peinture. Le changement qu'elle

---

(1) Les meilleurs savons se font avec l'huile d'olive et la soude ; les communs se préparent ordinairement avec du suif, auquel on ajoute de la résine et quelques autres substances. Le savon mou est un composé de potasse et d'huile commune.

éprouve dépendant de ce qu'elle perd son mucilage et peut-être de ce qu'elle acquiert un peu d'oxigène, il suffit pour la faire passer à cet état, d'une simple exposition à l'air. On détruit aussi complétement son onctuosité en l'enflammant lorsqu'elle bout, et en éteignant ensuite la flamme au moyen du couvercle qu'on replace sur le vase.

937. Si on ajoute à l'huile une plus grande proportion encore d'oxide métallique, la masse forme, lorsqu'elle est froide, la préparation connue sous le nom d'*emplâtre*. Pour obtenir ce composé, on emploie ordinairement l'oxide de plomb; et comme ce corps se décomposerait si la température était trop élevée, on y ajoute une portion d'eau pour modérer la chaleur en faisant passer le calorique à l'état latent.

938. Les chimistes placent le point d'ébullition des huiles fixes à 315°; mais on peut demander si elles bouillent jamais, car ce qu'on a pris pour leur ébullition n'est dans le fait qu'une décomposition, puisqu'en recueillant et en examinant la vapeur qu'elles dégagent, on voit qu'elles ont subi une altération matérielle, qu'elles sont devenues âcres et empyreumatiques. L'huile, dans cet état, était autrefois employée en pharmacie sous le nom d'*huile des philosophes*; mais elle a pris celui d'*huile de brique*, depuis qu'on la prépare en plongeant une brique dans le fluide, et en la soumettant à la distillation. Elle se décompose d'une manière plus complète à une température un peu plus élevée, se réduit

en eau, en gaz oléfiant et hydrogène carboné, avec de petites proportions d'acide acétique, d'oxide et d'acide carboniques.

939. L'acide nitrique agit avec une grande énergie sur les huiles fixes. Lorsqu'on opère sur de petites quantités de ce corps, elles ne font que s'épaissir; mais si on augmente la dose et qu'on les distille, elles se décomposent, dégagent de l'oxide nitrique, et laissent dans la cornue de l'acide oxalique. Si l'acide nitrique est à l'état d'acide nitreux, c'est-à-dire s'il dégage beaucoup de vapeur, il se fait une vive combustion lorsqu'on le verse sur l'huile; une petite quantité d'acide sulfurique produit le même effet; si on fait arriver dans l'huile un courant de chlore, on a pour résultat une substance analogue à la cire.

940. L'huile a la propriété de s'échauffer spontanément, et même de s'enflammer lorsqu'elle est mélangée avec diverses substances végétales. Quelquefois lorsqu'on la fait bouillir avec des fleurs et des herbes, comme cela se fait dans plusieurs opérations pharmaceutiques, celles-ci s'enflamment spontanément lorsqu'elles sont retirées, séchées et pressées. Aussi doit-on avoir soin quand on retire ces substances, de ne pas les mettre en contact avec d'autres corps combustibles.

941. Les huiles fixes sont composées de carbone, d'hydrogène, et d'une petite proportion d'oxigène. On a long-temps douté de l'existence de ce dernier élément dans les huiles, mais sir H. Davy a dis-

sipé tous les doutes en formant du savon avec de l'huile et du potassium ; car il est évident que pour produire l'alcali nécessaire à cet effet, la décomposition de l'huile doit fournir de l'oxigène.

Huiles volatiles et essentielles.

942. On a donné le nom de *volatiles* à ces huiles à cause de la propriété qu'elles ont de se volatiliser à une chaleur inférieure à 100°, et celui d'*essentielles* à cause de l'odeur pénétrante qu'elles exhalent. On les obtient ordinairement en distillant les végétaux, dans lesquels elles existent mêlées avec une certaine proportion d'eau (1). Celle-ci saturée, elles se rassemblent au fond ou à la surface selon leur pesanteur spécifique, qui varie considérablement suivant les espèces : ainsi celle de l'huile de sassafras est de 1,094, celle de cannelle de 1,035, celle de clous de gérofle de 1,034, tandis que celle de l'huile de térébenthine n'est que de 0,792. Elles ne paraissent pas susceptibles, comme les huiles fixes, de se combiner avec les alcalis ; il est vrai qu'on est parvenu à les unir ensemble à l'aide d'une longue trituration ; mais il paraît que dans ce cas elles s'oxident et se convertissent en une espèce de résine (2). Elles sont

---

(1) Les huiles essentielles d'orange et de citron s'obtiennent en exprimant les écorces.

(2) Le composé connu sous le nom de *savon de Starkey*, qu'on obtient par une trituration lente et prolongée de l'alcali avec de l'huile de térébenthine, fournit une preuve de ce fait.

modérément solubles dans l'eau, mais si pénétrantes, que celles qui en ont été ainsi imprégnées possèdent des propriétés importantes, et sont connues en pharmacie sous le nom d'*eaux distillées*. Les huiles essentielles sont très peu solubles dans l'alcool, et les composés qu'elles forment ensemble prennent la dénomination d'*essences*. Elles s'enflamment lorsqu'on les traite par l'acide nitrique, et s'épaississent lorsqu'elles sont long-temps exposées à l'air, à cause de l'oxigène qu'elles absorbent. Mises en digestion avec du soufre, elles s'unissent à ce corps, et forment une série de composés qu'on appelait autrefois *baumes de soufre*, et qui donnent une grande quantité de gaz hydrogène sulfuré, lorsqu'ils sont exposés à une forte chaleur.

943. Il est facile de distinguer les huiles volatiles des huiles fixes, à cause de la propriété qu'elles ont de passer à l'état de vapeur à une température inférieure à 100° : il suffit d'en laisser tomber une goutte sur du papier blanc, et de présenter celui-ci au feu ; elle se dissipe sans laisser de traces, tandis que la tache de graisse que produisent les huiles fixes est permanente.

944. Le camphre paraît être une huile essentielle combinée avec quelque acide, ou peut-être une combinaison des mêmes élémens avec une plus grande proportion de carbone. Il a beaucoup d'analogie avec ces huiles, quelques unes même en déposent lorsqu'elles sont abandonnées à elles-mêmes. De plus, l'huile de térébenthine, traitée par l'acide

muriatique, se convertit en une substance dont les propriétés physiques et chimiques diffèrent peu de celles du camphre.

645. On peut très bien faire entrer dans l'histoire des huiles volatiles celle d'une classe de substances qu'on a appelées *gommes-résines*, parce qu'on supposait qu'elles étaient composées de deux principes immédiats, comme l'indique leur nom. Cependant elles ne contiennent, strictement parlant, ni gomme ni résine, puisque le principe particulier qu'on a pris mal à propos pour la première jouit plutôt des propriétés de la matière extractive que de celles de la gomme, tandis que l'autre est une substance volatile qui tient le milieu entre l'huile volatile et la résine. Les gommes-résines s'exsudent de certaines plantes et durcissent à l'air; elles sont ordinairement presque opaques, cassantes, et ont quelquefois une apparence onctueuse; elles se ramollissent à la chaleur, se boursouflent et brûlent avec flamme; elles se dissolvent en partie dans l'eau, ainsi que dans l'alcool; elles ne s'emploient presque qu'en médecine. L'*assa-fœtida*, la *gomme ammoniaque*, l'*aloès*, le *gamboge*, la *myrrhe*, etc., sont autant de variétés de gommes-résines. Quand elles contiennent une portion quelconque d'acide benzoïque, elles prennent le nom de *baumes*.

Cire.

946. La cire est un produit de la végétation,

qui constitue le vernis qu'on trouve sur la surface supérieure des feuilles de beaucoup d'arbres : on l'obtient en écrasant la substance végétale qu'on fait bouillir dans l'eau ; de cette manière, la cire s'en sépare et se solidifie par le refroidissement. C'est ainsi qu'on l'extrait des baies du *myrica cerifera*, des feuilles et de la tige du *ceroxylon*; mais ce sont surtout les ruches d'abeilles qui la fournissent. Dans l'état ordinaire sous lequel elle se présente, elle a de la couleur et de l'odeur ; elle perd l'une et l'autre lorsqu'on l'expose à l'action de l'air et de la lumière. Blanchie, elle possède les propriétés suivantes : elle est insoluble dans l'eau, et fusible à une température d'environ 90°. Si elle est portée à un degré plus élevé, elle se convertit en vapeur, et brûle avec une flamme brillante. L'alcool bouillant dissout environ un vingtième de son poids de cire, dont quatre cinquièmes se séparent par le refroidissement, et le reste est immédiatement précipité par l'eau. Les alcalis caustiques la convertissent en un composé savonneux, soluble dans l'eau chaude; les huiles fixes s'unissent à elle, et en forment un d'une consistance variable, qui est la base des cérates.

Acides végétaux.

947. Les vrais acides végétaux sont ceux qui existent tout formés dans les sucs ou les organes des plantes, et n'exigent pour leur extraction que quelque opération mécanique. On en obtient aussi

d'autres qui paraissent plutôt des produits que des extraits, et qui sont dus à de nouveaux arrangemens de la matière élémentaire de la plante, ou qui sont des acides natifs masqués par d'autres principes végétaux avec lesquels ils sont combinés. Parmi ces acides, il en est qui sont le produit de la nature et de l'art, tels sont les acides acétique, malique et oxalique.

948. Voici les principaux acides végétaux qui méritent d'être étudiés. Ils se distinguent tous par une saveur aigre, excepté les acides gallique et prussique, qui ont, le premier une saveur astringente, et le second un goût analogue à celui des amandes amères. Ils sont tous solubles dans l'eau, se combinent avec diverses bases, et donnent naissance à des sels particuliers. Ils se décomposent tous à la chaleur rouge.

1. Acide acétique.	5. Acide malique.
2. Acide benzoïque.	6. Acide tartarique.
3. Acide citrique.	7. Acide oxalique.
4. Acide gallique.	8. Acide prussique.

Acide acétique.

949. Cet acide existe dans la séve de plusieurs végétaux, où il est ordinairement combiné avec de la potasse; le suc du *sambucus nigra*, du *phœnix dactylifera* et du *rhus typhinus* en contient beaucoup. C'est aussi un acide animal, car la sueur, l'urine et même le lait frais en renferment. Il se forme aussi artificiellement. Les acides énergiques, tels

que les acides sulfurique et nitrique, le développent dans les végétaux; diverses substances de la même classe en fournissent aussi pendant leur décomposition par la chaleur; enfin c'est un des produits d'une opération que nous décrirons plus tard, de la fermentation. Cet acide étant le résultat d'opérations si diverses, il est facile de supposer qu'il se présente à divers degrés de concentration; les anciens chimistes, trompés par cette circonstance, reconnurent l'existence de deux acides diversement oxigénés, qu'ils appelèrent l'un *acide acétique*, et l'autre *acide acéteux*. On n'en admet qu'un aujourd'hui; c'est l'acide acétique, dont nous décrirons plus bas le mode de préparation. On ne peut cependant l'obtenir parfaitément pur; le plus concentré, qui est à l'état solide, s'appelle *acide acétique glacial*, et contient, d'après les expériences les plus exactes, 21 pour 100 d'eau fluide qui paraît essentielle à sa constitution, et dont on ne peut le séparer qu'en le combinant avec une base alcaline, terreuse ou métallique. L'acide acétique glacial existe cristallisé à une assez basse température; si on le laisse parfaitement en repos, il peut descendre à plusieurs degrés au-dessous de son point de cristallisation sans cesser d'être fluide; mais à la moindre agitation, il se solidifie et forme de beaux cristaux, qui se liquéfient de nouveau lorsqu'on les expose à la chaleur. Sa pesanteur spécifique, à l'état fluide, est de 1,063. Son odeur est extrêmement piquante, et son action assez énergique pour produire des ampoules sur la peau. Chauffé à une douce chaleur dans une cuiller d'argent, il se volatilise et donne une vapeur susceptible de prendre feu. On regarde l'acide acétique comme formé de quatre atomes de carbone = 24, + 3 d'oxigène = 24, + 2 d'hydrogène = 2, ce qui donne 50 pour son nombre représentatif.

950. On a trouvé que la force de l'acide acétique n'est pas exactement représentée par sa pesanteur spécifique. Si, par exemple, on ajoute graduellement de l'eau à de l'acide de 1,063 de pesanteur spécifique, on voit que, quoique le premier liquide soit plus léger que le second, il augmente la densité du mélange jusqu'à 1,079, et que, à partir de ce point, il l'affaiblit régulièrement. Ainsi, pour évaluer d'une manière exacte la force de cet acide, il faut chercher un autre moyen, qu'on peut évidemment tirer de la quantité de substance alcaline ou terreuse qui est nécessaire pour sa saturation. Nos recherches à cet égard deviennent plus faciles, si on se rappelle qu'il y a coïncidence entre les nombres qui représentent l'acide acétique et le marbre blanc pur; il résulte de là que le poids de marbre dissous par cent grains d'acide, représente en même temps ce que celui-ci contient pour cent d'acide réel.

951. Ces opérations sont si minutieuses, qu'on ne peut les exécuter dans les manufactures. Aussi emploient-elles généralement des instrumens connus sous le nom d'*acétomètres*. On sature d'abord l'acide d'hydrate de chaux, et la pesanteur spécifique de

la dissolution qui en résulte, marque sa force. Le vinaigre appelé *de preuve* ou n° 24 dans le commerce, et que l'on dit contenir 5 pour 100 d'acide réel (1), sert d'étalon ; et quand il est neutralisé par l'hydrate de chaux, l'acétomètre s'arrête à la marque, qui est appelée *preuve*. Pour tenir la tige à la même marque, lorsqu'on la plonge dans des acides plus forts saturés de chaux, on la charge d'une série de poids, dont chacun indique 5 pour 100 d'acide, jusqu'à 35 au-dessus de preuve, qui contient ordinairement 5 + 35 = 40 pour 100 d'acide réel.

952. Les propriétés de l'acide acétique varient essentiellement avec sa force. La quantité de camphre et d'huile essentielle, par exemple, qu'il peut dissoudre, est plus ou moins grande, selon son degré de concentration, tandis que lorsqu'il est très étendu d'eau, comme dans le vinaigre, il n'exerce aucune action sur ces substances.

953. L'acide acétique forme, avec les différentes bases, une classe de sels qui portent le nom d'*acétates*, et se distinguent par les propriétés suivantes : Ils sont ordinairement très solubles, déliquescens et de cristallisation difficile ; mêlés avec l'acide sulfurique, et distillés à une chaleur modérée, ils se décomposent, et dégagent de l'acide acétique, que son odeur fait aisément reconnaître. Exposés à une forte chaleur dans une cornue, ils fournissent un

---

(1) Il contient exactement 4,73 pour 100 d'acide réel ; *voyez* ma *Pharmacologie*, l. c.

vinaigre altéré, qu'on appelle *acide* ou *esprit pyro-acétique*.

954. L'*acétate de potasse* se prépare ordinairement en saturant l'acide acétique de carbonate de potasse. Il se présente presque toujours dans le commerce sous forme de cristaux foliés; il est incolore et presque inodore; sa saveur est piquante et saline. Il est très déliquescent, extrêmement soluble dans l'eau, et dans deux fois son poids d'alcool bouillant. Il constitue la *terre foliée de tartre* et le *sel digestif de Sylvius* des anciens pharmaciens. Il est composé d'un atome de chacun de ses constituans, c'est-à-dire $50 + 48 = 98$.

955. *Acétate d'ammoniaque.* C'est un sel très déliquescent, très soluble, et qui cristallise difficilement. Je l'ai néanmoins souvent obtenu cristallisé, en le soumettant à une évaporation lente en contact avec l'acide sulfurique. En dissolution, comme on l'obtient en saturant le vinaigre distillé de carbonate d'ammoniaque, il constitue la *liquor ammoniæ acetatis* de la pharmacopée, qui tient en outre en suspension une certaine quantité d'acide carbonique, puisqu'elle forme un précipité de carbonate de plomb, lorsqu'on y ajoute de l'acétate de ce métal. Il est impossible de dire quelles sont les proportions d'acide et d'alcali qu'on doit employer dans sa préparation , parce que la force de ces deux corps n'est pas toujours la même; ce qu'il y a de mieux à faire , est d'ajouter le sel alcalin à l'acide acétique, et d'examiner l'état de saturation avec du papier réactif.

956. *Acétate de plomb.* Ce sel a été long-temps connu en pharmacie sous les noms de *sucre de plomb* et de *sel de saturne.* On l'obtient en faisant dissoudre le carbonate de plomb dans l'acide acétique et en faisant cristalliser la dissolution. Ces cristaux sont ordinairement très petits, mais on peut les obtenir d'une grosseur considérable en les laissant se former lentement. L'acétate de plomb a une saveur douce et astringente; il est presque également soluble dans l'eau chaude et l'eau froide, qui en dissout environ le quart de son poids; la dissolution se décompose à l'air, l'acide carbonique sature le plomb avec lequel il forme un carbonate insoluble. Elle est aussi en partie décomposée par l'eau qui contient de l'acide carbonique, d'où il résulte qu'une dissolution ainsi formée rougit le tournesol, parce que l'acide acétique est dégagé; ce qui a fait regarder ce sel comme un sous-acétate. Cependant on le considère maintenant comme un sel neutre composé d'un atome d'acide = 5o, + un d'oxide = 112, + trois d'eau = 27, ce qui donne 189 pour son nombre équivalent.

957. *Sous-acétate de plomb.* Si on fait bouillir cent parties de l'acétate dans l'eau avec cent cinquante de protoxide de plomb, on obtient un sel qui cristallise en lames, et qui est moins soluble. On l'appelle *sous-acétate,* et quelquefois *sous-tri-acétate,* parce qu'il est composé d'un atome d'acide + trois d'oxide; mais il est probable que c'est un sous-binacétate, et qu'il est composé d'un atome d'acide = 5o, + deux d'oxide = 224, ce qui porte son nombre représentatif à 274. La dissolution de ce sous-sel constitue la liqueur de sous-acétate de plomb de la pharmacopée, qui est cependant une préparation variable. Il est même plus rapidement précipité par l'acide carbonique que l'acétate ; et à cause de sa forte attraction pour la matière colorante des végétaux, Brande l'a employé avec beaucoup de succès pour analyser les liqueurs vineuses.

958. *Acétate de zinc.* On peut le former directement en faisant dissoudre le métal ou l'oxide blanc dans l'acide acétique, ou bien en mélant ensemble des dissolutions d'acétate de plomb et de sulfate de zinc ; une double décomposition a lieu, il se précipite un sulfate insoluble de plomb, et l'acétate de zinc reste en dissolution. Celle-ci fournit par l'évaporation un beau sel cristallisé. Lorsqu'on veut avoir une dissolution de ce sel pour l'employer en médecine, il faut prendre plus de deux parties d'acétate de plomb pour une de sulfate de zinc, dans leur état sec.

959. *Acétate de cuivre.* Il existe trois composés distincts d'acide acétique et de péroxide de cuivre : le sous-acétate, composé d'un atome d'acide + deux d'oxide ; l'acétate, de 1 + 1 ; et le binacétate, de 2 + 1. La partie essentielle de cette substance, connue dans le commerce sous le nom de vert-de-gris, et qui s'obtient par une longue exposition du cuivre aux vapeurs de l'acide acétique, est un vrai acétate de cuivre, mêlé cependant de diverses impuretés ;

quand on le traite par l'eau, il se décompose en poudre verte insoluble qui est un véritable sous-acétate, et en un binacétate qui reste en dissolution. Ce dernier sel se forme aussi lorsqu'on dissout le vert-de-gris dans le vinaigre distillé; et donne, quand on évapore la dissolution, des cristaux réguliers. C'est au docteur Ure et à M. Phillips que nous devons tout ce que nous venons de dire sur ces sels; avant eux, on n'avait que des notions fausses et confuses sur la véritable composition du vert-de-gris.

960. *Acétate de mercure.* Ce sel peut s'obtenir en faisant dissoudre le péroxide de mercure dans l'acide acétique, ou en mêlant ensemble des dissolutions de nitrate de mercure et d'acétate de potasse; une double décomposition a lieu, et on a pour résultat de l'acétate de mercure et du nitrate de potasse. Ce procédé est celui des colléges de Dublin et d'Edimbourg. Les cristaux de l'acétate de mercure sont d'un blanc argentin, et d'une saveur âcre; ils sont à peine solubles dans l'eau et tout-à-fait insolubles dans l'alcool.

961. La décomposition des acétates métalliques fournit une méthode aisée d'obtenir l'acide acétique concentré. Voici les divers procédés qu'on peut suivre pour parvenir à ce résultat. Le premier, c'est de mêler deux parties d'acétate de potasse fondu avec une partie d'acide sulfurique le plus concentré possible, on distille ensuite lentement le mélange dans une cornue de verre, et l'acide acétique

passe dans le récipient qu'il faut rafraîchir sans cesse ; le second, c'est de traiter de la même manière quatre parties d'acétate de plomb par une partie d'acide sulfurique ; enfin le troisième, c'est de mêler du sulfate de fer calciné à une douce chaleur avec de l'acétate de plomb, dans la proportion d'une partie du premier pour deux et demie du second, et de distiller dans une cornue de porcelaine. Le premier procédé est le meilleur, mais les deux autres sont plus économiques. On a aussi employé la distillation de l'acétate de cuivre ou de plomb *per se*, mais, dans ce cas, le produit est mêlé d'esprit pyro-acétique (953). Le collége de Dublin préfère le premier procédé, et celui d'Édimbourg le dernier. La pharmacopée de Londres contenait autrefois une formule qui consistait à décomposer l'acétate métallique par la chaleur seulement. L'académie de Berlin recommande de décomposer l'acétate de soude par le bi-sulfate de potasse.

962. L'acide acétique concentré qu'on trouve maintenant dans le commerce, s'extrait pour l'ordinaire de l'acétate de chaux, qu'on prépare en saturant avec de la chaux vive l'acide que fournit la distillation du bois. Le procédé qu'on suit n'étant pas sans intérêt pour le médecin, nous le décrirons d'une manière succincte ; nous donnerons même le dessin de l'appareil que nous avons tiré des *Essais populaires de Parkes.*

963. On écorce le bois, on le met dans de grands cylindres de fonte, engagés horizontalement dans

des fourneaux en briques; il se dégage une quantité considérable de gaz inflammable, et une liqueur acide qu'on supposait autrefois d'une nature particulière et distincte, et à laquelle on a
donné le nom d'*acide pyro-ligneux* qu'elle conserve
encore dans le commerce. Ce n'est autre chose cependant que de l'acide acétique, chargé de goudron
et d'huile essentielle.

Le cylindre est muni d'un tuyau qui sert à écouler les divers produits de la distillation. La figure 26,
Pl. 3, fera mieux comprendre en quoi consiste l'appareil. La figure 1 représente une section du cylindre enchâssé dans son fourneau; 2, une section
différente; 3, la hauteur du fourneau; 4, le couvercle extérieur; 5, la porte intérieure qui est lutée avec de l'argile et adaptée à la bouche du cylindre. D est le tuyau qui porte l'acide dans les
tonneaux H H H, qui communiquent ensemble par
les tubes G G; les fluides élastiques parcourent tout
le système et se dégagent en K. 100 livres de bois
donnent, terme moyen, 18 pintes d'acide impur,
chargé d'une grande quantité de goudron; il a une
couleur brun foncé; et une pesanteur spécifique
de 1,025. On le traite par la chaux, on forme un
acétate de cette base qu'on décompose par le sulfate de soude, et l'on obtient du sulfate de chaux
qu'on lave et qu'on rejette, et de l'acétate de soude
qu'on met cristalliser. On retire les cristaux, on
les sépare de la matière goudronneuse qui forme
les eaux mères, on leur fait éprouver la fusion

ignée, on les dissout et on les met de nouveau cristalliser. On a alors des cristaux blancs d'acétate de soude ; on les décompose par l'acide sulfurique, et on obtient un liquide extrêmement odorant qui est de l'acide pyro-ligneux qui contient un peu d'acide sulfureux et de sulfate, dont on le débarrasse par la distillation.

Acide benzoïque.

964. Cet acide fut décrit pour la première fois en 1608, par Blaise de Vigenère, et fut généralement connu sous la dénomination de *fleurs de benzoïn* ou *benjamin*, parce qu'il se préparait en sublimant la résine de ce nom. Comme c'est encore de cette substance qu'on l'extrait, on lui conserve l'épithète de *benzoïque*, quoique l'on sache fort bien que c'est un acide particulier qui existe non seulement dans le benjoin , mais dans différentes gommes-résines et plantes aromatiques, la cannelle, les clous de girofle, etc. On le trouve aussi dans l'urine de l'homme et des quadrupèdes herbivores.

965. Cet acide s'extrait du benjoin en deux manières; par la sublimation qui est le procédé le plus simple et le plus économique, et par l'ébullition de la résine pulvérisée dans l'eau de chaux, qu'on isole au moyen de l'acide sulfurique. On sublime ensuite l'acide benzoïque ainsi précipité.

966. L'acide benzoïque pur cristallise en petites aiguilles incolores qui ont une sorte de ducti-

lité et d'élasticité; il prend une forme pâteuse lorsqu'on le broie dans un mortier. Il est inodore,
quoiqu'il exhale, tel qu'on le rencontre ordinairement, une odeur légère, qui n'est du reste pas désagréable, et qu'il doit à ce qu'il n'est pas parfaitement dépouillé de la matière huileuse empyreuma-
tique. Il est évident que cette odeur n'appartient
pas à l'acide, puisque, selon Gièse, si on le dissout
dans aussi peu d'alcool que possible, qu'on filtre la
dissolution et qu'on l'étende d'eau, on l'obtient pur
et inodore; il laisse le principe odorant dans l'alcool. Il ne s'altère pas sensiblement à l'air; on en a
gardé pendant vingt ans dans un vase ouvert, sans
qu'il ait diminué de poids. Il n'est attaqué par aucun corps combustible, mais il blanchit, prend une
plus belle cristallisation, quand on le sublime après
l'avoir mêlé avec du poussier de charbon. Sa saveur
est âcre, mais à peine si elle est aigre; cependant
il rougit l'infusion de tournesol. Il se volatilise et
donne des vapeurs blanches à une assez basse température. Il ne se dissout que dans 24 fois environ
son poids d'eau bouillante, qui en laisse précipiter
les $\frac{19}{20}$ en se refroidissant. Il est beaucoup plus soluble dans l'alcool, et forme une dissolution qui,
exposée à l'air, laisse évaporer l'esprit et précipiter
l'acide sous forme de cristaux prismatiques. Il se
combine avec les bases alcalines, terreuses, métalliques, et donne naissance à des composés appelés
benzoates.

967. Il est formé de carbone, d'oxigène et d'hydrogène, mais dans des proportions qui ne sont pas exactement connues.

Acide citrique.

968. Cet acide existe en abondance dans le suc de citron, et d'une foule d'autres fruits. Scheele est le premier qui soit parvenu à l'obtenir solide; son procédé, adopté dans toute l'Europe, est le seul qui réussisse. On a, à la vérité, cherché à obtenir ce corps en traitant le suc de citron par l'alcool; mais ce moyen ne remplit qu'imparfaitement le but qu'on se propose; il sépare promptement le mucilage, mais il n'a pas la propriété d'isoler le sucre ou la matière extractive. Un chimiste suédois, Georgius, s'est servi du froid pour obtenir cet acide à l'état de pureté; on peut ainsi réduire, il est vrai, le suc à un huitième de son volume primitif, en ôtant la glace à mesure qu'elle se forme; mais il contient encore, à ce point de condensation, trop de matières extractives pour cristalliser. Dubuisson a donné, pour concentrer et conserver le suc de citron un autre procédé; on réduit le volume du liquide en l'exposant pendant un temps considérable à l'action d'une chaleur graduelle, et prolongée; de cette manière, la matière mucilagineuse s'épaissit et se rassemble à la surface de la liqueur; on l'enlève et on obtient un suc qui se conserve long-temps. On peut envisager les deux méthodes proposées comme tendant à déve-

lopper et à séparer complétement l'acide, ainsi qu'on l'exécute par le procédé de Scheele, que nous allons examiner.

969. Scheele s'empare de l'acide par le carbonate de chaux, et décompose le citrate qui se forme au moyen de l'acide sulfurique. Le suc de citron est une dissolution aqueuse d'acide citrique, de mucilage, de matière extractive, de sucre et d'une petite quantité d'acide malique. Si on le traite par la chaux, l'acide citrique se combine avec elle, forme du citrate de chaux, et l'acide carbonique se dégage. Le citrate, qui n'est que légèrement soluble, se précipite; les autres élémens du suc surnagent et forment un liquide, qu'on décante avec un syphon. Le citrate chauffé dans l'acide sulfurique étendu se décompose; il se forme du sulfate de chaux qui est insoluble et se précipite, tandis que l'acide citrique libre reste en dissolution et cristallise par l'évaporation.

970. L'acide citrique est incolore, inodore, extrêmement aigre; exposé à une atmosphère humide, il absorbe une petite quantité d'eau; il est très soluble dans ce liquide, forme une dissolution qui moisit lorsqu'on la garde long-temps, et passe enfin à l'état d'acide acétique. L'acide citrique cristallisé est composé, selon Berzélius, d'un atome d'acide et de deux d'eau. Traité par trois fois son poids d'acide nitrique, il se convertit en partie en acide oxalique, dont il fournit la moitié de son poids. A mesure qu'on augmente la proportion du

premier, celle du deuxième diminue tellement, qu'elle finit par disparaître tout-à-fait, et qu'il semble se former de l'acide acétique.

971. L'acide citrique se combine avec diverses bases, et forme une classe de sels appelés *citrates*. Comme l'acide acétique, il est un composé d'oxigène, d'hydrogène et de carbone, dont les proportions sont, suivant Berzélius, 1 atome d'oxigène, 4 de carbone et 5 d'hydrogène; ainsi le nombre équivalent de cet acide à l'état sec est 58, celui de ses cristaux, qui contiennent 2 atomes d'eau, $58 + 18 = 76$.

Acide gallique.

972. Cet acide existe dans différentes substances végétales astringentes, mais surtout dans les excroissances appelées *galles*, ou *noix de galle*. Sir H. Davy a obtenu, par l'évaporation de 400 grains d'une infusion saturée de ce corps, 53 grains de matière solide, composée de neuf dixièmes de tannin, et d'un dixième d'acide gallique. On obtient cet acide pur en exposant cette infusion à l'action de l'air; elle moisit, se couvre d'une pellicule glutineuse épaisse, et les parois du vaisseau se trouvent, au bout de deux ou trois mois, tapissées de petits cristaux jaunâtres, qui contiennent, selon Berzélius, de l'acide gallique et du tannin; on les dépouille du premier en les faisant dissoudre dans l'alcool, et en évaporant avec soin la dissolution jusqu'à siccité. Il y a plusieurs autres procédés moins longs pour préparer cet acide:

le premier est la sublimation. Si on met dans une grande cornue des noix de galle pulvérisées, qu'on chauffe lentement et avec précaution, l'acide gallique se dégage et se condense dans le col de la cornue en lames blanches et cristallines brillantes; mais ce procédé exige beaucoup de soins, car si la chaleur est assez élevée pour dégager l'huile, les cristaux se dissolvent immédiatement. Le second consiste à isoler le tannin par le muriate d'étain. Pour cela, on ajoute du muriate jusqu'à ce qu'il ne se forme plus de dépôt, on précipite l'excès d'oxide qui reste en dissolution par le gaz hydrogène sulfuré, on évapore la liqueur et l'on obtient des cristaux d'acide gallique. Une once de noix de galle ainsi traitée fournit, d'après Haussman, environ trois drachmes d'acide gallique. Le troisième consiste à séparer le tannin et la matière extractive de la décoction, par l'alumine pure. On se procure de l'alumine en décomposant l'alun par le carbonate de potasse; on lave bien le précipité, et on le met digérer avec une décoction de noix de galle; on l'abandonne vingt-quatre heures à lui-même, en ayant soin de remuer fréquemment; on filtre la dissolution; on l'évapore à une douce chaleur, et on obtient l'acide cristallisé. Ce procédé est de Fiedler.

973. Chevreul a trouvé que le dépôt qui se forme dans l'infusion de noix de galle, abandonnée à elle-même, contient, outre l'acide gallique, un autre acide particulier, que M. Braconnot a proposé d'appeler *acide ellagique*, du mot *galle* re-

tourné. Il est probable que ce corps n'existe pas tout formé dans les noix, et n'est que de l'acide gallique légèrement modifié. Il est insoluble, précipite avec lui la plus grande partie de l'acide gallique, et forme le dépôt jaunâtre dont nous avons parlé. L'eau bouillante sépare cependant l'acide gallique de l'acide ellagique, et fournit ainsi un moyen de les isoler.

974. L'acide gallique pur possède les propriétés suivantes : Il a une saveur acide astringente ; projeté sur un fer rouge, il brûle avec flamme et répand une odeur aromatique, qui a quelque analogie avec celle de l'acide benzoïque. L'alcool en dissout le quart de son poids à froid, et son poids entier à chaud. Les acides font effervescence avec les carbonates alcalins, mais n'exercent aucune action sur les terreux. L'acide nitrique le convertit en acide oxalique. Il présente des phénomènes remarquables dans ses combinaisons avec les bases salifiables ; il s'unit aux dissolutions alcalines sans produire de dépôt ; mais il forme, avec les dissolutions aqueuses de baryte, de chaux et de strontiane, un précipité qui est d'abord blanc-verdâtre, passe ensuite à une teinte violette et disparaît lorsqu'on ajoute une plus grande quantité d'acide. Son caractère le plus distinctif est l'affinité qu'il a pour les oxides ; elle est telle qu'il décompose les sels métalliques, et forme avec chacun d'eux un précipité distinct ; mais pour qu'il produise cet effet, il faut en général qu'il soit uni au tannin, avec lequel il se trouve presque

toujours dans les végétaux astringens. Plus les
oxides métalliques cèdent facilement leur oxigène,
plus ils sont attaqués par l'acide gallique. Celui-ci
donne une teinte verte à une dissolution d'or,
produit un précipité brun, qui passe facilement à
l'état métallique, et recouvre le liquide d'une pellicule éclatante. Il produit un effet semblable avec
la dissolution de nitrate d'argent. Il précipite le mercure en jaune orange, le plomb en blanc, le bismuth en jaune, le cuivre en brun, et le fer en
pourpre foncé ou en noir. Il est sans action sur le
platine, le zinc, l'étain, le cobalt et le manganèse.
De tous ces composés, le plus important est le
tanno-gallate de fer, qui forme la base de l'encre,
et qui indique, par sa formation, la présence du fer
ou de l'acide gallique, selon qu'on a employé l'un
ou l'autre de ces corps. Cependant pour produire
ce composé caractéristique, le fer doit être à l'état
de péroxide, car le protoxide ne forme pas de
composé noir avec ces substances. Il est vrai que
la limaille de fer se dissout dans une infusion de
galle en dégageant du gaz hydrogène; mais le composé ne noircit qu'après qu'il a été exposé à l'air, qui
oxide plus fortement le fer. D'après le même principe, la couleur de l'encre est détruite par le fer
métallique ou par un courant de gaz hydrogène
sulfuré. Dans ces deux derniers cas, l'oxide de fer
éprouve une désoxidation partielle. On peut aussi
expliquer par là pourquoi l'encre, d'abord pâle,
devient noire lorsqu'on l'expose à l'air. Le tanno-

gallate étant décomposé par les alcalis, la couleur de l'encre est détruite par l'action de ces corps; les caractères deviennent bruns, et il ne reste sur le papier qu'un oxide de fer; si on trempe la feuille dans une infusion de noix de galle, l'oxide se combine de nouveau, et les caractères redeviennent lisibles. Le savon produit le même effet sur les taches d'encre; il décompose immédiatement celles-ci, et précipite l'oxide de fer, qui forme une *tache de rouille*, qu'on fait ordinairement partir avec l'acide citrique. Mais le fer, lorsqu'il séjourne long-temps sur l'étoffe, acquiert un degré d'oxidation qui le rend insoluble dans cet acide. On le lave, dans ce cas, avec une dissolution de potasse, ou on le mouille avec de l'encre fraîche, qui le désoxide assez pour le rendre soluble. Phillips a découvert, en faisant l'analyse de ceux de Bath, ce fait curieux et important, que le carbonate de chaux peut modifier l'action de l'acide gallique sur les oxides de fer. Il a trouvé qu'il augmente l'action de la teinture de noix de galle sur le protoxide de fer, et qu'il la rend au contraire moins sensible pour découvrir le péroxide.

975. On a douté quelque temps si l'acide gallique n'était pas une modification de l'acide acétique; mais le docteur Henry fait observer avec raison qu'il n'y a pas de motifs suffisans pour contester la nature d'un composé qui se distingue par des particularités si frappantes; il est plus raisonnable de le considérer comme une modification du

tannin, car non seulement il se trouve combiné avec ce principe dans la nature, mais des expériences récentes ont démontré qu'il n'en diffère dans sa composition chimique que parce qu'il contient moins d'oxigène.

Acide malique.

976. Cet acide est ainsi nommé parce qu'on le prépara pour la première fois avec du jus de pommes; cependant il existe dans le suc de divers fruits mêlé avec l'acide nitrique, et quelquefois avec d'autres corps de cette espèce. On peut l'obtenir très pur et facilement des baies du frêne de montagne, appelé *sorbier* ou *pyrus aucuparia.* Cette origine l'avait fait regarder par Vauquelin comme un nouvel acide, qu'il appelait *acide sorbique;* mais on convient aujourd'hui que les acides sorbique et malique sont la même chose. Il existe aussi dans le suc de citron, et peut aisément être isolé en préparant l'acide citrique, parce qu'il forme avec la chaux un sel soluble. On peut, d'après le même principe, l'extraire de divers autres sucs; il n'y a qu'à ajouter de la craie jusqu'à saturation, laver le précipité à l'eau bouillante; elle s'empare du malate de chaux, et forme une dissolution qu'on décompose par l'acide sulfurique.

977. L'oxide malique est liquide et incristallisable; il devient, quand on l'évapore, épais et syrupeux : il est très soluble dans l'eau et l'alcool. Traité par l'acide nitrique, il se convertit en acide

oxalique : il s'unit aux alcalis, aux terres et aux oxides métalliques avec lesquels il forme des malates. Chauffé loin du contact de l'air, il se sublime et prend de nouveaux caractères ; il s'appelle alors *acide pyro-malique.*.

Acide oxalique.

978. Cet acide existe dans l'oseille sauvage, *oxalis acetosella*, d'où il tire son nom. C'est cependant un produit abondant aussi-bien qu'un extrait des matières végétales : il est plus économique, pour divers objets d'art, de l'obtenir artificiellement, que de l'extraire des combinaisons dans lesquelles il existe tout formé. Bergman est le premier qui ait découvert qu'en traitant le sucre par l'acide nitrique, on pouvait en obtenir un acide doué de propriétés énergiques, que Scheele trouva être identique avec celui qui existe naturellement dans l'oseille. Voici le procédé qu'on suit pour le préparer.

979. On prend six onces d'acide nitrique dans une cornue bouchée et lutée à un grand récipient ; on ajoute peu à peu une once de sucre blanc réduit en poudre grossière (1). On applique une douce

---

(1) Une foule d'autres substances fournissent de l'acide oxalique, lorsqu'on les distille avec l'acide nitrique ; tels sont le miel, la gomme arabique, l'alcool, les calculs animaux, l'acide des cerises, l'acide tartarique, l'acide citrique, le bois, la soie, les cheveux, les tendons, la laine, l'albumine animale, la fécule, le gluten, etc.

chaleur pendant la dissolution, et il se dégage de l'oxide nitrique en abondance. Le sucre dissous, on distille une partie de l'acide jusqu'à ce que ce qui reste dans la cornue ait une consistance syrupeuse : on obtient ainsi de 100 parties de sucre, 58 d'acide cristallisé. On dissout les cristaux dans l'eau; on cristallise une seconde fois, et on met sécher sur du papier brouillard.

980. Traité de cette manière, le sucre perd un peu de carbone et d'hydrogène, reçoit plus d'oxigène et passe ainsi à l'état d'acide oxalique.

981. Les cristaux d'acide oxalique qu'on trouve ordinairement dans le commerce sont trop petits pour qu'on puisse en déterminer la forme; mais lorsqu'ils sont plus grands, ils ont, d'après Henry, la figure d'un prisme quadrilatère, dont les pans sont alternativement larges et étroits, avec des sommets dièdres. Leur saveur est très acide, et ils agissent avec une grande énergie sur les couleurs bleues végétales; un seul grain, dissous dans 3,600 grains d'eau, rougit le papier tournesol. Exposés à l'air, ces cristaux s'effleurissent et se dissolvent dans deux fois leur poids d'eau à 20°, et dans leur propre poids d'eau bouillante. Ils sont aussi solubles dans l'alcool bouillant, qui en prend la moitié de son poids; mais ils le sont très peu dans l'éther. Ils se décomposent à une chaleur rouge, se boursouflent d'abord, abandonnent une grande quantité d'eau, et ne laissent après eux qu'un résidu charbonneux.

982. La ressemblance qui existe entre ces cristaux et ceux du sel d'Epsom a souvent donné lieu à des méprises funestes. On a proposé divers moyens de les prévenir ; mais, comme ces substances se dissolvent et se prennent promptement, il n'est pas de réactif chimique, quelque délicat qu'il soit, qui puisse empêcher les accidens dont il s'agit. La saveur acide est par elle-même un indice suffisant, ou, sans goûter, si on laisse tomber quelques gouttes d'eau sur une des feuilles de papier dont on enveloppe ordinairement les pains de sucre, et qu'on la touche avec un fragment de cristaux sur lesquels on a des doutes, la couleur du papier passera, si c'est de l'acide oxalique, du bleu foncé au brun rougeâtre. De plus, la dissolution de cet acide fait effervescence avec la craie, effet que ne produit jamais le sel d'Epsom. Des faits nombreux prouvent que cet acide produit tous les symptômes d'un poison violent. Ainsi, dans le cas d'un accident de cette espèce, ce qu'il y a de mieux à faire est de former un oxalate insoluble, d'administrer à force, des lotions d'eau de chaux ou de magnésie, de l'eau pure, et de provoquer le vomissement.

983. L'acide oxalique forme, avec les bases salifiables, une classe de sels appelés *oxalates,* qui jouissent des propriétés suivantes : Ils se décomposent à la chaleur, et forment, avec l'eau de chaux, un précipité blanc, qui est soluble dans l'acide acétique, lorsqu'il a été exposé à une chaleur rouge. Les oxalates terreux sont très peu solubles

dans l'eau ; les oxalates alcalins sont susceptibles de se combiner avec un excès d'acide, et deviennent ainsi moins solubles. Le nombre qui représente l'acide oxalique, d'après l'analyse de ses sels, est 36 : quand il est cristallisé, il contient 4 atomes d'eau (3×4); ce qui donne 72 pour son équivalent.

984. *Oxalate d'ammoniaque.* Ce sel cristallise en longs prismes transparens, et exige pour se dissoudre une grande quantité d'eau. C'est un réactif précieux ; car il précipite la chaux de presque toutes ses combinaisons solubles ; cependant, lorsqu'on l'emploie, il faut avoir soin que la dissolution qu'on veut traiter ne contienne pas un excès d'acide, parce que l'oxalate de chaux qui se précipite est soluble dans les acides muriatique et nitrique. Il est composé d'un atome de base $= 17, + 1$ d'acide $= 36$; ce qui donne 53 pour son équivalent; et à l'état de cristaux $(53 + 9)$ 62, car il contient 1 atome d'eau.

985. *Oxalate de potasse.* Ce sel cristallise en prismes quadrilatères plats, obliques, solubles dans trois parties d'eau à 60°. Il est composé d'un atome de chaque constituant; savoir, $36 + 48 = 84$.

986. *Binoxalate de potasse.* Il existe dans le suc de l'*oxalis acetosella*, ou du *rumex acetosa*, et porte communément, dans le commerce, le nom de *sel d'oseille* ou de *sel essentiel de citron*. Il cristallise en petits parallélipipèdes blancs ou en rhomboïdes approchant du cube; sa saveur est acidule et amère. Il contient deux atomes

d'acide pour chaque atome de base; conséquemment le nombre qui le représente sera $(36 + 36 + 48) = 120$.

987. *Quadroxalate de potasse.* On peut obtenir ce sel en faisant digérer le binoxalate dans l'acide nitrique étendu; celui-ci s'empare d'une portion de la base alcaline, et il reste un sel qui est un véritable quadroxalate, puisqu'il est formé de quatre atomes d'acide pour un de base; savoir, $36 \times 4 = 144 + 48 = 192$.

988. L'analyse des sels précédens fournit un exemple remarquable de la belle loi des multiples simples (256).

989. Les oxalates de baryte, de magnésie et de chaux sont presque insolubles dans l'eau. Ce dernier constitue le principal ingrédient de l'espèce de calcul appelé *calcul de mûre.*

Acide tartarique.

990. Les vins déposent sur les parois des tonneaux qui les contiennent une substance dure, chargée de matière colorante, qu'on a appelée *gravelle* ou *tartre.* Cette matière dissoute, filtrée et cristallisée constitue la *crème de tartre,* qui a été long-temps considérée comme un produit de la fermentation (1). Cependant Boerhaave, Newman et au-

---

(1) Un ancien chimiste, en rappelant cette opinion, s'exprime ainsi : « Le tartre a Bacchus pour père , la fermentation « pour mère , et le tonneau pour matrice. »

36

tres ont démontré qu'elle existe toute formée dans le suc de raisin. On l'a aussi trouvée dans d'autres fruits, surtout avant qu'ils aient atteint une parfaite maturité. On peut extraire l'acide tartarique de la crème de tartre par le procédé que recommande la pharmacopée de Londres. On la fait bouillir dans l'eau, et on ajoute graduellement de la craie à la dissolution jusqu'à ce qu'elle cesse de faire effervescence. On met ensuite le mélange de côté pour laisser former le précipité qu'on retire, qu'on lave et qu'on décompose par l'acide sulfurique; l'acide tartarique, ainsi mis en liberté, prend la forme cristalline. Voici la théorie de ce procédé. La crème de tartre est un composé salin de potasse et d'acide tartarique qui est en excès et rend le sel acidule. Lorsqu'on ajoute du carbonate de chaux (de la craie) à la dissolution, l'excès d'acide tartarique le décompose, dégage de l'acide carbonique, se combine avec la base et forme du tartrate de chaux qui se précipite. La crème de tartre ainsi privée de son excès d'acide se convertit en tartrate neutre et reste en dissolution. Mêlé avec l'acide sulfurique, le tartrate de chaux se décompose, parce que cet acide a plus d'affinité pour la chaux; le sulfate de cette base se précipite, et l'acide tartarique reste en dissolution. Il est évident néanmoins qu'on n'obtient, par ce procédé, que la portion d'acide tartarique qui se trouve dans le tartre au-delà de celle qui est nécessaire pour neutraliser sa potasse. Pour obtenir tout l'acide, on ajoute du muriate de chaux dans le tartrate neutre qui surnage, et qui, par ce moyen, est complétement décomposé.

991. L'acide tartarique est incolore, inodore, très acide, d'une saveur agréable, et peut être employé à la place du suc de citron. Il forme des cristaux réguliers, volumineux, dont la forme primitive est un prisme rhomboïde oblique. Cet acide éprouve la fusion aqueuse à une chaleur un peu inférieure à 100°. Il se dissout dans cinq parties d'eau à 15°, mais il est beaucoup plus soluble à 100°. Lorsqu'on garde sa dissolution, elle se couvre d'une légère moisissure. Il est décomposé par les acides sulfurique et nitrique; ce dernier, lorsqu'il est concentré, le convertit en acide oxalique. Mis en digestion avec l'eau et l'alcool, il passe à l'état d'acide acétique. L'acide tartarique, à l'état anhydre, est composé de 4 atomes de carbone $+$ 5 d'oxigène $+$ 2 d'hydrogène; ce qui donne 66 pour son nombre représentatif. A l'état cristallisé, il est composé de 1 atome d'acide $+$ 1 d'eau; ce qui fait son équivalent $(66 + 9) = 75$. En se reportant à l'acide citrique, on verra que son équivalent est 76; il résulte de là qu'on peut regarder la puissance de saturation des acides tartarique et citrique cristallisés comme égale, circonstance que ne doit pas oublier l'étudiant en médecine.

992. L'acide tartarique forme, avec différentes bases, une classe de sels appelés *tartrates,* dont voici les propriétés : Exposés à l'action d'une chaleur

rouge, ils se convertissent en carbonates. Ceux qui sont à bases terreuses se dissolvent difficilement dans l'eau; les tartrates alcalins sont solubles, mais à un faible degré, lorsqu'ils sont avec excès d'acide.

993. *Sur-tartrate* ou *bi-tartrate de potasse.* Ce sel, dont nous avons déjà fait connaître l'origine, se compose de 2 atomes d'acide $(67 \times 2) = 134, + 1$ atome de potasse $= 48$, ce qui donne pour son équivalent 182; mais il contient toujours un atome d'eau qui paraît être essentiel à sa constitution; nous devons donc adopter pour son véritable équivalent $(182 + 9)$ 191. Il a besoin pour se dissoudre d'une très forte quantité d'eau; il en exige à 15° 60 parties, ou 14 à 100°; aussi sa dissolution dans l'eau chaude forme, en se refroidissant, un dépôt si rapide, et en quantité telle, qu'on le prendrait pour une précipitation. Complétement soluble dans l'alcool, il le devient dans l'eau, à un haut degré, si on l'allie à $\frac{1}{5}$ de son poids de borax, ou même d'acide boracique; l'alun produit le même effet. Gay-Lussac remarque que dans plusieurs cas ce sel joue le rôle d'un acide simple, et dissout même les oxides que ne peuvent pas dissoudre les acides minéraux et l'acide tartarique.

994. *Tartrate de potasse.* Il est généralement connu, à raison de son extrême solubilité, sous le nom de *tartre soluble.* On peut l'obtenir en évaporant la dissolution qui reste, après qu'on a ajouté de la chaux à la dissolution du bi-tartrate dans la préparation de l'acide tartarique (990); ou on peut en-

core l'obtenir en saturant par le carbonate de potasse l'excès d'acide que contient le bi-tartrate. Il a une saveur amère, se dissout facilement dans l'eau, cristallise, quoiqu'il se trouve quelquefois dans le commerce à l'état pulvérulent. Exposé dans une atmosphère humide, il attire l'eau, se décompose à une chaleur rouge, et se convertit en sous-carbonate de potasse. Les propriétés de ce sel relativement aux acides sont extrêmement curieuses; la plupart de ceux-ci troublent sa dissolution et le convertissent en bi-tartrate. Il se compose d'un atome d'acide tartarique $= 67, + 1$ *id.* de potasse $= 48$, ce qui donne 115 pour son nombre proportionnel.

995. *Tartrate de potasse et de soude.* On le forme en saturant par le sous-carbonate de soude l'excès d'acide contenu dans le bi-tartrate; c'est la soude tartarisée de la pharmacopée; il est connu dans la pharmacie sous le nom de *sel de la Rochelle, sel de Seignette.* Il se présente en beaux cristaux, dont la forme primitive est un prisme rhomboïde droit. Il est légèrement efflorescent, se dissout dans 5 parties d'eau à 15°, et dans une quantité moindre à 100°. Il est sapide, un peu amer, et peut être considéré comme un sel triple, composé de 2 atomes d'acide $(67 \times 2) = 134, + 1$ atome de potasse $= 48, + 1$ atome de soude $= 32$, ce qui donne pour son nombre proportionnel 214; il peut même être considéré comme un sel double, composé de 1 atome de tartrate de potasse $= 115, + 1$ atome de tartrate

de soude = 99. Il né paraît pas qu'il contienne d'eau de cristallisation.

996. *Tartrates d'ammoniaque et de soude.* On les prépare en saturant l'acide tartarique avec leurs bases respectives; et si le premier est en excès, on obtient des bi-tartrates insolubles.

997. Parmi les tartrates métalliques, ceux de fer et d'antimoine sont ceux qui ont le plus d'intérêt pour l'élève en médecine. On peut former le premier ou en traitant directement le fer métallique par l'acide tartarique, ou en mêlant les dissolutions de tartrate de potasse et de proto-sulfate de fer. Le composé forme des cristaux lamelleux qui sont à peine solubles dans l'eau. Exposés à l'action de l'air, ils passent à l'état de per-tartrates. Le *ferrum tartarizatum* constitue l'un de ces composés que la crème de tartre forme avec les oxides métalliques, et auquel, dans l'état actuel de la science, on ne saurait donner une dénomination plus convenable que celle qu'il tient du collége de Londres. L'acide tartarique est sans action sur l'antimoine, et ne dissout qu'une petite quantité de son protoxide. Sa dissolution cristallise difficilement, mais elle se prend aisément en gelée. L'oxide d'antimoine cependant forme, avec le bi-tartrate de potasse, un composé remarquable et du plus grand intérêt pour les élèves en médecine.

998. *Antimoine tartarisé; crème de tartre d'antimoine; tartre émétique.* On a donné divers pro-

cédés pour préparer ce sel; mais le plus simple et le plus sûr est celui du collége de Londres. Il consiste simplement à faire bouillir dans l'eau distillée du verre d'antimoine (718) et de la crème de tartre en poudre, à évaporer, et faire cristalliser la dissolution, qui, d'après M. Philips, est composée de tartrate de potasse et de tartrate d'antimoine qui se combinent et forment un sel double. Ces considérations sont tout au moins douteuses; les idées de Gay-Lussac me semblent de beaucoup préférables.

999. L'antimoine tartarisé cristallise aisément; on ne devrait l'acheter qu'à cet état, afin d'éviter les falsifications; ses cristaux sont incolores, transparens, d'une saveur nauséabonde et âcre; exposés à l'action de l'air, ils deviennent à la longue efflorescens. L'eau bouillante en dissout la moitié de son poids, et l'eau froide un seizième. Les acides sulfurique, nitrique et muriatique précipitent la crème de tartre que ce sel renferme; la soude, la potasse, l'ammoniaque ou leurs carbonates précipitent son oxide d'antimoine. L'eau de chaux forme non seulement, comme les alcalis, un précipité d'oxide d'antimoine, mais encore un tartrate insoluble.; celui que produisent les hydro-sulfures alcalins n'est que du *kermès* (719), tandis que celui que détermine l'hydrogène sulfuré contient du *kermès* et de la crème de tartre. Les décoctions et les infusions de divers végétaux, comme le chinchonine et autres plantes amères et astringentes, décomposent également le tartre émétique; dans ce cas, le précipité

est toujours composé d'oxide d'antimoine, combiné avec de la matière végétale et de la crème de tartre. Il convient cependant que le médecin évite de tels mélanges qui sont incompatibles. Chauffé avec une substance carbonée, ce sel se décompose et donne de l'antimoine métallique. Ce phénomène et le précipité rouge foncé que déterminent les hydro-sulfures font aisément reconnaître les combinaisons que forme l'antimoine.

1000. L'acide tartarique chauffé au rouge subit une altération particulière, et se convertit en un acide appelé *pyro-tartarique*, qu'on a long-temps confondu avec l'acide acétique.

1001. Tels sont les principaux acides qui existent tout formés dans les substances végétales. Il y en a quelques autres qui sont particuliers à certains végétaux : tels sont l'acide moroxylique, qu'on extrait de la mûre; l'acide bolétique, du *boletus pseudo-ignarius*; l'acide acérique, de l'érable; l'acide kinique, du quinquina ; l'acide méconique, de l'opium; l'acide igasurique, du *strychnus ignatia*, etc. Il suffit de les citer, car la plupart offrent peu d'intérêt à l'étudiant en médecine.

Alcalis végétaux.

1002. Les substances comprises dans ces divisions sont des corps récemment découverts. Ils sont probablement aussi nombreux que les acides végétaux, quoiqu'il soit présumable que plusieurs ne sont que des modifications de corps déjà connus.

Ils paraissent exister tout formés dans les végétaux dont on les extrait, et auxquels ils communiquent des propriétés médicinales. Quoiqu'ils n'aient pas un degré d'énergie proportionnel à leur concentration, ils deviennent cependant, la plupart, des remèdes efficaces dans les mains d'habiles médecins.

1003. Ces corps ont plusieurs propriétés qui leur sont communes, mais c'est à raison de leurs affinités chimiques qu'ils ont été rangés dans la classe des alcalis ; ils saturent les acides et produisent une classe de sels qui la plupart sont neutres, quoique quelques uns contiennent un excès d'acide. Ils sont en général cristallisables et solubles ; ils diffèrent cependant des corps connus depuis long-temps sous le nom d'alcalis, par une affinité moindre pour les acides, et par la basse température à laquelle ils se décomposent, à l'état simple comme à celui de combinaison. On a hésité à les mettre au nombre des alcalis ; quelques chimistes même ont proposé de les appeler *alkaloïdes*; mais une objection fondée sur le *degré* et non sur *l'espèce* d'action, ne peut se soutenir. Ils sont, sans aucun doute, des bases salifiables, ils agissent généralement sur les couleurs végétales comme les alcalis : on ne peut donc les exclure de cette classe de corps. La terminaison en *ine*, qu'on leur avait d'abord donnée, comme morphine, etc., a été changée en *a*, d'après les règles de la nomenclature : on les désigne aujourd'hui sous le nom de *morphia*, etc. Ils se dissolvent difficilement dans l'eau à l'état de pureté, mais la

présence d'une matière résineuse facilite leur dissolution : ils se trouvent d'ordinaire à l'état de sels dans
les végétaux qui les contiennent. Ils sont pour la
plupart très amers, mais plus ou moins, suivant
l'espèce à laquelle ils appartiennent : l'amertume de
la strychnia est insupportable, tandis que celle de
l'emeta est assez légère. Ces alcalis sont inodores,
inaltérables à l'air ou à la lumière, et se décomposent à une chaleur modérée : la plupart sont susceptibles de fusion, mais à des températures différentes ; quelques unes, par exemple, le sont au-
dessous de 100° ; d'autres ne le sont, pour ainsi dire,
qu'au point où ils se décomposent. L'hyoscyama
résiste même à une basse chaleur rouge. Presque
tous sont très solubles dans l'alcool. L'éther dissout
aisément la *delphia*, la *veratria*, l'*emeta*, le *quina* et
la *gentia* ; mais la *morphia*, la *clinchonia* et la *picrotoxa* sont à peine solubles ; la *strychnia* et la *brucia*
sont presque insolubles dans ce menstrue. Toutes
les combinaisons salines de ces corps avec les acides
minéraux, excepté celles de la *picrotoxa*, sont solubles dans l'eau. Les acétates le sont aussi, à quelques exceptions près. Tous les oxalates, si ce n'est
celui de *picrotoxa*, qui est le plus soluble de ces
sels, et tous les tartrates, se dissolvent à peine.
L'acide nitrique concentré agit sur ces corps d'une
manière tout-à-fait particulière ; il les convertit pour
la plupart en tannin, mais il semble péroxider la
morphia, la *strychnia* et la *brucia*, qu'il rend moins
actives que les bases salifiables, et dont il diminue

la vertu médicinale, puisque l'énergie de ces substances sur le corps animal, toutes circonstances égales, est en raison directe de leur solubilité. Le médecin doit se rappeler avec soin les faits que nous venons d'énumérer.

1004. Si on décompose ces corps, on trouve qu'ils sont formés d'oxigène, d'hydrogène, de carbone et d'azote. A une ou deux exceptions près, ce dernier élément fut quelque temps considéré comme accidentel et dû à l'ammoniaque employée dans leur préparation ; mais de nouvelles recherches ont prouvé qu'il est essentiel à leur composition. On a fait divers essais pour déterminer les nombres équivalens de ces corps ; mais les opinions sont fort partagées à cet égard.

1005. Nous avons esquissé les caractères généraux que ces corps présentent, il nous reste à faire leur histoire particulière.

Morphia.

1006. L'opium contient, outre la résine, la gomme, la matière extractive et quelques autres principes végétaux, deux principes particuliers, dont l'un est un corps alcalin appelé *morphia*, l'autre une substance qui ne paraît pas posséder les caractères d'un alcali, et a reçu le nom de *narcotine*. C'est dans ces deux corps que résident les vertus spécifiques de l'opium, qui sont toutes modifiées par l'état de combinaison où il se trouve. La morphia est combinée avec un acide particulier, l'acide méconique, qui est dans une proportion telle, qu'il forme un sur-sel, un sur-méconate de morphia. Derosne est le premier qui ait obtenu de l'opium une substance cristalline; il l'annonça en 1803, mais il ne décrivit ni sa nature ni ses propriétés. L'année suivante, Séguin y découvrit un autre corps cristallin, dont il ne fit pas non plus connaître la nature. A la même époque, Sertuerner obtint aussi ces corps cristallins, mais ce ne fut qu'en 1817 qu'il annonça l'existence d'un nouvel alcali, auquel il attribua les propriétés narcotiques qui distinguent l'opium; il donna le nom de *morphia* à ce corps, qui paraît être la même chose que le sel de Séguin. Celui de Derosne, qu'on appelle aujourd'hui *narcotine*, est un principe tout-à-fait différent, quoiqu'on l'ait pris mal à propos pour un des sels de la morphia, jusqu'à ce que Robiquet ait donné ses caractères distinctifs.

1007. Il y a divers moyens d'obtenir la morphia pure. Dans quelques uns, on décompose le méconate naturel par la magnésie, dans d'autres par l'ammoniaque. Il est cependant généralement reconnu que le procédé de Robiquet mérite la préférence. On prépare une infusion concentrée d'opium, en faisant macérer pendant cinq jours 300 parties de cet ingrédient pur dans 100 parties d'eau ordinaire. On ajoute à cette dissolution, lorsqu'elle est filtrée, 15 parties de *magnésie pure* (il faut éviter soigneusement le carbonate de cette base), on fait bouillir le mélange pendant dix minutes, on filtre, et on sépare le dépôt grisâtre et abondant qui se forme; on le lave ensuite à l'eau froide jusqu'à ce que celle-ci passe claire, après quoi on traite alternativement par l'alcool, chaud et froid, jusqu'à ce que ce dissolvant se soit emparé de la matière colorante; on traite alors le résidu par l'alcool bouillant, et on filtre la liqueur tandis qu'elle est en ébullition : cette dissolution dépose par le refroidissement des cristaux de morphine qui sont faiblement colorés, et qu'on rend tout-à-fait purs par des dissolutions et des cristallisations répétées. Voici la théorie de ce procédé : la magnésie décompose le méconate de morphia, et cette base ainsi que la matière colorante et la magnésie non dissoute se précipitent. En lavant le précipité avec de l'eau et de l'alcool faible, on enlève une petite quantité de morphine et de matière colorante qu'il a entraînée. L'alcool concentré n'agit pas, lorsqu'il est bouillant, sur la magnésie, mais dissout la morphia, qui reprend en refroidissant sa forme cristalline.

1008. La morphia pure est incolore et inodore; dissoute, elle est fortement amère; ses cristaux ont un brillant de perle, et pour forme primitive un prisme rhomboïde droit. Insolubles dans l'eau froide, ils se dissolvent peu dans l'eau bouillante. Ils sont solubles dans 42 parties d'alcool froid, se dissolvent en plus grande proportion dans l'alcool chaud et dans 8 parties d'éther. Ces dissolutions sont fortement amères et verdissent le sirop de violettes. La morphia jouit des propriétés alcalines, non seulement elle se combine avec les acides, forme des sels, mais

elle décompose encore les dissolutions de sels métalliques, dont elle précipite les oxides, ce qui est dû
à l'excès d'affinité qu'elle a pour les acides avec lesquels ils sont combinés. Elle fuse à une chaleur
modérée, et prend l'aspect du soufre fondu. Elle ne
peut former de savon avec une huile oxigénée, se
décompose à une forte chaleur, et donne du carbonate d'ammoniaque, de l'huile et du charbon. Elle
brûle aisément à l'air atmosphérique, tourne au
rouge par l'action de l'acide nitrique, qui donne
ainsi un moyen de s'assurer de sa présence.

1009. L'acide méconique, avec lequel la morphia existe en combinaison native, s'extrait de
l'opium : on fait dissoudre dans de l'acide sulfurique
faible le résidu que laisse la magnésie traitée par
l'alcool chaud dans la préparation de la morphia.
On ajoute à la dissolution du muriate de baryte;
on détermine un précipité composé de sulfate et de
méconate; on met digérer dans de l'acide sulfurique
chaud et faible; on évapore la liqueur filtrée, et l'a-
cide méconique donne, même avant d'être refroidi,
des cristaux colorés; on les lave avec un peu d'eau,
on les fait sécher, et on les sublime dans une bouteille. Cet acide est extrêmement soluble dans l'alcool, dans l'eau, et donne des dissolutions qui sont
acides au goût, et rougissent les couleurs bleues
végétales. Il se combine avec les alcalis, et forme des
méconates dont plusieurs cristallisent. Son caractère
distinctif est de produire un rouge intense dans
les dissolutions du fer oxidé au maximum. Pris à

l'intérieur, il ne produit aucun effet soporifique.

1010. La narcotine est le sel de Derosne, et n'est pas, comme Sertuerner se l'était d'abord imaginé, le méconate de morphine; c'est un principe distinct et indépendant, dans lequel on suppose que résident les vertus excitantes de l'opium, comme lès propriétés calmantes gisent dans la morphine. Voici la manière de la préparer. Évaporez une dissolution aqueuse d'opium jusqu'à ce qu'elle ait acquis la consistance syrupeuse, mêlez-la avec de l'éther sulfurique, agitez et ajoutez de nouvelles portions d'éther jusqu'à ce qu'il ne se dépose plus de cristaux dans la distillation. Lorsqu'elle est à ce point, on porte la dissolution de l'opium à une consistance convenable. En cet état, elle fournit au médecin un extrait qui jouit de toutes les propriétés calmantes de l'opium, et n'est point excitante. La théorie de ce procédé est sensible. La narcotine étant soluble et la morphine insoluble à froid dans l'éther, on isole ces deux principes en les traitant comme nous venons de le dire. Les cristaux de cette substance ont un brillant perlé, sont inodores et insipides. Solubles dans les huiles fixes et les acides, ils le sont à peine dans l'alcool, et ne le sont pas du tout dans l'eau; ils sont sans action sur les couleurs végétales, et ne peuvent neutraliser les alcalis.

1011. Outre l'acide méconique, l'opium paraît en contenir un autre qui n'est pas volatil et qui est sans action sur les sels de fer. Ce sujet demande cependant de nouvelles recherches.

Sels de Morphia.

1012. L'acétate de morphia se forme en saturant sa base avec l'acide acétique, et en évaporant lentement jusqu'à siccité. La difficulté de l'obtenir cristallisé, à raison de son extrême déliquescence, oblige d'adopter cette méthode. On peut faciliter sa cristallisation en l'exposant à l'action de l'acide sulfurique, comme on le recommande pour déterminer celle de l'acétate d'ammoniaque (356). Il cristallise en aiguilles, est extrêmement soluble, et forme un médicament très actif.

1013. Le *tartrate* s'obtient par un procédé semblable, et cristallise en prismes.

1014. Le *sulfate* se prépare en faisant dissoudre la morphia dans l'acide sulfurique étendu. La dissolution faite à chaud, et évaporée jusqu'à un certain degré, cristallise par le refroidissement, sous forme arborescente. Ce sel est soluble dans deux fois son poids d'eau distillée, et composé d'acide 22 + morphia 40 + eau 38. Il a beaucoup d'analogie avec le sulfate de quina, et comme ce sel est généralement employé, le médecin a besoin d'un réactif au moyen duquel il les puisse distinguer l'un de l'autre. L'acide nitrique en fournit un ; traité par le sulfate de morphia, il devient rouge, ce qu'il ne fait pas avec le sulfate de quina.

1015. Le *muriate* donne des cristaux plumeux, est bien moins soluble, et ne demande pour se dissoudre que dix fois et demie son poids d'eau distillée ; il se compose d'acide 35 + morphia 41 + eau 24.

1016. Le nitrate produit des prismes groupés en étoiles, qui sont solubles dans $1\frac{1}{2}$ fois leur poids d'eau distillée. Ils sont composés d'acide 20, + morphia 36, + eau 44.

1017. L'ammoniaque décompose toutes ces combinaisons.

Éméta.

1018. Cet alcali, découvert par Pelletier, constitue le principe émétique de l'ipécacuanha. Il n'est cependant pas pur à l'état où il fut d'abord connu sous le nom d'émétine; mais il est utile d'offrir l'historique de cette substance, pour suivre la marche de ceux qui l'ont fait connaître. Je continuerai d'appeler le corps impur *émétine*, et je réserverai le terme d'*éméta* pour l'alcali à son état de pureté. Voici le procédé que donne Magendie : Faites digérer de l'ipécacuanha en poudre dans de l'éther, de manière à dissoudre sa matière odorante et onctueuse. Quand elle ne cède plus rien à ce dissolvant, traitez-la par l'alcool ; placez les décoctions alcooliques dans un bain d'eau, et soumettez de nouveau le résidu à l'action de l'eau froide : il perd ainsi une partie de la cire et un peu de la matière grasse qu'il retenait encore. Il est nécessaire alors de le mettre macérer avec du carbonate de magnésie ; on lui enlève ainsi son acide gallique, on le redissout dans l'alcool, et on évapore à siccité. Ainsi préparée, l'éméta se présente sous forme d'écailles transparentes d'un rouge foncé ; elle est inodore, mais sapide, âcre,

37

et amère. Portée un peu au-dessus de 100°, elle se résout en acide carbonique, en huile et en vinaigre, mais ne produit pas d'ammoniaque, ce qui prouve que l'azote n'est pas un de ses élémens. Soluble dans l'eau et l'alcool, elle ne se dissout pas dans l'éther. Elle est fortement déliquescente, incapable de cristalliser, précipite par le proto-nitrate de mercure et le sublimé corrosif, mais n'éprouve aucune altération de la part de l'antimoine tartarisé. L'acide gallique la précipite aussi; mais le réactif qui agit le plus fortement sur elle est le sous-acétate de plomb. Si on prend une dissolution d'ipécacuanha dépouillé de sa matière grasse, qu'on la traite par le sous-acétate de plomb, qu'on lave le précipité, qu'on l'étende d'eau et qu'on le décompose par un courant de gaz hydrogène sulfuré, on obtient un sulfure de plomb qui tombe au fond du vase, et de l'éméta qui reste en dissolution; on l'évapore, et on l'obtient parfaitement pure.

1019. L'éméta, dit M. Magendie, est à l'émétine ce que le sucre blanc et cristallisé est au sucre humide. La dernière paraît composée d'une base purement alcaline, d'un acide et de matière colorante. En substituant au carbonate qu'on emploie dans le premier procédé, la magnésie calcinée en quantité suffisante pour saturer l'acide libre qui existe dans la liqueur, et s'emparer de celui qui est combiné avec l'éméta, on isole l'alcali et on le précipite en combinaison avec l'excès de magnésie; on lave le précipité avec un peu d'eau froide, on le fait sécher et digérer dans l'alcool qui dissout l'éméta, on isole celle-ci au moyen de l'évaporation, on la redissout dans un acide étendu, et on la met digérer avec du noir d'ivoire, après quoi on la précipite par une base salifiable. L'éméta ainsi purifiée est moins soluble; elle est blanche, pulvérulente, et n'est plus déliquescente. Elle agit sur les couleurs végétales comme un alcali, se dissout dans tous les acides, dont elle diminue l'acidité sans la détruire.

Cinchonia.

On sait depuis long-temps qu'une infusion de noix de galles précipite avec les décoctions de quinquina. Duncan attribuait ce phénomène à la présence d'un principe particulier, auquel Gomez avait donné le nom de *cinchonine*, qui était en effet la base salifiable appelée maintenant *cinchonia* et qui a si long-temps passé pour une résine.

1021. Voici le procédé au moyen duquel on peut obtenir la *cinchonia*. Faites bouillir dans trois pintes d'une dissolution très étendue de potasse pure une livre de quinquina pâle, bien concassé; mettez refroidir le liquide, passez-le à travers une toile fine, lavez et pressez le résidu à diverses reprises; chauffez ensuite légèrement le quinquina dans une suffisante quantité d'eau; ajoutez peu à peu de l'acide muriatique, jusqu'à ce que le papier tournesol rougisse faiblement. Lorsque le liquide est presque au degré d'ébullition, passez-le et ajoutez-y, tandis qu'il est chaud, une once de sulfate de magnésie, puis une dissolution de potasse, jusqu'à ce qu'il ne forme plus de précipité; laissez refroidir la liqueur; réunissez le précipité sur un filtre, lavez, séchez, dissolvez-le dans de l'alcool chaud; évaporez, et vous verrez la cinchonia cristalliser en prismes minces. La cinchonia existe dans le quinquina en combinaison avec un excès d'un acide particulier, appelé *acide kinique*. L'objet du procédé, après que les autres principes végétaux que le quinquina contient sont extraits, est de décomposer ce sel et d'obtenir la cinchonia à l'état de pureté.

1022. La cinchonia ainsi obtenue est blanche, transparente, cristalline, et soluble dans 2500 fois son poids d'eau bouillante, mais se sépare en grande partie en se refroidissant; sa saveur, à raison de son insolubilité, est très peu sensible, à moins qu'elle ne soit dissoute dans l'alcool ou dans un acide; alors elle présente l'amertume du quinquina. Elle n'est ni fusible ni volatile à de basses températures; elle est très soluble dans l'alcool, moins dans l'éther, et peu dans les huiles fixes et volatiles. Elle rétablit les couleurs bleues végétales rougies par un acide, s'unit avec tous les acides et produit une classe de sels particuliers.

1023. L'acide kinique, qui existe en combinaison avec la cinchonia, s'obtient en faisant macérer le quinquina dans l'eau froide, et en concentrant l'infusion; il se sépare alors un sel qui est insipide, soluble dans l'eau froide, et insoluble dans l'alcool;

c'est le kinate de chaux : si on y ajoute de l'acide oxalique, l'oxalate de chaux se précipite, et la dissolution produit, au moyen de l'évaporation, des cristaux d'acide kinique d'une couleur foncée, d'une saveur acide et même amère. Il se distingue des autres acides végétaux, en ce qu'il forme avec la chaux un sel soluble, et qu'il ne précipite ni le plomb ni l'argent de leurs dissolutions respectives.

Quina.

1024. Cet alcali a été découvert par MM. Pelletier et Caventou, dans le quinquina jaune (*cinchona cordifolia*), dont on peut l'extraire par un procédé semblable à celui que nous avons décrit pour la préparation de la cinchonia. Le quina est incristallisable; desséché et privé d'humidité, il se présente sous forme de masse poreuse. Il est insoluble dans l'eau, comme la cinchonia, mais il est beaucoup plus amer; il est cependant très soluble dans l'éther : il se distingue en outre de ce dernier alcali par sa manière de se comporter avec les acides et par les différentes propriétés qui caractérisent ses sels. Sa capacité de saturation paraît être plus faible que celle de la cinchonia, et cependant on prétend que cet alcali et ses sels sont cinq fois plus énergiques, comme agens médicinaux, que la cinchonia et ses composés.

1025. Après avoir extrait la cinchonia du quinquina pâle, et le quina du jaune, ce n'était pas une question peu intéressante de déterminer auquel de ces deux alcalis le quinquina rouge (*cinchona oblongiolia*), si remarquable par ses propriétés fébrifuges, devait ses vertus. A leur grand étonnement, ceux qui firent des recherches à cet égard obtinrent de cette écorce, non seulement une quantité triple de cinchonia, mais presque deux fois autant de quina qu'ils avaient pu en extraire d'une quantité égale de quinquina jaune. Cependant des expériences postérieures ont démontré que ces deux alcalis végétaux existent simultanément dans les trois espèces de quinquina, mais que la cinchonia se trouve, comparativement au quina, en plus grande quantité dans le quinquina pâle, tandis que, dans le jaune, le quina prédomine tellement, que la cinchonia échappe à l'observation lorsqu'on n'opère que sur de petites quantités.

1026. On a aussi trouvé la cinchonia dans d'autres végétaux, dans la racine de *cusparia* et les baies du *capsicum*, tandis que, chose étrange, on n'a pas encore reconnu sa présence dans l'écorce du *cascarilla*, qui a beaucoup plus d'analogie par ses effets médicinaux avec le quinquina. Il résulte des expériences faites par MM. Robiquet et Petros sur l'écorce du *carapa*, qu'on emploie avec succès dans plusieurs parties de l'Amérique contre les fièvres intermittentes, qu'elle contient une base salifiable analogue au quina.

Sels de Cinchonia et de Quina.

1027. Le sulfate de cinchonia cristallise facilement, et est modérément soluble dans l'eau; la forme primitive de ses cristaux paraît être un prisme doublement oblique; indépendamment de son eau de cristallisation, ce sel paraît formé de 11,56 d'acide + 88,44 de cinchonia.

1028. *Sulfate de quina.* C'est sous cette forme que le principe salifiable du quinquina est le plus énergique; c'est pourquoi nous donnerons ici le procédé qu'on emploie le plus généralement pour le préparer. Faites bouillir pendant une demi-heure deux livres de quinquina jaune en poudre, dans seize pintes d'eau distillée, aiguisée de deux onces d'acide sulfurique; passez la décoction dans un linge, et soumettez le résidu à une seconde ébullition dans la même quantité d'eau acidulée; mêlez les décoctions et ajoutez, par petites portions, de la chaux en poudre, en agitant constamment pour faciliter son action sur la décoction acide : une demi-livre est la quantité dont on fait communément usage. Lorsque la décoction est légèrement alcalinisée, elle prend une couleur foncée et dépose un précipité floconneux brun rougeâtre, dont on la sépare en la filtrant dans une toile. On traite ce précipité par l'eau froide distillée, et on le fait sécher. Lorsqu'il est sec, on le met digérer dans l'esprit de vin rectifié, on l'expose à une chaleur modérée pendant quelques heures; on décante

ensuite le liquide, et on ajoute de nouvelles portions d'esprit, jusqu'à ce qu'il ne présente plus de
saveur amère : on mêle les teintures spiritueuses,
on retire en volume et on distille au bain-marie
les trois quarts de l'esprit employé. Cette opération faite, il reste dans le vase une substance
visqueuse brune, couverte d'un fluide amer et
alcalin. On sépare les deux produits et on les
traite comme suit : On étend le liquide alcalin
d'une quantité d'acide sulfurique suffisante pour
le saturer ; on évapore jusqu'à ce qu'il soit réduit à
moitié; on ajoute une petite portion de charbon; _
on filtre tout chaud, après quelques minutes d'ébullition, et on obtient des cristaux de sulfate de
quina. On fait bouillir la masse brune dans une petite quantité d'eau légèrement aiguisée d'acide sulfurique, qui en convertit une grande partie en sulfate de quina, qu'on recueille et qu'on fait sécher
sur du papier brouillard. Deux livres de quinquina
fournissent de cinq à six drachmes de sulfate, dont
huit grains équivalent en médecine à une once
d'écorce.

1029. Ce sel forme des cristaux qui sont remarquables par leur lustre perlé. Il est soluble dans
l'eau froide, mais moins que le sulfate de cinchonia;
cependant un excès d'acide lui donne cette propriété à un bien haut degré.

1030. Le quina paraît susceptible de former un
sur et un *sous* sel avec l'acide sulfurique.

1031. Le nitrate de cinchonia est incristallisable et peu soluble, ainsi que celui de quina.

1032. Le muriate de cinchonia est encore plus soluble dans l'eau que le sulfate; il se dissout dans l'alcool et cristallise en prismes minces. Le muriate de quina n'a pas été étudié.

1033. *Acétate de cinchonia.* Ce sel cristallise difficilement et simplement en lames transparentes dépourvues de lustre; il est beaucoup moins soluble dans l'eau que le sulfate, mais un excès d'acide le dissout assez facilement.

1034. *Acétate de quina.* Ce qui caractérise ce sel, est la grande facilité avec laquelle il cristallise; il est peu soluble dans l'eau froide, même avec un excès d'acide. Exposé au froid, il se prend en masse.

1035. La cinchonia et le quina forment, avec les acides gallique, oxalique et tartarique, des sels insolubles; de là la précipitation de la décoction de quinquina par l'infusion de noix de galle.

Strychnia.

1036. Ce corps a été découvert, en 1818, par MM. Pelletier et Caventou, dans le fruit du *strychnus nux vomica* et du *strychnus ignatia.* M. Magendie a proposé le procédé suivant pour le préparer : Ajoutez une dissolution de sous-acétate liquide de plomb à une dissolution de l'extrait alcoolique de la noix vomique dans l'eau, jusqu'à ce qu'il ne se forme plus de précipité : les matières étrangères étant ainsi séparées, la strychnia reste en dissolution avec une portion de matière colorante, et quelquefois avec un excès d'acétate de plomb : isolez ce métal en faisant passer un courant d'hydrogène sulfuré dans le liquide; filtrez et faites bouillir avec de la magnésie, qui s'unira à l'acide acétique et précipitera la strychnia : lavez le précipité à l'eau froide; redissolvez-le dans l'alcool, vous obtiendrez la strychnia pure. Si elle n'est pas parfaitement blanche, on la dissout dans l'acide acétique ou muriatique, et on la précipite de nouveau par la magnésie.

1037. La strychnia obtenue par la cristallisation, d'une dissolution alcoolique, étendue d'une petite quantité d'eau et abandonnée à elle-même, se présente en cristaux microscopiques qui forment des prismes à quatre pans, terminés par des pyramides à quatre faces surbaissées. Lorsque la cristallisation a été rapide, la substance est blanche et granulaire; elle a une saveur d'une amertume insupportable qui laisse dans la bouche un arrière-goût métallique ; elle est inodore. Exposée au contact de l'air, elle n'éprouve aucune altération : elle n'est ni fusible ni volatile; car, lorsqu'elle est soumise à l'action de la chaleur, elle ne fond qu'au moment où elle se décompose et se carbonise Elle est extrêmement amère et très peu soluble dans l'eau, puisqu'elle exige 6667 parties d'eau froide et 2500 d'eau bouillante pour se dissoudre. L'eau qui n'en tient en dissolution que la 600,000^{me} partie d'un grain, conserve encore une saveur amère. Elle est très soluble dans l'alcool, mais insoluble dans l'éther : c'est de tous les alcalis végétaux le poison le plus actif. Un huitième de grain fut introduit par insufflation dans le gosier d'un lapin, au bout de deux minutes les convulsions se manifestèrent, et au bout de cinq l'animal était mort. Un quart de grain produit des effets très sensibles sur un homme en bonne santé. Cette substance se comporte comme une base avec les acides, et forme une série distincte de sels, que nous allons examiner.

1038. *Sulfate de strychnia.* Il cristallise en cubes transparens et solubles dans moins de dix fois leur poids d'eau froide. Il est très amer, et forme des dissolutions qui précipitent par toutes les bases salifiables.

1039. *Muriate de strychnia.* Ce sel cristallise en très petites aiguilles ; il est plus soluble dans l'eau que le sulfate.

1040. *Nitrate de strychnia* On ne peut se le procurer qu'en faisant dissoudre la strychnia dans l'acide nitrique très étendu. Évaporée convenablement, la dissolution donne des cristaux de nitrate neutre, sous forme d'aiguilles nacrées. Il est légèrement soluble dans l'eau, mais insoluble dans l'éther. La strychnia, traitée par l'acide nitrique concentré, prend immédiatement une couleur amarante, passe au rouge de sang, et dégénère en jaune qui vire au vert.

1041. Les acides oxalique et tartarique forment

avec la strychnia des sels neutres, très solubles dans l'eau et plus ou moins susceptibles de cristalliser. Un excès d'acide facilite cette cristallisation. L'acétate neutre est très soluble et cristallise difficilement.

Brucia.

1042. Les expériences de M. Pelletier ont prouvé que la noix vomique contient, outre la strychnia, un élément alcalin qu'on a appelé *brucia*, et qu'on avait déjà découvert dans l'écorce du *faux augustura*, ou *brucia antidysenterica*. On l'obtient de cette dernière écorce en la faisant digérer d'abord dans l'éther sulfurique puis dans l'alcool; après quoi on évapore la dissolution alcoolique et on fait dissoudre dans l'eau le résidu lorsqu'il est sec. On sature cette dissolution d'acide oxalique et on évapore jusqu'à siccité. On met digérer le résidu dans l'alcool, qui s'empare de la matière colorante et laisse un oxalate pur de brucia. On décompose ce sel par la chaux et la magnésie, qui forment avec l'acide oxalique des sels insolubles, et la brucia reste en dissolution dans l'esprit. Cette substance exige, pour se dissoudre, cinq cents parties d'eau à 100° et 850 à la température ordinaire; mais la matière colorante du quinquina augmente beaucoup sa solubilité.

1043. La brucia cristallise en prismes obliques à bases parallélogramiques. Sa saveur est très amère, âcre, et reste long-temps dans la bouche. Elle est vénéneuse comme la strychnine, mais elle est moins énergique; les forces de ces deux substances sont entre elles dans le rapport de 1 à 12. La première se combine avec les acides, et forme des sels neutres et acidules.

Sels de Brucia.

1044. Le sulfate de brucia cristallise en longues aiguilles minces; il est très soluble dans l'eau et modérément dans l'alcool; sa saveur est extrêmement amère; il est décomposé par les alcalis et les terres alcalines. Le bi-sulfate cristallise plus facilement que le composé neutre.

1045. Le muriate de brucia cristallise en prismes à quatre pans, terminés par une face oblique; il est permanent dans l'air et très soluble dans l'eau; il est décomposé par l'acide sulfurique.

1046. Le nitrate de brucia forme une masse gommeuse, mais le bi-nitrate cristallise en prismes à quatre pans aciculaires. Un excès d'acide nitrique décompose la brucia et la transforme en une substance d'une belle couleur rouge.

Delphia.

1047. Cet alcali a été découvert dans le *delphinium staphysagria*. M. Magendie a proposé de l'en extraire de la manière suivante : Faites bouillir dans un peu d'eau distillée, des semences de *delphinium* mondées, pétries avec un peu d'eau distillée; passez la décoction à travers une toile, et filtrez ; ajoutez de la magnésie très pure ; faites bouillir pendant quelques minutes ; filtrez de nouveau ; lavez le résidu avec soin et mettez-le digérer dans l'alcool bien rectifié. Évaporez la dissolution alcoolique, vous obtiendrez la delphia sous forme d'une poudre blanche qui présente quelques traces de cristallisation. Ainsi obtenue, la delphia, quoique cristalline tant qu'elle est humide, devient opaque dès qu'elle est exposée à l'air. Elle est inodore, d'une saveur d'abord très amère, puis âcre. L'eau en dissout une si petite quantité, qu'on ne peut découvrir cet effet que par la légère amertume qu'elle lui communique. Elle est très soluble dans l'alcool et l'éther. Elle est fusible, devient, par le refroidissement, dure et cassante ; à une température plus élevée, elle se décompose et brûle sans résidu. L'acide nitrique concentré la teint en jaune, tandis qu'il colore en rouge la brucia et la morphia. La delphia forme avec les acides nitrique, sulfurique, muriatique, oxalique, acétique et autres, des sels neutres très solubles, dont la saveur est extrêmement âcre et amère. Les alcalis la précipitent sous forme de gelée blanche.

1048. Ses effets sont beaucoup plus énergiques que ceux du *delphium*. Six grains donnent la mort à un chien dans l'espace de deux ou trois heures. A l'état d'acétate, elle est encore plus vénéneuse.

Picrotoxa.

1049. Cet alcali constitue le principe actif du

cocculus indicus (fruit du *menispermum cocculus*). Une forte infusion de ce corps, traitée par un excès d'ammoniaque, précipite une poudre blanche cristalline qui, lorsqu'elle a été bien lavée à l'eau froide, est en partie soluble dans l'alcool. Cette dissolution, soumise à une évaporation spontanée, donne la picrotoxa en prismes quadrilatères d'un lustre soyeux. Elle est inodore, mais très amère; inaltérable à l'air, elle est soluble dans vingt-cinq parties d'eau bouillante, dans cinquante d'eau froide, dans trois d'alcool, et beaucoup plus dans l'éther. Elle est extrêmement délétère; trois ou quatre grains donnent en une heure la mort au plus gros chien; elle aussi très vénéneuse pour le poisson. L'acide sulfurique concentré la dissout, mais en même temps il la charbonne et l'altère complétement. L'acide nitrique la convertit en acide oxalique. Elle se combine avec les acides, et forme une classe de sels, dont plusieurs sont moins actifs que leur base.

Atropa.

1050 Cette substance a été découverte par Brande dans l'*atropa belladona,* ou morelle sauvage. On l'obtient aussi d'une décoction des feuilles de cette plante. On traite d'abord par l'acide sulfurique, on précipite l'albumine et autres matières semblables; par ce moyen, la dissolution s'éclaircit et passe plus facilement au filtre; on la sur-sature ensuite de potasse, et on obtient un précipité qui, lorsqu'il est bien lavé dans l'eau, dissous dans un acide et précipité de nouveau par un alcali, fournit l'atropa : lorsqu'elle est parfaitement pure, elle est sans saveur ; mais ce liquide en dissout une petite quantité quand elle est récemment précipitée. L'eau froide agit à peine sur elle, l'eau bouillante en prend davantage. L'alcool froid n'en dissout qu'une petite portion, mais il agit promptement sur elle lorsqu'il est bouillant. L'éther et l'huile de térébenthine, même en ébullition, ont peu d'effet sur l'atropa. Elle neutralise beaucoup d'acides, et forme des sels dont les dissolutions aqueuses donnent, par l'évaporation, des vapeurs qui dilatent la pupille de l'œil et causent des vertiges.

1651. Le sulfate d'atropa cristallise en *lames* rhomboïdes et en prismes à bases carrées. Il est soluble dans quatre ou cinq parties d'eau froide.

1052. Lès acides muriatique, nitrique, acétique et oxalique dissolvent l'atropa, et forment des sels aiguillés qui sont tous solubles dans l'eau et l'alcool. M. Brande fut obligé de cesser ses expériences sur cette substance, à cause des violens maux de tête, des douleurs de reins, et des vertiges accompagnés de fréquentes nausées, que lui donnaient ses vapeurs.

Veratria.

1053. Ce principe alcalin a été découvert par MM. Pelletier et Caventou, dans le *veratrum sabadilla* ou cavadille, dans le *veratrum album* ou ellébore blanc, et dans le *colchicum autumnale* ou colchique. Ces célèbres chimistes l'ont obtenue à l'état isolé par le procédé suivant : On dépouille les graines de cévadille d'une matière onctueuse et acide, et on les met digérer dans l'alcool bouillant. Il se dépose un peu de cire pendant que l'infusion se refroidit; on évapore le liquide jusqu'à consistance d'extrait, on le redissout dans l'eau et on le concentre de nouveau par l'évaporation. On verse alors de l'acétate de plomb dans la dissolution, et il se forme un précipité jaune abondant qui laisse le fluide presque incolore. On précipite l'excès de plomb par l'hydrogène sulfuré, on filtre la liqueur, on la concentre par l'évaporation, on la traite par la magnésie et on filtre de nouveau. Le précipité bouilli dans l'alcool forme une dissolution qui donne, par l'évaporation, une matière pulvérulente, très amère, et qui possède les propriétés des alcalis. Elle est d'abord jaune; mais, dissoute dans l'alcool et précipitée par l'eau, elle devient d'une belle couleur blanche. Le précipité que forme l'acétate de plomb fournit de l'acide gallique à l'analyse, d'où l'on a conclu que la vératria existe dans la cévadille à l'état de gallate.

1054. La vératria est peu soluble dans l'eau, mais l'est beaucoup dans l'alcool; elle n'est pas plus soluble dans l'eau froide que la morphine ou la strychnia; cependant l'eau bouillante en dissout 1,000ᵉ de son poids et acquiert une saveur âcre. Cette substance fond à 100° et prend l'aspect de la cire; à une plus haute température, elle se boursoufle, se décompose et brûle. Elle sature tous les acides et forme avec eux des sels incristallisables, qui deviennent gommeux par l'évaporation. Le sur-sulfate seul fournit des cristaux. L'acide nitrique se combine avec la vératria; si on l'emploie en excès, surtout lorsqu'il est concentré, il ne produit pas de superoxidation comme avec la morphia et la strychnia, mais il réduit rapidement la substance végétale en ses élémens et donne naissance à une matière jaune détonante. analogue au *principe amer de Welther.* De tous ses sels, l'acétate est celui qui est le plus actif. Prise en très petite quantité, la vératria cause des douleurs aiguës et provoque le vomissement; à la dose de quelques grains, elle donne la mort. Respirée par les narines, elle excite des éternumens violens et dangereux, même dans le cas où elle échappe au poids.

Hyoscyama.

1055. Brande a extrait cet alcali du *hyosciamus nigra* où jusquiame. Il cristallise en longs prismes, et forme, lorsqu'il est neutralisé par les acides sulfurique ou nitrique, des sels qui le caractérisent.

1056. Tels sont les principaux alcalis végétaux qui constituent les principes actifs de certaines plantes médicinales. On en a extrait plusieurs autres de différens végétaux; mais nous n'en parlerons pas ici, parce qu'il est nécessaire que de nouvelles recherches établissent leur identité, et confirment les propriétés qu'on s'est peut-être un peu pressé de leur attribuer.

Autres principes végétaux.

1057. Outre les principes immédiats que nous avons déjà examinés, l'analyse végétale en a fait connaître d'autres, qui présentent tant de similitude et d'analogie, qu'on peut douter s'ils doivent être considérés comme des corps indépendans. Telles sont l'*asparagine*, substance cristalline qui s'obtient du suc de l'asparagus ; l'*ulmine*, exsudation spontanée d'une espèce particulière d'orme ; l'*inuline*, espèce d'amidon qu'on extrait de l'*inula helenium*; la *fangine*, de la partie charnue des champignons ; l'*hématine*, du bois de campêche ou *hæmatoxylon campechianum*, dont il forme la matière colorante ; la *nicotine*, un des principes actifs du tabac; la *sarcocole*, qui ressemble beaucoup à la gomme, mais qui est précipitée par le tannin ; la *méduline* ou moelle de tournesol; la *cathartine*, principe cathartique supposé du séné; la *piperine*, qui s'extrait du poivre noir; la *lupuline*, du houblon, etc.

Lignite.

1058. Après avoir séparé, par le procédé que nous avons décrit, tous principes solubles dans un menstrue quelconque, on arrive au bois ou à la fibre ligneuse, appelée *lignite*, qui est, pour ainsi dire, le squelette des arbres et en général de la plupart des plantes; ses propriétés chimiques paraissent être essentiellement les mêmes, quelle que soit la substance végétale dont on l'extrait. Elle est parfaitement inodore, insipide et incolore; sa pesanteur est en général inférieure à celle de l'eau. Le lignite est insoluble dans l'eau et l'alcool à toutes les températures. Les alcalis purs agissent sur lui, le ramollissent et lui donnent une couleur brune; et si on fait chauffer ensemble des poids égaux de potasse et de sciure de bois, celle-ci se dissout complétement, et forme une dissolution aqueuse, dont on précipite une substance gommeuse par un acide; on obtient le même résultat en traitant le lignite par l'acide sulfurique concentré, et en saturant le produit de carbonate de chaux. L'acide nitrique décompose le lignite à l'aide de la chaleur, et forme des acides oxalique, malique et acétique. Exposé à la chaleur, ce corps donne un acide qu'on appelait autrefois *acide pyro-ligneux*, mais des découvertes récentes ont démontré qu'il est identique avec l'acide acétique (963). Le lignite paraît être composé de 7 atomes de carbone, 4 d'oxigène et 4 d'hydrogène.

1059. Tels sont les caractères généraux des principes végétaux médiats les plus importans; il est essentiellement nécessaire que le jeune chimiste se familiarise avec eux par l'étude et l'expérience. Il est aussi important qu'il connaisse les proportions des élémens immédiats de chacun, puisque cette connaissance le mettra à même de concevoir les changemens dont ils sont susceptibles, et d'expliquer la théorie de leur conversion mutuelle les uns dans les autres. Pour mieux éclaircir ce sujet, nous donnerons un tableau synoptique de la composition immédiate des principes médiats.

Table d'analyses organiques d'après les découvertes les plus récentes du Dr Ure.

Substances.	Carbone.	Oxigène.	Hydrogène.	Azote.		
Gomme arabique..	35,13	55,79	6,08	3?	54,72	7,15 *Oxigène.*
Amidon.........	38,55	55,32	6,13		55,16	6,3 id.
Sucre..........	43,38	50,33	6,29		56,62	0
Résine.........	75,..	12,50	12,50		15,20	11,20 *Hydrogène.*
Cire jaune.......	80,69	7,94	11,37		8,93	10,39 id.
Camphre........	77,38	11,48	11,14		12,91	9,71 id.
Huile de térébenth.	82,51	7,87	9,62		8,85	8,64 id.
Spermeaceti......	78,91	10,12	10,97		11,34	9,71 id.
Huile de castor....	74,..	15,71	10,29		17,67	8,33 id.
Alcool, dens. 0,812	47,85	39,91	12,24		44,9	7,25 id.
Éther, 0,70......	59,60	27,1	13,3		30,5	9,9 id.
Acide citrique....	33,..	62,37	4,63		41,67	25,33 *Oxigène.*
Acide acétique....	48,..	48,..	4,..		36,..	16,.. id.
Acide tartarique..	31,42	65,82	2,76		24,84	43,74 id.
Acide oxalique...	19,13	76,20	4,76		42,87	38,09 id.
Acide benzoïque..	66,74	28,32	4,94		31,86	1,4 id.

Dés changemens spontanés, dont sont susceptibles certains végétaux.

1060. On a déjà observé que tous les principes élémentaires de la nature organique forment entre eux un équilibre mobile qui peut facilement se détruire et se reformer, attendu la multitude d'atomes qu'ils renferment. Cependant on a démontré qu'il y a très peu d'espèces de ces atomes, d'où il est facile de conclure pourquoi un principe médiat peut si promptement se convertir en d'autres; les mêmes matériaux servent pour tous, et un léger changement dans leurs proportions, donne au composé des propriétés nouvelles. Ainsi on a vu que la gomme traitée par l'acide nitrique est susceptible de donner naissance à quatre acides, que l'amidon se transforme en sucre, et le sucre en acide oxalique. D'après ce même principe, nous allons examiner les changemens qui ont lieu spontanément dans certains végétaux, et qu'on désigne sous le nom général de *fermentation.*

Phénomènes et produits de la fermentation.

1061. Lavoisier est le premier qui, par une série d'expériences fondées sur des principes exacts, ait fait des recherches sur les phénomènes de la fermentation. Ses résultats furent si heureux, qu'on peut les comparer, dit le docteur Ure, à ceux que l'on obtient par les méthodes les plus parfaites, que l'on ait aujourd'hui. On emploie le mot générique *fermentation* pour exprimer les changemens spontanés qu'éprouve la matière organique, lorsqu'elle est combinée avec une quantité d'eau convenable, et exposée à la température ordinaire de l'atmosphère. Il y a trois espèces de fermentations, la fermentation vineuse, la fermentation acide et la fermentation putride, auxquelles on peut en ajouter une quatrième, celle qui accompagne la conversion de la farine en pain, et qu'on nomme *fermentation panaire*. Nous allons les examiner les unes après les autres.

Fermentation vineuse.

1062. On appelle fermentation vineuse toute espèce de fermentation qui donne pour résultat une liqueur spiritueuse.

1063. Le principal agent de la fermentation vineuse est le sucre : aucune dissolution ne peut l'éprouver, si elle n'en contient une quantité sensible ; On peut diviser toutes les dissolutions qui sont susceptibles de subir cette fermentation, quelque nombreuses qu'elles soient, en deux classes ; celles qu'on obtient du suc des plantes, et celles que donne la décoction des grains ; les premières prennent le nom de *vin*, et les secondes celui de *bière*. Cependant toutes les liqueurs fermentées doivent leur qualité enivrante à un seul et même principe, l'alcool ; toutes les variétés d'esprit qu'on en obtient par la distillation, et qui sont connues sous les noms d'*eau-de-vie*, *rum*, *esprit de vin*, *arack*, *genièvre* et *whiskey*, ne diffèrent entre elles que par leur parfum et leur degré de force.

1064. Voyons quels sont les phénomènes de la fermentation vineuse, et les changemens chimiques qui se passent pendant cette opération.

1065. Quoiqu'aucun liquide ne soit susceptible d'éprouver là fermentation vineuse s'il ne contient du sucre, le sucre pur néanmoins est infermentescible, et ne fermente qu'autant qu'il est en contact avec un peu de levure. Ce principe existe dans le suc des fruits, ainsi que dans le sucre imparfaitement raffiné; il n'est pas par conséquent essentiel d'en ajouter pour déterminer la fermentation. Un voile impénétrable couvre encore la nature et la composition de ce principe fermentescible; cependant, d'après des expériences récentes, il paraît probable que c'est le gluten ou plutôt le zimome (912).

1066. Le ferment ou la levure est une substance plus ou moins visqueuse, qui se sépare sous forme de flocons de tous les sucs et infusions qui éprouvent la fermentation vineuse. On la tire ordinairement des brasseries, de là son nom de *levure de bière*.

1067. Si on introduit dans un matras muni d'un tube à double courbure, dont le bout va s'engager sous une cloche renversée sur la cuve hydropneumatique, un mélange de 5 parties de sucre, de 20 d'eau et de 1 de levure, on observe les phénomènes suivans :

Exposé à une température de 15° à 30°, ce mélange se trouble bientôt, et une multitude de bulles d'air apparaissent tout autour du ferment. Elles se réunissent, et s'attachent même à de petites masses de levure s'élèvent avec elles à la surface, et y forment une couche d'écume. La levure se dégage alors, et tombe au fond du vase pour s'élever une seconde fois par la production de nouvelles bulles, et ainsi de suite; en même temps il se dégage des bulles d'acide carbonique qui se rendent dans la cloche de la cuve pneumatique. Cependant, au bout d'un certain temps, ce mouvement intérieur cesse, le fluide dépose et s'éclaircit; il n'a plus alors sa saveur douce, il en a acquis une nouvelle.

1068. Maintenant quelle est la cause de cette fermentation ? quelles sont les substances qui se décomposent mutuellement? quelle est la nature de la nouvelle substance produite?

1069. Lavoisier trouva que la présence de l'air atmosphérique n'était pas essentielle à la fermentation; il est vrai qu'elle est moins active dans des vases clos; mais ceci dépend de l'accumulation de l'acide carbonique. Il n'y a point d'oxigène absorbé ni d'eau décomposée pendant l'opération, de sorte que c'est le sucre seul qui fournit les deux nouveaux produits, l'alcool et l'acide carbonique. Lavoisier, en comparant la composition du sucre avec celle de l'alcool, fut conduit à cette conclusion, que, pendant la fermentation vineuse, une partie de carbone, s'unissant à l'oxigène du sucre, passe à l'état d'acide carbonique, tandis que le reste s'unit avec son hydrogène et forme l'alcool. Si donc on pouvait combiner de l'acide carbonique et de l'alcool, on formerait du sucre; des découvertes postérieures à celles de Lavoisier ont prouvé que les élémens de ce corps et de l'alcool ne sont pas dans les proportions qu'avait assignées ce savant; mais sa théorie de la conversion de l'un en l'autre est demeurée intacte, et restera comme un monument durable de son génie. On ne sait absolument rien de certain sur le rôle que joue le ferment dans cette transmutation; il paraît probable qu'en vertu de sa grande affinité pour l'oxigène, il en enlève une petite portion à la matière saccharine, et que l'équilibre détruit, les molécules réagissent les unes sur les autres, se transforment en alcool et en acide carbonique; en même temps la levure, qui est déjà en fermentation, peut tendre à propager l'action dans tout le liquide.

1070. Lorsqu'on distille une liqueur qui a éprouvé la fermentation vineuse, on obtient une liqueur spiritueuse, qui donne par la rectification un alcool étendu qu'on appelle communément *esprit de vin*. On a douté long-temps si l'alcool qu'on obtient par la distillation des vins et d'autres liqueurs fermentées, était un extrait ou un produit, ou, en d'autres mots, s'il existait tout formé, ou s'il l'était seulement pendant la distillation; M. Brande a levé toutes les difficultés à cet égard, en démontrant d'abord que la quantité d'alcool qui résulte de la distillation ne s'altère pas par une variation de température de 20°, et qu'on peut extraire de l'alcool d'une liqueur fermentée sans l'intervention de la chaleur. Voici comment il parvint à ce résultat : Il ajouta une dissolution d'acétate de plomb au vin, précipita la matière extractive et colorante qui se combina avec l'oxide métallique; il filtra ensuite, et obtint un mélange d'alcool, d'eau et d'une portion de l'acide du sel métallique ; il s'empara de l'eau avec du carbonate de potasse chaud et sec, et isola l'alcool qui se rassembla à la surface où il formait une couche distincte. On peut faire convenablement cette expérience dans un tube de verre d'un demi-pouce à deux pouces de diamètre, et divisé en 100 parties.

1071. M. Brande est parvenu, par une longue série d'expériences conduites d'après le même principe, à construire la table suivante :

Table de la quantité d'alcool (pes. spéc. 0,825), à 15°, contenu dans plusieurs espèces de vins et autres liqueurs.

NOMS DES VINS.	Proportions d'alcool sur 100 parties de vin en volume.	NOMS DES VINS.	Proportions d'alcool sur 100 parties de vin en volume.
Lissa	25,41	Lisbonne	18,94
Vin de raisin sec (raisin wine)	25,12	Malaga (de 1666)	18,94
Marsala	25, 9	Bucellas	18,49
Madère	22,27	Madère rouge	20,35
Vin de groseille	20,55	Muscat du Cap	18,25
Xérès	19,17	Madère du Cap	20,51
Ténériffe	19,79	Vin de raisin	18,11
Colares	19,75	Carcavello	18,65
Lacryma-Christi	19,70	Vidonia	19,25
Constance blanc	19,75	Alba-Flora	17,26
Idem, rouge	21,89	Malaga	17,26
		Ermitage blanc	17,43

NOMS DES VINS.	Proportions d'alcool sur 100 parties de vin en volume.	NOMS DES VINS.	Proportions d'alcool sur 100 parties de vin en volume.
Roussillon	18,13	Tokay	9,88
Claret ou vin de Bordeaux	15,10	Vin de baies de sureau (elder wine)	9,87
Malvoisie de Madère	16,40	Cidre, le plus spiritueux	9,87
Lunel	15,52	*Idem*, le moins spiritueux	5,21
Chiras	15,52	Poiré	7,26
Syracuse	15,28	Hydromel	7,32
Sauterne	14,22	Aile de Burton (bière)	8,88
Bourgogne	14,57	Aile d'Édimbourg	6,20
Hock (vin du Rhin)	12,08	Aile de Dorchester	5,56
Nice	14,63	Moyenne	6,87
Barsac	13,86	Bière forte, brune (brown stout)	6,80
Tinto	13,30	Porter de Londres	4,20
Champagne	13,80	Petite bière de Londres	1,28
Champagne mousseux	12,61	Eau-de-vie	58,39
Ermitage rouge	12,32	Rum	53,63
Grave	13,37	Genièvre (gin)	51,60
Frontignan	12,79	Whiskey d'Écosse (eau-de-vie de grains)	54,32
Côte-Rôtie	12,32	Whiskey d'Irlande	53,90
Vin de groseilles à maquereau	11,84		
Vin d'oranges, fait à Londres	11,26		

1072. Quand on compare la force enivrante des vins et de l'esprit, on est obligé d'admettre qu'elle n'a aucun rapport avec la quantité d'alcool que les premières renferment. On a démontré, par exemple, que les vins d'Oporto, de Madère et de Xérès, contiennent d'un quart à un sixième de leur volume d'alcool; de sorte qu'une personne qui consomme une bouteille de l'un de ces vins boit près d'une demi-pinte d'eau-de-vie pure. On sait en outre que ceux qui contiennent la même proportion d'alcool présentent de grandes différences sous le rapport de leur force enivrante. On ne peut donc s'étonner que l'on ait eu des doutes sur la préexistence de l'alcool dans les liqueurs vineuses. Cependant le physiologiste, qui est familiarisé avec la force avec laquelle la combinaison chimique, ou même le simple mélange, modifie l'activité des substances sur le système vivant, conçoit aisément ce fait. Je me suis tellement étendu sur ce sujet dans le premier volume de ma Pharmacologie, qu'il suffit de dire ici que, dans le vin, l'alcool paraît être si intimement combiné avec la matière extractive, qu'il est incapable d'exercer toute son action sur l'estomac avant que les puissances de la digestion n'aient altéré ses propriétés. Toutefois cette remarque ne s'applique qu'aux vins purs; ceux avec lesquels on a mêlé de l'eau-de-vie contiennent de l'alcool non combiné, qui agit par conséquent avec la même force que déploierait une quantité égale d'esprit ainsi étendu.

Alcool.

1073. Pour obtenir l'alcool pur, on distille lentement et avec soin l'esprit de vin du commerce; mais par ce procédé on peut à peine l'obtenir d'une pesanteur inférieure à 0,825. Si on veut l'avoir plus concentré, il faut distiller l'esprit rectifié du commerce avec un quart de son poids de sous-carbonate de potasse sec, et n'en tirer qu'environ les trois quarts de la quantité qu'on a soumise à l'opération. On peut aussi employer le chlorure sec de calcium (muriate de chaux), mais on a supposé qu'il se forme dans ce cas une petite portion d'éther. On a aussi trouvé que l'esprit de vin de la pesanteur spécifique de 0,867, renfermé dans une vessie et exposé quelque temps à l'air, se convertit en alcool de pesanteur spécifique de 0,817, attendu que l'eau seule filtre à travers la vessie. Ce fait mérite toute l'attention des anatomistes, qui ont long-temps supposé que la diminution de liquide qui arrive dans leurs préparations humides ne dépendait que de la perte de l'alcool.

1074. L'alcool ainsi obtenu, est limpide incolore, d'une odeur agréable et pénétrante. Sa pesanteur spécifique varie avec sa pureté, mais elle est toujours moindre que celle de l'eau. Le plus fort qu'on ait obtenu jusqu'ici est de la pesanteur spécifique de 0,796 à la température de 15°; c'est probablement de l'alcool privé d'eau; l'alcool de la pharmacopée (pesanteur spécifique 0,815) en contient 7 pour 100; l'esprit de vin rectifié 15, et l'esprit de preuve 56. On n'a pu obtenir l'alcool pur à l'état solide par aucun degré de froid, soit naturel, soit artificiel; mais on est parvenu récemment à solidifier l'esprit rectifié, par un froid produit à l'aide de l'évaporation rapide de l'acide sulfureux (625). Si l'on veut connaître la quantité d'alcool et d'eau contenue dans des mélanges de différentes pesanteurs spécifiques, on n'a qu'à consulter les tables de M. Gilpin, publiées dans les Transactions philosophiques (1794), et qu'on a reproduites en entier ou en abrégé dans divers ouvrages de chimie.

1075. L'alcool de la pesanteur spécifique de 0,820 bout à 80° dans l'air ou à 14° dans le vide; quand il est de 0,800, il bout à 78. Si on l'étend d'eau, son point d'ébullition s'élève. M. Dalton a trouvé que l'alcool de la pesanteur spécifique de 0,900 bout à 83°, et celui de 0,850 à 76°. Dans ce cas, comme dans d'autres, lorsqu'on mêle deux liquides volatils, le point d'ébullition change, mais ne le fait pas proportionnellement; car le docteur Henry a observé que le mélange bout très près du point d'ébullition de celui qui est le plus volatil; ainsi un mélange de parties égales d'alcool susceptible de bouillir à 76° d'eau, devrait, d'après la règle de proportion, bouillir à 95°, tandis que dans le fait il bout à 83°.

1076. L'alcool est très volatil, et produit par son évaporation un froid considérable (351), dont le degré est proportionnel à sa concentration; si, par exemple, l'évaporation de l'eau produit un certain degré de froid, et celle de l'alcool un autre, un esprit de la moitié de cette force donne un degré de froid qui est exactement la moyenne des deux. L'alcool est très inflammable, brûle avec une flamme bleue sans laisser de résidu; et quoique la lumière que produit sa combustion soit faible, la chaleur dégagée est assez intense pour servir à diverses opérations chimiques. (367).

1077. Si on recueille avec soin les produits de la combustion de l'alcool, on obtient de l'acide carbonique et une quantité d'eau qui excède le poids primitif de l'alcool brûlé. Selon Saussure jeune, 100 parties d'alcool fournissent ainsi 136 parties d'eau; ce qu'il faut attribuer à ce qu'il se combine pendant sa combustion avec une partie de l'oxigène de l'air.

1078. L'alcool s'unit chimiquement avec l'eau en toutes proportions, et dégage de la chaleur. Mêlés tout à coup en quantités égales, ces deux liquides produisent une augmentation de température de plusieurs degrés; il y a aussi *pénétration de dimensions* dans cette circonstance, c'est-à-dire que le volume du liquide qu'ils forment en se combinant, est moindre que celui qu'ils avaient d'abord; la pesanteur spécifique du mélange doit par conséquent excéder la moyenne de celles de ses composans; ainsi, une pinte d'alcool et une pinte d'eau mêlées ensemble sont loin de faire deux pintes, après avoir été exposées à la température de l'atmosphère.

1079. L'alcool est un dissolvant très énergique d'un grand nombre de substances; ce qui en fait un des agens les plus importans de la pharmacie. Il dissout le savon, les sulfures alcalins, l'extrait végétal, le tannin, le sucre, les huiles volatiles, lecamphre et les résines; il dissout les huiles fixes, mais modérément, l'huile de castor exceptée. Il se combine aussi avec le phosphore, le soufre et les alcalis purs, mais non avec leurs carbonates. Il dissout les acides benzoïque, camphorique, gallique, oxalique et tartarique. Parmi les sels, l'alcool en dissout plusieurs en grande quantité, quelques uns modérément et les autres pas du tout. Nous avons parlé de la solubilité de chaque sel dans ce menstrue en faisant son histoire particulière. On peut dire en général que tous les sels déliquescens sont solubles, tandis que les sulfates sont insolubles. Cependant la solubilité des sels, comme celle de plusieurs principes végétaux, dépend de la force de l'alcool employé; car un mélange d'esprit et d'eau paraît, dans plusieurs cas, posséder une plus grande énergie comme dissolvant, que l'un des deux séparément. Quand on met le feu à l'alcool qui tient certains corps salins en dissolution, sa flamme prend une couleur qui varie selon la substance; ainsi le nitrate de strontiane la colore en pourpre, l'acide boracique et les sels de cuivre en vert, le muriate de chaux en rouge, le nitre et l'oxy-muriate de mercure en jaune.

1080. D'après Saussure jeune, l'alcool est composé de

Carbone	52,17 ou 2 atomes.		= 12
Oxigène	34,79	1	= 8
Hydrogène	13,04	3	= 3
	100,00	poids de son atome	= 23

Éther.

1081. Lorsqu'on distille l'alcool avec les acides

énergiques, il subit des altérations importantes; il se convertit en un liquide beaucoup plus volatil et plus inflammable, qui ne se mêle qu'en petite proportion avec l'eau. Ce fluide a reçu le nom générique d'*éther;* on en distingue les variétés particulières par le nom de l'acide employé à les préparer; ainsi on a des éthers sulfurique, nitrique, muriatique et acétique.

Éther sulfurique.

1082. On prend une certaine quantité d'alcool dans une cornue de verre, où l'on introduit peu à peu un poids égal d'acide sulfurique, en ayant soin de favoriser la combinaison par l'agitation, et de mettre un intervalle suffisant entre les doses d'acide, afin que la température n'excède pas 50°. On place ensuite la cornue avec précaution dans un bain de sable chauffé préalablement jusqu'à 90°, de manière que la liqueur puisse bouillir le plus promptement possible, et que l'éther passe dans un récipient tubulé, auquel est adapté un autre récipient, entouré de glace ou plongé dans l'eau. On distille jusqu'à ce qu'il commence à passer un liquide plus pesant, qui se rassemble sous l'éther, au fond du récipient. Si on ôte celui-ci lorsqu'on cesse la distillation, et qu'on continue de chauffer, la matière se carbone, se boursoufle dans la cornue : il se forme de l'acide sulfurique en abondance; la liqueur plus pesante dont nous avons parlé tout à l'heure, et qu'on nomme *huile douce du vin,* se dégage en quantité considérable. L'éther sulfurique ainsi préparé est loin d'être pur; il contient de l'alcool, de l'eau et de l'acide sulfureux : on le purifie, en le distillant avec de la potasse fondue.

1083. Tâchons d'expliquer les changemens qu'éprouvent l'alcool et l'acide sulfurique dans cette opération. Il paraît que l'éthérification dépend de la soustraction faite à l'esprit de la moitié de son oxigène et d'un sixième de son hydrogène, qui sont les proportions nécessaires pour former l'eau : ainsi

	Alcool.	Éther.	Gaz oléfiant.
Carbone.	4 atomes.	4 atomes.	4 atomes.
Oxigène.	2	1	0
Hydrogène.	6	5	4

1084. Quand on ajoute à l'alcool une plus grande quantité d'acide sulfurique qu'il n'est prescrit pour la préparation de l'éther, on obtient des résultats différens; il ne se forme que peu ou point d'éther, et le principal produit est du gaz hydrogène bi-carburé ou gaz oléfiant (486). Dans ce cas, l'alcool perd une quantité double d'oxigène et d'hydrogène, qui, comme on peut le voir, en se rappelant les proportions atomiques établies ci-dessus, abandonne 4 atomes de carbone + 4 d'hydrogène, qui constituent exactement 4 atomes d'hydrogène bi-carburé (485).

1085. La matière noire qui se boursoufle dans la cornue est produite par une nouvelle décomposition de l'alcool, dans laquelle son hydrogène, se combinant avec l'oxigène de l'acide, laisse un résidu de carbone, tandis qu'une portion de l'acide sulfurique se convertit en acide sulfureux. Dans ce cas le carbone existe dans un état particulier de modification (471), et paraît retenir un peu d'hydrogène.

1086. S'il était besoin d'une nouvelle preuve pour confirmer la théorie établie ci-dessus, on en trouverait une bien convaincante dans une expérience à l'aide de laquelle on a converti l'alcool en éther, en faisant passer dans ce fluide un courant d'acide fluoborique (1). Il est bien connu maintenant que ce gaz ne peut enlever à l'alcool que de l'eau ou ses élémens; qu'il forme avec son hydrogène de l'acide fluorique, et de l'acide boracique avec son oxigène.

1087. L'éther sulfurique est un fluide extrêmement léger, très volatil, très inflammable, d'une odeur agréable et d'une saveur piquante. Sa pesanteur spécifique varie; pour l'employer en médecine, il ne faut pas qu'il en ait une qui excède 0,750; dans cet état il contient près de 25 pour 100 d'alcool; on peut se le procurer à 0,700, ou, selon Lovitz, à 0,632. Bien différent de l'alcool, il ne se combine qu'en

---

(1) Ce gaz est composé des bases élémentaires des acides fluorique et boracique, appelées *fluor* et *bore*. L'hydrogène paraît être le principe acidifiant du premier, et l'oxigène celui du second.

petite proportion avec l'eau ; celle-ci n'en prend pas plus d'un dixième de son poids. Cette circonstance offre un moyen facile de le dépouiller d'alcool; car, en l'agitant à plusieurs reprises dans l'eau, on le prive de la plus grande quantité de l'esprit qu'il contient, et on l'amène à un grand état de pureté. Il est extrêmement volatil, et produit un degré de froid considérable en s'évaporant (351). En versant, avec un tube capillaire, un filet d'éther sur la boule d'un thermomètre pleine d'eau, on peut congeler celle-ci, même en été. Sous la pression ordinaire de l'atmosphère, l'éther bout à 35°, et dans le vide à une température bien au-dessus de zéro (317); à — 8°, il passe à l'état solide. L'expérience suivante établit, d'une manière satisfaisante, l'existence de l'éther comme corps gazeux à 35°.

Expér. 89. Remplissez une cloche d'eau chaude, et renversez-la dans un vase creux, plein du même liquide; ensuite, par le moyen d'un petit tube de verre fermé par un bout, introduisez dans ce vase un peu d'éther : il s'élevera au sommet de la cloche, se convertira en gaz pendant son ascension, et remplira tout le vase d'un fluide transparent, invisible, élastique. Par le refroidissement ce gaz se condense, et la cloche renversée se remplit d'eau une seconde fois. On produit le même effet, en plaçant sous le récipient d'une machine pneumatique une cloche renversée pleine d'eau froide, et contenant un peu d'éther qui flotte à sa surface.

1088. L'éther est si inflammable, qu'il prend feu sur-le-champ lorsqu'on approche une bougie allumée; aussi faut-il user de beaucoup de précautions lorsqu'on opère à la chandelle. Sa combustion est lente, ce qu'il est facile de démontrer, en en faisant passer quelques gouttes dans un récipient muni d'un robinet, d'un tube, et renversé dans l'eau à 45°. Le récipient se remplit du gaz d'éther (exp. 89), qu'on peut dégager par le tube et enflammer. Il brûle avec une belle flamme bleue foncée. Mêlé avec du gaz oxigène, il détone par le contact d'un corps en combustion; il produit aussi avec le chlore une explosion spontanée.

Ether nitrique.

1089. On a proposé divers procédés pour préparer cet éther, mais il suffit de rapporter le suivant : On prend deux pintes d'alcool dans une cornue de verre, on ajoute par degrés une demi-livre d'acide nitrique, et on refroidit à mesure, en plaçant la cornue dans un vase plein d'eau froide. On distille le mélange en réglant la chaleur avec beaucoup de précautions, jusqu'à ce qu'on en ait tiré environ une pinte et démie. Dans cet état, l'éther est loin d'être pur; on le distille une seconde fois avec de la potasse pure, et on ne garde que la première moitié ou les trois quarts de celui qui passe.

1090. Les difficultés et le danger que présente cette opération tiennent à la violente réaction que l'alcool et l'acide nitrique exercent l'un sur l'autre. Pour obvier à cet inconvénient, Black imagina d'opérer le mélange avec lenteur. Il prenait deux onces d'acide nitrique concentré, dans une fiole munie d'un bouchon de verre conique qui était contenu par un faible ressort; il versait ensuite lentement et par degrés une quantité d'eau à peu près égale, qu'il faisait couler le long des parois du vase et qui flottait à la surface de l'acide sans se mêler avec lui; il ajoutait ensuite, avec la même précaution, trois onces d'alcool qui se rassemblaient à leur tour à la surface de l'eau. Par ce moyen, les trois fluides se tenaient séparés, à raison de la différence de leur pesanteur spécifique (exp. 1), et une couche d'eau se trouvait interposée entre l'acide et l'esprit. Il déposait alors la fiole dans un lieu froid: l'acide montait par degrés, et l'esprit descendait à travers l'eau; celle-ci servait d'intermédiaire et limitait l'action que ces fluides exercent l'un sur l'autre. Dès que l'effet commence, il s'élève des bulles de gaz, et l'acide prend une couleur bleue qu'il perd en peu de jours, après quoi on voit flotter à la surface un éther nitrique jaune. Ce procédé ingénieux prévient tout danger d'explosion, mais il est impraticable en manufactures.

1091. L'*esprit d'éther nitrique* de la pharmacopée est un mélange d'éther nitrique et d'alcool, dans des proportions qui n'ont pas été déterminées.

1092. On ne sait rien de certain sur la nature et la composition de l'éther nitrique ; cependant on ne doute pas qu'il ne soit formé d'une portion de chacun des élémens de l'acide et de l'esprit, et que par conséquent l'oxigène, l'hydrogène, le carbone et l'azote ne soient ses principes constituans.

1093. L'éther nitrique dans son état ordinaire est liquide, blanc jaunâtre, exhale une odeur analogue à celle de l'éther sulfurique, mais si forte qu'elle produit une sorte d'étourdissement. Il ne rougit pas la teinture de tournesol, possède une saveur âcre et brûlante, et bout à 22°. Versé sur la main, il entre sur-le-champ en ébullition et produit un froid considérable ; il suffit même de tenir ouvert dans ses mains le flacon qui le renferme, pour le voir s'échapper par grosses bulles; il prend très facilement feu, brûle avec une flamme blanche et ne laisse aucun résidu. Agité avec vingt-cinq ou trente fois son poids d'eau, il se divise en trois parties : l'une, qui est la plus petite, se dissout; la deuxième se vaporise; et la troisième se décompose. La dissolution devient acide tout à coup, et prend une forte odeur de pommes de reinette; si l'acide qu'elle contient est saturé par la potasse, et qu'on la soumette à la dissolution, on en retire de l'alcool et on obtient un résidu formé de nitrate de potasse. Il y a par conséquent séparation d'une partie des deux corps qui constituent l'éther. Abandonné à lui-même dans un flacon bien fermé, celui-ci éprouve une altération spontanée, car il devient sensiblement acide : il le devient sur-le-champ par la distillation, ce qui prouve que la chaleur favorise sa décomposition.

Éther muriatique.

1094. On prépare cet éther en saturant l'alcool de gaz acide muriatique, ou bien en mêlant ensemble parties égales en volume d'alcool et d'acide muriatique concentré, qu'on chauffe dans une cornue de verre munie d'un appareil de Woulff, dont le premier flacon est chargé d'eau à 20° environ et le second entouré de glace. Un autre moyen de préparer cet éther, est de prendre dans une cornue un mélange de 8 parties de manganèse et de 24 de muriate de soude, auquel on en ajoute 12 d'acide sulfurique, préalablement mêlées, en prenant les précautions nécessaires, avec 8 d'alcool. On procède ensuite à la distillation. L'éther ainsi obtenu n'est pas pur ; on le rectifie en le distillant une deuxième fois avec de la potasse.

1095. M. Boulay considère ce corps comme composé d'acide muriatique et d'alcool ; Colin et Robiquet, comme formé d'hydrogène bi-carburé et d'acide muriatique, opinion qui est assez probable : attendu que quand on fait passer un volume d'éther muriatique à travers un tube de porcelaine incandescent, il se transforme en un mélange d'un volume de chacun de ces gaz, et que la somme des densités de ceux-ci correspond, à très peu de chose près, à la pesanteur spécifique de la vapeur d'éther.

1096. L'éther muriatique liquide se gazéifie à 10°; versé sur la main il bout sur-le-champ et produit un froid intense. Son odeur est très forte, analogue à celle des autres éthers; sa saveur est sensiblement saccharine, sa pesanteur spécifique 0,874. Il se dissout dans son volume d'eau, mais il ne rougit pas les couleurs bleues végétales, et ne précipite ni le nitrate d'argent ni le proto-nitrate de mercure; il est très inflammable, et dégage en brûlant l'odeur de l'acide muriatique.

Éther acétique.

1097. C'est probablement le seul éther véritable et distinct que l'on puisse former par la réaction d'un acide végétal et de l'alcool. Les acides benzoïque, malique, oxalique, citrique et tartarique se dissolvent à la vérité dans ce liquide; mais ils s'en séparent par la distillation, sans former de produits particuliers, quoique souvent on agisse sur la même quantité d'acide et d'alcool. Mais si, au lieu d'employer seuls les acides végétaux, on les emploie concurremment avec un acide minéral, on obtient, au moins avec plusieurs, des composés analogues aux éthers. On a supposé que dans ce cas l'acide minéral agit en condensant l'alcool, et en élevant la température à un degré qui détermine l'action chimique nécessaire; mais on peut douter de la justesse de cette explication. Ces observations, d'ailleurs, ne sont pas applicables à l'acide acétique, qui donne naissance à tous les phénomènes qui accompagnent la formation des éthers.

1098. On peut former l'éther acétique en distillant à plusieurs reprises de l'acide acétique concentré avec de l'alcool. On cohobe le produit qu'on obtient, et on le passe sur de la potasse pour le dépouiller de l'excès d'acide qu'il a pu entraîner. On prépare encore de la manière qui suit un excellent éther acétique : On prend trois parties d'acétate de potasse, trois d'alcool concentré, et deux d'acide sulfurique; on les introduit dans une cornue tubulée, et on distille jusqu'à siccité; cela fait, on mêle le produit avec la cinquième partie de son poids d'acide sulfurique, on distille à un feu doux, et on retire autant d'éther qu'on a employé d'alcool.

1099. L'éther acétique est un liquide incolore, qui a une odeur agréable d'éther sulfurique et d'acide acétique. Il ne rougit pas le tournesol, présente une saveur toute particulière, et surpasse les autres éthers en densité. Il pèse spécifiquement o,866 : il est volatil, bout à 105°, et brûle avec une flamme blanc jaunâtre. Il développe de l'acide acétique pendant sa combustion, quoiqu'il n'en présente pas de traces avant de l'éprouver.

Fermentation acide.

1100. Quand une liqueur vineuse est exposée au contact de l'air et à une température élevée, elle éprouve une seconde fermentation qui est bien différente de la première et qu'on a nommée *fermentation acide*, parce qu'elle donne du vinaigre pour résultat. Si on examine avec soin les phénomènes qu'elle développe, on voit qu'il y a absorption d'une certaine quantité de l'oxigène de l'air, et qu'il ne se dégage que peu ou point de gaz, de sorte qu'à l'opposé de la fermentation vineuse, elle a un besoin indispensable du contact de l'air. La circonstance la plus frappante que présente l'esprit de vin dans sa conversion en vinaigre, est cette absorption d'oxigène. On a long-temps supposé, sur l'autorité de Boerhaave, que la fermentation vineuse précédait la fermentation acide; mais c'est une erreur, les choux aigris dans l'eau, la *choucroûte*, l'amidon dans les cuves du fabricant, et la pâte même, forment du vinaigre, sans qu'il y ait production de vin préalable; de plus, cet acide se forme évidemment dans certaines dissolutions de matière saccharine, sans que le fluide acquière une saveur alcoolique.

1101. L'alcool pur ni l'alcool distillé avec de l'eau ne sont susceptibles d'éprouver cette fermentation; il faut pour la déterminer la présence de quelque matière végétale. En Angleterre, le vinaigre se prépare avec de la bière; dans les pays vignobles, il se fait avec le vin; mais l'important, quel que soit le liquide qu'on emploie, est de bien savoir régler la température de l'atelier. Les propriétés du vinaigre sont connues. Ce liquide est un mélange d'acide acétique, d'un peu d'alcool, de mucilage, de matière colorante, quelquefois d'un peu de tartre et d'acide malique. Il présente souvent des différences considérables de densité, se trouble, se putréfie quand on le laisse long-temps au contact de l'air. On peut prévenir, ou tout au moins retarder beaucoup ces détériorations, au moyen d'une petite quantité d'acide sulfurique, ce que la loi tolère quand on ne dépasse pas $\frac{1}{1000}$ en poids. Le vinaigre le plus concentré, celui qui est connu sous le nom de *vinaigre de preuve*, est censé contenir 5 p. $\frac{0}{0}$ d'acide acétique réel. Les propriétés de ce corps ont été exposées (507).

Fermentation panaire.

1102. Les céréales, soumises à l'action du moulin et passées au blutoir, donnent une poudre connue sous le nom de *farine*. C'est un composé d'une petite quantité de matière saccharine et mucilagineuse, qui est soluble dans l'eau froide; de beaucoup d'amidon, qui s'y dissout difficilement, mais qui absorbe ce fluide à chaud; et d'une substance grise adhésive, ou gluten. Pétrie avec de l'eau, la farine forme une pâte compacte que l'action de la chaleur approprie à l'estomac, et rend de digestion facile. Cet art, qui

nous paraît si simple, l'art de faire le pain, a cependant été des siècles à se perfectionner.

1103. La substance la plus propre à faire le
pain est la farine de froment; cela tient à ce qu'elle
renferme beaucoup de gluten, dont nous exposerons les propriétés plus loin. La première opération
consiste à allier la farine à l'eau dans la proportion,
terme moyen, de trois parties de l'une pour deux
de l'autre. Ceci varie néanmoins selon l'âge et la
qualité de la farine; en général, plus elle est vieille,
meilleure elle est, et plus elle prend d'eau. On peut
considérer la pâte comme un composé visqueux et
élastique de gluten, dont les interstices sont remplis d'amidon, d'albumine et de sucre. Si on l'abandonne quelque temps à elle-même, ces ingrédiens
réagissent; la fermentation se développe; il se
forme de l'alcool, de l'acide carbonique, et enfin de
l'acide acétique. Si on prend alors la pâte, qu'on
la soumette à l'action de la chaleur, elle donne
un pain plein d'yeux, mais si âcre, si désagréable,
qu'il ne peut se manger. Si au contraire on mêle une
portion de vieille pâte ou de levain, comme on l'appelle, avec de la pâte fraîche, la fermentation s'établit immédiatement; il se forme une quantité considérable d'acide carbonique qui tend à se dégager;
il est retenu par le gluten qui s'épand comme une
membrane, et forme une multitude de cavités qui
rendent le pain léger et spongieux. On aperçoit
aisément pourquoi la farine qui manque de la té-

nacité que le gluten lui communique n'est pas susceptible de former du pain levé, quelle que soit l'activité qu'on donne au procédé de la fermentation par des moyens artificiels. Ceci explique aussi comment l'esprit d'ammoniaque qu'emploient quelques boulangers contribue à rendre le pain léger. Les principes volatils que renferment ces substances se gazéifient par l'action de la chaleur, forment des bulles, et accroissent le nombre des cavités. Le pain préparé avec du levain a toujours une tendance à s'aigrir. Il est difficile d'évaluer la dose: si on la prend trop forte, le pain est d'une saveur désagréable; si on la prend trop faible, il est compacte et lourd. Aussi se sert-on de levure de bière, usage dont l'origine paraît remonter aux anciens Gaulois. Introduit à Paris sur la fin du dix-septième siècle, il fut repoussé d'abord par la faculté de médecine, qui le déclara préjudiciable à la santé. Ce ne fut que long-temps après que le public fut convaincu que la levure n'avait aucune qualité malfaisante, et donnait du meilleur pain. La nature de ce corps a beaucoup occupé les chimistes. On a fait des analyses; on en a déduit des théories qui se sont évanouies devant ce fait, que la levure séchée et mise en boules développe la fermentation. Les boulangers la tiraient de la Flandre et de la Picardie. Ils la délayaient et l'incorporaient à leur pâte, dont elle déterminait parfaitement la fermentation. La présence de l'acide carbonique, de l'eau, de l'acide acétique et de l'alcool n'était donc pas nécessaire. On découvrit à la fin que le gluten mêlé à un acide végétal produit le même effet.

1104. Quand la pâte est suffisamment fermentée et levée, on la met au four, où on la laisse jusqu'à ce qu'elle soit cuite. On la retire alors, et on trouve qu'elle a perdu, par l'évaporation de l'eau, $\frac{1}{7}$ de son poids, ou à peu près; car cette proportion varie suivant une foule de circonstances qu'il n'est pas facile d'apprécier. Le pain nouvellement cuit a une odeur et une saveur particulières qu'il perd avec le temps; ce qui prouve qu'il s'est formé dans le cours de l'opération une substance particulière dont on ne connaît pas la nature. Le pain diffère complétement de la farine dont il est composé et ne présente aucun des ingrédiens de celle-ci. Il se mêle mieux avec l'eau que la pâte, et c'est probablement de cette circonstance que dépendent en grande partie de ses bonnes qualités. Il n'est pas aisé d'expliquer les changemens chimiques qui s'opèrent dans ce cas; il paraît démontré qu'il y a une certaine quantité d'eau ou de ses élémens solidifiés et combinés avec la farine. Il semble que le gluten s'unit à l'amidon et à l'eau, et donne naissance à un composé dont dépendent les qualités nutritives du pain.

1105. On a beaucoup dit et écrit au sujet de la falsification du pain; mais je suis porté à croire que les maux qu'elle engendre ont été fort exagérés.

Les espèces inférieures de farine ne donnent pas du pain assez blanc pour être agréable à la vue, si on n'y ajoute une petite quantité d'alun.

On prétend que la plus petite quantité qu'on puisse en employer est de 3 à 4 onces pour 240 livres de farine. On ne peut nier que l'introduction habituelle de ce sel dans l'estomac, quelque petite qu'en soit la quantité, ne soit préjudiciable à l'accomplissement de ses fonctions, particulièrement pour les individus échauffés et pour les enfans. Voici le moyen que donne le docteur Ure pour s'assurer si le pain renferme de l'alun. Prenez-le rassis, et mettez-le dans de l'eau distillée; exprimez la masse pâteuse dans un morceau de toile, et passez le liquide au filtre de papier; vous obtiendrez une infusion limpide que vous traiterez par une dissolution de muriate de baryte : si elle forme des nuages plus ou moins épais, c'est que le pain renferme de l'alun. Les substances terreuses, qui ont quelquefois servi à falsifier le pain, sont beaucoup plus dangereuses. Il y a quelques années les farines du Cornwall étaient généralement falsifiées avec du feldspath blanc qu'on emploie dans la fabrication de la porcelaine; elles ont causé des accidens nombreux. Le médecin doit être en état de découvrir de semblables fraudes; il doit brûler le pain sur lequel il a des doutes, à une chaleur rouge, dans un petit vase de terre, et traiter les cendres que donne sa combustion, par l'ammoniaque; les terres se feront reconnaître par leur blancheur et leur insolubilité.

1106. E. Davy a trouvé que la mauvaise farine peut donner un pain supportable, en ajoutant à chaque livre de 20 à 40 grains de carbonate de magnésie commune. On ne sait pas au juste comment cette substance agit : je soupçonne, d'après quelques expériences, qu'elle neutralise un acide qui se développe dans la fermentation de la farine, qu'elle se décompose elle-même, dégage de l'acide carbonique, et contribue ainsi à rendre le pain léger.

Fermentation putride.

1107. La décomposition spoutanée de la matière organique, lorsqu'elle est accompagnée d'odeur fétide, s'appelle *putréfaction*. Elle est plus rapide en plein air ; mais le contact de l'atmosphère n'est pas absolument indispensable : l'eau est au contraire toujours essentielle et subit probablement quelque décomposition ; aussi ne peut-on l'isoler par la dessiccation ni par le froid, sans arrêter la puanteur. Ce phénomène est toujours accompagné d'une odeur fétide, due à l'émission de matières gazeuses, qui diffèrent suivant l'espèce de corps qui se putréfie. Quelques substances végétales, comme le gluten et les plantes, dégagent de l'ammoniaque ; mais le gaz acide carbonique et le gaz hydrogène carburé sont les produits les plus ordinaires de cette décomposition.

Les matières, dit sir H. Davy, qui se dégagent dans ce cas, semblent indiquer la nécessité d'enfouir les substances putréfiables dans la terre, où elles servent à la nutrition des végétaux. La fermentation et la putréfaction des substances organisées, qui sont en plein air des opérations mal entendues, deviennent salutaires dans le sol, où elles offrent aux végétaux les alimens dont ils ont besoin ; ce qui blesserait les sens et nuirait à la santé, se transforme dans le sein de la terre en substances belles et utiles. Le gaz fétide devient un des principes constituans de l'odeur qu'exhale la fleur ; et ce qui serait délétère constitue la nourriture des hommes et des animaux.

1108. Maintenant, qu'il est familier avec la nature et les propriétés chimiques des différens principes médiats des végétaux, l'étudiant discernera sans difficulté les procédés qu'il convient d'employer pour faire l'analyse d'un corps. Dans l'état actuel de nos connaissances, on ne peut donner de règle générale qui soit susceptible de s'appliquer à tous les cas; mais au point où il en est, il doit être à même de modifier les procédés et de les adapter aux circonstances que présentent les corps soumis à ses recherches. Il faut qu'il rappelle et distingue par une lettre les diverses opérations qu'il effectue. Ce petit artifice prévient les méprises, et lui permet d'assigner d'une manière précise les réactions auxquelles sont dus les divers résultats qu'il a obtenus.

1109. Lorsqu'on veut examiner une substance végétale, on en soumet d'abord une quantité donnée, 200 grains par exemple, à l'action de l'eau froide, pour que tous ses principes solubles dans ce menstrue puissent se dissoudre; on fait sécher le résidu et on le pèse; on traite successivement la partie insoluble par l'eau chaude, l'alcool, l'éther, les acides (surtout les acides acétique et nitrique), et par une dissolution de potasse ou de soude. On analyse ensuite avec soin les substances dont s'est chargé chaque dissolvant; on s'assure de leur nature respective, en comparant les résultats que donne l'application de réactifs convenables, avec les caractères des diverses substances détaillés dans le courant de cet ouvrage (1). Nous donnerons ici, comme un des exemples les plus instructifs que nous connaissions, l'analyse d'une substance appelée *laque en écaille* par M. Hachett.

A. 500 grains de laque en écaille furent d'abord traités par l'eau distillée, jusqu'à ce que celle-ci cessât de se colorer; la dissolution aqueuse fut ensuite évaporée, et laissa pour résidu une substance rouge foncée, qui possédait les propriétés générales de l'extrait végétal, et pesait 2,50 grains.

B. Les 437,50 grains restans furent mis digérer avec différentes portions d'alcool froid, qu'on rafraîchit jusqu'à ce qu'il cessât d'agir; la résine qui fut ainsi séparée s'élevait à 403,50 grains.

C. La laque en écaille n'avait pas été réduite en poudre, mais seulement en petits fragmens, qui devinrent blancs et élastiques. Desséchés, ils étaient

---

(1) *Essai sur l'Analyse chimique*, par Thenard.

cassans, d'une couleur brune pâle, et pesaient alors 94 grains.

D. Ces 94 grains furent mis digérer dans de l'acide muriatique étendu. Saturé d'une dissolution de carbonate de potasse, ce réactif fournit un précipité floconneux (ressemblant à celui qu'on obtient des dissolutions de gluten végétal), qui pesait 5 grains quand il fut sec.

E. Le résidu cédait, mais faiblement, à l'action de l'alcool; on le mit dans un matras avec trois onces d'acide acétique, et on le laissa digérer à froid pendant six jours, en agitant doucement le vase de temps à autre; l'acide prit une couleur d'un brun pâle et devint trouble. Le tout fut étendu d'une demi-pinte d'alcool et mis digérer dans un bain de sable; il se forma, de cette manière, une liqueur brunâtre, en même temps qu'il se déposa un précipité floconneux bleuâtre, qui, recueilli, lavé à l'alcool sur le filtre et séché, pesait 20 grains. Cette substance était blanche, légère et sans consistance; rayée avec l'ongle, elle prenait le lustre de la cire; elle entrait aussi faiblement en fusion, et était absorbée par du papier brouillard; projetée sur du charbon incandescent ou sur un fer chaud, elle donnait une vapeur analogue à celle de la cire, ou plutôt de l'huile de baleine.

F. La dissolution formée par l'acide acétique et l'alcool fut versée, après qu'elle eut été filtrée, sur de l'eau distillée, qui devint sur-le-champ laiteuse. On la chauffa, la plus grande partie de la résine dissoute, se coagula, se sépara en partie par la filtration et en partie par la distillation de la liqueur; elle s'élevait à 51 grains.

G. La liqueur filtrée, après la préparation de la résine, fut saturée avec une dissolution de carbonate de potasse, et forma, lorsqu'elle fut soumise à l'action de la chaleur, un second précipité de gluten qui pesait 9 grains lorsqu'il fut sec.

Les 500 grains de laque en écaille fournirent donc, par l'analyse précédente, les principes suivans :

A.	Extractif...............	2,50
B. F. }	Résine...............	454,50
D. G. }	Gluten végétal.........	14,
E.	Cire...................	20
		491

1110. On voit que cette substance ne contient ni gomme ni tannin; si elle avait renfermé l'un de ces principes, on l'aurait trouvé dans la dissolution A, et on aurait pu le reconnaître avec un réactif convenable. La laque en écaille étant en petits fragmens, et non en poudre, facilite considérablement la décantation de la dissolution du résidu dans l'alcool. Une portion de la résine de ce résidu est soustraite à l'action du dissolvant par le gluten et la cire qui l'enveloppent, mais l'acide acétique s'empare de ce qui reste du premier de ces corps et de la totalité du troisième : on obtient la cire pure, et on peut facilement séparer la résine du gluten par la méthode que nous avons décrite. L'acide acétique est un dissolvant très utile dans l'analyse des végétaux, vu qu'il a la propriété de dissoudre la résine, le gluten et plusieurs autres principes végétaux

APPENDIX.

TABLE DES POIDS ET MESURES.

MESURES DE LONGUEUR.

		Pouces.	Décimales.
1 ligne, la douzième partie d'un pouce.			
3 grains d'orge...........................		1,000	
Une palme, ou largeur de la main (mesure d'écriture).		3,648	
Une main (mesure de chevaux).................		4,000	
Un empan (mesure d'écriture).................		10,944	
Un pied....................................		12,000	
Une coudée (écriture pour les usages ordinaires)..		18,000	
Une coudée (*idem* pour les objets sacrés)........		21,000	
Une aune de Flandre.........................		27,000	
Un yard....................................	3 *pi.*	0	
Une aune d'Angleterre.......................	3	9	
Une brasse, ou toise.........................	6	0	
Un pole....................................	16	6	
Une chaîne....................	22 *yards.*		
Un furlong....................	220		
Un mille.....................	1760		

NOUVELLES MESURES FRANÇAISES.

	Pouces. Angl. et Décimales.		Mil.	Fur.	Yds.	Pi.	Po.
Millimètre.... = ...	0,039						
Centimètre.... = ...	0,393						
Décimètre.... = ...	3,937						
Mètre....... = ...	39,371	=	0 :	0 :	1 :	0 :	3,37
Décamètre.... = ...	313,710	=	0 :	0 :	10 :	2 :	9,7
Hectomètre... = ...	3937,100	=	0 :	0 :	109 :	1 :	1
Kilomètre .... = ...	39371,000	=	0 :	4 :	213 :	1 :	10,2
Myriamètre .. = ...	393710,000	=	6 :	1 :	156 :	0 :	6

MESURES DE CAPACITÉ.

	Pouces. Cub. Angl. et Décim.		Ton.	Hogs.	Gall de vin.	Pints.
Millilitre..... = ...	0,061					
Centilitre..... = ...	0,610					
Décilitre ..... = ...	6,102					
Litre........ = ...	61,028	=	0 :	0 :	0 :	2,113
Décalitre..... = ...	610,280	=	0 :	0 :	2 :	5,135
Hectolitre..... = ...	6102,800	=	0 :	0 :	26,42	
Kilolitre...... = ...	61028,000	=	1 :	0 :	12,19	
Myrialitre.... = ...	610280,000	=	10 :	1 :	58,9	

Le gall. d'ale contient 282 pouces cubes.
Le gallon de vin..... 231 *id.*

63 gallons, mesure de vin; 54 gallons, mesure de bière; et 48 gallons, mesure d'ale, font chacun un *hogshead* : 49 pintes d'ale contiennent 1727¼ pouces cubes, et sont par conséquent considérées (en nombres ronds) comme un pied cube, qui renferme 1728 pouces cubes : un pied cube d'eau pure pèse 1000 onces.

POIDS.

		Grs. Eng. et Decim.		Avoir-du-poids.		
					Liv. on. drachm.	
Milligramme ..	= ...	0,015				
Centigramme..	= ...	0,154				
Décigramme...	= ...	1,544				
GRAMME......	= ...	15,444				
Décagramme...	= ...	154,440	=	0 :	0 :	5,65
Hectogramme .	= ...	1544,402	=	0 :	3 :	8,5
Kilogramme...	= ...	15444,023	=	2 :	3 :	5
Myriagramme.	= ...	154440,234	=	22 :	1 :	2

La livre et l'once, dans le poids troy et le poids d'apothicaire, ont la même valeur, mais avec des divisions et subdivisions différentes. Le rapport de la livre troy à la livre avoir-du-poids, est celui de 14 à 17; la première se compose de 5760 grains, et la deuxième de 7000. Les onces troy et avoir-du-poids ne sont par conséquent pas égales; il faut 14 onces 11 pennyweigths et 16 grains troy pour faire une once avoir-du-poids. Le drachme du poids d'apothicaire ne doit pas être confondu avec le drachme du poids avoir-du-poids; celui-ci est beaucoup plus faible.

TABLE POUR RAMENER LES DEGRÉS DE L'ARÉOMÈTRE DE BEAUMÉ A L'ÉTALON ORDINAIRE.

Aréomètre de Beaumé pour les liquides plus légers que l'eau.

(Température 55° Fahrenheit, ou 10° Réaumur.)

Deg.	Gr. Sp.	Deg.	Gr. Sp.	Deg.	Gr. Sp.
10.........	1,000	21.........	,922	32.........	,856
11.........	,990	22.........	,915	53.........	,852
12.........	,985	23.........	,909	34.........	,847
13.........	,977	24.........	,903	35.........	,842
14.........	,970	25.........	,897	36.........	,837
15.........	,965	26.........	,892	37.........	,832
16.........	,955	27.........	,886	38.........	,827
17.........	,949	28.........	,880	39.........	,822
18.........	,942	29.........	,874	40.........	,817
19.........	,935	30.........	,867		
20.........	,928	31.........	,861		

Aréomètre de Beaumé pour les liquides plus pesans que l'eau.

(Température 55° Fahrenheit, ou 10° Réaumur.)

Deg.	Gr. Sp.	Deg.	Gr. Sp.	Deg.	Gr. Sp.
0	1,000	27	1,230	54	1,594
3	1,020	30	1,261	57	1,659
6	1,040	33	1,295	60	1,717
9	1,064	36	1,333	63	1,779
12	1,089	39	1,373	66	1,848
15	1,114	42	1,414	69	1,920
18	1,140	45	1,455	72	2,000
21	1,170	48	1,500		
24	1,200	51	1,547		

TABLE DES POIDS ATOMIQUES,

ou

ÉQUIVALENS CHIMIQUES.

TABLE I.

ACIDE acétique	50	phosphorique	28
cristallisé (1 d'eau)	59	phosphoreux	20
arsénique	62	sulfurique (sec)	40
arsénieux	54	liqu. (pes. sp. 1,4838)	49
benzoïque	120	sulfureux	32
carbonique	22	tartarique	67
chlorique	76	cristallisé (1)	76
citrique	58	Alun (sec)	262
cristallisé (2 d'eau)	76	cristallisé (25 d'eau)	487
ferro-cyanique	?	Alumine	27
fluorique	17	sulfate	67
gallique	63	Aluminium	19
hydriodique	126	Ammoniaque	17
hydrio-cyanique	27	acétate	67
malique	70	bicarbonate (2 d'eau)	79
muriatique (sec)	37	carbonate	39
nitrique (sec)	54	sesquicarbonate (2 d'eau)	118
liquide (pes. sp. 1,50 2 d'eau)	72	citrate	75
nitreux	46	fluo-borate	39
oxalique	36	hydriodate	145
cristallisé (4 d'eau)	72	iodate	182
perchlorique	92	muriate	54

TABLE II.

NOTE A.

MÉLANGES.		ABAISSEMENT du THERMOMÈTRE.
Muriate d'ammoniaque....	5 parties.	
Nitre.................	5	De 10° à — 12°,22
Eau.................	16	
Muriate d'ammoniaque....	5	
Nitre.................	5	
Sulfate de soude.........	8	De 10° à — 15°,55
Eau.................	16	
Nitrate d'ammoniaque.....	1	De 10° à — 15°,55
Eau.................	1	
Nitrate d'ammoniaque.....	1	
Carbonate de soude.......	1	De 10° à — 13°,88
Eau.................	1	
Sulfate de soude.........	3	De 10° à — 16°,11
Acide nitrique étendu.....	2	
Sulfate de soude.........	6	
Muriate d'ammoniaque....	4	
Nitre.................	2	De 10° à — 12°,22
Acide nitrique étendu.....	4	
Sulfate de soude.........	6	
Nitrate d'ammoniaque.....	5	De 10° à — 10°
Acide nitrique étendu.....	4	

MÉLANGES.		ABAISSEMENT du THERMOMÈTRE.
Phosphate de soude........	9 parties.	De 10° à — 11°,11
Acide nitrique étendu......	4	
Phosphate de soude........	9	De 10° à — 6°,11
Nitrate d'ammoniaque......	6	
Acide nitrique étendu......	4	
Sulfate de soude..........	8	De 10° à — 17°,77
Acide sulfurique étendu....	5	
Sulfate de soude..........	5	De 10° à — 16°,11
Acide sulfurique étendu....	4	
Neige...................	1	De 0° à — 17°,77
Sel marin...............	1	
Muriate de chaux.........	3	De 0° à — 27°,77
Neige...................	2	
Potasse.................	4	De 0° à — 28°,39
Neige...................	3	
Neige...................	1	De — 6°,66 à — 51°
Acide sulfurique étendu....	1	
Neige ou glace pilée.......	2	De — 17°,77 à — 20°,55
Sel marin...............	1	
Neige et acide muriatique étendu.		De — 17°,77 à — 43°,33
Muriate de chaux.........	2	De — 17°,77 à — 54°,44
Neige...................	1	
Neige ou glace pilée.......	1	De — 20°,55 à — 27°,17
Sel de cuisine...........	5	
Muriate d'ammoniaque et nitre...............	5	
Neige...................	2	De — 23,33 à — 41°,88
Acide sulfurique étendu....	1	
Acide nitrique étendu......	1	
Neige ou glace pilée.......	12	De — 27°,77 à — 31°,66
Sel de cuisine...........	5	
Nitrate d'ammoniaque.....	5	
Muriate de chaux.........	3	De — 40° à — 58°,33
Neige...................	1	
Acide sulfurique étendu...	10	De — 55°, à — 68°,33
Neige...................	8	

AVIS.

Le Lecteur est prié de chercher les Figures, non à la planche à laquelle elles sont indiquées, mais au numéro du paragraphe auquel elles se rapportent.

TABLE DES MATIÈRES.

PREMIÈRE PARTIE.

DEUXIÈME PARTIE.

TROISIÈME PARTIE.

FIN.

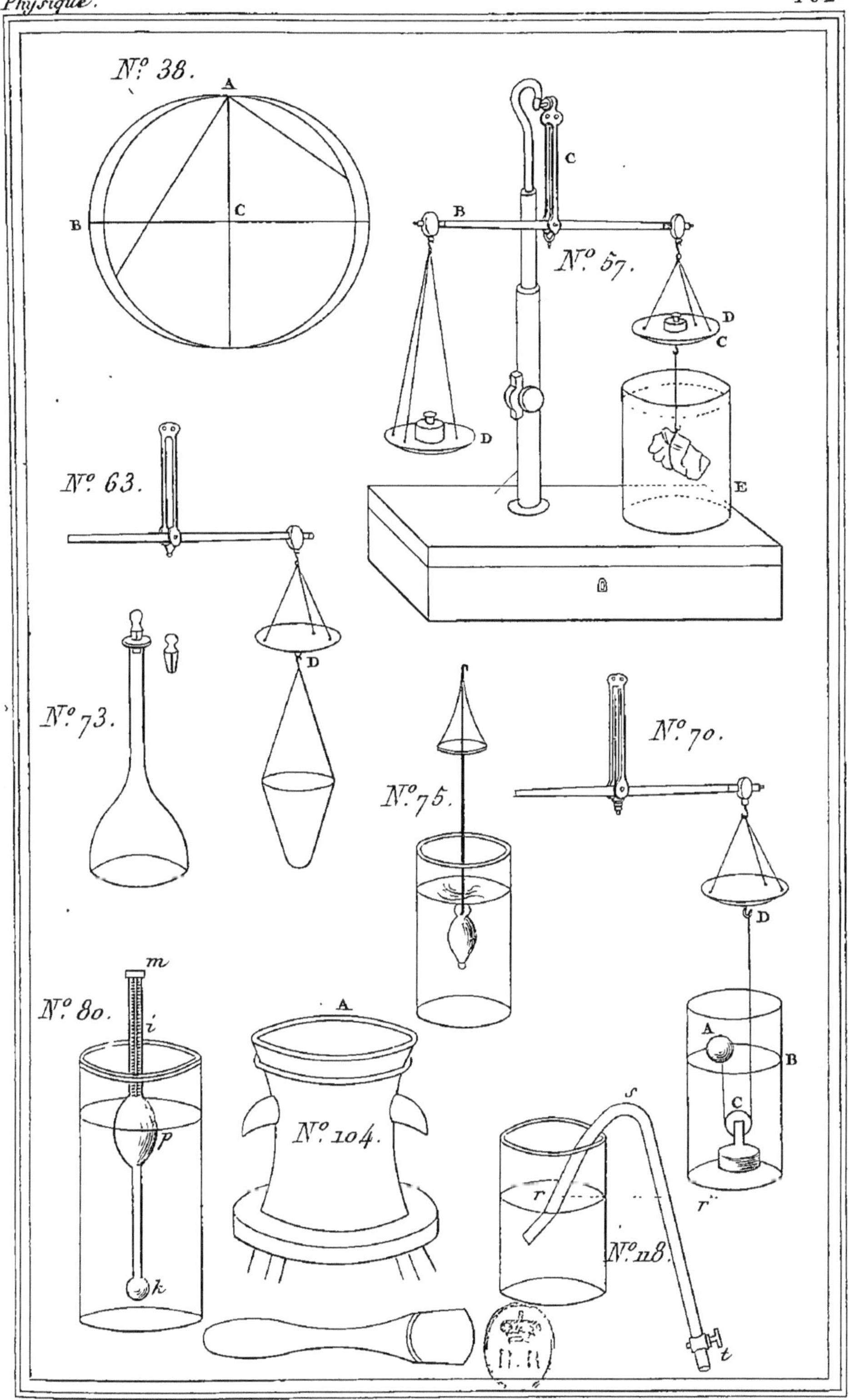

N.° 38.
A
B
C
N.° 57.
B
C
D
C
D
E
N.° 63.
D
N.° 73.
N.° 75.
N.° 70.
D
A
B
m
i
N.° 80.
P
k
A
N.° 104.
s
r
r
C
N.° 118.
t

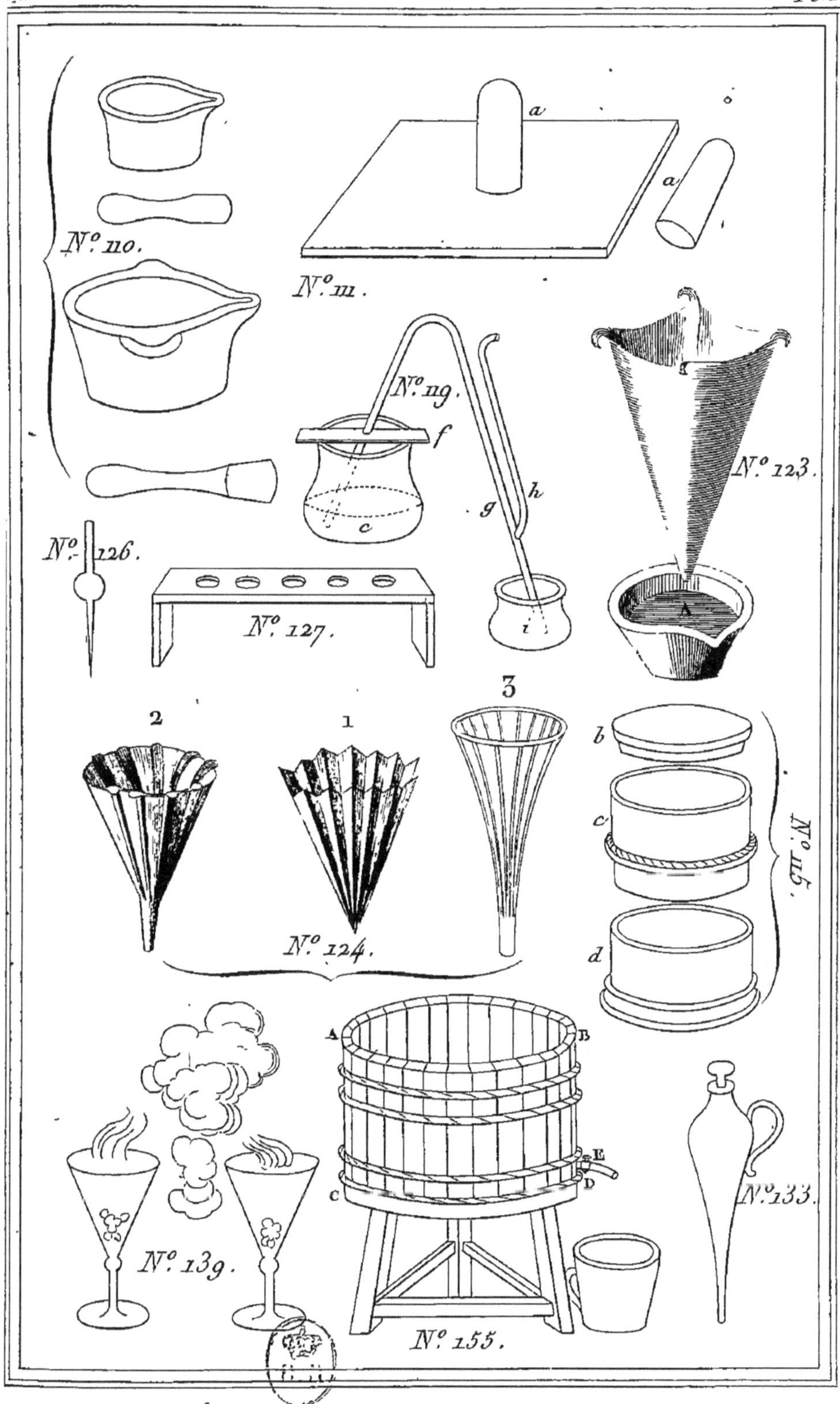

Nº. 110.
Nº. 111.
a
a
Nº. 119.
f
c
g
h
i
Nº. 123.
A
Nº. 126.
Nº. 127.
2
1
3
Nº. 124.
b
c
d
Nº. 115.
A
B
c
E
D
Nº. 139.
Nº. 155.
Nº. 133.

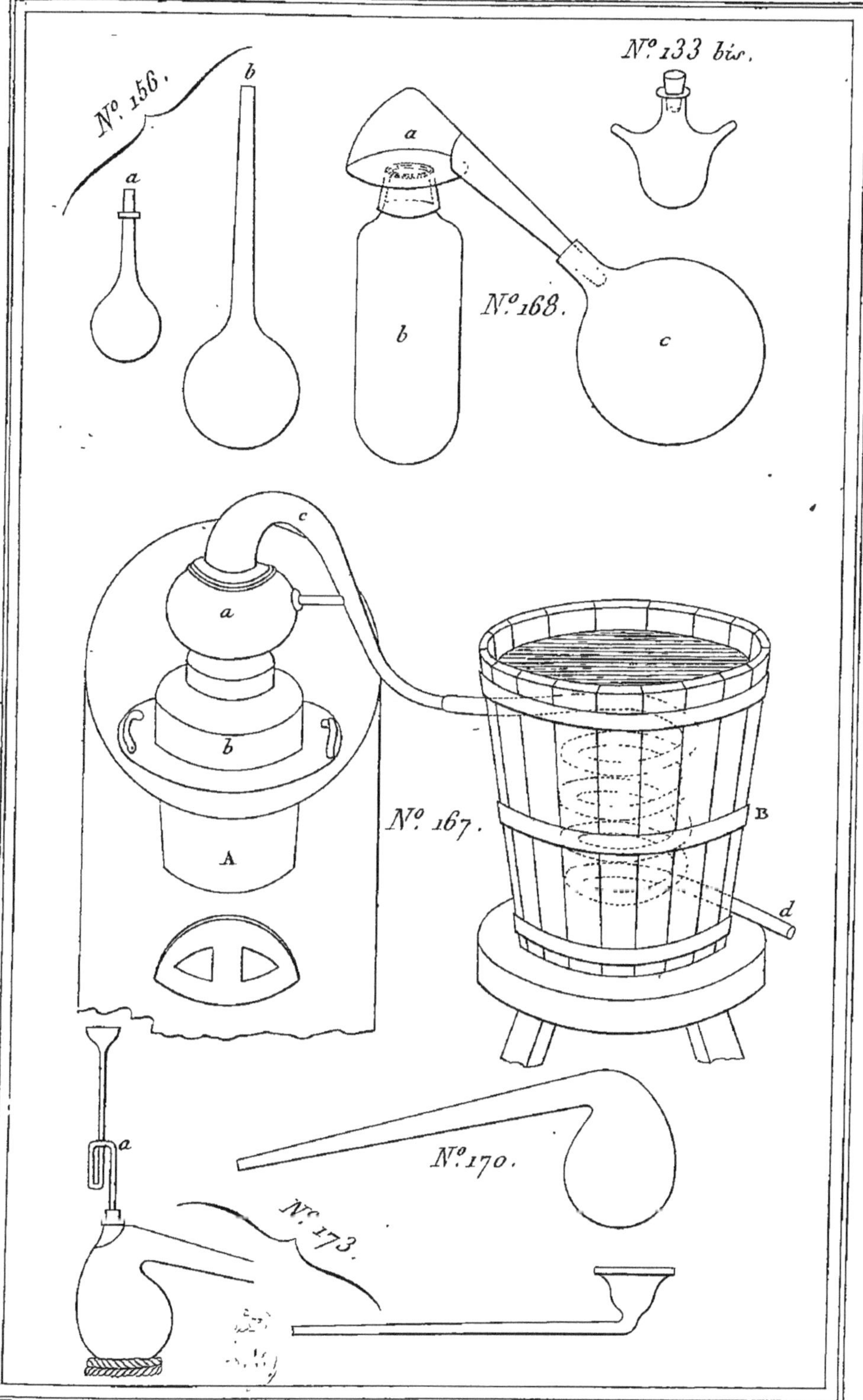

N.º 156.
a
b
N.º 133 bis.
a
b
N.º 168.
c
c
a
b
A
N.º 167.
B
d
a
N.º 170.
N.º 173.

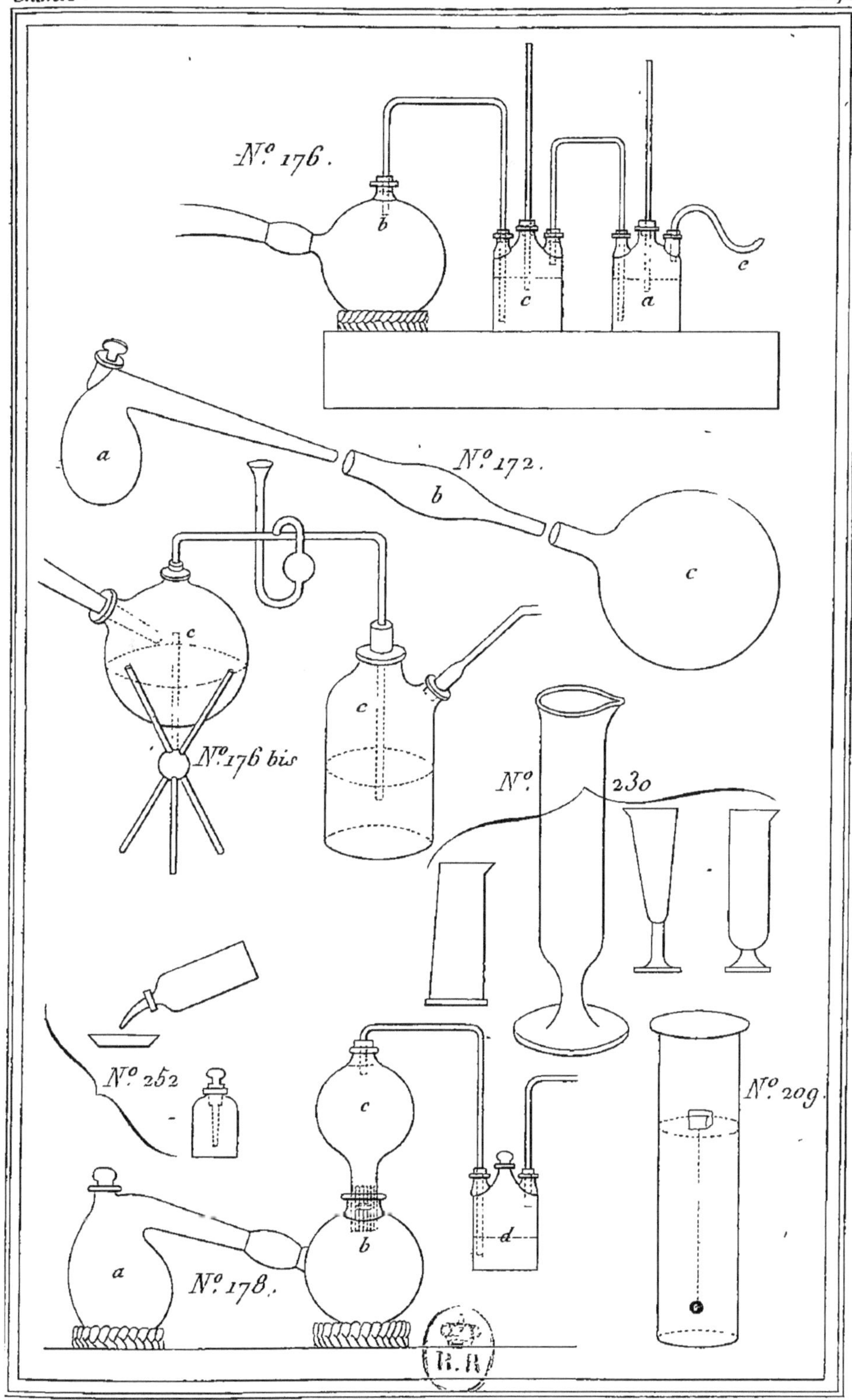
N.º 176.
b
c
a
c
N.º 172.
a
b
c
N.º 176 bis
c
c
N.º 230
N.º 252
N.º 209
c
c
b
d
a
N.º 178.
c

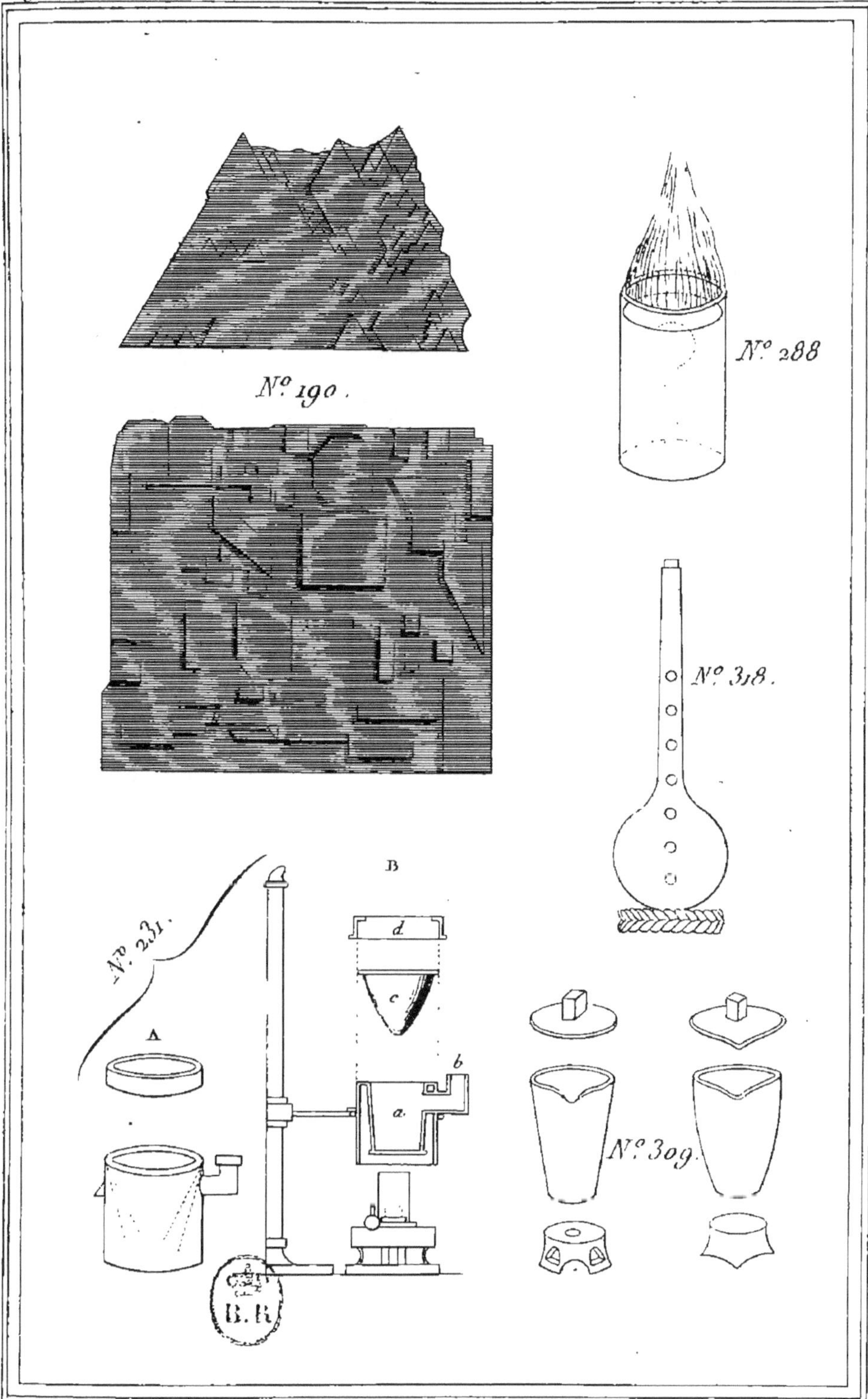
N.º 190.
N.º 288.
N.º 318.
N.º 231.
A
B
a
b
c
d
N.º 309.
B.R

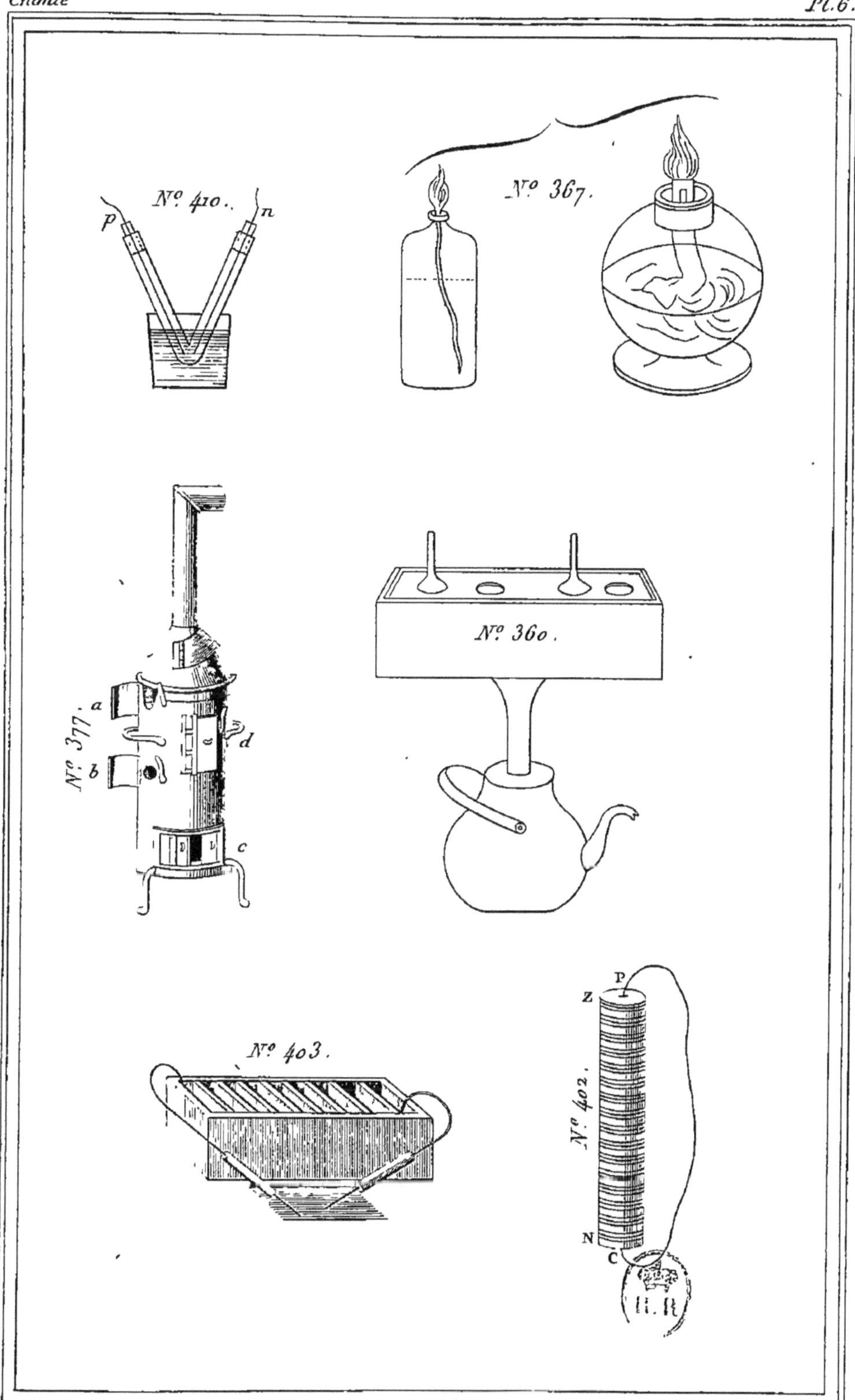
Nº 410.
p
n
Nº 367.
Nº 360.
Nº 377.
a
b
d
c
Nº 403.
Nº 402.
P
Z
N
C

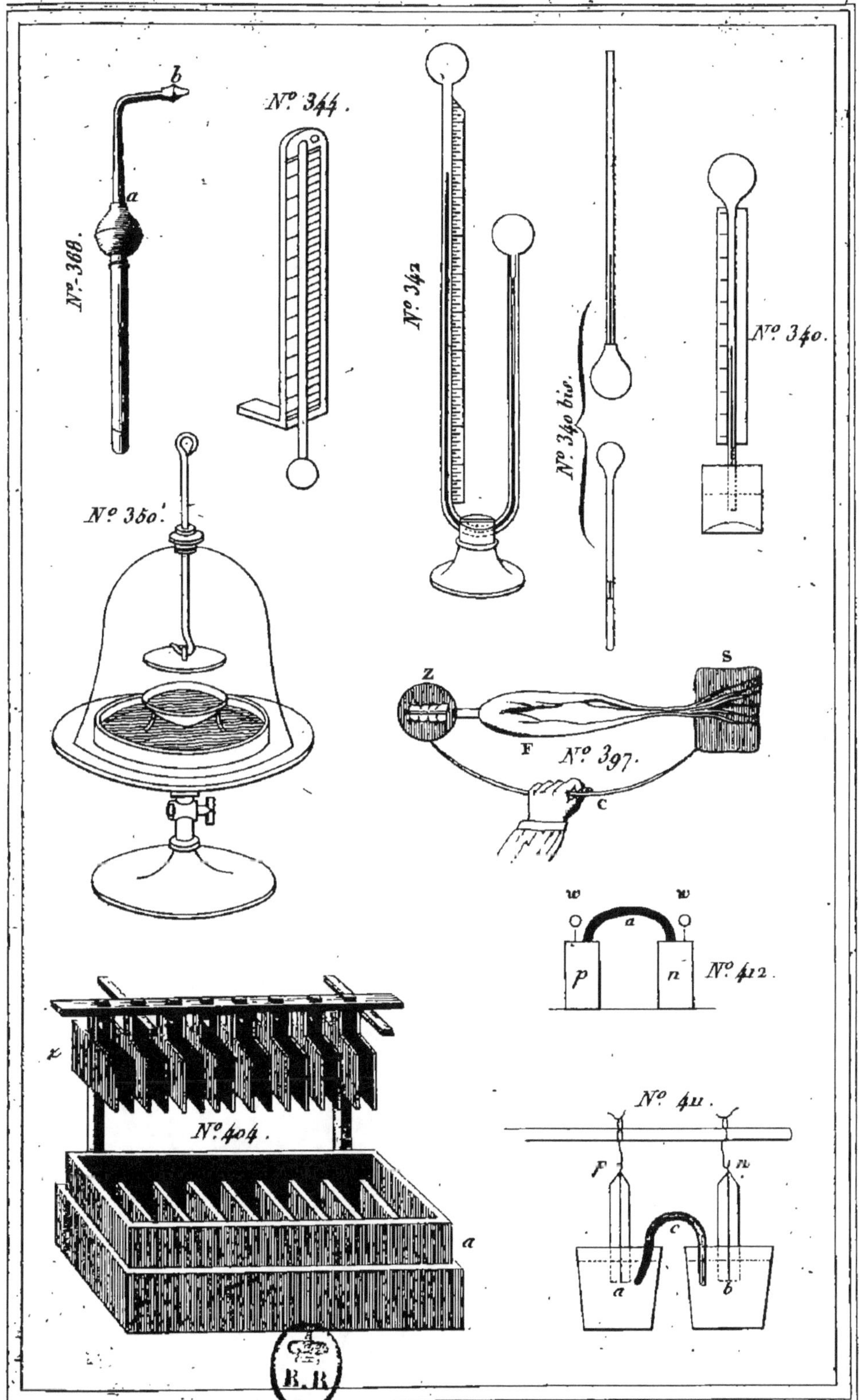

N.º 369.
b
a
N.º 344.
N.º 342.
N.º 340 bis.
N.º 340.
N.º 350.
Z
S
F
C
N.º 397.
w   w
a
P   n   N.º 412.
N.º 411.
F   n
c
a   b
N.º 404.
a
x
B.R

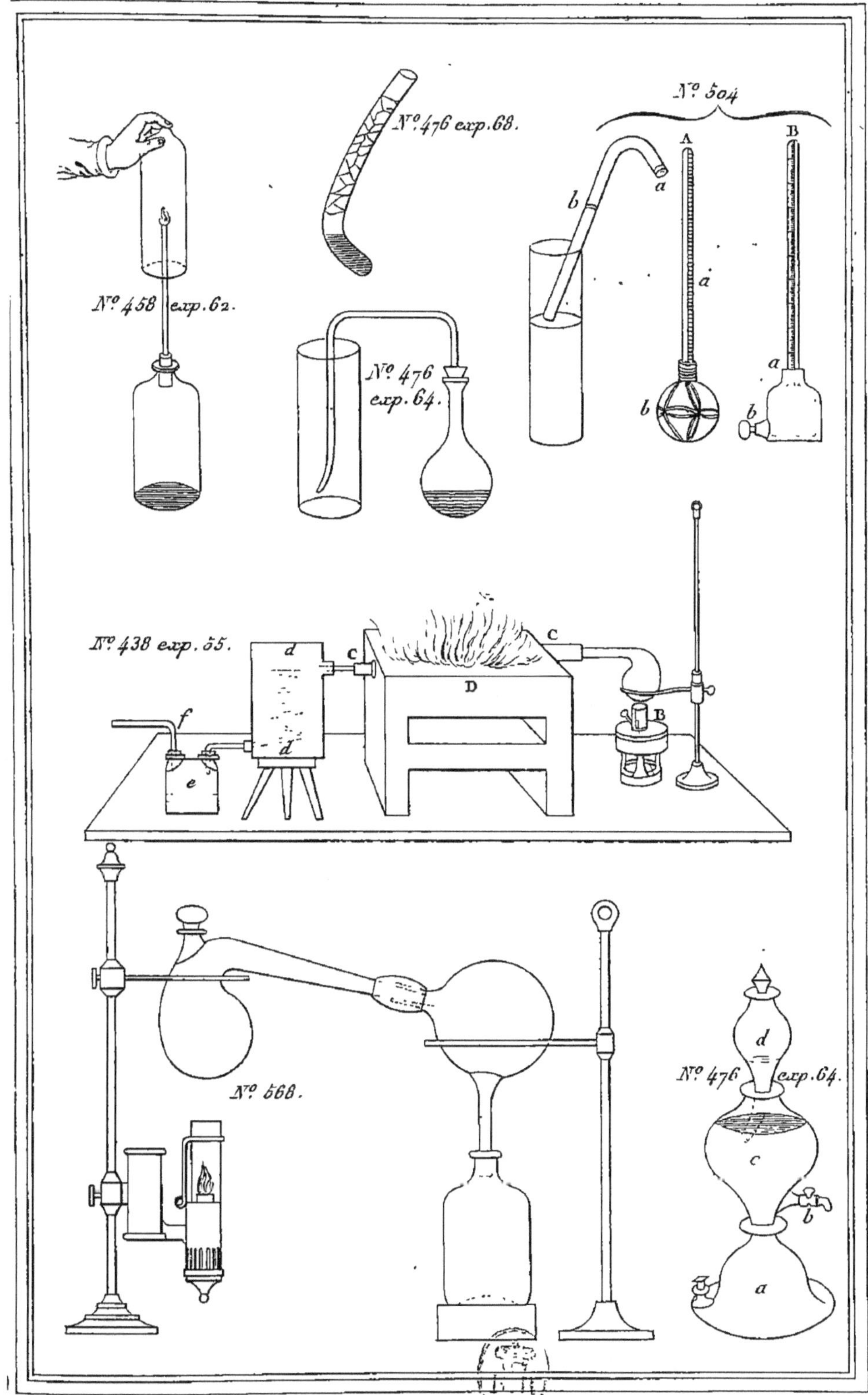
N.º 476 exp. 68.
N.º 504
A
B
b
a
a
b
b
a
N.º 458 exp. 62.
N.º 476 exp. 64.
N.º 438 exp. 55.
d
c
C
C
D
B
f
d
e
N.º 568.
N.º 476 exp. 64.
d
c
b
a

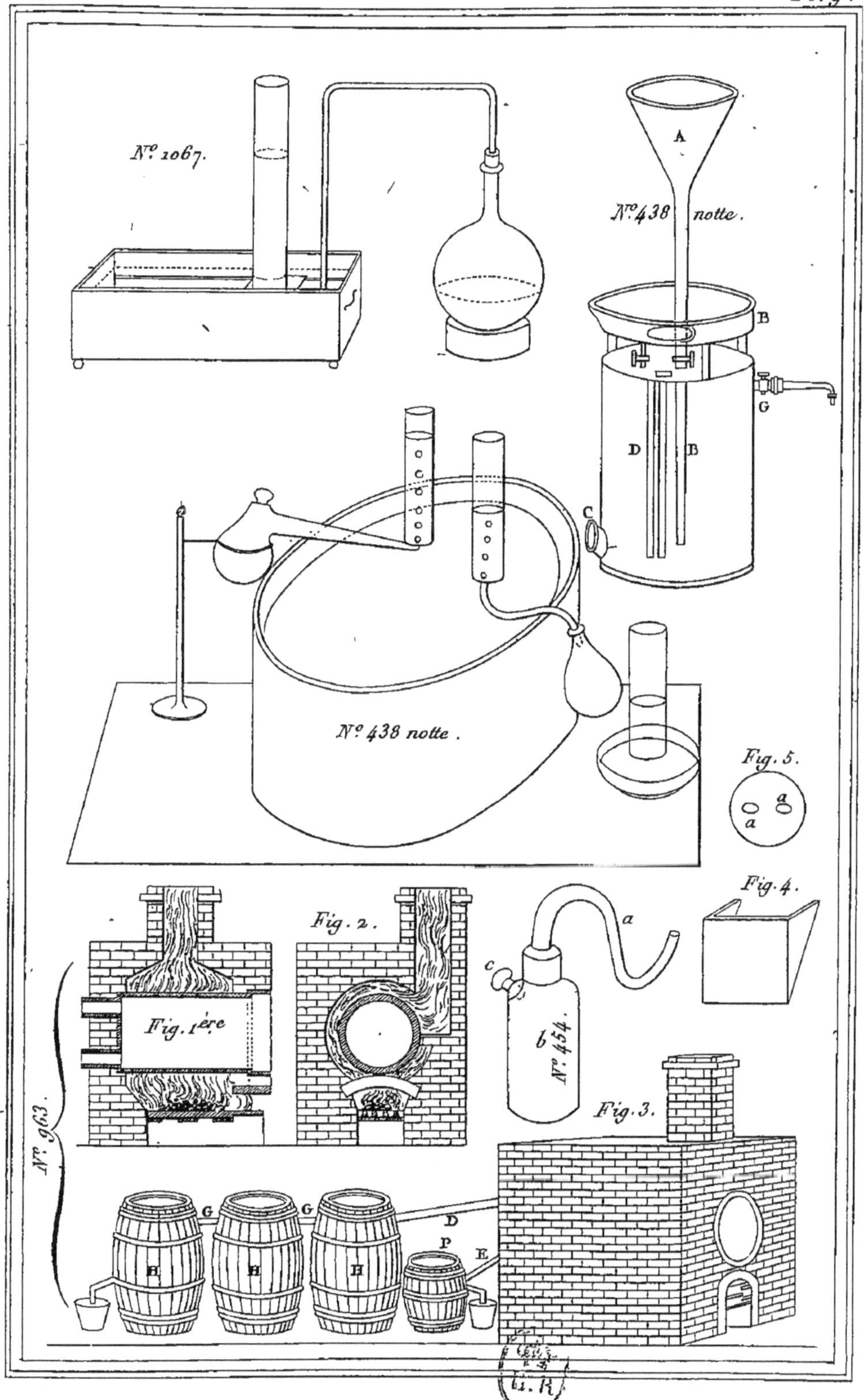
Nº 1067.
Nº 438 notte.
A
B
G
D
B
C
Nº 438 notte.
Fig. 5.
a
a
Fig. 4.
Fig. 2.
a
c
b
Nº 454.
Fig. 3.
Fig. 1ère.
Nº 963.
G
G
D
P
E
H
H
H